KB189468

선박의 저항과 추진

선박의 저항과 추진

초판 1쇄 발행일 2009년 3월 12일
초판 6쇄 발행일 2021년 3월 26일

지은이 대한조선학회 선박유체역학연구회
펴낸이 이원중

펴낸곳 지성사 **출판등록일** 1993년 12월 9일 **등록번호** 제10-916호
주소 (03408) 서울시 은평구 진흥로 68(녹번동) 2층
전화 (02) 335-5494 **팩스** (02) 335-5496
홈페이지 www.jisungsa.co.kr **이메일** jisungsa@hanmail.net

ISBN 978-89-7889-193-6 (93550)

잘못된 책은 바꾸어드립니다. 책값은 뒤표지에 있습니다.

이 도서의 국립중앙도서관 출판시도서목록(CIP)은 서지정보유통지원시스템 홈페이지(http://seoji.nl.go.kr)와
국가자료공동목록시스템(http://www.nl.go.kr/kolisnet)에서 이용하실 수 있습니다. (CIP제어번호:CIP2009000818)

선박의 저항과 추진

대한조선학회 선박유체역학연구회 지음

지성사

| 추 천 사 |

국내 각 대학을 비롯하여 조선 관계의 연구기관, 주요 조선소의 부설연구소 및 해군의 관련 기관 등에 종사하고 있는 저명한 조선공학자 16명이 전문적으로 전공하고 있는 선박 저항 및 추진의 세부 관련분야를 담당하여, 근래에 보기 드물 정도로 충실한 저서를 출간하기에 이르렀다.

13장으로 구성되어 있는 이 책은 각 장의 저자가 관련분야의 전문가인 만큼 해당분야의 역사적 고찰, 기초 이론의 도입 및 서술에 철저함을 기하고 있고, 현재 진행되고 있는 연구에 대해서도 충분히 언급하고 있어 대학의 학사과정 수준을 초월하는 내용도 다수 포함하고 있다. 조파저항, 점성저항, 모형시험, 추진이론, 시운전뿐만 아니라 그 밖의 관련 세부 분야를 면밀하게 기술하고 있으며, 이론적 해석, 실험적 해석을 필두로 기본적 연구능력의 증진에 유의하고 있으므로 대학원 과정에서도 유용한 참고서로 사용할 수 있을 것이다. 또한 각 장의 끝에 적절한 연습문제가 주어져 있어 선박의 저항과 추진에 대한 훌륭한 대학교재가 될 것이다.

저항 및 추진 분야의 각 장에서 해당분야의 이론적 고찰과 더불어 과거로부터 현재에 이르기까지 출현한 각종 선박의 선형, 추진기, 그리고 설계상 특성에 관해서도 비교적 상세히 서술하고 있어, 미래의 조선기술자 육성을 위해서만이 아니라 현장 엔지니어들에게도 좋은 참고서로 사용될 것으로 믿는다.

이 책의 구성이 교재로서 탁월한 점을 여러 면에서 볼 수 있다. 예를 들어 제 1장에서 고속선의 저항성분을 다루고, 제 5장에서 Froude수 0.3 이상의 고속선의 설계 예를 다루어 고속선에 대한 기본적인 개념을 얻게 하였다. 제 6장에서는 고속선 전반에 대한 본격적인 서술이 이루어지고 있고, 또한 현대적인 물분사 추진장치를 장착한 초고속선에 관한 해설이 제 11장에서 다루어지고 있다. 이와 같은 치밀한 구성은 교육 효과를 높이는 데 크게 도움이 될 것으로 보이며 다른 주제와 관련해서도 일관되게 실현되고 있다.

특히 마지막 제 13장에서는 함정의 저항 산정법, 프로펠러의 설계, 동력여유 정책 등이 다루어지고 있으며, 현존하는 함정의 분류에 대해서도 언급하고 있다. 대양해군을 지향하는 우리나라 해군의 조함 및 함정설계 능력을 배양하는 교육에도 이 책이 크게 이바지할 수 있을 것으로 생각된다.

우리나라 조선 산업의 위상과는 달리 조선공학의 교육현장이 외국 교재에 크게 의존하고 있는 현실을 생각할 때, 이 책의 출간은 그야말로 만시지탄의 대상이지만, 앞으로도 이와 유사한 교재들이 속속 발간되어 우리나라 조선공학의 발전에 큰 역할을 할 것을 기대한다. 그러한 일들이 이루어질 수 있을 때 우리나라의 조선 산업 또한 현재의 위상을 지속적으로 향유하며, 국가 경제에 크게 기여할 수 있을 것이다.

끝으로 이 책의 편집 계획을 수립하고 원고 작성의 추진을 위해서 힘써온 이승준 교수를 비롯한 선박유체역학연구회 교재편찬사업위원회의 위원 여러분과 원고를 집필하신 저자 여러분의 노고에 심심한 감사를 드린다.

2009년 2월

서울대학교 명예교수 황종흘

| 서 문 |

조선공학 관련학과가 있는 전국의 거의 모든 대학에서 '저항추진' 은 전공필수과목이지만 아직까지 우리 글로 된 교재가 없어 외국의 서적을 주로 사용하고 있는 것이 우리의 현실이다. 오늘날 우리나라 조선공업의 위상을 생각하면 이와 같은 상황은 적절하지 못할 뿐만 아니라 안타깝기 그지없는 일이다. 그런데 그 동안 이루어진 조선공학의 눈부신 발전으로 학문의 폭과 깊이가 커져 저항추진에 관한 대학교재를 혼자서 쓴다는 것은 매우 힘든 일이 되었다. 해당 분야별로 적절한 집필진을 구성해야 하고, 누군가가 일관된 관점에서 원고를 편집하는 과정을 거쳐야 한다. 이에 은사이신 서울대학교 김효철 교수님의 화갑(2000년)을 맞이하여 '저항추진' 분야의 대학교재를 헌정한다는 계획을 세우고 1년 정도 추진하였으나 저자들의 일정상 여의치 못하였다. 2006년 은사님의 정년퇴임 때에는 꼭 완간시키고자 하였으나 역시 뜻을 이루지 못하였다. 그래서 2007년 필자가 선박유체역학연구회(이하 선유회)의 회장을 맡으면서 무엇보다도 먼저 머리에 떠올린 것이 이 책의 완간이었다. 그로부터 2년 동안 정말 많은 분들로부터 아낌없는 도움을 받아 출간을 하게 되었다. 이 책을 처음 구상한 지 10년이 지난 이제야 책으로 나오게 되었지만, 이와 같은 일이 얼마나 많은 노력을 필요로 하는 것인지 필자가 이 일을 시작하기 전에 알았다면 아마도 이 책은 햇빛을 볼 수 없었을지도 모른다.

2007년 이 책의 발간을 위해 선유회에 교재편찬사업위원회를 설치하였다. 인하대학교 이승희 교수, MOERI 김은찬 박사와 반석호 박사, 충남대학교 김형태 교수, 해군사관학교 김형만 교수, 현대중공업 이홍기 박사, 삼성중공업 황보승면 소장, 대우중공업 최영복 부장이 편찬위원을 맡아 주었고, 삼성중공업의 송인행 박사가 총무를, 필자가 편찬위원장을 맡았다. 각 장의 저자도 10년이라는 세월 동안 많은 변화가 있었으나, 1장은 인하대학교 이승희 교수와 필자, 2장은 필자, 3장은 목포대학교 김우전 교수, 4장은 삼성중공업의 유성선 박사, 5장은 대우중공업의 김호충 부사장, 삼성중공업의 황보승면 소장과 충남대학교의 유재문 교수, 6장은 MOERI의 이춘주 박사와 해군사관학교의 김형만 교수, 7장은 서울대학교의 서정천 교수, 8장은 삼성중공업의 송인행 박사, 9장은 삼성중공업의 유성선 박사와 송인행 박사, 10장은 부산대학교의 김문찬 교수, 11장은 현대중공업의 장봉준 박사와 군산대학교의 염덕준 교수, 12장은 목포대학교의 곽영기 교수와 삼성중공업의 박형길 수석연구원, 13장은 해군사관학교의 김형만 교수가 각각 저술하였다(저자들의 소속은 2007년 기준). 편찬위원과 저자를 모두 고려하면 우리나라 조선계 전체의 전폭적인 지지와 협력으로 이 책이 만들어졌다고 믿는다.

이 책은 크게 저항과 추진의 두 부분으로 구성되어 있다. 1장~6장은 저항, 7장~11장은 추진, 12장은 시운전, 13장은 함정이 각각의 주제이다. 저항과 함정 부분의 편집은 필자가, 추진과 시운전 부분의 편집은 송인행 박사가 맡았다. 송 박사의 세밀함과 정성 덕택에 이 책이 지금과 같은 모습을 갖출 수 있었다. 이 책을 편집하며 인용부분은 가능한 한 출처를 밝히도록 하였으나, 저자들이 그 사이 알게 모르게 배웠을 먼저 나온 많은 책들의 영향을 부정할 수 없다. 특히 미국조선학회에서 발간한 『PNA』는 대부분의 저자들이 학생시절부터 배워온 교재로서 이 책의 저술, 편집에 다양한 기준과 틀을 제시하였다.

이 책을 통해 조선공학의 기본 분야인 '저항추진'을 배울 우리 학생들을 생각하면 가슴 뿌듯함과 한없는 보람을 느낀다. 물론 이 책에 포함되어 있을 여러 가지 착오에 대해서는 강호 제현의 거침없는 질정을 바란다. 이제 출간을 앞두고 모든 편찬위원과 저자들의 그간의 도움에 고개 숙여 깊이 감사드린다. 특히 주말에도 종종 시간을 내어준 삼성중공업의 황보 소장과 관련자 여러분께 진심으로 고마움을 전한다. 이 책의 출판을 맡아주신 지성사의 여러분들께도 감사의 말씀을 드린다. 마지막으로 추천사의 옥고를 아끼지 않으신 은사 황종흘 교수님께 심심한 존경의 마음과 사은의 뜻을 표한다.

2009년 2월

유성에서 편찬위원장 이승준

대한조선학회 선박유체역학연구회
교재편찬사업위원회

위원장 이승준 교수(충남대학교)

총 무 송인행 박사(삼성중공업)

위원

이승희 교수(인하대학교)

김은찬 박사(MOERI)

반석호 박사(MOERI)

김형태 교수(충남대학교)

김형만 교수(해군사관학교)

이홍기 박사(현대중공업)

황보승면 소장(삼성중공업)

최영복 부장(대우중공업)

집필진(가나다순)

곽영기 교수(목포대학교 공과대학 기계 · 선박해양공학부, ykkwak@mokpo.ac.kr)

김문찬 교수(부산대학교 공과대학 조선 · 해양공학과, kmcprop@pusan.ac.kr)

김우전 교수(목포대학교 공과대학 기계 · 선박해양공학부, kimwujoan@mokpo.ac.kr)

김형만 교수(해군사관학교, kimhmhmhm@hanmail.net)

김호충 부사장(대우중공업, hckim@daehanship.com)

박형길 수석연구원(삼성중공업, hyunggil.park@samsung.com)

서정천 교수(서울대학교 공과대학 조선해양공학과, jungsuh@snu.ac.kr)

송인행 박사(삼성중공업, inhaeng.song@samsung.com)

염덕준 교수(군산대학교 공과대학 조선공학과, djyum@kunsan.ac.kr)

유성선 박사(삼성중공업, seongsun.rhyu@samsung.com)

유재문 교수(충남대학교 공과대학 선박해양공학과, jmlew@cnu.ac.kr)

이승준 교수(충남대학교 공과대학 선박해양공학과, sjoonlee@cnu.ac.kr)

이승희 교수(인하대학교 공과대학 기계공학부 선박해양공학, shlee@inha.ac.kr)

이춘주 박사(MOERI, reslcj@moeri.re.kr)

장봉준 박사(현대중공업, bjchang@hhi.co.kr)

황보승면 소장(삼성중공업, s.hwangbo@samsung.com)

| 차 례 |

제 5장 선형이 저항추진에 미치는 영향 133 김호충, 황보승면, 유재문

제 6장 고속선 181 이춘주, 김형만

01

저항 서론

이승희
교수
인하대학교

이승준
교수
충남대학교

1_1_ 역사

_ 인류의 아득한 선사시대, 어디선가 누군가에 의해 불이 발견되었듯이 인류는 나무가 물에 뜨는 것도 자연스럽게 알게 되었을 것이다. 고대문명이 큰 강가에 자리 잡을 즈음에는 물에 대한 지식도 상당 부분 축적되었을 것이다. 강은 비옥한 토지와 농수, 식수를 제공할 뿐 아니라 도로가 생기기 이전에는 물자의 운송로와 교통의 통로로서도 매우 중요한 역할을 하였다.

1_1_1_ 초기의 선박

많은 민족의 신화에서 대홍수 시대에 대해 언급하고 있으며, 그러한 시대를 살아남았던 인류의 조상은 분명히 배를 만들고 부리는 재주를 매우 귀중하게 생각했을 것이다. 바다는 지구 표면의 약 71%를 차지하고 있지만, 인류문명의 초기에는 지중해 동부만이 몇몇 민족이나 국가와 관계를 갖고 그들에게 생활의 터전을 제공할 뿐이었다. 이집트의 나일강은 남에서 북으로 흐르는 긴 강인데, 이미 BC 2500년에 노(oar)와 돛(sail)을 장비한 제법 큰 목선이 운행되었음을 알려주는 자료들이 남아 있다(그림 1-1)[1]. 19세기 말까지 배의 주요 동력원이었던 인력과 풍력이 이때 이미 사용되고 있었다. 나일강은 기후적 특성상 바람이 지중해 쪽에서 불어오는 북풍지대이므로, 강을 따라 내려갈 때는 노를 사용하고 거슬러 올라올 때는 돛을 사용해 인력과 물자를 이동시킨 것으로 보인다.

이집트의 배는 어디까지나 나일강이라는 강에서의 운항을 전제로 만들어진 배였지만, 페니키아의 배는 처음부터 지중해라는 바다를 그 활동영역으로 생각하고 만들어졌다. 페니키아인들은 조선용 목재가 풍부한 지금의 레바논 지역을 장악하고 있었으며 조선술과 항해술에 능한 민족이었다. 그들은 BC 1500년부터 지중해 도처에

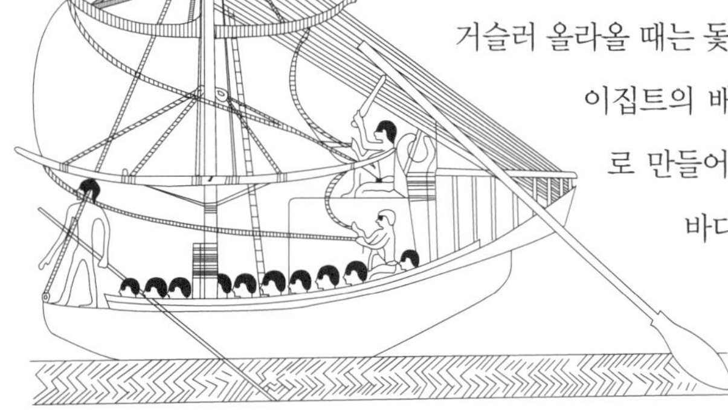

그림 1-1 이집트의 배

식민도시를 건설해 그들의 무역망을 구축하였으며 그 활동범위는 스페인, 영국에까지 이르고 있었다. 페니키아의 배는 상선과 군선의 구분이 확실하였다. 특히 군선은 훗날 갤리(galley)의 모형이 될 만큼 특징적인 형상의 배였다(**그림 1-2**). 선수의 아랫부분에 길게 튀어나온 충각(ram)을 가지고 있고 다단 노꾼이 있었으며, 선미 좌우에 타를 배치하고 배의 중앙부에 가로돛 또는 네모돛(square sail)을 설치해 중세의 배들과 비교해도 손색이 없을 정도였다. 페니키아 인들은 인도까지 항해해 중국의 물품을 교역하였고, BC 600년에는 이미 아프리카를 배로 일주하였다는 기록이 있다.

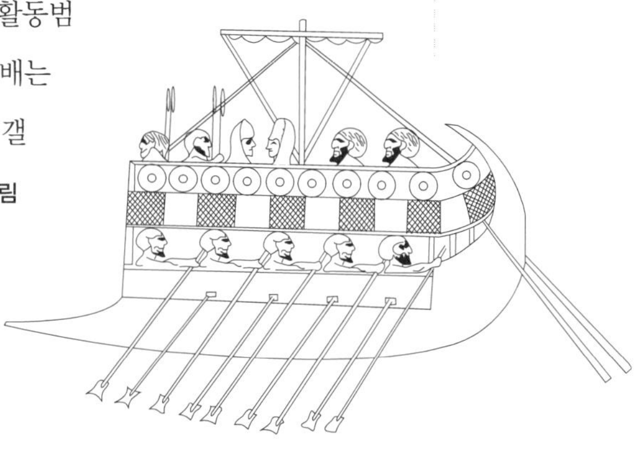

그림 1-2 페니키아의 군선

그리스인들은 페니키아인들로부터 조선술과 항해술을 익혀, BC 8세기부터 흑해와 이탈리아 반도 남부에 식민지를 건설하며 해양국가로서의 기반을 다졌다. BC 490년부터 시작된 페르시아와의 전쟁에서 자신들의 나라를 지킬 수 있었던 것도, 미리 배를 만들고 해군력을 정비한 아테네 덕분이었다. BC 480년 Salamis 해전에서의 승리로 아테네는 그리스뿐만 아니라 지중해 전역의 패권을 차지하였다. 살라미스 해전은 갤리(**그림 1-3**)의 해전으로 유명한데, 특히 충각의 중요성이 부각된 전투였다.

로마는 BC 6세기에 건국된 이래 주변국을 흡수하며 육군 위주의 국가로 성장하였으나, 페니키아인들이 세운 식민도시 카르타고와의 포에니 전쟁(Punic Wars, BC 264~146)을 통해 해군력도 증강시키는 기회를 갖게 되었다. 이를 위해 로마는 주로 그리스인들의 도움을 받았으며, 카르타고를 멸망시킨 후 로마는 곧 지중해의 패자로 등장하였다. 로마의 군선은 그리스의 갤리를 그대로 답습하였으나, 후기에는 대형 상선으로 350톤 정도의 큰 배를 사용하였다.

인류 최초의 수학자 겸 공학자로 불리는 Archimedes(BC 287~212, Syracuse)는 로마가 Hannibal(BC 247~183)과 한창 전쟁을 하고 있을 때(BC 213), 고향인 시칠리아의 도시국가 Syracuse에 살고 있었다. 카르타고의 편에 선 조국을 위해 그는 수학적, 역학적 지식을 활용해 로마 군에 엄청난

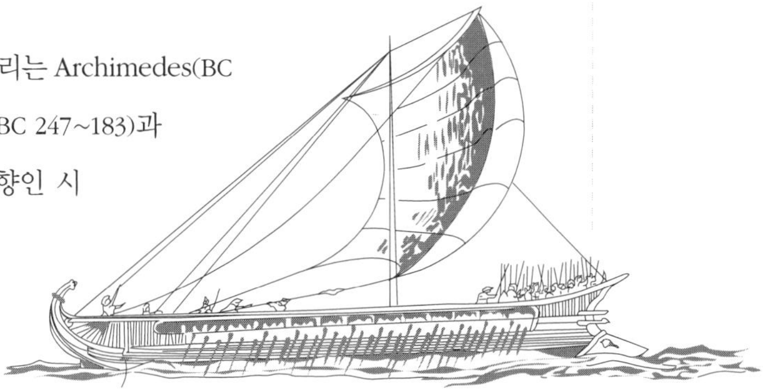

그림 1-3 그리스의 갤리

피해를 입히며, 전쟁에서의 과학자의 역할에 깊은 인상을 심었다. 그는 BC 3세기에 이미 부력의 원리를 발표하였고, 부심과 중심의 개념을 포함한 배의 정적 복원성에 대한 논의를 상당히 완벽한 형태로 저술하였다.

1_1_2_ 선박의 변천

통상 역사에서 칭하는 서양의 중세는 서로마제국의 멸망(476)으로부터 Columbus (1451~1506, Italy)가 서인도제도를 발견(1492)한 시기까지로 보기도 하는데, 이 기간에 나타난 대표적인 배들은 7~9세기의 바이킹선(long-ship 또는 viking ship), 10~15세기 한자동맹(Hanseatic League)의 코그(cog), 그리고 13~15세기 포르투갈과 스페인의 캐라벨(caravel)과 캐랙(carrack) 등으로 볼 수 있다.

그림 1-4 바이킹선

바이킹선(**그림 1-4**)은 그 활동무대가 주로 북해였으므로, 거친 바다에 적합하고 계절풍을 이용할 수 있도록 하나의 가로돛과 노를 장비한 배였다. 바이킹선은 기본적으로 군선이었으며, 능파성을 확보하기 위해 길이/폭 비=5인, 문자 그대로 '긴 배(long ship)' 였고, 전투 시 노가 상당한 역할을 하던 고대 이래의 군선 개념을 그대로 따르고 있었다.

그림 1-5 코그

한편 코그(**그림 1-5**)는 북해를 주요 무대로 하고 있었지만, 기본적으로 상선이었으므로 화물적재에 필요한 공간 확보를 위해 길이/폭 비=3.5, 폭/흘수 비=1인 '둥근 배(round ship)' 였다. 코그는 여러 가지 면에서 획기적인 배였는데, 바이킹선과는 달리 전적으로 돛을 사용하여 항해하는 범선의 효시였으며, 갑판을 설치하여 넓은 선창을 두었고, 선수재와 선미재를 직선으로 하였으며, 고정타를 선미

중앙에 설치하였다. 이전의 배들은 통상 타를 선미 우현에 설치하였으나 코그 이후의 배들은 선미고정 타를 가지게 되며, 지금도 우현을 starboard(즉 steerboard), 좌현을 portside라고 부르는 것은 이 같은 역사에 기인한다. 코그는 처음에는 북해에서만 사용되었으나 그 우수성으로 인해 곧 전 유럽에서 사용되었다.

그림 1-6 캐라벨

캐라벨(**그림 1-6**)은 지중해의 전통을 따라, 계절풍이 없는 해역에 알맞게 세로돛(lateen sail, 즉 Latin sail이며 전후방향의 세모돛)을 장착하였으며, 선수와 중앙에 돛대를 2개 가진 배였다. 그러나 대양항해를 위해서는 네모돛이 더 유리했으므로, 캐라벨도 시간이 지남에 따라 점차 네모돛을 장착하기 시작하였다.

그림 1-7 캐랙(Santa Maria호)

캐랙(**그림 1-7**)은 선수돛대(foremast), 중앙돛대(mainmast)에는 네모돛을, 그리고 처음에는 하나였으나 시간이 지남에 따라 둘이 된 선미돛대(mizzenmast)에는 세모돛을 장착한 배였다. 이와 같이 3개 이상의 돛대를 가진 배를 전장범선(full-rigged ship)이라고 부르는데, 캐랙은 대양항해에 필요한 모든 기능을 갖춘 최초의 배로 간주될 정도로 우수한 성능의 배였다. 1492년 콜럼버스는 3척의 배로 인도를 향한 항해를 시작하였는데, 그의 기함인 Santa Maria호는 100~120톤 정도의 캐랙이었고 나머지 2척은 캐라벨이었다. 항해 도중 기함이 좌초됨에 따라 귀로에는 나머지 2척의 캐라벨 중 니나(Nina)호를 캐랙으로 개장할 수밖에 없었다. 캐랙은 선수루와 선미루를 높여 충분한 공간을 확보하였고, 600톤 정도의 캐랙은 흔히 볼 수 있었으며, 그림에서 보듯이 선수부에 설치된 경사가 심한 선수가름대(bowsprit)도 일반적인 장비가 되었는데, 여기에도 조그만 네모돛, 즉 가름돛(spritsail)을 달아 좁은 해역에서의 조종성능을 개선할 수 있었다.

중세를 통해서도 갤리는 군용(길이/폭 비=8) 또는 상용(길이/폭 비=6)으로 많이 사용되었으나, 15세기 말에 이르면 상선 갤리는 더 이상 캐랙과의 경쟁에서 이길 수 없어 결국은 도태되었다. 또 지리상의 발견 시대(the age of geographical discoveries)에 사용된 배들은 초기에는 캐라벨도 더러 찾아볼 수 있으나 시간이 지남에 따라 대부분 캐랙으로 대체되었다.

한편 군용 갤리는 16세기까지도 살아남아 노를 사용하는 군선으로서의 효능을 입증하였다. 16세기에 들어서서 서쪽으로 세력을 팽창하고 있던 오스만터키와 가톨릭 세력을 대표하던 스페인 사이의 세력 균형은 레판토(Lepanto) 해전(1571)으로 판가름이 났는데, 이 해전이야말로 역사상 가장 큰 규모의 갤리들의 해전이었다. 레판토 해전은 지금은 코린트(Corinth)만으로 불리는 그리스 반도 부근의 길고도 좁은 만에서 벌어졌는데, 양쪽 모두 200척 이상의 갤리를 운용한 이 해전에서 배의 기동성과 포의 숫자 면에서 유리했던 스페인이 대승을 거두었다.

한편, 16세기에 들어서자 대양항해가 보편적인 상황이 되면서 전 세계의 바다를 항해할 수 있는 선단과 해군력을 가지는 것이 유럽 각국에게 매우 중요한 과제가 되었다. 군선의 경우에도 대양항해 능력이 기본조건이 되었으므로, 16세기 말부터 캐랙을 약간 개량한 형태의 군선인 갈레온(galleon, **그림 1-8**)이 출현하였다. 기본적으로 상선이었던 캐랙은 길이/폭 비=3이었으나, 갈레온은 길이/폭 비=4로 상대적으로 길이가 길었으며, 선수루를 뒤로 조금 이동시키고 그 크기도 대폭 축소하여 전진 시 바람에 의한 저항을 줄였고, 또 선수루 앞에 부리선수(beakhead)를 두어 그곳에 선수가름대를 설치하였다. 가능한 한 많은 대포를 탑재하기 위해 종통 갑판이 다층으로 설치되었으며, 또한 풍력을 최대한 활용하기 위해 선수돛대와 중앙돛대의 상부에 2층, 3층으로 네모돛을 첨부하였다.

그림 1-8 갈레온

갈레온은 영국과 인연이 매우 깊은 배로, 1588년 스페인 무적함대(Invincible Armada)의 격파, 그리고 1805년 Trafalgar 해전에서의 승전은 모두 영국 해군의 갈레온에 의한 승리였다. 이와 같은 사실은 16세기 말부터 19세기 초에 걸친 250년 동안, 유럽 열강의 해군이 갈레온을 기본으로 한 선형을 채택하였던 점을 단적으로 나타낸다. 16세기 무적함대와의 해전 시 영국함대의 기함이었던 Ark Royal호는 800톤으로, 34문의 대포를 탑재하고 있었고, 19세기 스페인-프랑스의 연합함대와 싸웠던 Nelson(1758~1805, UK) 제독의 기함 Victory호는 2160톤으로, 102문의 대포를 탑재하고 있었다. 보다 많은 대포를 탑재하기 위해 대형화되었고, 또 장갑(armament)의 개념이 도입되어 장갑판을 부분적으로 가지게 된 점을 제외하면 배 자체로서는 큰 변화가 없었던 시기이다.

비슷한 기간 동안 오로지 상선으로만 사용되던 배들은 16~17세기의 네덜란드에 기원을 둔 플류트(fluyt), 19세기 미국에 의해 만들어진 클리퍼(clipper) 등이 있다. 플류트(**그림 1-9**)는 3개의 돛대를 가진 캐랙과 비슷한 선형이지만 선미가 보다 둥글고 선저는 평탄했는데, 1620년 영국의 청교도들이 미국으로 이주할 때 이용했던 Mayflower호가 플류트였다. 한편 클리퍼(**그림 1-10**)는 19세기, 막 기선이 도입되던 전환기에 마지막까지 범선으로서 기선에 대항했던 고속상선으로, 일반적인 상선의 길이/폭 비의 값인 3, 또는 군함의 4보다도 큰 5 정도의 값을 가진 매우 날씬한 배였다. 돛대의 높이가 배 길이의 4분의 3 정도로 높았고, 선수돛대와 중앙돛대에 각각 5개의 돛을 장착하여 돛의 면적을 극대화하였다. Cutty Sark호는 1869년 영국에서 건조된 차 무역용 클리퍼로 순 톤수 920톤, 철 늑골에 티크 외판을 가진 목철선이었다.

그림 1-9 플류트

배의 대형화와 더불어 이 기간 중 이루어진 조선술의 근대화는 19세기 철선, 강선의 등장을 가능하게 하였다. 1537년부터 영국은 조선기사장(master shipwright) 제도를 도입하였는데[2], 1572년 조선기사장에 임명된 M. Baker(1530~1615, UK)는 조선 사상 최초로 설계도면을 작성하여 배를 건조하기 시작하였다. 1668년 조선기사장에 임명된 A. Deane (1638~1721, UK)은 향후 100년 이상 영국

그림 1-10 클리퍼

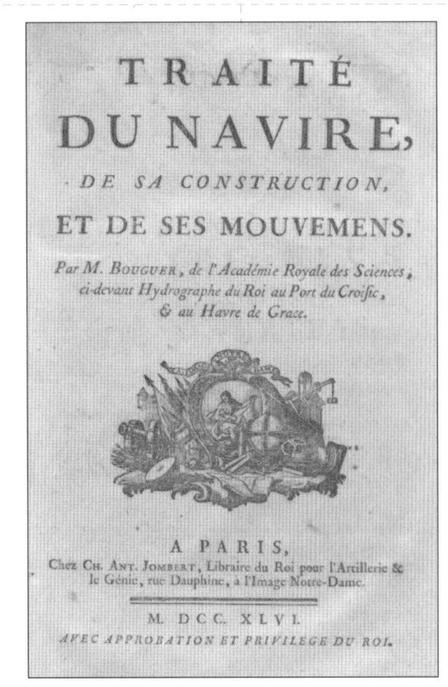
TRAITÉ
DU NAVIRE,
DE SA CONSTRUCTION,
ET DE SES MOUVEMENS.
Par M. BOUGUER, de l'Académie Royale des Sciences, ci-devant Hydrographe du Roi au Port du Croisic, & au Havre de Grace.

A PARIS,
Chez CH. ANT. JOMBERT, Libraire du Roi pour l'Artillerie & le Génie, rue Dauphine, à l'Image Notre-Dame.
M. DCC. XLVI.
AVEC APPROBATION ET PRIVILEGE DU ROI.

그림 1-11 『Traite du navire』(1746)

조선계의 고전이었던 『The Doctrine of Naval Architecture』(1670)를 저술하였다. 이 책은 최초로 배의 선도(lines)를 실었고, 또 이 선도로부터 배수량을 구하여 흘수를 정확히 예측할 수 있는 방법을 설명하였는데, 그는 영국에서 조선기사로는 처음으로 귀족에 서임되었다. 한편 Bouguer(1698~1758, France)는 『Traite du navire』●(1746, **그림 1-11**)라는 저서를 통해 메타센터(metacenter)의 개념을 도입하여 횡동요의 복원성을 정량적으로 다룰 수 있게 하였으며, 새깅(sagging), 호깅(hogging) 상태에서의 배의 종강도에 대한 개념을 도입하였다. 종강도에 대한 문제는 훗날 Rankine(1820~1872, UK)에 의해 『Ship-building-Theoretical and Practical』(1866)이라는 편저를 통해 해결되었다.

● 불어 원제는 『Traite du navire, de sa construction et de ses mouvemens』이며, 영어 제목은 『Treaty of the ship, its construction, and its movements』다.

1_1_3_ 철선 및 강선의 등장

목재로 만든 배는 강도상의 문제 때문에 통상 길이 100m, 배수량 2000톤 정도가 한계로 여겨져 왔는데, 18세기 말에는 이미 많은 배들이 그러한 한계에 도달하고 있어, 상당히 많은 배들이 철을 보강재로 사용하고 있었다.

철(iron)과 강(steel)은 철강산업 등의 단어에서 보는 바와 같이 함께 사용되어 그 구분을 확실히 하지 않는 경우가 많지만, 재료적 성질로 보면 큰 차이가 있다. 철은 보통 무쇠(pig iron)를 뜻하는데 탄소 함유량이 약 4%로 깨지기 쉬운 취성(brittle) 재료인 반면, 무쇠의 탄소 함유량을 1% 정도까지 낮추어 얻어지는 강은 철보다 충격에 강하고 큰 힘을 받을 수 있다. 같은 하중을 견디어낼 수 있는 경우, 철로 만든 물체는 강으로 만든 물체보다 20% 정도 무거워진다. 1856년 Bessemer(1813~1898, UK)에 의해 강을 쉽게 대량으로 만들 수 있는 방법이 알려지자 1860년대부터 구조용 재료로서 철은 강으로 대체되기 시작한다.

목선이 철선 또는 강선으로 대체되기 시작한 것은 배의 동력이 바람에서 기관으로 바뀌는 시기와 거의 일치했다. 배의 대형화, 고속화 등이 큰 이유가 되겠으나, 1869년 개통된 수에즈 운하를 기선만 통과할 수 있도록 한 점도 큰 영향을 미쳤다. 1840년에는 90%의 상선이 목선으로 건조되었던 것에 반해, 1880년대 중반에는 목선 45%, 철선 50%, 강선 5%의 구성을 보였고, 1910년대 중반에는 90%의 배가 강선으로 건조되었다.

19세기를 통해 수천 년 역사의 범선-목선이 기선-강선으로 변화하는 과정에서 조선 기술과 과학은 다시 한 번 괄목할 만한 발전을 이루었다. 기술적인 면에서는 Brunel (1806~1859, UK)을 그 대표적인 예로 들 수 있는데, 그는 매우 유명한 배 3척을 설계, 건조하였다. 1837년 건조된 Great Western호는 목조외륜기선으로 1320톤에 450마력의 기관을 장착하였으며, 대서양 횡단 정기선으로 사용되어 경제적으로도 큰 성공을 거두었다. 이 성공에 힘입어 그는 1843년 두 번째 성공작인 Great Britain호를 건조하였는데, 이 배는 대서양 정기항로에 투입된 최초의 철선이자 박용 프로펠러선이었으며, 배수량 3618톤, 1000마력의 기관을 장착하였다. 그의 마지막 작품이 된 Great Eastern호는 불행히도 상업적으로 철저한 실패작이었는데, 배수량 32,000톤, 8000마력의 기관을 장착한 엄청난 배였다. 1854년에 건조되기 시작하였으나 그가 죽은 뒤인 1860년이 되어서야 처녀항해에 나설 수 있었고, 대서양 횡단항로에 투입되었지만 4000명의 여객과 400명의 선원을 수용하는 이 큰 배의 수지타산을 맞출 수 없었다. 결국 해저전선 부설선으로 용도 변경되었으며, 몇 번 사용되지도 못하고 3년의 해체기간 끝에 1891년 완전히 폐선, 고철화되었다.

그림 1-12 Torquay에 건조되었던 예인수조

새로운 재료와 기관을 사용하여 보다 크고 빠른 배를 설계, 건조하기 위해서는 보다 정확한 저항, 추진성능의 예측이 선행되어야 한다는 것이 점차 확실해졌으며, 이와 같은 상황에서 조선의 과학화는 더욱 촉진되었는데, Froude 부자의 2대에 걸친 노력과 O. Reynolds(1842~1912, UK)의 기여는 선박설계에 대한 이론적, 실험적 근거를 제공하는 역할을 하였다. W. Froude(1810~1879, UK)는 옥스퍼드대학에서 수학을 전공, 수석으로 졸업하였으나(1832), 토목기사로서 철도와 교량의 건조를 통하여 그의 경력을 쌓아갔으며, Brunel의 요청에 따라 Great Eastern호의 저항과 횡동요에 대한 특성을 연구하기 시작하였다[3]. 1860년 창립된 영국조선학회(Royal Institute of Naval Architects)를 통하여 그는 횡동요와 안정성, 모형시험에 의한 선박의 저항 추정 등의 활발한 연구활동에 대해 발표하였다. 모형시험과 관련하여 그는 우여곡절 끝에 결국 영국 해군(Admiralty)으로부터 비용을 지원받아 1872년, 길이 75m인 최초의 근대적인 예인수조를 Torquay에 건설하였으며(**그림 1-12**), 저항 추정을 위한 모형시험 방법과 시험 결과의 실선에 대한 확장 방법을 제안하였다(1868, 1874). 그의 사후 R. E. Froude(1846~1924, UK)는 부친의 과업을 계승하여, 1886년 역시 해군을 위해 120m 길이의 보다 본격적인 예인수조를 Haslar에 건설함으로써, 추진특성을 포

함한 모형시험 결과의 실선에 대한 확장 방법을 확립하였다(1888). Froude 부자에 의해 확립된 저항 추정법은 오늘날 대부분의 예인수조에서 사용하는 저항 추정법의 근간을 이루고 있으며, 모형시험과 관련하여 얻어지는 Froude수(Froude number)로 명명된 무차원상수는 유체역학 전반에 걸쳐 나타나는 여러 무차원상수 중 하나로, 모형시험과 관련된 상사법칙에 대한 이론의 발전에 큰 영향을 미쳤다.

Reynolds는 케임브리지대학에서 수학을 전공, 졸업하고(1867), 이듬해 Manchester대학의 공학교수가 되었다[4]. 그는 1883년 층류와 난류의 구분이 지금은 Reynolds수(Reynolds number)로 불리는 무차원상수의 크기에 따라서 결정될 수 있으며, 두 종류의 유동현상은 매우 다른 특성을 보인다는 것을 실험적으로 입증하였다. Reynolds수는 유체의 점성에 기인하여 발생하는 마찰저항 및 항력 관련 문제에서 매우 중요한 역할을 하는 무차원상수로, 향후 유체역학의 전반적인 발전에도 지대한 영향을 미쳤다.

이와 같은 조선학의 발전은 곧 세계 여러 나라에 파급되었는데, 19세기 말만 해도 초강대국과는 거리가 멀었던 미국의 경우, D. W. Taylor(1864~1940, USA) 제독의 경력을 살펴보면 미국의 발전과정에 대해 많은 시사점을 얻을 수 있다[5]. 그는 해군사관학교를 수석으로 졸업하고(1885), 같은 해 영국의 왕립해군대학(Royal Naval College, Greenwich, 1873년 개교)에 유학하여 3년의 대학원 과정을 최우등으로 이수하였다. 귀국 후, 그는 약관 29세에 『Resistance of Ships and Screw Propulsion』(1893)을 출간하여 그의 새로운 지식을 모국에 전파하는 데 힘썼으며, 같은 해 설립된 미국조선학회(SNAME)의 창립을 도왔다. 또한 새로운 모형시험 설비의 건조를 주창하여 1898년 미국의 첫 번째 시험수조인 EMB●●(Experimental Model Basin)를 완성시킨다. 이 시험설비를 이용하여 선박의 저항 추진과 관련하여 수행된 조직적인 실험의 결과는 Taylor 표준계열(Taylor Standard Series)로 알려져 있으며, 그는 준비기간을 포함하여 EMB의 수장으로서 20년을 봉직하였다.●●● 1901년에는 미 해군의 조함 관련 교육을 위하여 MIT에 대학원 교육과정을 설치하게 하였으며, 『The Speed and Power of Ships』(1910, 제2판 1933)를 출간하여 미 해군뿐만 아니라 전 세계의 조선학도들에게 오랜 동안 큰 영향을 끼쳤다. 조함국장(Chief of the Bureau of Construction and Repair)으로 지낸 8년(1914~1922)을 포함한 해군 재직기간 동안 그는 1000척 이상의 함정 설계 및 건조에 관여하였고, 1923년 퇴역 후에는 NASA의 전신인 NACA(National Advisory Committee for Aeronautics)에서 해군을 대변하며 20세기 초반 미국의 항공정책 입안에도 크게 기여하였다. 오늘날 전 세계를 압도하는 미 해군을 뒷받침하는 연구조직은 그에 의해 시작된 EMB를 기초로 탄생된 조직이라고 해도 과언이 아닐 것이다.

●● 오늘날 세계 최대의 시험수조로 발전하였다.

●●● 순환배치를 원칙으로 하는 미 해군으로서는 지극히 이례적이며, Taylar의 재능을 인정하고 그 능력을 최대한 발휘할 수 있도록 배려한 것으로 이해된다.

1_1_4_ 선박의 현재와 미래

선박을 분류하는 방법은 여러 가지가 있을 수 있으나, 경제성을 기준으로 하여 크게 상선과 군함으로 나눈다면, 상선은 주로 화물을 운송하여 이윤을 추구하기 위해 건조되며, 군함은 작전수행을 위한 요구사항을 만족하도록 건조된다.

먼저 상선에 대해 고찰하면 지구상에 배가 등장한 이래, 지속적으로 대형화, 고속화되어 온 과정은 앞 절들에서 살펴본 바와 같다. 21세기에 들어선 지금도 세계경제는 꾸준히 발전하고 있으며 중국, 인도, 러시아, 브라질 등의 신흥경제국가가 세계경제에서 차지하는 비중이 커지면 커질수록, 지구상의 물동량은 지속적으로 증가할 것이다. 지구상의 물동량

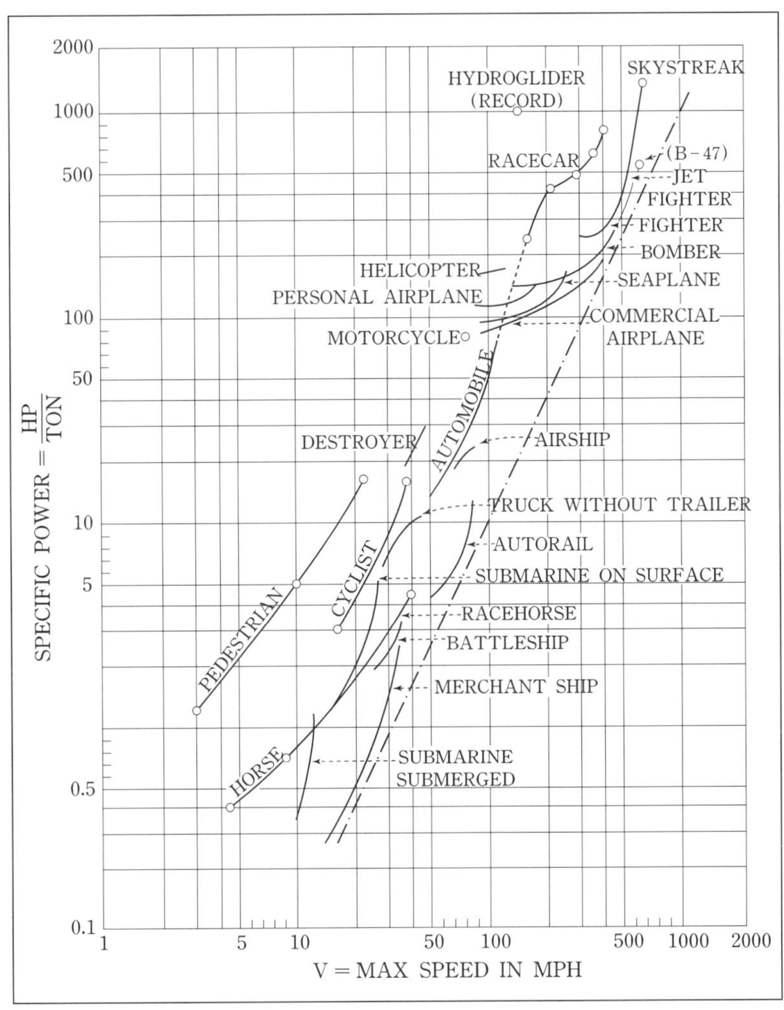

그림 1-13 운송수단의 수송효율

증가는 결국 보다 많은 상선 건조로 연결되는데 이는 상선의 수송효율이 어떤 다른 운송수단보다 높은 것에 기인하다. **그림 1-13**은 이와 같은 사실을 단적으로 보여주고 있는데, 가로축은 최대속도, 세로축은 단위중량당 동력, 즉 비동력(specific power)을 각각 나타내며, 수송효율은 비동력의 역수로 정의될 수 있다[6]. 다양한 운송기관들에 대한 자료와 비교하면, 전체 속도구간에 대해 상선의 비동력이 가장 작은 것을 알 수 있다. 그러므로 상선의 속도는 비교적 느리지만, 같은 중량을 운반하는 데 필요한 동력이 현존하는 운송수단 중에서 가장 작은, 즉 수송효율이 가장 높은 형태의 운송수단이라고 볼 수 있다. 따라서 지구상의 물동량이 증가하면 할수록, 다른 어떤 형태의 운송수단보다 더 많은 상선이 건조될 것이다.

세계적인 물동량의 변화 및 그 구성을 알아보기 위해 **표 1-1**에 1995년~2008년 물동량의 구성 및 변화 추이를 간략하게 나타냈다[7]. 이 표에 따르면 원유와 정유제품, 그리고 철광석, 석탄, 곡물 등의 산적화물과 기타 건화물이 주요 화물이라는 사실과, 물동량의 합계는 지난 13년 동안 매년 평균 4.6%씩 증가해 왔음을 알 수 있다.

한편 **표 1-2**는 지난 10년간(1998년~2007년) 전 세계 선복량의 구성과 변화를 보여주는데, 이에 따르면 전 세계의 선복량은 매년 평균 4.2%씩 증가하였고, 2007년의 총 선복량은 총 톤수(GT)로 7.7억 톤, 재화중량(DWT)으로는 약 10.8억 톤에 달한다. 상선은 적재화물의

단위: 백만 톤

구분	원유	정유제품	철광석	석탄	곡물	기타 건화물	합계
1995	1,415	381	402	423	196	1,895	4,712
1996	1,466	404	391	435	193	2,017	4,906
1997	1,519	410	430	460	203	2,146	5,168
1998	1,535	402	417	473	196	2,149	5,172
1999	1,550	415	411	482	220	2,218	5,296
2000	1,608	419	454	523	230	2,361	5,595
2001	1,592	425	452	565	234	2,385	5,653
2002	1,588	414	484	570	245	2,519	5,820
2003	1,673	440	524	619	240	2,637	6,133
2004	1,754	461	589	664	236	2,789	6,493
2005	1,784	495	652	710	251	2,770	6,662
2006(추정)	1,814	517	711	755	262	2,924	6,982
2007(추정)	1,863	535	750	790	270	3,042	7,250
2008(추정)	1,917	555	789	821	280	3,146	7,507

표 1-1 1995년~2008년 전 세계 물동량의 구성

종류에 따라 매우 다양한 형태를 가지는데, 이는 화물의 하역을 보다 용이하게 하여 선박의 항구 체류기간을 최소화함으로써 배의 운항효율을 높이고자 하는 노력의 소산이다. 상선은 화물의 종류에 따라 탱커(tanker), 산적화물선(bulk carrier), 그리고 기타 선박으로 컨테이너선(container ship), LNG선, 냉동선(reefer ship), Ro-Ro선(Roll-on/roll-off ship), 여객선(cruise ship) 등으로 크게 나눌 수 있다. 선박의 종류가 다르면 그 크기를 나타내는 단위가 다르기 때문에 톤수를 비교하는 것이 약간 혼동의 소지는 있으나, 2007년도 통계에 따르면, 재화중량으로 볼 때 전 세계의 선복량 10.84억 톤 중, 탱커가 3.47억 톤(32.0%), 산적화물선이 3.70억 톤(34.1%), 그리고 기타 선박이 3.68억 톤(33.9%)을 차지하고 있다. 한편 2007년의 신조선 실적을 선종별로 살펴보면, 재화중량으로 탱커가 3070만 톤, 산적화물선이 2450만 톤, 기타 선박이 2480만 톤으로 도합 8000만 톤이다. 이와 같은 선복량이나 신조선 실적은 **표 1-1**에 나타낸 물동량의 구성과 대체적으로 일치하고 있음을 알 수 있다. 2007년 한 해의 신조선 건조량 8000만 톤은 전 세계 선복량 10.84억 톤의 7.4%에 해당하므로, 대략 현재 상

	구분	탱커	산적화물선	기타	세계 합계
1998년	천 DWT	277,564	263,770	224,478	765,812
	구성비	36.2	34.4	29.3	100.0
1999년	천 DWT	282,005	265,095	230,710	777,810
	구성비	36.3	34.1	29.6	100.0
2000년	천 DWT	284,082	282,583	246,186	812,851
	구성비	34.9	34.8	30.3	100.0
2002년	천 DWT	280,426	286,781	254,395	821,602
	구성비	34.1	24.9	31.0	100.0
2003년	천 DWT	288,448	292,965	265,236	846,649
	구성비	34.1	34.6	31.3	100.0
2004년	천 DWT	300,188	299,644	289,423	889,255
	구성비	33.8	33.7	32.5	100.0
2005년	천 DWT	361,712	322,209	266,610	950,531
	구성비	38.1	33.9	28.0	100.0
2006년	천 DWT	331,780	346,671	336,102	1,014,553
	구성비	32.7	34.2	33.1	100.0
2007년	천 DWT	346,628	369,863	367,872	1,084,363
	구성비	32.0	34.1	33.9	100.0

표 1-2 1998년~2007년 전 세계 선복량의 구성과 변화(재화중량 기준)

선의 수명은 13.5년으로 볼 수 있다. 보통 배의 물리적 수명이 15~20년임을 감안하면, 이중선체(double hull)와 같은 규정의 변화 또는 배의 경제성 향상 등에 따라 상선이 물리적 수명을 다하기 전에 새로운 선박으로 대체되고 있음을 반증하는 자료라고 할 수 있다. 다가오는 시대에는 위에서 논한 바와 같은 상선의 대형화, 고속화와 더불어 과학과 기술의 발전에 따른 전용화, 자동화, 지능화도 보다 강도 높게 이루어질 것이다.

다음으로 군함에 대해 고찰하면, 거함거포의 전함이 중심이었던 중세 이후 해군의 수백 년 전통은 20세기에 서서히 사라졌는데, 이는 20세기 초반 비행기의 발명, 그리고 2차 세계대전 중 미사일(missile)과 레이더(radar)의 발명에 따라, 다수의 함재기를 탑재한 항공모함(aircraft carrier) 위주의 해군이 탄생한 것에 기인한다. 또한 핵기관(nuclear engine)의 개발은 기존의 디젤 잠수함과는 전혀 다른 전략적 중요성을 갖는 핵잠수함의 개발을 촉진하였다. 21세기에도 각국은 무역로의 확보, 자국 상선과 해외에서 자국의 이익을 보호하기 위해 해양세력(sea power)으로서의 역할 증대에 큰 힘을 쏟고 있으며, 이러한 세계적인 경향에 따라 각국 해군의 규모는 앞으로도 지속적으로 증가할 것이다.

미국은 유일한 초강대국으로 전 세계 바다에 자국의 함대(fleet)를 배치하고 있다. 대서양에는 2함대, 카리브해에는 4함대, 중동지역에는 5함대, 지중해에는 6함대, 그리고 태평양에는 미국 쪽의 3함대와 아시아 쪽의 7함대 등 6개의 함대가 그 주축으로, 각 함대는 항공모함을 중심으로 독자적인 작전을 수행할 수 있는 막강한 전력을 갖추고 있다. 미 해군은 도합 11척의 항공모함, 3700대의 비행기, 그리고 한 해 1273억 불(2007년)의 예산을 운용하며, 미국을 제외하고 지구상에서 가장 강력한 17개 기타 해군국의 해군함정을 모두 합한 것에 해당하는 함정을 보유하고 있다. 미국의 국익은 실제로 해군력에 의해 유지되고 있다고 해도 과언이 아니며, 이러한 상황은 앞으로도 지속될 가능성이 매우 높다.

러시아는 자국에 인접한 해역, 즉 북부해양, 태평양, 흑해, 발틱해 등의 네 곳에 함대를 배치하고 있는데, 항공모함은 북부해양에만 1척 배치되어 있을 뿐, 거의 모든 함대가 잠수함을 주요 전투력으로 삼고 있어 세계적인(global) 해양력을 갖추었다고 평가하기 힘들다. 그러나 근년의 경제적 부흥에 힘입어 다시금 해군력을 증강하고 있으며, 자국의 이익을 보호하기 위해서는 해군력을 증강하는 수단을 취할 수밖에 없을 것이다.

중국 또한 대만과의 문제, 일본과의 영토분쟁 등에서 보듯이 해군력의 증강이 필수적이라고 생각하고 있다. 엄청난 양의 외환보유고와 세계에서 가장 빠른 속도로 팽창하는 경제력을 바탕으로 러시아제 항공모함을 구입, 이를 모형삼아 중국 자체 설계의 항공모함을 건조하고 있으며, 전략 핵잠수함도 이미 보유하고 있는 것으로 알려져 있다.

일본은 2차 세계대전 당시 이미 해군력으로는 미국과 거의 대등한 나라였고, 근년에도 대양해군(blue water navy)의 전력을 충분히 확보하고 있는 것으로 평가받고 있다. 해상자위대는 4개의 호위함대(escort forces)를 운용하고 있으며, 각 호위함대는 8-8함대로 불리는데, 이는 각 호위함대가 8척의 구축함과 8대의 함재(on-board) 헬리콥터로 이루어져 있음을 뜻하며, 2차 세계대전 당시 각 함대가 8척의 전함과 8척의 순양함으로 이루어져 있던 사실을 계승한다는 의미를 가지고 있다. 북한과 중국의 위협을 구실삼아 보다 적극적인 해군력 증강 계획을 가지고 있으며, 미국과의 협조 아래 극동지역 최대의 해양력으로 장기간 존속할 것이다.

이 밖에도 인도양의 인도, 남태평양의 호주, 남미의 브라질 등이 각각 지역의 패자로서 해군력의 증강을 꾀하고 있다. 인도는 러시아로부터의 항모 도입계획을 실천에 옮기고 있고, 호주는 영연방의 일원으로, 미국의 동맹국으로 확실한 역할을 수행할 수 있는 해군력을 유지하고 있으며, 또 브라질은 비록 프랑스에서 수입하기는 하였으나 항공모함을 운용하는 남미 최대의 해군력을 보유하고 있다.

한편 유럽의 영국, 프랑스, 독일, 이탈리아, 스페인 등은 자국의 조선소에서 건조된 함정으로 무장한 해군을 유지하고 있다. 영국은 여전히 세계 제2의 해군국으로 3척의 항공모함을 운용하고 있으며, 해양대국의 명성에 어울리는 해군력을 유지하기 위해 큰 노력을 기울이고 있다. 프랑스는 정확도 높은 미사일로 무장한 구축함과 잠수함 사업에서 두각을 나타내고 있고, 1척의 핵항공모함과 6척의 핵공격잠수함을 운용하고 있으며, 독일은 2차 세계대전 이래 이름을 떨친 잠수함(Unterseerboot, U-boat)으로 여전히 세계 제일의 재래식 잠수함 수출국가로서의 위용을 자랑하고 있다.

이상에서 간단히 살펴본 바와 같이 세계의 많은 나라들이 해군력 증강을 위해 큰 힘을 쏟고 있으며, 특히 중국, 인도, 브라질과 같이 새로운 경제대국의 해군력 증강은 필연적인 것으로 보인다. 우리나라를 중심으로 하는 극동지역은 세계 강대국들의 이해가 첨예하게 얽혀 있는 지역으로 관계 당사국들의 해군력 증강 또한 명약관화하며, 이에 대응하기 위한 우리 해군의 대양해군화도 어쩔 수 없는 귀결로 보인다. 함정에 대한 보다 자세한 사항은 13장을 참고하기 바란다.

1_2_ 배의 저항에 대한 차원해석

_ 이 절에서는 먼저 차원해석과 모형시험 시의 상사법칙에 대해 논하고, 배의 저항을 무차원화한 양인 저항계수가 어떤 매개변수들의 함수로 주어지는지에 대해 살펴보기로 한다.

1_2_1_ 차원해석

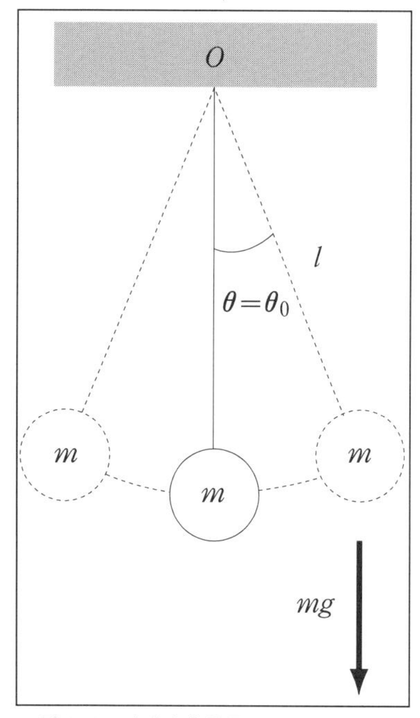

그림 1-14 단진자의 운동

모형시험에 앞서 단진자(simple pendulum)를 예로 들어 주어진 물리문제를 해결하는 데 차원해석(dimensional analysis)이 어떠한 과정을 통해 사용되는지 알아본다. **그림 1-14**에 나타낸 바와 같은 단진자의 주기 T_0를 실험적으로 결정하고자 할 때, 가장 먼저 알아야 할 사항은 T_0를 결정하는 물리적 변수들이다. 예를 들어 단진자의 길이 l, 질량 m, 중력가속도 g, 그리고 초기변위 θ_0에 의해 주기가 결정된다고 가정하면 다음과 같이 쓸 수 있다.

$$T_0 = f_0(l,\ m,\ g,\ \theta_0) \tag{1}$$

만약 원래 고려해야 할 단진자의 크기가 매우 크다면, 다루기에 보다 용이한 작은 모형을 만들어 실험하는 것을 생각할 수 있다. 그러므로 기하학적으로 상사한(geometrically similar) 모형을 만들어서 실험하는 경우, 모형시험(model test)에서 얻어진 주기와 실제 단진자의 주기가 어떤 관계를 가지는지에 대해 알아야 할 것이다. 여기서 우리는 위 식의 양변이 양적으로도 같아야 하지만 동시에 물리량으로서 차원도 동일해야 한다는 점에 착안하여, 관련된 물리량들을 모두 무차원량으로 나타내는 것을 생각할 수 있다. 물리량의 기본 차원은 질량 M, 길이 L, 시간 T의 3개인데, 식 (1)에 포함된 물리량 중 θ_0는 원래 무차원량임을 고려하면 4개의 차원량이 남는다. 먼저 좌변의 차원은 T이고, 우변의 물리량 중 l과 m은 시간 차원을 가지지 않으며, 중력가속도 g의 차원이 LT^{-2}임을 고려하면, $\sqrt{l/g}$이 T의 차원을 가짐을 알 수 있으므로, 식 (1)을 다음과 같이 바꾸어 쓸 수 있다.

$$\tau_0 = \frac{T_0}{\sqrt{l/g}} = f_1(m,\ \theta_0;\ l,\ g) \tag{2}$$

그런데 위에서 언급한 바와 같이 이 식의 좌변은 무차원화된 주기, 즉 무차원량이므로 우변 또한 무차원량이어야 한다는 점에 착안하면, 우변의 질량 m을 l과 g를 사용하여 무차원화할 수 없으므로, 결국 다음과 같이 되어야 함을 알 수 있다.

$$\tau_0 = f(\theta_0) \tag{3}$$

이 식에 따르면 무차원 주기 τ_0는 초기변위 θ_0만의 함수임을 알 수 있는데, 만약 $\theta_0 \ll 1$임을 가정하면, 식 (3)은 다음과 같이 근사할 수 있다.

$$\tau_0 \simeq f(0) \tag{4}$$

결국 초기변위가 1보다 매우 작을 경우 τ_0는 상수임을 알 수 있는데, 만약 모형시험에서 단 한 번의 실험으로 이 상수●●●●를 정확히 결정할 수 있다면, 이 실험에 의해 얻어진 결과는 어떠한 종류 및 크기의 단진자에 대해서도, 즉 질량, 길이 및 중력가속도의 크기 등에 상관없이 어떠한 경우에 대해서도 초기변위가 작다는 가정만 성립한다면 적용할 수 있다.

●●●● 이 값은 2π이다.

위에 나타낸 일련의 과정을 차원해석이라고 하는데, 물리 또는 역학의 법칙을 사용하지 않고, 단지 관련된 물리량의 차원과 물리적인 등식의 차원동일성을 이용하여 주어진 문제를 해결하는 데 필요한 무차원량들을 구할 수 있으며, 또한 이들 무차원량에 대한 적절한 가정, 제한을 통해 실험횟수를 최소화할 수 있다는 장점이 있다. 만약 무차원화된 주기가 아닌 차원량으로서의 주기를 실험에 의해 결정해야 한다면, 주기에 영향을 미치는 단진자의 길이, 질량, 중력가속도, 초기변위 모두를 변화시키며 실험해야 했음을 상상하면, 위에서 논의한 차원해석과 상사법칙이 얼마나 유용한지 알 수 있을 것이다.

1_2_2_ 저항에 대한 차원해석

정수(still water) 중에서 일정한 속도로 직선 운동하는 배가 받는 저항은 그 어떤 선박이라도 설계 시에 미리 알아야 하는 양이다. 배가 받는 저항을 미리 알기 위해 모형시험(model test)을 수행할 것을 상정하면, 축척비(scale ratio)가 s인 모형선(model ship)을 실선과 기하학적으로 상사하도록 제작하는 것은 그리 어려운 일이 아니다. 그러나 모형시험의 결과를 제대로 활용할 수 있기 위해서는, 먼저 실선(real ship)의 속도가 U라고 할 때, 모형선의 속도는 얼마나 되어야 하고, 또 모형시험의 결과로 얻어진 모형선의 저항과 실선의 저항은 어떤 관계를 가지는지에 대해 알아야 한다(**그림 1-15**). 이는 Froude 부자에 의해 1860년부터 약 30년간 연구되었던 문제이며, 여기서는 앞 절에서 사용했던 차원해석을 이용하여 고찰해 보기로 한다.

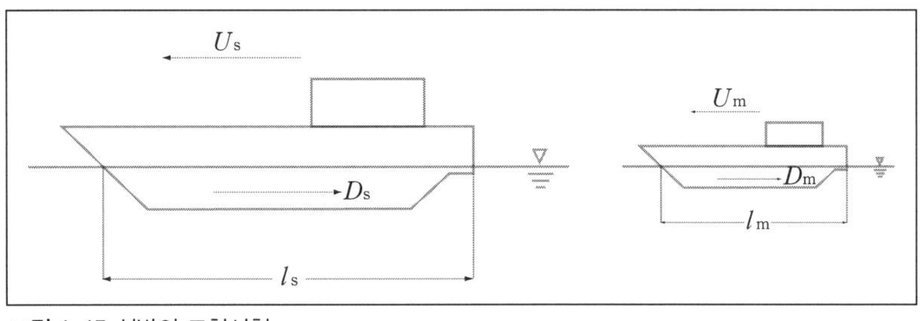

그림 1-15 선박의 모형시험

배가 받는 저항(resistance 또는 drag) R은 배의 길이 l,●●●●● 속도 U, 중력가속도 g, 유체의 밀도 ρ, 동점성계수(dynamic viscosity) μ에 따라 변화하므로 다음과 같이 쓸 수 있다.

●●●●● 조선공학에서는 전통적으로 배의 길이를 나타내는 데 L을 사용하지만 이 장에서는 차원을 나타내는 L과의 혼동을 피하기 위해 l을 사용하기로 하며, 단 2장부터는 그러한 혼동의 소지가 없으므로 배의 길이를 L로 나타내기로 한다.

$$R = f_0(l,\ U,\ g,\ \rho,\ \mu) \tag{5}$$

앞 절에서와 같이 식 (5)의 양변은 동일한 물리적 차원을 가져야 하며, 기본 차원인 질량 M, 길이 L, 시간 T를 나타내는 데 필요한 3개의 물리량을 제외하면 3개의 차원량이 남는다. 좌변 R의 차원은 MLT^{-2}이며, 우변의 물리량 중 l, U, ρ를 사용하여 이와 같은 차원량을 구하면 $\rho U^2 l^2$을 얻는다. ρU^2 대신 $\rho U^2/2$을, 그리고 l^2 대신 배의 침수표면적(wetted surface area) S를 각각 사용하기로 하면 식 (5)를 다음과 같이 쓸 수 있다.

$$C_T = \frac{R}{(\rho U^2/2)S} = f_1(g,\ \mu;\ l,\ U,\ \rho) \tag{6}$$

여기서 분모의 $\rho U^2/2$은 유체역학에서 배운 정체압(stagnation pressure)이며, 힘이나 압력을 무차원화하는 데에는 통상 이 양을 사용하고 있음에 유의한다. 식 (6)의 C_T는 전체저항계수

(total resistance coefficient)라고 하며 무차원량이므로 우변 또한 무차원량의 함수로 주어져야 하는데 g, μ의 차원이 각각 LT^{-2}, $ML^{-1}T^{-1}$이므로 l, U, ρ를 사용하여 무차원량으로 바꾸어 쓰면 결국 다음 식을 얻는다.

$$C_T = f_2\left(\frac{gl}{U^2},\ \frac{\mu}{\rho l U}\right) \tag{7}$$

우변의 무차원량에 대해, 역사상의 이유로 첫 번째는 제곱근의 역수를, 두 번째는 역수를 취하여 다음과 같이 바꾸어 쓸 수 있는데,

$$C_T = f\left(\frac{U}{\sqrt{gl}},\ \frac{Ul}{\nu}\right) = f(Fn,\ Rn) \tag{8}$$

여기서 $\nu = \mu/\rho$로 운동학적 점성계수(kinematic viscosity)를 나타내며 Fn는 Froude수, Rn는 Reynolds수로 각각 알려진 무차원수이다. 따라서 실선과 기하학적으로 상사한 모형선에 대해 Fn와 Rn를 실선에 대한 값과 동일하게 만들어 시험을 수행한다면, 모형시험에서 얻어지는 전체저항계수는 바로 실선의 전체저항계수와 동일해야 하며, 이 같은 경우 실선과 모형은 역학적 상사성(mechanical similitude)을 가진다고 한다.

위에 나타낸 바와 같이 모형선과 실선의 Fn와 Rn를 모두 같게 하여 시험을 수행할 수 있다면 대단히 바람직하겠으나, 먼저 모형선과 실선의 Rn를 같게 해 주는 것은 실질적으로 매우 어려운 일이다. 왜냐하면 대부분의 경우 물을 사용하여 시험을 수행하는데, 물의 운동학적 점성계수는 크게 변화시킬 수 없으며, 모형선은 대개 실선보다 매우 작은 것이 상례이므로, 모형선의 속도가 실선의 속도보다 매우 빨라져야 하는 문제점이 발생한다. 예를 들어 모형선이 실선의 1/10 크기라면 모형선의 속도는 실선의 10배가 되어야 하므로, 실선의 속도가 $20kts$, 즉 $10m/s$라면 모형선의 속도는 $100m/s$가 되어야 한다. 이와 같이 높은 속도를 얻기 위해서는 매우 많은 경비가 소요되며, 또 안전 측면에서의 위험부담도 커지므로 바람직하지 않다고 볼 수 있다. 뿐만 아니라 Fn를 같게 하는 경우는 Rn를 같게 하는 경우와는 달리, 모형선의 속도가 실선의 속도보다 작아진다. 위에서처럼 1/10크기의 모형선을 사용하는 경우 모형선의 속도는 실선의 $1/\sqrt{10}$이 되어야 하므로, 결국 두 무차원수를 모두 같게 하여 시험을 수행하는 것은 불가능함을 알 수 있다. 현실적으로 Rn를 같게 해 주는 것은 매우 어려운 일이므로, 통상 모형시험은 Fn를 같게 하여 수행된다.

위와 같은 이유로 모형시험으로부터 실선의 전체저항계수 C_T를 직접 구하기는 어려우

므로, 식 (8)에 대해 다음과 같은 소위 Froude의 근사(Froude's approximation)를 도입한다.

$$C_T \simeq C_R(Fn) + C_F(Rn) \qquad (9)$$

즉 저항계수 C_T를 Fn만의 함수인 잉여저항계수(residuary resistance coefficient) C_R과 Rn만의 함수인 마찰저항계수(frictional resistance coefficient) C_F의 합으로 간주한다. 위와 같은 근사에 따르면 Fn를 동일하게 하여 수행한 모형시험으로 얻어진 모형선의 C_R은 실선의 C_R과 같으므로, 실선과 모형선의 C_F를 어떻게 구하느냐 하는 문제만 해결하면 모형시험에 의해 저항계수를 결정할 수 있다.

C_F를 구하는 방법은 Froude 부자 이래 지속적인 발전을 거듭해 왔으나, 그 기본에는 변함이 없다. 즉 모형선 또는 실선과 길이, 표면적이 같은 소위 등가평판의 마찰저항계수를 사용하는 방법이다. 대부분의 모형시험기관에서는 등가평판의 마찰저항계수를 구하는 데 ITTC 곡선을 사용하고 있으며, 이에 대해서는 3장에서 보다 자세히 논의하기로 한다.

1_3_저항성분의 분류

_ 앞 절에서 나타낸 바와 같이 모형시험을 통해 실선의 저항을 산정하는 경우, 전체저항은 등가평판의 마찰저항과 Fn만의 함수로 가정한 잉여저항의 합으로 주어진다. 한편 배의 저항을 이론적으로 계산하려는 노력 또한 19세기 이래로 조선공학자들에 의해 지속적으로 이루어져 왔으며, 특히 20세기 후반부터는 컴퓨터를 사용한 계산유체역학(CFD, Computational Fluid Dynamics)의 방법론을 사용하여 배의 저항을 계산하고자 하는 노력이 이루어져 왔다. 이와 같이 이론적 계산을 시도하는 경우에는 배의 기하학적 형상을 있는 그대로 고려하여 저항을 구하게 되며, 모형시험 시 고려해야 하는 등가평판의 마찰저항이나 잉여저항 등이 아닌 조파저항(wavemaking resistance), 점성저항(viscous resistance) 등과 같은 양들을 계산하게 된다. 이와 같은 양들을 계산할 수 있게 되자 이번에는 이들과 비교할 수 있는 양들을 다시금 실험적으로 얻고자 하는 시도가 이루어졌으며, 이 같은 노력의 산물로 파형저항(wave pattern resistance), 반류저항(wake resistance) 등의 저항성분이 얻어지게 되었다. 이하에서는 이들 저항의 각종 성분에 대해 개괄적으로 소개하기로 하며, 보다 자세한 사항은 각각 2장, 3장, 4장에서 다루기로 한다.

1_3_1_ 이론적 접근

유체역학적인 지식을 사용하여 유체 중에서 운동하는 물체가 받는 점성에 기인하는 저항을 이론적으로 계산할 수 있게 된 것은 Prandtl(1875~1953, Germany; 1904)의 경계층이론(boundary layer theory)에 대한 개념이 확립된 후이다. Prandtl의 업적은 유체의 점성을 무시하는 경우, 무한히 넓은 유체 중에서 일정한 속도로 운동하는 물체는 유체로부터 어떠한 힘도 받지 않는다는 D' Alembert(1717~1783, France)의 역설(D' Alembert's paradox, 1752)이 알려진 지 150여 년이 지난 후 얻어졌다. 한편 배의 저항과 관련하여서는, 배가 물과 공기의 경계면 상에서 움직인다는 특성 때문에 배의 진행에 따라 파도가 발생하며 이 같은 파도의 생성에 기인하여 배가 받는 저항, 즉 조파저항은 물의 점성과는 기본적으로는 관련성이 없으므로 물을 비점성, 비압축성 유체, 즉 이상유체로 가정하여 계산할 수 있다. 따라서 조파저항을 구하고자 하는 노력은 19세기에도 활발히 이루어졌으며, 조파저항 연구의 초기 결과 중 대표적인 업적으로 볼 수 있는 Michell의 박선이론(thin ship theory, 1898)은 Wright 형제의 최초 비행(1903)보다 앞서 얻어졌다.

물을 비점성, 비압축성 유체, 즉 이상유체로 가정하고 배 주위의 유동을 포텐셜유동(potential flow)으로 근사하여 배가 받는 저항을 계산하는 경우에는, 수표면 상에 생성되는 파도에 기인하는 조파저항 R_W를 얻게 되며, 배에 의해 생성되는 수면파는 대부분 중력에 의해 복원력이 제공되는 파도이므로, 배의 기하학적 형상이 주어진 경우, 다음과 같이 정의되는 조파저항계수(wavemaking resistance coefficient) C_W는 Fn만의 함수로 얻어진다.

$$C_W = \frac{R_W}{(\rho U^2/2)S} \tag{10}$$

앞 절에서 논의하였던 잉여저항계수 C_R도 Fn만의 함수로 가정하였지만, 조파저항계수 C_W와는 여러 가지 점에서 다른 양이다. C_R은 전체저항계수 C_T에서 등가평판의 마찰저항계수 C_F를 빼줌으로써 얻어지는 양이므로, 점성에 기인하여 선박이 받게 되는 점성압력저항(viscous pressure resistance) 성분을 포함하며, 배의 3차원 형상에 기인하는 접선응력으로부터 얻어지는 저항성분도 포함하고 있다. 따라서 실험적으로 구한 C_R과 이론적으로 구한 C_W를 비교할 때는 이와 같은 점에 유의해야 한다(**그림 1-16**).

20세기 후반부터 급속히 발전하기 시작한 CFD에 근거한 계산법을 사용하면 물의 점성을 고려하여 배가 받는 점성저항을 직접 구할 수 있다. 점성에 기인하는 배의 저항은 접선

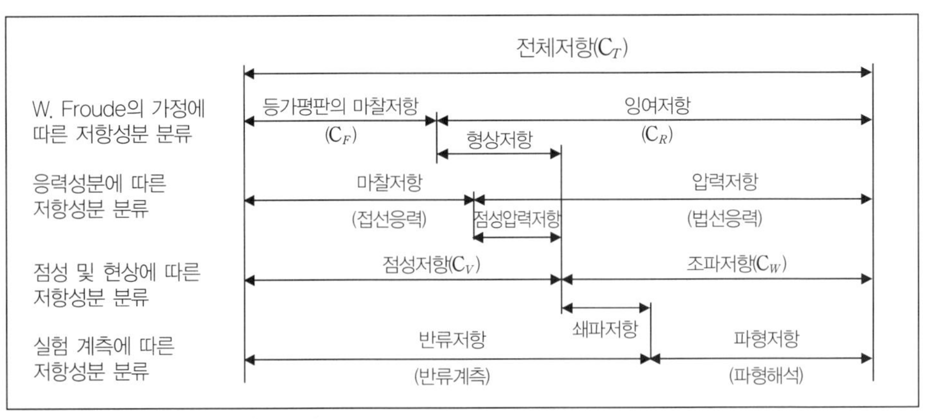

그림 1-16 각종 저항성분의 비교

응력(tangential stress)을 적분하여 얻는 마찰저항과 법선응력(normal stress)을 적분하여 얻는 압력저항으로 이루어진다. CFD 발전의 초기 단계에서는 수표면을 무시하고 선박의 이중물체(double body)가 무한한 점성유체 중에서 운동하는 경우에 대해 계산하였는데, 여기서 이중물체란 선박의 수면하 형상을 정수면에 대해 대칭되도록 수면 위쪽으로 더하여 얻어진 형상을 뜻한다. 이와 같이 이중물체에 대해 계산을 수행하여 얻어지는 점성저항은 실제 선박이 받는 점성저항과는 수면파의 존재에 기인하는 만큼의 차이가 발생하므로 CFD에서 얻어진 저항계수들은 대부분 이중물체를 풍동(wind tunnel)에서 실험하여 얻어진 결과와 비교되었다. 컴퓨터 및 CFD의 발전에 따라 근자에는 점성과 수표면의 영향을 동시에 고려한 계산도 가능하게 되었으며, 이와 같은 계산을 수행하면 마찰저항과 압력저항을 모두 얻을 수 있다. 그러나 이때 얻어진 압력저항 또한 포텐셜유동을 가정하여 얻어진 조파저항과는 다른 양임에 유의해야 한다. 점성유동 해석을 통하여 얻어진 압력저항에는 점성에 기인하는 법선응력 성분이 포함되어 있기 때문이다. 한편 마찰저항 또한 모형시험에서 논의된 마찰저항계수와는 다른 양임에 유의해야 하며, 다시 한 번 강조하지만 모형시험에서 논의된 마찰저항계수는 선박의 기하학적 형상이 고려되지 않은 등가평판의 마찰저항계수이다.

이론적으로 배의 저항을 구할 때, 점성 또는 수표면의 영향을 고려하느냐 하지 않느냐의 구분이 있을 수 있으며, 각각의 경우 저항은 배의 표면에 작용하는 응력을 적분하거나 일-에너지 원리를 사용하여 얻는다. 이렇게 얻어진 저항성분들을 다른 방법이나 실험적으로 구한 저항성분들과 비교할 때에는 위에서 논의한 바와 같은 점들을 고려하여 합리적으로 추론해야 함에 유의한다.

지금까지는 수면 아래의 선각에 기인하는 저항, 즉 알몸저항(bare hull resistance)에 대해 논의하였다. 실제 선박의 경우는 수면 위쪽의 구조물이 받는 공기저항(air resistance)과 선각에 부착된 부가물에 의한 부가물저항(appendage resistance)을 추가적으로 고려해야 하며, 고속선의 경우에는 스프레이 발생에 따른 스프레이저항(spray resistance), 또 배를 부양시키는 데 필요한 압력분포에 기인하는 저항 등도 고려해야 한다.

1_3_2_ 실험적 접근

모형시험을 하는 경우, 전통적으로는 Froude법(Froude' s method)에 기초하여 배의 전체저항을 등가평판의 마찰저항과 잉여저항으로 성분 분해하는 방법을 사용하고 있다. 그러나 이 같은 저항성분들을 이론적으로 구한 저항성분들과 직접 비교하기에는 문제가 있으므로 20세기 중반부터 추가적인 실험방법들이 많이 고려되어 왔다(**그림 1-16**).

먼저 이론적으로 얻어진 조파저항과 비교하기 위해서는 배에 의해 생성된 파도의 크기를 계측하여 이와 같은 파형에 상응하는 저항성분을 역으로 계산하는 것을 생각할 수 있는데, 이와 같은 방법을 파형해석(wave pattern analysis), 이와 같은 방법으로 얻어진 저항성분을 파형저항이라고 부른다.

파형저항을 얻기 위한 실험을 수행할 경우, 배에서 조금 떨어진 곳에서 파도의 크기를 계측하게 되므로, 파형저항에는 배 부근에서 발생하는 쇄파(breaking wave)에 의한 영향은 포함되지 않는다. 쇄파는 파도의 크기 또는 파정부에 있는 유체입자의 속도가 과대하여 파도의 형상을 유지하지 못하고 파도가 깨져 포말(air bubble) 또는 난류를 형성함으로써 파도의 에너지가 다른 형태의 에너지로 변환되는 것을 뜻한다. 선체 부근에서 과도한 파도가 형성되는 경우에는, 이 같은 파도를 형성하게 하는 요인은 배의 표면에 작용하는 압력으로 나타나 압력저항에 기여하게 되지만, 실제에 있어서는 쇄파가 발생하게 되므로 파형계측에서는 이와 같은 성분이 계측될 수 없으며, 오히려 다음으로 고려할 반류저항에 포함된다.

점성을 가진 유체가 물체를 지나 흐르면 물체 앞쪽의 유체와 뒤쪽의 유체는 그 운동량에 차이가 생기며, 이 차이는 물체가 받는 저항에 상응한다는 것은 Newton의 운동법칙(Newton's law of motion)으로부터 쉽게 얻을 수 있다. 이때 물체 뒤쪽의 운동량은 앞쪽보다 작을 것이며, 이 같은 운동량의 감소를 운동량결손(momentum defect)이라고 하는데, 이 양은 물체 뒤쪽의 유동장, 즉 반류장(wake field)을 계측하여 얻을 수 있다. 또 이와 같은 배 뒤쪽의 유동장 계측을 반류계측(wake survey)이라고 하고 이렇게 해서 얻어진 저항성분을 반류저항이라고 한다. 배가 지나감에 따라 물에 주어진 변화는 반류와 파형에 의해 모두 주어질 것이므로, 반류저항과 파형저항의 합은 전체저항이 되어야 한다. 한편 위에서 언급한 쇄파에 기인하는 저항성분인 쇄파저항(wavebreaking resistance)은 파형해석에서는 나타나지 않을 것이며, 오히려 반류저항을 증가시키는 역할을 할 것이다.

1_3_3_ 고속선의 저항성분

배의 속도가 빨라지면 우선 두 가지 문제점이 발생한다. 하나는 소요동력이 속도의 3승에 비례하여 증가하기 때문에 속도 증분에 대해 제공되어야 하는 동력의 증분이 속도가 빨라질수록 상당히 커진다는 점이며, 또 하나는 통상 추진기로 사용하는 프로펠러의 경우 회전속도가 빨라지면 공동 발생 가능성이 증가하여 어느 속도 이상에서는 공동을 피할 수 없게 된다는 점이다. 따라서 고속선의 개발을 위해서는 저항을 줄이는 방법과 공동에 대처하는 방법을 알아내는 것이 우선적인 과제이다. 추진기와 관련해서는 이 책의 후반부에서 다루기로 하고, 여기서는 고속선의 저항을 감소시키는 방법과 고속선과 관련하여 새롭게 발생하는 저항성분에 대해 간략히 알아보며, 보다 자세한 사항은 6장에서 다루기로 한다.

배의 저항을 감소시키기 위해 우선 배의 침수표면적을 줄이는 것을 생각할 수 있는데, 이를 위해 선체를 물위로 띄우는 것을 생각할 수 있다. 선체를 부양하는 방법은 여러 가지가 있는데, 선체하부를 압축공기로 채워 선체를 지지하게 하는 공기부양방식, 비행기 날개와 비슷한 수중익을 사용하여 선체를 띄우는 수동역학적(hydrodynamic)인 부양방식, 또 선체 바닥을 수상스키처럼 만들어 배를 활주(planing)하게 만드는 방식 등이 있다.

선체의 부양을 위해 어떤 방식을 사용하든 그에 따라 새로운 동력 소요 또는 저항성분이 발생한다. 먼저 압축공기를 사용하는 경우에는 일반적으로 선체 아랫부분의 공기가 밖으로 빠져나가지 못하도록 스커트(skirt)나 씰(seal)을 사용하는데, 파도와 선체의 운동 등에 기인하는 압축공기의 손실을 보전하기 위해 지속적으로 압축공기를 공급하여 압력을 일정 수준으로 유지하기 위해 필요한 동력의 증가를 고려해야 한다.

한편 수중익을 사용하는 경우에는 수중익을 선체에 연결하는 지주(strut)와 수중익 자체의 저항을 고려해야 하며, 이때 지주와 수표면이 만나는 부근에는 스프레이(spray)가 발생할 것이므로 이에 상응하는 저항 증분도 고려해야 한다.

선저형상이 배가 활주하도록 설계된 선박을 활주선(planing boat)이라고 하는데, 이와 같은 활주선의 경우에는 스프레이에 기인하는 스프레이저항(spray resistance)이 매우 크다. 활주선에 대한 연구는 물에서 이착수할 수 있도록 설계된 수상선(hydroplane)과 관련하여 2차 세계대전 이전부터 많은 연구가 이루어져 왔으며, Wagner 등에 의하여 고전적인 결과들이 많이 알려졌고 Savitsky[8]는 주요 자료들을 다수 포함하고 있다.

한편 배가 적재할 수 있는 화물의 중량보다 갑판 면적이 더 중요한 선박의 경우에는, 선체의 배수량을 2개의 분할선체(demihull)가 나누어 담당하도록 하고, 갑판 면적이 이들 선체를 연결하여 제공되는 쌍동선(catamaran) 또는 소수선면선(SWATH, Small Waterplane Area Twin Hull) 등을 생각할 수 있다. 이 경우에는 2개의 분할선체가 만들어내는 파계의 중첩에 따른 파도의 조파저항을 고려해야 하며, 분할선체 사이의 간격이 주요한 매개변수가 된다.

1_4_ 선형설계

_ 배의 형상, 즉 선형은 배의 저항성능, 추진성능, 내항성능, 조종성능 등의 여러 유체역학적 성능을 결정하며, 선형설계자는 항상 더 나은 성능을 지닌 선형을 설계하기 위해 모든 지식과 주어진 도구, 즉 실험시설, 수치계산 등 가능한 한 많은 자료를 활용한다.

선형은 주요요목, 배의 기하학적 특성을 나타내는 선형계수들(ship form coefficients), 선수와 선미의 단면형상 및 측면형상, 배수량의 길이방향 및 연직방향 분포, 단면적곡선 등의 각종 선형요소에 의해 대표된다. 좋은 선형설계자가 되기 위해서는 위에서 언급한 각종 선형요소의 변화가 배의 여러 가지 성능에 어떠한 영향을 미치는지 확실히 이해하여야 한다. 선형설계는 항상 상충되는 요소를 어떻게 절충하느냐의 문제가 관건이므로, 선형요소들이 배의 성능에 미치는 영향을 질적인 면뿐만 아니라 양적인 면에서도 확실히 이해해야만 원하는 성능의 선형을 얻을 수 있을 것이다. 5장에서는 여러 가지 선형요소가 배의 성능에 미치는 영향에 대해 기술하였다.

연습문제

1. 우리나라 배의 역사에 대해 시대별로 정리하고 선형에 대해 논하시오.
2. 차원해석의 역사에 대해 약술하고 π-정리(π-theorem)에 대해 서술하시오.
3. 저항의 각종 성분들에 대해 운동량과 에너지적인 관점에서 고찰하시오.

참고문헌

[1] 김재근, 1980, **배의 역사**, 서울대학교 공과대학 조선공학과 동창회.

[2] Derry, T. K. & Williams, T. I., 1993, **A short hitory of technology; from the earliest times to A.D. 1900**, Dover Publications.

[3] Yoshioka Isao, 1985, **The life of William Froude**, 横浜國立大學工學部 船舶海洋工學教室.

[4] Rouse, H. & Ince, S., 1963, **History of hydraulics**, Dover Publications.

[5] Allison, D. K. et al., 1988, **D. W. Taylor**, David Taylor Research Center.

[6] von Karman, T., 1954, **Aerodynamics; selected topics in the light of their historical development**, Cornell University Press.

[7] 한국조선협회, 2008, **2008 조선자료집**, 창보문화사.

[8] Savitsky, D., 1964, Hydrodynamic design of planing hulls, Marine Technology, Vol. 1.

02

조파저항

이승준
교수
충남대학교

_ 항구의 부둣가나 강둑에서 배가 지나가는 것을 보면 배 주위에 만들어지는 파도가 배보다 훨씬 넓은 범위의 수면을 덮고 전파하는 것을 볼 수 있다(**그림 2-1**). 이 같은 파도를 보고 있노라면 이들 파도가 어떻게 만들어지고 또 어떻게 전파하는지에 대해 생각하게 된다. 물리학에서 배운 소리, 빛 등을 포함한 모든 파도는 어떠한 형태의 파도든 기본적으로 에너지 현상이며 에너지의 투입 없이는 파도가 만들어지지 않는다. 에너지의 관점에서 생각하면, 배가 지나갈 때 그 주변에 만들어지는 파도의 에너지는 당연히 배에 의해 주어지는 것이며, 따라서 배는 전진하면서 일정량의 에너지를 배 주변의 물에 지속적으로 공급하고 있음을 뜻한다. 이 같은 파도의 에너지는 배가 물에게 한 일(work)에 의해 공급되며, 물의 점성을 무시할 경우 이 일은 배가 배의 표면에 작용하는 압력을 이기고 전진하는 것에 의해 수행된다. 단위시간당 배가 물에 대해 한 일은 배의 표면에 작용하는 압력의 길이방향 성분을 적분하여 얻어지는 힘(force)과 단위시간당 배가 전진한 거리, 즉 배의 속도 U의 곱으로 주어진다. 여기서 압력의 길이방향 성분을 배의 표면에 걸쳐 적분하여 얻은 힘을 통상 조파저항(wavemaking resistance, R_W)이라고 하며, 따라서 조파저항은 배가 전진하면서 받는 압력, 다시 말하면 배가 만들어내는 파도의 형상과 크기에 따라 결정된다.

그림 2-1 배에 의해 만들어지는 파도

실제 선박의 경우 배의 속도가 빠를수록, 보다 정확하게는 Froude수($Fn=U/\sqrt{gL}$)가 클수록, 전체저항에서 조파저항이 차지하는 비율이 일반적으로 높아진다. 여기서 g는 중력가속도, L은 배의 길이이다. **표 2-1**에 나타낸 바와 같이 저속비대선인 유조선(tanker)의 Fn는 0.14, 고속선인 구축함(DD, destroyer)의 Fn는 0.28이며, 각각의 경우 조파저항계수 C_W

선종	Fn	전체저항 계수 $C_T \times 10^3$	잉여저항 계수 $C_R \times 10^3$	조파저항 계수 $C_W \times 10^3$	형상계수 (k)	마찰저항 계수 $C_F \times 10^3$	비고
유조선	0.14	2.08	0.680	0.288	0.28	1.40	300K VLCC
살물선	0.17	2.28	0.820	0.543	0.19	1.46	75K Panamax
정유운반선	0.19	2.78	1.270	0.877	0.26	1.51	35K PC
컨테이너선	0.23	1.99	0.660	0.474	0.14	1.33	9,000TEU
자동차운반선	0.24	2.60	1.110	0.931	0.12	1.49	3,000unit PCC
구축함	0.28	2.60	1.180	0.825	0.25	1.42	대형수송함

표 2-1 각종 선박의 Fn와 저항계수

는 0.288×10^{-3}과 0.825×10^{-3}으로 큰 차이를 보이고 있다 [C_W의 정의는 식 (1.10) 참조].

조파저항의 이론적 계산은 Michell의 박선이론(thin ship theory) 이후 지속적으로 발전해 왔으며[1], 이론적 계산뿐만 아니라 조파저항에 대한 중요한 자료들을 1963년의 조파저항 국제세미나[2], Wehausen[3] 등에서 찾아볼 수 있는데, 1970년대 이후 컴퓨터의 발전은 조파저항의 이론적 계산보다는 수치코드에 의한 조파저항 계산방법의 발전을 촉진하였다.

근래의 계산유체역학(Computational Fluid Dynamics, CFD)은 매우 빠르게 발전하고 있는데, 아직도 조파저항을 계산하는 경우에는 물의 점성을 무시하고 계산하는 것이 일반적이며, 조파저항을 계산하는 데 사용되는 가장 대표적인 방법인 패널법(panel method)에서도 비점성 유체(nonviscous fluid)에 대한 계산을 수행하여 배의 표면에 작용하는 압력의 길이방향 성분을 적분하여 조파저항을 얻고 있다.

한편 모형선이나 실선에 대해 표면상에서의 압력을 직접 계측, 적분에 의해 조파저항의 값을 얻는 것은 비현실적이며, 따라서 실험적으로 조파저항을 구할 때는 일반적으로 배에서 멀리 떨어진 후방에서의 수면파 형상을 계측하여 조파저항의 값을 얻는, 소위 파형해석(wave pattern analysis)을 사용한다. 그러나 이 경우 물의 점성에 기인하는 영향을 적절히 배제하기 곤란하므로, 계산과 실험에서 얻어진 조파저항의 값을 직접 비교하는 것은 아직 풀리지 않은 과제로 남아 있다.

조선공학 내의 많은 분야와 마찬가지로 미국조선학회(SNAME)에서 발간한 『PNA』[4]는 조파저항과 관련된 많은 참고문헌들을 포함하고 있으며, 이 책은 『기본조선학』[5]이라는 제목으로 번역되어 당시의 문교부에 의해 발간된 바 있다. 또한 대한조선학회(SNAK), 영국조선학회(RINA), 일본조선학회(SNAJ), 미국조선학회 등의 논문집에서도 중요한 자료들을 찾아볼 수 있다.

이하에서는 조파저항을 다루기 위해 필요한 선형 수면파의 기초와 그 응용에 대해 먼저 생각해 본다. 다음에는 여기서 얻어진 결과들을 이용하여 2차원 선박의 조파저항에 대해 고찰하고, 나아가 실제 3차원 선박의 조파저항에 대해 간략히 다룰 것이다. 마지막으로 조파저항의 계산에 일반적으로 사용되고 있는 패널법의 기초와 그 결과들에 대해 알아본다.

2_1_ 선형 수면파의 기초

수면파를 정량적으로 기술하는 방법은 매우 다양하지만 그 중에서도 가장 기본적인 방법은 수면파의 모양을 단일 진동수(monochromatic)●를 갖는 조화함수(harmonic function)로 나타낼 수 있다고 가정하는 소위 선형 수면파(linear water surface waves)이론을 사용하는 방법이다. 이 경우 가장 기본적인 질문은 수면의 형상을 이와 같은 조화함수로 나타내는 것이 물리적으로 타당한가 하는 것이다. 보다 정확히 말하자면 수면의 형상 $\eta(x,\ t)$를 다음과 같이(그림 2-2) 나타내는 것이 역학적으로 타당한가 하는 질문이다.

● 파동에 대한 이론이 광학(optics)에서 먼저 발전되었기 때문에 일반적으로 단색(單色)이라는 뜻을 가진 단어가 단일 진동수를 나타내는 용어로 사용되고 있다.

$$\eta(x,\ t) = A\cos(kx - \omega t) = A\cos\Theta \tag{1}$$

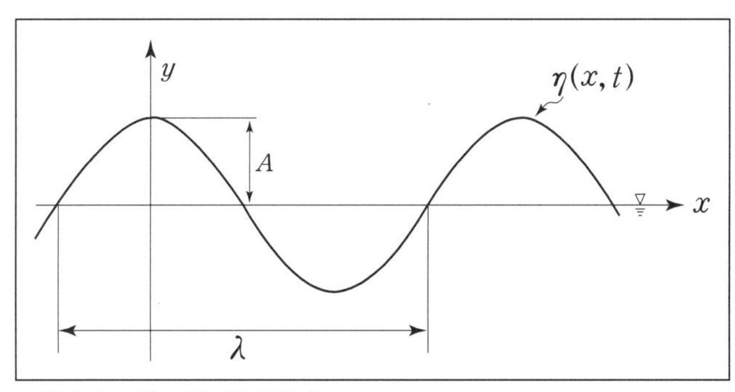

그림 2-2 선형 수면파와 좌표계

여기서 x는 정수면 상에 잡은 파도의 진행방향과 같은 방향인 좌표축, t는 시간이며, A는 수면파의 진폭(amplitude), k는 파수(wave number), ω는 원진동수(circular frequency)라고 하고, Θ는 수면파의 위상을 나타내는 위상함수(phase function)이다.

위의 질문에 답하기 전에 먼저 식 (1)에 대해 생각해 보기로 한다. 언뜻 보기에 대단히 간단한 식 (1)은 공간과 시간을 나타내는 좌표 이외에 $(A,\ k,\ \omega)$의 세 매개변수(parameter)를 포함하고 있다. 먼저 A는 파도의 크기, 또는 높이를 나타내는 유일한 매개변수이다. 한편 kx의 값이 2π 증가할 때마다 조화함수의 주기성에 의해 η의 값이 반복되는 것을 고려하면 $k\lambda = 2\pi$이므로, 식 (1)로 주어지는 수면파의 파장(wavelength) λ는 $2\pi/k$임을 알 수 있다. 다시 말하면 $k=2\pi/\lambda$인데, $1/\lambda$이 단위길이 안에 들어 있는 파도의 개수를 나타내므로, 파수 k는 파도 하나를 2π로 보는 소위 래디안(radian)으로 나타낸 파도의 개수, 즉 파수이다. 마찬가지로 ωt의 값이 2π 증가할 때마다 η의 값이 반복되는 것을 고려하면 식 (1)로 주어지는 수면파의 주기(period) T는 $2\pi/\omega$이므로, 따라서 $\omega=2\pi/T$이며, $1/T$는 단위시간 안에 고정된 점을 지나가는 파도의 개수를 나타내므로 ω는 파도 하나를 2π로 보는 래디안으로 나타낸 진동수이다. 이상의 논의에 의하면 k 대신 λ, 또 ω 대신에는 T를 사용할 수 있음을 알 수 있다.

한편 식 (1)에서 정의한 위상함수를 약간 변형하면 수면파와 관련된 또 하나의 중요한 매개변수를 얻어낼 수 있으며, 이를 위해 먼저 다음을 고려하자.

$$\Theta=kx-\omega t=k\left(x-\frac{\omega}{k}t\right)=k\left(x-\frac{\lambda}{T}t\right)=k(x-ct) \tag{2}$$

위의 식 가장 우변의 괄호 안은 식 (1)로 주어지는 수면파가 양의 x축 방향으로 속도 c로 평행 이동하는 소위 진행파(progressive wave)임을 보여주고 있으며(**그림 2-3**), 여기서 c는 동일한 위상에 상응하는 η의 값이 움직이는 속도이므로 위상속도(phase velocity)라고 한다. 한편 식 (1)이 포함하고 있는 세 매개변수 중 두 매개변수 k, ω 대신 λ, T, c 중 어떤 두 매개변수를 사용하여도 같은 수면파를 나타낼 수 있음에 유의한다.

다시 식 (1)에 대한 기본적인 질문으로 돌아가서 수면파를 식 (1)과 같은 조화함수로 나타내는 것이 물리적으로 타당한 것인지에 대해 생각해 보자. 이 질문에 답하기 위해서는 먼

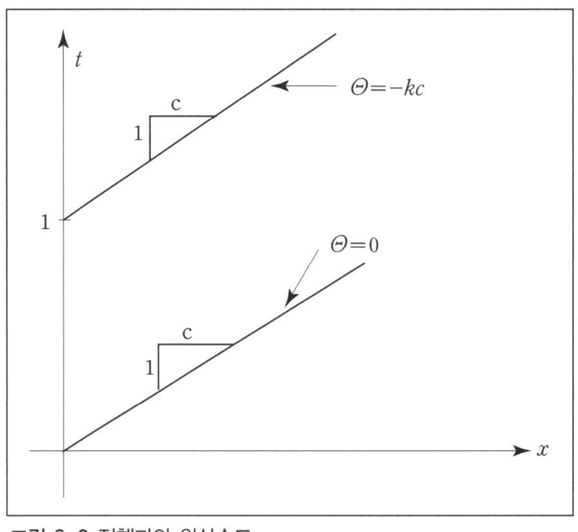

그림 2-3 진행파와 위상속도

저 수면에 파도가 생길 때 물이 만족해야 하는 유체역학적 조건을 생각해 보아야 한다. 물을 점성과 압축성이 없는 이상유체(ideal fluid)로 가정하고, 유동이 정지상태에서 시작되었다고 하면 수면파와 관련된 유동은 속도포텐셜(velocity potential) $\phi(x, y, t)$를 사용하여 유동을 나타낼 수 있는 포텐셜유동(potential flow)임은 잘 알려져 있는 사실이다[6]. 포텐셜유동의 경우, 속도벡터 $\underline{u}(x, y, t)$는 속도포텐셜의 grad로 다음과 같이 주어지며,

$$\underline{u}=\nabla\phi \tag{3}$$

이상유체에 대한 질량보존법칙(law of mass conservation)은 다음 식으로 주어지므로,

$$\nabla\cdot\underline{u}=0 \tag{4}$$

속도포텐셜은 다음과 같은 Laplace 방정식(Laplace equation)을 만족해야 하고,

$$\nabla\cdot\underline{u}=\nabla^2\phi=\frac{\partial^2\phi}{\partial x^2}+\frac{\partial^2\phi}{\partial y^2}=0 \tag{5}$$

더불어 유체의 모든 경계면에서 주어진 경계조건(boundary condition)을 만족해야 한다. 물의 깊이가 무한하다고 가정하면 유체영역의 경계면은 $y=\eta(x, t)$인 수표면(water surface)과 $y\rightarrow-\infty$인 경계면으로 이루어진다.

먼저 수표면 상에서의 경계조건은 수표면 상에서 압력이 일정하다는 동력학적(dynamic) 경계조건과, 수표면 상의 유체입자의 속도가 수표면의 방정식을 항상 만족해야 한다는 운동학적(kinematic) 경계조건이 있다. 동력학적 경계조건은 비정상 유동(unsteady flow)에 대한 베르누이 방정식(Bernoulli equation)으로부터 대기압을 p_a, 유체의 밀도(density)를 ρ라고 하면 다음과 같이 얻을 수 있는데,

$$\frac{\partial\phi}{\partial t}+\frac{1}{2}|\nabla\phi|^2+\frac{p_a}{\rho}+g\eta=\frac{p_a}{\rho},\ y=\eta\text{에서} \tag{6}$$

여기서 $\frac{1}{2}|\nabla\phi|^2$은 미지함수인 속도포텐셜의 미분의 제곱 항이므로 비선형(nonlinear) 항이며, 속도포텐셜과 수면파의 크기가 작은 양이라면 식 (6) 좌변의 다른 항들, 즉 선형 항들에 비해 작다고 가정할 수 있으므로 무시할 수 있다. 이와 동시에 위의 조건을 $y=\eta$가 아닌 정수면인 $y=0$에 대해 근사적으로 적용시키기로 하면 다음 결과를 얻는데,

$$\frac{\partial \phi}{\partial t}+g\eta=0,\ y=0\text{에서} \tag{7}$$

식 (7)은 선형화된 동력학적 자유표면 경계조건(linearized dynamic free surface boundary condition)이라고 한다. 한편 수표면은 다음과 같이 나타낼 수도 있음을 고려하면,

$$G(x,\ y,\ t)=y-\eta\,(x,\ t)=0 \tag{8}$$

수표면에 대한 법선방향은 함수 G의 grad를 취해 다음과 같이 얻을 수 있다.

$$\nabla G=\left(-\frac{\partial \eta}{\partial x},\ 1\right) \tag{9}$$

또 수표면 상에 있는 유체입자의 속도벡터 $\underline{u}$와 수표면 자체의 속도벡터 $\underline{U}$는 각각 다음과 같이 쓸 수 있는데,

$$\underline{u}=\left(\frac{\partial \phi}{\partial x},\ \frac{\partial \phi}{\partial y}\right),\quad \underline{U}=\left(0,\ \frac{\partial \eta}{\partial t}\right) \tag{10}$$

운동학적 경계조건은 수표면 상에 있는 유체입자의 속도벡터의 법선방향 성분과 수표면 자체의 속도벡터의 법선방향 성분이 같아야 한다는 조건이므로, 다음을 고려하고

$$\underline{u}\cdot\nabla G=\underline{U}\cdot\nabla G \tag{11}$$

여기에 위의 식 (9), (10)을 대입하여 다음 결과를 얻는다.

$$-\frac{\partial \phi}{\partial x}\frac{\partial \eta}{\partial x}+\frac{\partial \phi}{\partial y}=\frac{\partial \eta}{\partial t},\ y=\eta\text{에서} \tag{12}$$

동력학적 경계조건과 같은 이유에 의해 식 (12)를 선형화하면 다음을 얻으며,

$$\frac{\partial \eta}{\partial t}-\frac{\partial \phi}{\partial y}=0,\ y=0\text{에서} \tag{13}$$

식 (13)은 선형화된 운동학적 자유표면 경계조건(linearized kinematic free surface boundary condition)이라고 한다. 식 (7)과 식 (13)으로부터 η를 소거하면 다음을 얻으며,

$$\frac{\partial^2 \phi}{\partial t^2}+g\frac{\partial \phi}{\partial y}=0,\ y=0\text{에서} \tag{14}$$

이 식은 선형화된 자유표면 경계조건(linearized free surface boundary condition)이라고 한다.

$y \rightarrow -\infty$ 인 경계면에서의 조건은 속도벡터의 크기가 대단히 작아져야 한다는 조건으로부터 다음과 같이 쓸 수 있다.

$$|\nabla\phi| \rightarrow 0,\ y \rightarrow -\infty \text{에서} \tag{15}$$

이상에서 논의한 바를 정리하면 다음과 같다. 유체영역에서의 방정식인 식 (5)와 자유표면에서의 경계조건인 식 (14), 그리고 바닥에서의 경계조건인 식 (15)를 만족하는 속도포텐셜을 먼저 구하면, 자유표면에서의 동력학적 경계조건인 식 (7)을 이용하여 수표면의 방정식을 얻을 수 있다. 그런데 원래 우리의 질문은 식 (1)과 같이 조화함수로 주어지는 수표면이 물리적으로 가능한 것인가 하는 것이었으므로, 여기서는 식 (5), (14), (15)로 이루어지는 경계치문제(boundary value problem)를 풀어야 하는데, 이미 수표면의 방정식을 알고 있으므로, 문제를 처음부터 푸는 것보다는 수표면이 식 (1)로 주어지는 속도포텐셜을 구할 수 있는가에 대해 알아보는 것도 좋은 방법이다. 만약 그와 같은 성질을 가진 속도포텐셜을 구할 수 있다면 원래 우리가 가졌던 질문에 대한 대답은 '그렇다' 라고 할 수 있다. 먼저 동력학적 자유표면 경계조건인 식 (7)로부터 다음을 알 수 있으며,

$$\frac{\partial\phi}{\partial t}(y=0) = -g\eta = -gA\cos(kx-\omega t) \tag{16}$$

따라서 다음과 같이 추론할 수 있다.

$$\phi(y=0) = (gA/\omega)\sin(kx-\omega t) \tag{17}$$

식 (17)과 식 (5)로부터 ϕ의 y에 대한 종속성은 e^{ky} 또는 e^{-ky}가 되어야 함을 알 수 있는데, 바닥인 $y \rightarrow -\infty$ 에서의 경계조건인 식 (15)를 고려하면 e^{ky}만이 가능하다. 따라서 다음 결과를 얻는데,

$$\phi(x,\ y,\ t) = (gA/\omega)e^{ky}\sin(kx-\omega t) \tag{18}$$

식 (18)과 같은 속도포텐셜은 식 (5), (15)를 만족하며 동시에 수표면의 방정식으로 식 (1)을 주는 물리적으로 가능한 해이다. 단 아직 식 (14)를 만족시키지 못했으므로, 식 (18)을 식 (14)에 대입하면 다음 결과를 얻는데,

$$\omega^2 = gk \tag{19}$$

이 식은 분산관계식(dispersion relation)으로 불리는 아주 중요한 식이다. 이 식에 따르면 수면파를 나타내는 데 필요한 매개변수 중, k와 ω가 서로 독립이 아님을 알 수 있다. 만약 k가 주어지면 식 (19)를 사용하여 ω를 결정할 수 있으므로, 식 (1)에서 독립인 매개변수는 A를 제외하고는 하나밖에 없음에 유의한다. 분산관계식의 물리적 중요성에 대해 생각해 보기 위해 위상속도의 제곱을 생각하면 다음을 얻는데,

$$c^2=\omega^2/k^2=gk/k^2=g/k=g\lambda/2\pi \tag{20}$$

이 식에 따르면 파도의 위상속도는 파장의 제곱근에 비례하여 증가하며 그 비례상수는 1.25이다(**그림 2-4**). 따라서 파장이 큰 파도는 짧은 파도에 비해 더 큰 위상속도로 빠르게 움직이며, 또 이와 같은 수면파의 성질은 처음에 파장이 서로 다른 파도들이 한 군데 섞여 있다 하더라도 시간이 지나면 파도가 전파하면서 긴 파도는 앞쪽에, 짧은 파도는 뒤쪽에 모임으로써 파도가 차지하는 영역의 길이가 점차 길어질 것이다. 이 같은 파도의 성질을 분산성이라고 하며, 이에 따라 식 (19)를 분산관계식이라고 한다. **그림 2-4**에서 알 수 있는 바와 같이, 일반적으로 우리가 많이 다루는 파장 10~200m인 파도는 4~17.5m/s의 위상속도로 움직인다.

이상에서 얻은 결과를 종합하면, 먼저 식 (1)과 같이 조화함수를 사용하여 수면파를 나타내는 것은 역학적으로 타당한 일임을 알 수 있다. 또 이때 유체입자의 속도벡터는 식 (18)로 주어진 속도포텐셜의 grad를 취해 다음과 같이 얻을 수 있고,

$$\underline{u}=(u,\ v)=\nabla\phi=\omega Ae^{ky}(\cos\Theta,\ \sin\Theta) \tag{21}$$

또 수면파의 기하학적 형상의 시간적, 공간적 주기성을 나타내는 ω와 k는 식 (19), 즉

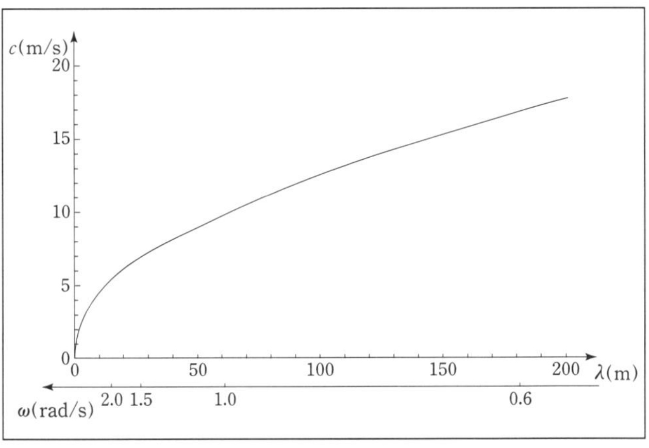

그림 2-4 파장과 진동수에 따른 위상속도의 변화

$\omega^2 = gk$로 주어지는 분산관계식을 만족해야 한다. 한편 수표면 상에서의 경계조건을 선형화(linearization)하는 과정 중에 무시한 비선형 항들이 선형 항들에 비해 작기 위해서는 식 (18)로부터 kA가 작아야 한다는 것을 알 수 있으며, kA는 A/λ에 2π를 곱한 값이므로, 선형화가 정당화되기 위해서는 우리가 생각하는 파도의 A/λ, 즉 기울기(slope)가 작아야 한다. 1950년대 이후의 많은 실험에 의해 A/λ가 $1/50$보다 작으면 식 (1)과 위에서 얻은 결과들이 꽤 좋은 근사라는 것이 알려져 있다[7].

2_2_ 선형 수면파의 응용

앞 절에서는 간단한 조화함수를 이용하여 수면파를 기술하는 것이 역학적으로 타당하다는 것을 보았으며, 그에 상응하는 유동장(flow field)의 속도포텐셜을 얻고, 또 주기성을 나타내는 매개변수 사이의 관계식인 분산관계식을 얻었다. 이 절에서는 앞에서 얻어진 결과들을 이용하여 조화함수로 주어지는 수면파가 존재할 때의 유동장이 가지는 여러 가지 물리적 성질들, 즉 유체입자가 가지는 속도벡터의 성질, 유동장 내부의 압력분포, 유체입자의 운동궤적, 수면파가 가지는 단위길이당 평균에너지, 길이가 유한한 파도들의 전파속도인 군속도(group velocity) 등에 대해 알아보고, 또 유한 수심의 영향과 수면파가 2차원 수평면 상에서 전파될 때 어떤 방식으로 수면파를 기술할 수 있는지에 대해 알아본다.

먼저 유체입자의 속도벡터는 식 (21)로 주어지며, $x-$방향 성분 u는 수면파와 같은 위상을 가지므로, 파정(hump) 아래에 있는 점에서의 u는 ωAe^{ky}이며, 파저(hollow) 아래에 있는 점에서의 u는 $-\omega Ae^{ky}$이다. 또 속도벡터의 크기는 $\cos^2\Theta+\sin^2\Theta=1$과 식 (21)로부터 수면파의 위상과 무관함을 알 수 있다(**그림 2-5**). 즉

$$|\underline{u}|=\omega Ae^{ky} \tag{22}$$

이므로, 속도벡터의 크기는 오직 수면으로부터의 깊이에 따라 변화하며, 지수 함수적으로

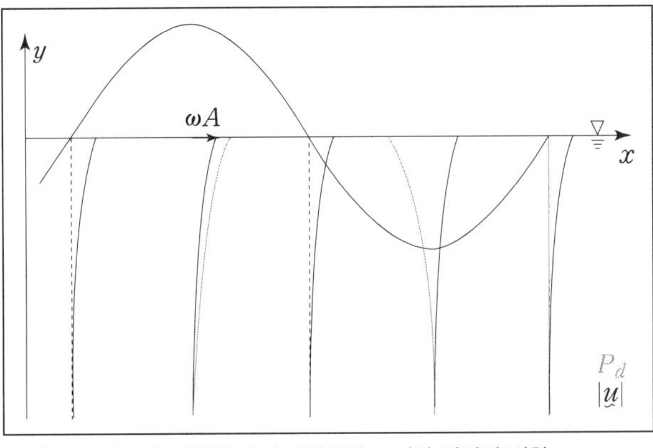

그림 2-5 파도가 진행할 때 속도벡터의 크기와 압력의 변화

감소한다(exponentially decrease). 지수 함수는 변화가 대단히 급격하여 $ky=-\pi$일 경우 $e^{ky}=0.04$의 값을 가지므로, 수면파가 존재할 경우 파장 λ의 반만 물속으로 들어간다고 하더라도, 즉 $y=-\lambda/2$이면 유체입자가 가지는 속도벡터의 크기는 수표면에서의 값의 4%밖에 되지 않는다. 따라서 수면파의 영향은 수표면으로부터 반 파장 정도의 깊이까지만 미친다고 해도 크게 틀리지 않으며, 태풍이 불 때에도 물속 깊이 있는 물고기들에게는 별 탈이 없음을 알 수 있다.

유동장 내부의 압력(pressure) p는 베르누이 방정식으로부터 다음과 같이 얻을 수 있는데,

$$(p-p_a)/\rho=-\frac{\partial\phi}{\partial t}-\frac{1}{2}|\nabla\phi|^2-gy \tag{23}$$

앞 절에서 사용한 선형이론의 특성상 비선형 항인 $\frac{1}{2}|\nabla\phi|^2$은 다른 항들에 비해 매우 작으므로 무시할 수 있어 결국 다음을 얻는다.

$$(p-p_a)/\rho=-\frac{\partial\phi}{\partial t}-gy \tag{24}$$

이 식 우변의 마지막 항 $-gy$는 수정압(hydrostatic pressure)을 나타내므로, 대기압을 기준(gage)으로 하는 수동압(hydrodynamic pressure) p_d를 다음과 같이 정의하면,

$$p_d=p-p_a+\rho gy \tag{25}$$

다음과 같은 선형화된 베르누이 방정식(linearized Bernoulli equation)을 얻는다.

$$\frac{p_d}{\rho}=-\frac{\partial\phi}{\partial t}=gAe^{ky}\cos\Theta=g\eta e^{ky} \tag{26}$$

이 식에 따르면 수면파가 있을 때 물속에서의 수동압은 수면파와 같은 위상을 가지며, 수면파의 상승에 따른 수정압만큼의 변화인 $\rho g\eta$에 e^{ky}를 곱한 만큼 변화한다. 여기서 e^{ky}를 곱한 만큼 압력이 변한다는 사실은 일반적으로 Smith 효과(Smith effect)라고 부르며, 이 때문에 수면에서 물속으로 파장의 반만큼 들어가면 수동압의 크기는 수면에서의 값의 4%밖에 되지 않는다. 또한 수동압의 위상이 수면파의 위상과 같기 때문에, 연직 위치가 동일한 경우 파정 아래에 있는 점에서의 압력은 ρgAe^{ky}만큼 증가하지만, 파저 아래에 있는 점에서의 압력은 ρgAe^{ky}만큼 감소한다.

유체입자의 궤적(trajectory)을 구하기 위해 다음을 생각한다. 먼저 속도벡터의 $x-$방향

성분 u와 dt의 곱이 dx와 같음을 이용하여 다음과 같은 근사적 결과를 얻는다.

$$\int_{x_0}^{x} dx = x - x_0 \simeq \int^{t} u(x_0,\ y_0,\ t)dt = -Ae^{ky_0}\sin(kx_0 - \omega t) \tag{27}$$

또한 $y-$방향 성분 v와 dt의 곱이 dy와 같음을 이용하여 다음 결과를 얻는다.

$$\int_{y_0}^{y} dy = y - y_0 \simeq \int^{t} v(x_0,\ y_0,\ t)dt = Ae^{ky_0}\cos(kx_0 - \omega t) \tag{28}$$

식 (27)과 (28)을 제곱하여 더한 뒤 $\cos^2\Theta + \sin^2\Theta = 1$임을 이용하면 다음 결과를 얻는다.

$$(x - x_0)^2 + (y - y_0)^2 = (Ae^{ky_0})^2 \tag{29}$$

이 식은 중심을 $(x_0,\ y_0)$에 둔 반경이 Ae^{ky_0}인 원(circle)의 방정식이므로, 수면파가 진행할 때 물속의 유체입자는 근사적으로 평형점을 중심으로 원운동을 한다는 것을 알 수 있다(**그림 2-6**). 유체입자가 그리는 원의 반경 또한 위에서 보았던 것처럼 지수 함수적으로 감소한다.

수면파가 가지는 단위길이당 평균에너지(mean energy)를 구하기 위해 다음을 생각한다. 수면파가 가지는 에너지는 운동에너지(kinetic energy)와 위치에너지(potential energy)로 이루어지는데, 먼저 한 파상의 수면파가 가지는 운동에너지 E_k는 다음과 같다(**그림 2-7**).

$$E_k = \frac{1}{2}\rho\int_0^{\lambda}\int_{-\infty}^{0} |\underline{u}|^2 dxdy = \frac{1}{2}\rho\omega^2 A^2\lambda\,\frac{1}{2k} = \frac{1}{4}\rho g A^2\lambda \tag{30}$$

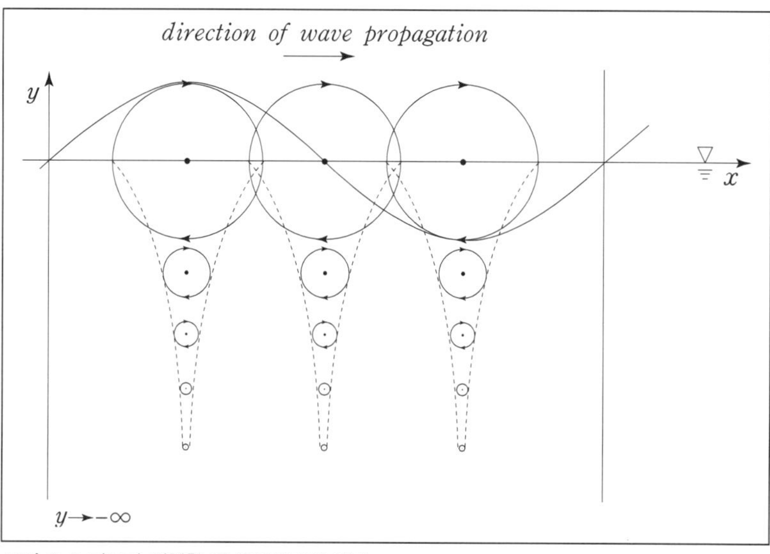

그림 2-6 파도가 진행할 때 유체입자의 궤적

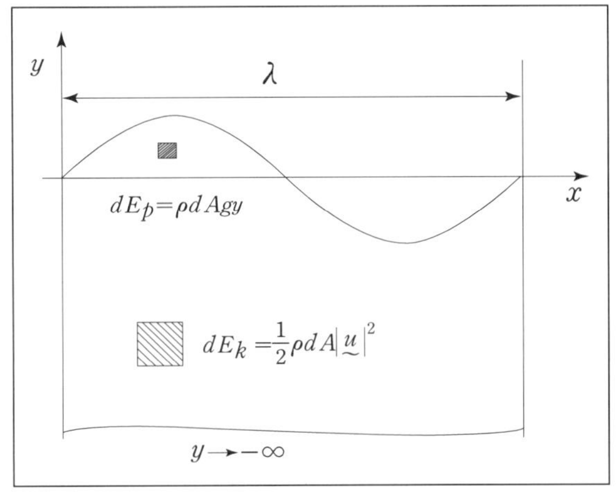

그림 2-7 수면파의 에너지

이 식의 계산에는 식 (22)와 분산관계식인 식 (19)를 사용하였다. 따라서 단위길이당 평균 운동에너지 $\overline{E}_k$는 다음과 같다.

$$\overline{E}_k = \rho g A^2/4 \tag{31}$$

한편 한 파장의 수면파가 가지는 위치에너지 E_p는 다음과 같으므로,

$$E_p = \rho g \int_0^\lambda \int_0^\eta y\ dxdy = \frac{1}{2}\rho g \int_0^\lambda \eta^2 dx = \frac{1}{4}\rho g A^2 \lambda \tag{32}$$

단위길이당 평균 위치에너지 $\overline{E}_p$는 다음과 같다.

$$\overline{E}_p = \rho g A^2/4 \tag{33}$$

식 (31)과 (33)에 따르면 단위길이당 평균에너지는 운동에너지와 위치에너지가 같은 크기를 가지며, 이것을 에너지의 등분(equi-partition)이라고 한다. 따라서 수면파의 단위길이당 평균에너지 $\overline{E}$는 다음과 같다.

$$\overline{E} = \rho g A^2/2 \tag{34}$$

$\overline{E}$는 수면파를 나타내는 매개변수 중 오직 A에만 의존하며, A^2에 비례한다.

식 (1)에 의해 묘사되는 수면파의 형상은 단일 진동수를 갖는 조화함수로, 수면파가 존재하는 $x-$축의 범위는 $-\infty$에서 ∞까지 무한히 크다. 그러나 실제 수면파의 경우에는 모두 유한한 범위에 걸쳐 존재하며 단일 진동수라기보다는 비슷한 진동수의 파도가 합쳐져 있는 경우가 대부분이다. 이에 상응하는 수학적 모형은 진동수가 매우 비슷한 2개의 단일

진동수 수면파의 합성파로 볼 수 있으며, 이하에서는 이에 대해 생각해 본다. 두 수면파의 진폭은 편의상 모두 A, 한편 파수와 진동수의 차이는 각각 Δk, $\Delta\omega$라고 하면, 합성파는 다음과 같다.

$$\begin{aligned}\eta &= A\cos(kx-\omega t)+A\cos\{(kx-\omega t)+(\Delta kx-\Delta\omega t)\}\\ &= A[\{1+\cos(\Delta kx-\Delta\omega t)\}\cos\Theta+\sin(\Delta kx-\Delta\omega t)\sin\Theta]\\ &= 2A\cos\{(\Delta kx-\Delta\omega t)/2\}\cos(\Theta-\varepsilon)\end{aligned} \tag{35}$$

여기서 $\varepsilon=\tan^{-1}\{\sin(\Delta kx-\Delta\omega t)\}/\{1+\cos(\Delta kx-\Delta\omega t)\}$이다. 식 (35)의 셋째 줄에서 첫 번째 cos항은 파장이 $4\pi/\Delta k$인 포락선(envelope)을 결정하며, 두 번째 cos항은 원래의 수면파와 ε만큼의 위상차를 제외하면 동일한 위상함수를 갖는 파도이다(**그림 2-8**). 포락선이 정수면과 만나는 점을 절점(node)이라고 하는데, 인접한 두 절점 사이의 거리 $\Lambda=2\pi/\Delta k$이며, 이 안에는 상당히 많은 파도가 들어 있다. 두 절점 사이에 있는 개별적인 파도의 위상함수가 Θ이므로 위상속도는 $c=\omega/k$이지만, 두 절점 사이에 있는 파도들의 무리는 $c_g=\Delta\omega/\Delta k$의 속도로 전파한다. Δk가 대단히 작아져 영에 근접하면 Λ는 무한히 커지며, c_g는 미분의 정의에 따라 다음 식으로 주어진다.

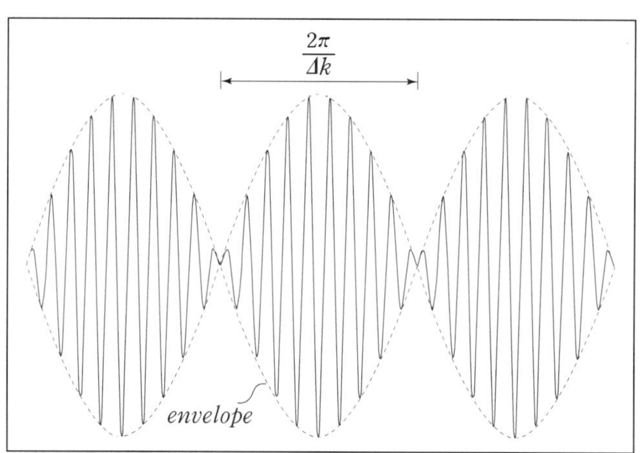

그림 2-8 진동수가 비슷한 두 수면파의 합성

$$c_g=\frac{d\omega}{dk}=\frac{1}{2}\sqrt{\frac{g}{k}}=\frac{1}{2}c \tag{36}$$

위 식을 얻기 위해 식 (19)와 (20)을 사용하였다. c_g는 군속도(group velocity)라고 하며, 위에 나타낸 바와 같이 수심이 무한히 클 때에는 위상속도의 반이다. 군속도는 한 무리로서의 파도의 전파속도이기도 하지만, 유한한 길이의 파도가 진행할 때에는 파도의 에너지 전파속도이기도 한데, 다음 절에서는 군속도의 이러한 성질을 주로 이용할 것이다.

이상에서 수심이 무한히 클 때의 수면파에 대해 몇 가지 물리적 성질들에 대해 알아보았다. 식 (22) 아래에서 논의한 바와 같이 수면파가 전파한다 하더라도 파장의 반 정도만 물속으로 들어가면 유체입자의 속도나 압력이 상당히 감소함으로써 파도의 존재 유무를 알기는 매우 어렵다. 따라서 물의 깊이 h가 수면파의 반 파장보다 큰 경우에는 수심이 무한하다고 가정해도 정확성에 큰 영향을 받지 않겠지만, 수심이 반 파장보다 작을 경우에는 수면파 자체가 바닥의 영향을 받을 것이므로 수심의 유한성을 고려하여야 한다.

수심이 일정하다고 가정하면 수심이 반 파장보다 작은 경우, 우선 수면파에 대한 경계치문제의 경계조건이 달라진다 (그림 2-9). 식 (15)로 주어졌던 조건 대신 다음과 같은 바닥 경계조건(bottom boundary condition)을 고려해야 할 것이며,

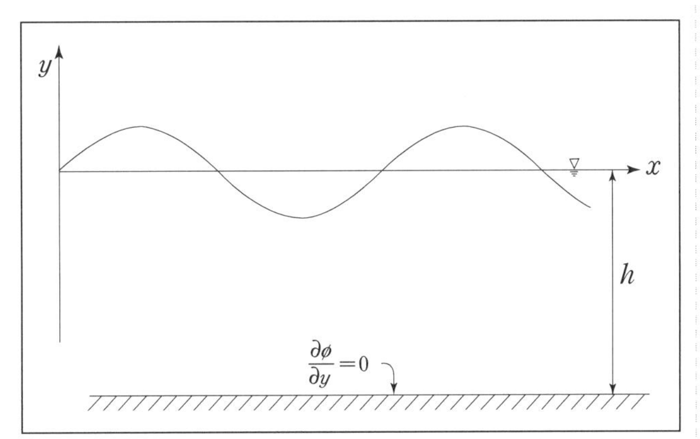

그림 2-9 수심이 유한한 경우 수면파의 경계치문제

$$\frac{\partial \phi}{\partial y}=0,\ \ y=-h\text{에서} \tag{37}$$

그럴 경우 경계치문제는 식 (5), (14), (37)로 주어지며, 이 문제의 해는 식 (18)과는 약간 다른 다음과 같은 형태를 가진다.

$$\phi(x,\ y,\ t)=\frac{gA}{\omega}\frac{\cosh k(y+h)}{\cosh kh}\sin(kx-\omega t) \tag{38}$$

무한 수심인 경우의 해인 식 (18)과 y에 대한 종속성만 다른 점에 유의한다. 한편 자유표면 경계조건으로부터 얻어지는 분산관계식도 식 (19)와는 다르게 다음과 같이 얻는다.

$$\omega^2=gk\tanh kh \tag{39}$$

수심이 무한한 경우와는 달리 분산관계식 자체가 수심을 포함하고 있는 점에 유의한다.

식 (38), (39)를 사용하면 위에서 수심이 무한한 경우의 수면파에 대해 구했던 여러 가지 물리적 성질들을 거의 같은 방법으로 구할 수 있으며, 강이나 항구, 운하 등에서의 파도

에 대해서는 이렇게 얻어진 결과들을 사용해야 한다. 한 가지 유의할 점은 수심이 '유한하다', '유한하지 않다' 의 구분은 수심의 절대적인 크기 자체보다는 수심과 파장의 비에 따라 결정된다는 점이다.

끝으로 식 (1)과 같은 형태로 주어지는 파도가 2차원 수평면 상에서 전파할 때, 수면파의 기술에 대해 생각해 보자(**그림 2-10**). 수평면을 xy − 평면으로 정의하고 수면파의 진행방향과 평행하며 xy − 좌표계의 원점을 지나는 축을 ξ라고 하면 식 (1)의 x를 ξ로 대체하여 위상함수 Θ를 다음과 같이 얻는다.

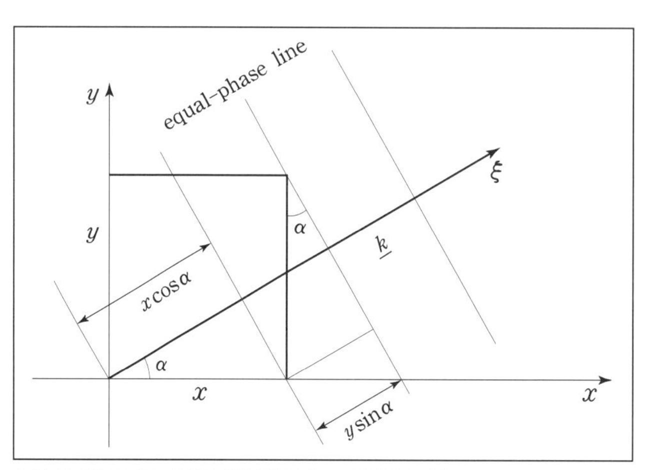

그림 2-10 2차원 수평면에서 전파하는 수면파의 기술

$$\Theta - k\xi - \omega t \tag{40}$$

ξ − 축이 x − 축과 만드는 각도를 α라고 하고 ξ를 x, y로 나타내면 다음과 같으므로,

$$\xi = x \cos \alpha + y \sin \alpha \tag{41}$$

위상함수를 다음과 같이 다시 쓸 수 있으며,

$$\Theta = k(x \cos \alpha + y \sin \alpha) - \omega t = (k \cos \alpha x + k \sin \alpha y) - \omega t = \underline{k} \cdot \underline{x} - \omega t \tag{42}$$

여기서 파수 벡터(wave number vector) $\underline{k} = k(\cos \alpha,\ \sin \alpha)$로, 크기는 파수 k, 방향은 ξ − 축 방향의 벡터이다.

식 (42)는 2차원 수평면 상에서 전파하는 수면파를 기술하기 위해서는 파수 벡터라는 개념의 도입이 필요한 것을 보여준다. 파수 벡터를 사용하면 수평면 상에서 다른 방향으로 전파하는 파도들의 집합을 수학적으로 쉽게 나타낼 수 있고, 실제로 해상의 파도는 이 같은 방법을 이용하여 표현하며, 단지 수학적으로 약간 복잡해진다는 문제점만 있을 뿐이다.

2_3_ 선박의 조파저항

이 절에서는 먼저 가상적이기는 하지만 2차원 선박(two-dimensional ship)의 조파저항에 대해 고찰함으로써 조파저항의 본질에 대해 이해하고, 또 소위 조파저항의 최후 최대치(last hump)에 대한 결과를 얻은 뒤 실제 선박의 경우에 대해 생각해 본다.

그림 2-11에 나타낸 바와 같은 2차원 선박이 일정 속도 U로 전진할 때, 배에서 상당히 떨어진 상류와 하류에 각각 경계면을 설치하고, 경계면 사이의 유체에 대해 일-에너지원리(work-energy principle)를 적용하여 배가 받는 조파저항을 구해 보자. 배가 일정한 속도로 움직일 때 배 주변에 형성된 파도는 배에 타고 있는 사람이 보기에는 변화가 없고, 파계의 길이는 단위시간당 배의 속도만큼 증가하며, 배가 오랜 시간 동안 진행하고 있다면 하류 경계면을 통해서는 배를 따라 움직이는 파도가 배의 진행방향으로 움직일 것이다. 이 경우, 상류 경계면을 통해서는 에너지 유입이 없으므로 하류 경계면을 통해서 유입되는 에너지와 배에 의해 유체에 행해진 일, 그리고 경계면 내부의 에너지 증가를 고려하면 된다. 먼저 하류 경계면을 통해서 유입되는 단위시간당 에너지는 단위길이당 파도의 평균에너지 $\overline{E}$와 파도의 에너지 전파속도 c_g의 곱으로 주어지고, 배에 의해 행해진 단위시간당 일은 배가 받는 조파저항 R_W와 배의 속도 U의 곱으로 주어지며, 마지막으로 경계면 내부의 단위시간당 에너지 증가는 단위시간당 증가한 파계의 길이가 가지고 있는 에너지, 즉 단위길이당 파도의 평균에너지와 배의 속도의 곱으로 주어지므로 이들을 정리하여 다음 식을 얻는다.

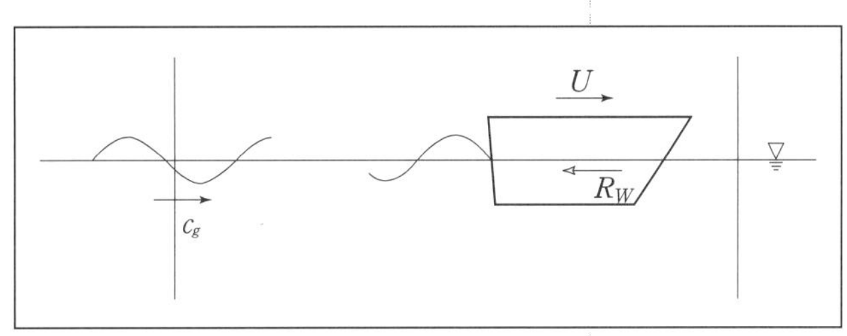

그림 2-11 2차원 선박에 의해 만들어지는 파도

$$c_g\overline{E}+UR_W=U\overline{E} \tag{43}$$

여기서 배에 의해 만들어지는 파도를 배에서 볼 경우 항상 같은 모습으로 보인다는 것을 생각하면, 배와 함께 움직이는 파도의 위상속도 c는 배의 속도와 같아야 할 것이며, 수심이 무

한할 경우 c_g는 식 (36)에 나타낸 것과 같이 $c/2$이므로 다음 결과를 얻는다.

$$R_W=\overline{E}\left(1-\frac{c_g}{c}\right)=\frac{1}{2}\overline{E}=\frac{1}{4}\rho g A_\infty{}^2 \tag{44}$$

여기서 A_∞는 하류 경계면을 통과하여 경계면 안쪽으로 유입되는 파도의 진폭이다. 식 (44)에 따르면 조파저항을 구하기 위해서는 하류 경계면에 생성되는 파도의 진폭 A_∞를 알아야 하는데, A_∞는 배의 기하학적 형상과 배의 속도에 따라 결정된다. 2차원 선박의 형상을 근사적으로 선수에 위치한 용출점(source)과 선미에 위치한 같은 세기의 흡입점(sink)으로 나타내기로 하자(**그림 2-12**). 용출점에 기인하는 파도의 하류 경계면에서의 진폭을 A라고 하면 용출점-흡입점 조합에 기인하는 하류 경계면에서의 파도는 다음과 같다.

$$\begin{aligned}\eta&=A\cos(kx-\omega t)-A\cos\{k(x+L)-\omega t\}\\&=A\cos\Theta-A\cos(\Theta+kL)\\&=A(1-\cos kL)\cos\Theta+A\sin kL\sin\Theta\\&=2A\sin(kL/2)\cos(\Theta-\varepsilon)\end{aligned} \tag{45}$$

여기서 L은 배의 길이이고, $\varepsilon=\tan^{-1}\{\sin kL/(1-\cos kL)\}$이다. 따라서 $A_\infty=2A\sin(kL/2)$을 얻으며, 이 결과를 식 (44)에 대입하여 다음을 얻는다.

$$R_W=\rho g A^2\sin^2(kL/2) \tag{46}$$

여기서 k는 $c=U$인 위상속도를 갖는 파도의 파수이므로, 이를 식 (20)에 대입하여 $k=g/c^2=g/U^2$를 얻으며, 따라서 다음 결과를 얻는다.

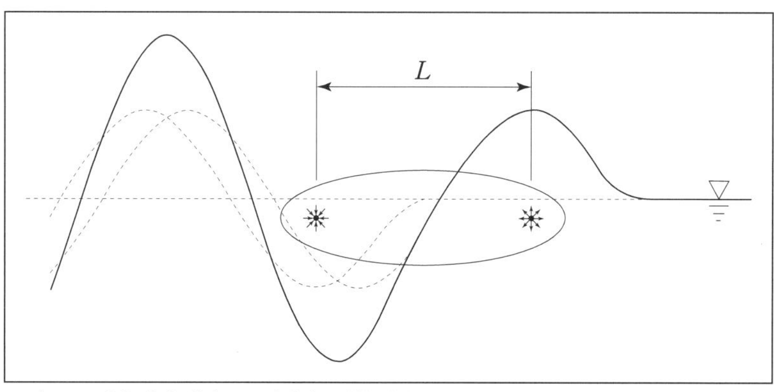

그림 2-12 용출점-흡입점으로 대체된 2차원 선박과 파계

$$kL = gL/U^2 = Fn^{-2} = 2\pi L/\lambda \tag{47}$$

이 식에 따르면 Fn의 제곱은 배에 의해 만들어지는 파도의 파장과 배의 길이의 비를 2π로 나눈 값이다. 다시 말하면 통상 Fn는 배의 속도가 얼마나 빠른가에 대한 척도로 생각하지만, 파도 또는 조파저항과 관련해서는 배가 만들어내는 수면파의 파장과 배의 길이의 비, 즉 λ/L을 나타내는 척도이다. 다음으로 2차원 선박에 대한 조파저항계수(wavemaking resistance coefficient) C_W를 다음과 같이 정의하고,

$$C_W = R_W/\rho g A^2 \tag{48}$$

여기에 식 (46), (47)을 대입하여 다음 결과를 얻는다.

$$C_W = \sin^2(2Fn^2)^{-1} \tag{49}$$

Fn에 따른 C_W의 변화를 **그림 2-13**에 나타냈다. 그림에서 보는 바와 같이 조파저항의 최후 최대치(last hump)는 $(2Fn^2)^{-1} = \pi/2$, 즉 $Fn = 1/\sqrt{\pi} \simeq 0.56$에서 발생한다. 이 경우는 식 (47)에 따르면 $L = \lambda/2$, 즉 용출점에 기인하는 선수파계(bow wave system)와 흡입점에 기인하는 선미파계(stern wave system)의 위상차가 π인 때에 해당하며, 따라서 두 파계가 중첩되어 조파저항 상으로는 가장 불리한 상황이 된다(**그림 2-14**). 배의 속도가 이보다 더 빨라지면 Fn도 증가하고, 배에 의해 만들어지는 파도의 파장은 식 (47)로부터 알 수 있는 바와 같이 Fn^2에 비례하여 증가하므로, 선수파계와 선미파계의 간섭에 의해 국부적인 최대 최소가 만들어질 수 없다. 반면 속도가 감소하여 Fn가 감소하면 파장도 점점 짧아져 두 파계의 간섭에 의해 국부적인 최대 최소치가 생기게 되며, $Fn < 0.56$에서 국부적인 최대 최소치가 자주 생기는 것은 이 같은 두 파계의 간섭에 기인한다. 보다 정확하게는

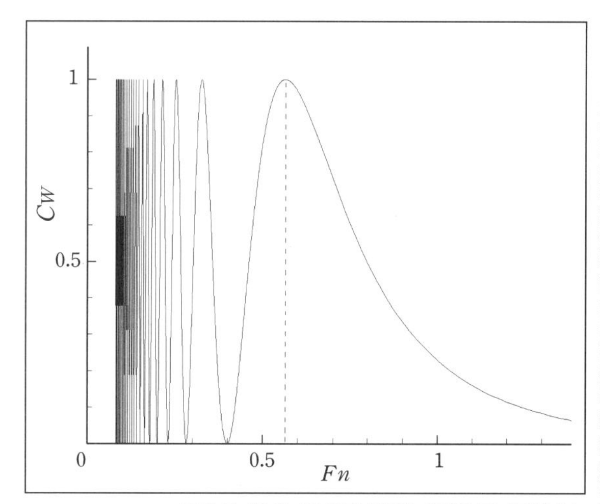

그림 2-13 Fn에 따른 2차원 선박의 조파저항계수

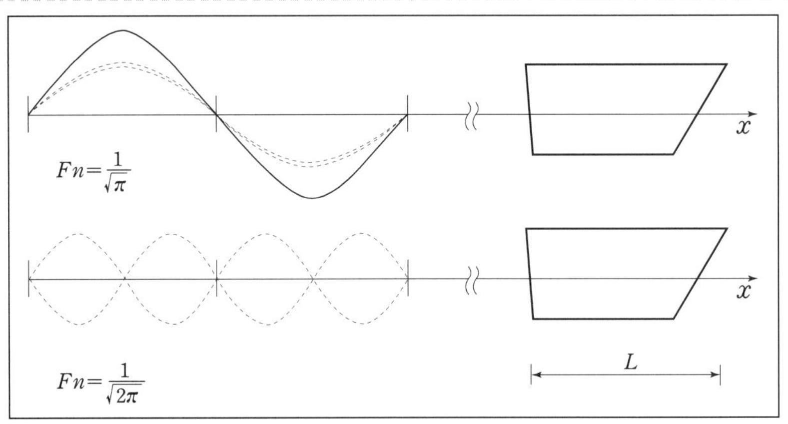

그림 2-14 선수파계와 선미파계의 간섭

$$Fn^2=\lambda/2\pi L=1/2n\pi,\ \text{즉}\ \lambda=L/n,\ \ n=1,\ 2,\ 3,\ \cdots \tag{50}$$

에서는 두 파계가 서로 상쇄되어 조파저항계수는 국부최소치인 영이 되며, 또

$$Fn^2=\lambda/2\pi L=1/(2n+1)\pi,\ \text{즉}\ \lambda=L/(n+0.5),\ \ n=1,\ 2,\ 3,\ \cdots \tag{51}$$

에서는 두 파계가 중첩되어 조파저항계수는 국부최대치를 가진다.

이상에서 2차원 선박을 용출점-흡입점 조합으로 근사, 선수파계와 선미파계의 상호간섭에 의해 조파저항이 변화하는 것에 대해 알아보았다. 3차원인 실제 배의 경우, 파형저항계수는 식 (1.10)과 유사하게 정의할 수 있으며, **그림 2-15**에는 컨테이너선의 파형해석으로

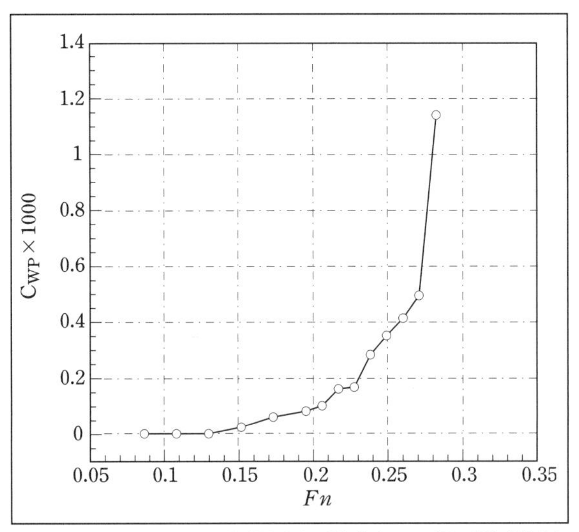

그림 2-15 컨테이너선 모형시험에서 파형해석으로 얻은 파형저항계수

얻은 Fn에 따른 파형저항계수(wave pattern resistance coefficient) C_{WP}의 변화를 나타냈다. 조파저항계수는 배의 기하학적 형상과 Fn의 함수로 볼 수 있는데, 배의 기하학적 형상 중에서 조파저항계수에 큰 영향을 미치는 인자를 살펴보면 수선면의 도입각(entrance angle)과 선수부와 선미부의 형상, 그리고 중앙평행부(parallel middle body)의 길이 등을 들 수 있고, Fn의 영향은 기본적으로 2차원 선박에서와 마찬가지로 선수파계와 선미파계의 간섭에 의해 발생한다. 프로펠러평면에서의 반류(wake) 또한 추진의 관점에서는 매우 중요한 요소이므로, 이 평면에서의 선수파계와 선미파계의 간섭에 의한 파도의 영향은 초기설계 단계에서부터 고려해야 한다.

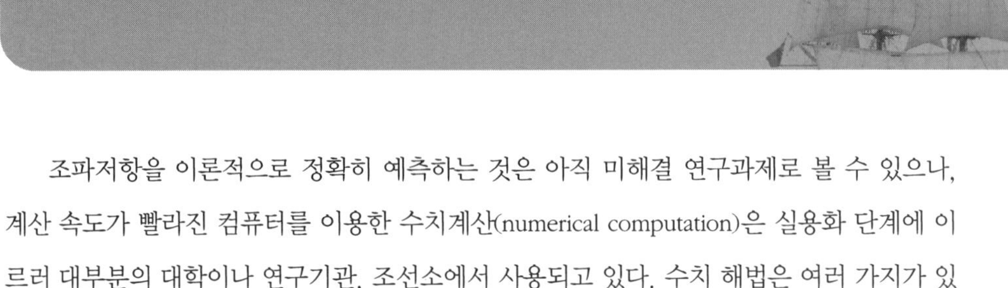

2_4_ 패널법

조파저항을 이론적으로 정확히 예측하는 것은 아직 미해결 연구과제로 볼 수 있으나, 계산 속도가 빨라진 컴퓨터를 이용한 수치계산(numerical computation)은 실용화 단계에 이르러 대부분의 대학이나 연구기관, 조선소에서 사용되고 있다. 수치 해법은 여러 가지가 있으나 가장 많이 사용되는 방법은 패널법(Panel method)이다. 이 절에서는 패널법의 기초에 대해 개괄적으로 살펴보고, 그 결과에 대해 알아본다.

패널법은 조파저항의 계산뿐 아니라 다른 문제의 해결에도 많이 사용되는데, 경계치문제의 수치해석에 있어 경계면을 패널로 분할하고, 이들 패널 상에 지배방정식(governing equation)을 만족하는 기본해(fundamental solution)를 분포시켜, 경계면 상에서의 경계조건을 만족시키도록 기본해의 세기(strength)를 결정함으로써 경계치문제의 해를 구하는 방법이다. 여기서 패널은 수학적으로 비교적 취급이 간단한 기하학적 형상을 뜻하는데, 가장 간단한 패널법에서는 사변형(quadrilateral) 패널을 사용하며, 각 패널 상에서 기본해의 세기는 일정하다고 가정한다.

조파저항에 대한 경계치문제는 다음과 같다(**그림 2-16**). 유체의 비압축성, 비점성을 가정하고 유동이 정지상태에서 출발하였다고 하면 속도포텐셜이 있는 포텐셜유동을 가정할 수 있다. 이 경우의 지배방정식은 연속방정식인 Laplace 방정식이며, 경계면은 수표면과 물체표면, 그리고 배에서 멀리 떨어진 상류에 위치한 경계면으로 이루어진다. 배는 정지해 있고 균일유동이 $x-$축의 음의 방향으로 U의 속도로 흐른다고 하면 정상유동(steady flow)을 다루게 될 것이며, 전체 속도포텐셜 $\Phi(\underline{x})$를 균일유동(uniform flow)과 교란유동(perturbed

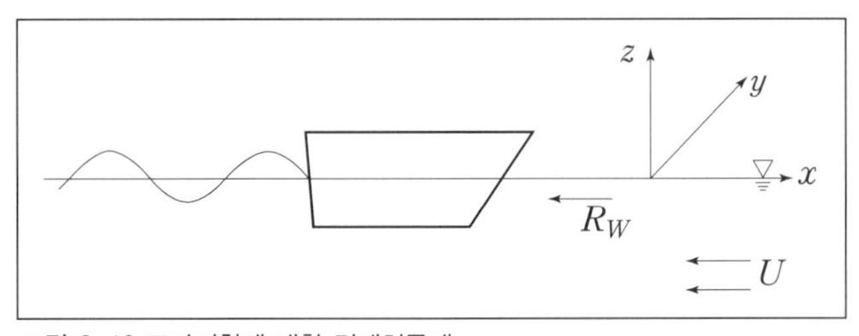

그림 2-16 조파저항에 대한 경계치무제

flow)의 속도포텐셜 $\phi(\underline{x})$로 나누어 다음과 같이 쓰기로 한다.

$$\Phi = -Ux + \phi \tag{52}$$

교란 속도포텐셜(perturbation velocity potential)이 만족해야 하는 선형 경계치문제의 지배방정식은 역시 다음과 같은 Laplace 방정식이며,

$$\nabla^2\phi = \frac{\partial^2\phi}{\partial x^2} + \frac{\partial^2\phi}{\partial y^2} + \frac{\partial^2\phi}{\partial z^2} = 0 \tag{53}$$

수표면에서의 경계조건은 2.1절에서 언급했던 바와 같이 동력학적 경계조건과 운동학적 경계조건이 있는데, 수표면 $z=\zeta(x,\ y)$에서 압력이 대기압으로 일정하다는 동력학적 경계조건을 정상유동에 대한 베르누이 방정식을 사용하여 나타내면 다음과 같으므로,

$$\frac{1}{2}|\nabla\Phi|^2 + \frac{p_a}{\rho} + g\zeta = \frac{1}{2}U^2 + \frac{p_a}{\rho},\ \ z=\zeta\text{에서} \tag{54}$$

이 식을 정리하고, 앞에서와 같은 이유로 비선형성과 관련된 것을 무시하면 다음을 얻는다.

$$-U\frac{\partial\phi}{\partial x} + g\zeta = 0,\ \ z=0\text{에서} \tag{55}$$

이 식을 식 (7)과 비교하면 비정상유동 문제에 있어서 시간에 대한 편미분 $\partial/\partial t$가 현재 다루고 있는 정상 문제에서는 $-U\partial/\partial x$로 대체된 것을 알 수 있다. 운동학적 경계조건은 수표면을 다음과 같이 나타낼 수도 있음을 고려하고,

$$G(x,\ y, z) = z - \zeta(x,\ y) = 0 \tag{56}$$

수표면에 대한 법선방향(normal direction)은 grad를 취해 다음과 같이 얻을 수 있으며,

$$\nabla G = \left(-\frac{\partial\zeta}{\partial x},\ -\frac{\partial\zeta}{\partial y},\ 1\right) \tag{57}$$

또 수표면 상에 있는 유체입자의 속도벡터 $\underline{u}$와 수표면 자체의 속도벡터 $\underline{U}$는 각각 다음과 같으므로,

$$\underline{u} = \left(-U + \frac{\partial\phi}{\partial x},\ \frac{\partial\phi}{\partial y},\ \frac{\partial\phi}{\partial z}\right),\ \underline{U} = (0,\ 0,\ 0) \tag{58}$$

2.1절에서와 같은 방법에 의해 다음 결과를 얻는데,

$$U\frac{\partial\zeta}{\partial x}+\frac{\partial\phi}{\partial z}=0,\ \ z=0\text{에서} \tag{59}$$

식 (55)와 식 (59)로부터 ζ를 소거하여 최종적인 수표면에서의 선형 경계조건을 다음과 같이 얻는다.

$$U^2\frac{\partial^2\phi}{\partial x^2}+g\frac{\partial\phi}{\partial z}=0,\ \ z=0\text{에서} \tag{60}$$

물체 표면 S_B에서의 경계조건은, 유체입자가 물체 표면에서 표면에 법선방향의 속도성분을 가진다면 물체를 뚫고 들어가야 하는데, 이는 사실과 배치되므로 다음과 같은 비침투(impermeability) 조건이 만족되어야 한다.

$$\frac{\partial\phi}{\partial n}=Un_x,\ \ S_B\text{에서} \tag{61}$$

$x\to-\infty$인 상류 경계면(upstream boundary surface)에서의 조건은 속도벡터의 크기가 상당히 작아져야 하므로 다음과 같이 쓸 수 있다.

$$|\nabla\phi|\to 0,\ \ x\to-\infty\text{에서} \tag{62}$$

식 (53), (60), (61), (62)를 만족하는 교란 속도포텐셜을 구하면 다음과 같은 선형화된 베르누이 방정식을 이용하여 배 표면에서의 수동압 p_d를 구할 수 있다[식 (26) 참조].

$$\frac{p_d}{\rho}=U\frac{\partial\phi}{\partial x},\ \ S_B\text{에서} \tag{63}$$

수동압에 기인하는 압력의 음의 x−방향 성분의 합력이 조파저항이므로 다음 결과를 얻으며,

$$R_W=\int_{S_B}p_dn_xdS=\rho U\int_{S_B}\frac{\partial\phi}{\partial x}n_xdS \tag{64}$$

따라서 다음과 같이 조파저항계수를 얻는다[식 (1.10) 참조].

$$C_W=\frac{R_W}{(\rho U^2/2)S}=\frac{2}{US}\int_{S_B}\frac{\partial\phi}{\partial x}n_xdS \tag{65}$$

패널법에서는 교란 속도포텐셜이 만족해야 하는 경계치문제, 식 (53), (60), (61), (62)를 풀기 위해 수표면과 물체 표면을 패널로 분할하고, 각 패널 상에 세기가 일정한 식 (53)의 기본해인 $1/r$을 분포시키므로, 지배방정식인 식 (53)은 자동으로 만족되지만, 경계조건인 식 (60), (61), (62)를 어떻게 만족시키는가 하는 것이 주요한 과제이다. 위의 논의에 따르면 교란 속도포텐셜은 다음 식으로 주어지는데,

$$\phi(\underline{x}) = \sum_{n=1}^{N} \sigma_n \int_{S_n} \frac{1}{r} dS \tag{66}$$

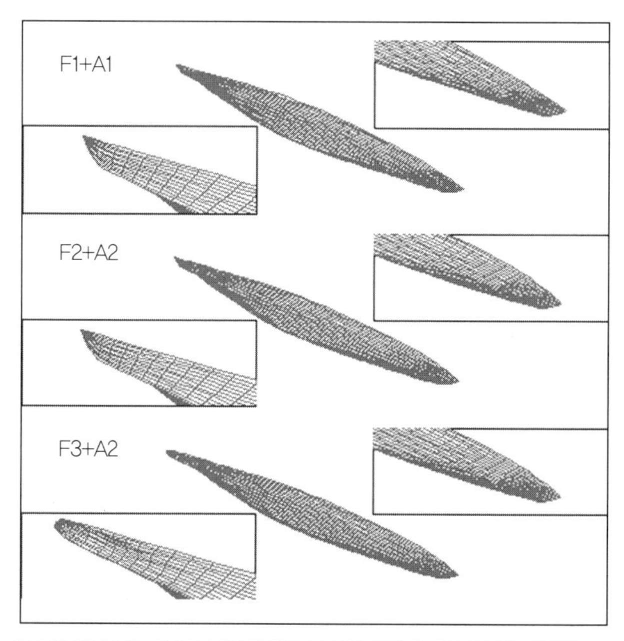

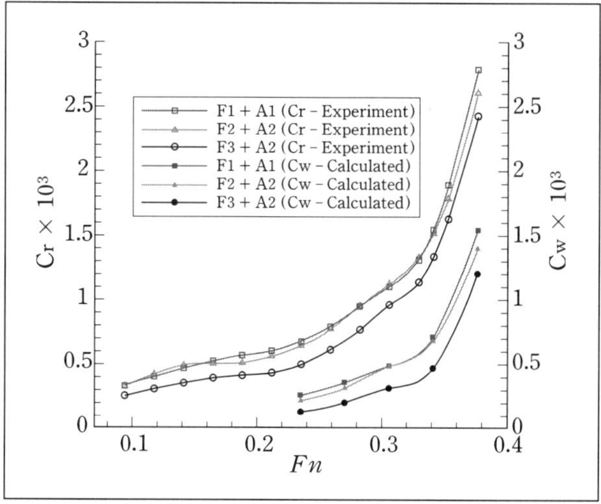

그림 2-17 패널법으로 구한 조파저항계수의 Fn에 따른 변화

여기서 N은 패널의 수이고, σ_n은 n번째 패널에 분포된 기본해의 세기이며, S_n은 n번째 패널의 면적을 뜻한다. 물체 표면 경계조건인 식 (61)을 만족시킬 때는 각 패널 상의 한 점에서 만족시키며, 이 점을 통상 도심(centroid)으로 취한다. 수표면 조건인 식 (60)을 만족시킬 때는 식 (60)을 차분화하여 차분 방정식을 쓰는데, $\partial^2\phi/\partial x^2$을 차분화하는 과정에서 상류 차분(upstream difference)을 사용하여 식 (62)도 동시에 만족시키는 방법을 취한다.

위에서 설명한 방법에 따라 물체 표면 상에 분포한 N_b개의 패널에 대해서는 물체 표면 조건을 만족시키기 위해 각 패널 상의 기본해의 세기 σ_n이 미지수가 되는 N_b개의 일차방정식을 얻으며, 수표면 상에 분포한 N_f개의 패널에 대해서는 자유표면 조건을 만족시키기 위해 σ_n이 미지수가 되는 N_f개의 일차방정식을 얻는다. 패널의 총수는 $N=N_b+N_f$이므로 미지수의 수도 N인데, σ_1, σ_2, σ_3, $\cdots$, σ_N에 대해 N개의 일차방정식을 얻으므로, 상기 문제는 수학적으로 닫혔다(closed)고 할 수 있다. 실제 선박에 대해 문제를 풀 경우에는 N이 수천에 달하므로 비교적 크기가 큰 연립 일차방정식을 다루어야 하며, 이 문제의 해를 구하기 위해서는 주로 반복법(iterative method)이 사용된다. **그림 2-17**에는 패널법을 이용해서 구한 조파저항계수의 Fn에 따른 변화를 나타냈다. 상이한 3개의 선수부 F_1, F_2, F_3와 2개의 선미부 A_1, A_2를 조합하여 얻은 6개 중에서 3개 선형에 대한 조파저항계수의 크기를 비교했는데, 정량적인 크기는 약간 차이가 있으나 모든 Fn 범위에서 F_3+A_2 선형이 가장 좋은 결과를 준다는 것이 수치계산과 실험에서 모두 확인되고 있어, 수치계산 결과가 정성적인 측면에서 비교 목적으로는 충분히 사용될 수 있음을 보여주고 있다.

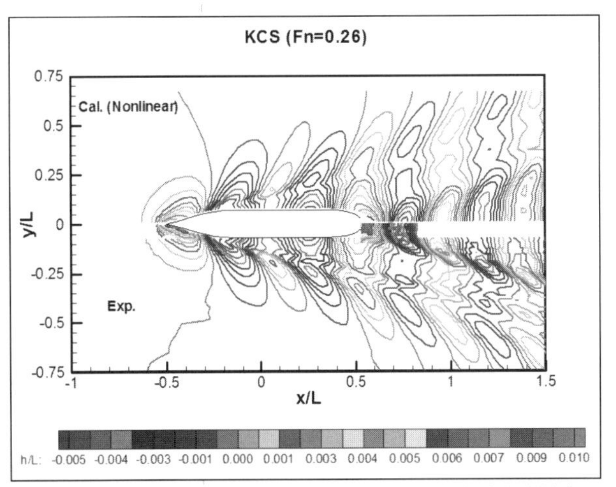

그림 2-18 패널법으로 구한 수면파의 형상

그림 2-18에는 3600TEU 컨테이너선에 대해, 패널법을 사용하여 구한 식 (56)에 따른 수면파의 형상을 실험결과와 비교한 자료를 나타냈다. 뒤쪽으로 갈수록 두 결과 사이에 위상차가 발생하는 것을 관찰할 수 있지만, 두 결과에 의한 파계가 전반적으로 잘 일치하고 있음을 알 수 있다.

연습문제

1. 수심이 유한한 영역에서의 수면파에 대해 진동수 ω와 수심 h가 주어진 경우, 파수 k를 구하기 위해서는 2절에서 구한 유한 수심에 대한 분산관계식인 다음 식을 이용해야 한다.

$$\omega^2 = gk \tanh kh \tag{39}$$

단 이 식에 ω와 h를 대입하여도 직접 k를 구할 수는 없으므로, 일반적으로 k는 반복법을 사용하여 얻어지는데, 여기서는 두 가지 반복법에 대해 고려하기로 한다. 먼저 식 (39)를 다음과 같이 변형하고

$$k_{i+1} = \omega^2 / g \tanh k_i h, \quad i = 0,\ 1,\ 2,\ \cdots \tag{E1}$$

$k_0 = \omega^2/g$이라고 하면 5~6회 반복으로 대부분 만족할 만한 값, 즉 $k_{i+1} \simeq k_i \simeq k$를 구할 수 있다. 만약 위의 방법을 사용하는데 반복횟수가 너무 커지거나 수렴하지 않을 경우에는 다음과 같은 소위 Newton의 반복법(Newton' s method of iteration)을 사용할 수 있다. Newton의 반복법을 사용하는 경우에도 $k_0 = \omega^2/g$이라고 하면 대부분 2~3회 반복으로 만족할 만한 값을 구할 수 있다.

$$k_{i+1} = k_i \left(1 + \frac{\omega^2 - gk_i \tanh k_i h}{\omega^2 + ghk_i^2 \operatorname{sech}^2 k_i h}\right), \quad i = 0,\ 1,\ 2,\ \cdots \tag{E2}$$

$\omega = 0.8\ rad/s$, $h = 30m$라고 할 때, 위의 두 방법을 사용하여 파수 k를 소수점 이하 넷째 자리까지 구하시오. 단 중력가속도 $g = 9.8m/s^2$로 한다.

2. 수심이 유한한 영역에서의 수면파에 대해 위의 2절에서 식 (38)로 얻은 속도포텐셜을 이용하면 속도벡터를 다음과 같이 구할 수 있다.

$$\underline{u} = \nabla\phi = (\omega A/\sinh kh)(\cosh k(y+h)\cos\Theta,\ \sinh k(y+h)\sin\Theta) \tag{E3}$$

이 식을 이용하면 수심이 유한한 영역에서 수면파가 진행할 때, 유체입자의 근사적인 운동궤적은 다음과 같은 타원의 방정식을 만족함을 보이시오.

$$[(x-x_0)/\{\cosh k(y_0+h)\}]^2 + [(y-y_0)/\{\sinh k(y_0+h)\}]^2$$

$$=(A/\sinh kh)^2 \tag{E4}$$

여기서 $(x_0,\ y_0)$는 유체입자의 평형 위치의 좌표이다. 이 식으로 주어지는 타원의 $x-$축 방향 반경과 $y-$축 방향 반경의 변화에 대해 논하고, 바닥인 $y_0=-h$에서 $y-$축 방향 반경은 영이므로 유체입자는 바닥의 평면을 따라 $x-$축 방향으로만 움직이는 것을 보이시오.

3. 2절에서 설명한 바와 같이, 2차원 수면파의 에너지 전파속도는 군속도인 c_g, 그리고 파의 단위길이당 평균에너지 $\overline{E}=\rho gA^2/2$로 주어진다. 2차원 해저지형은 $h=x/50$로 주어지며, 여기서 $x\in(-\infty,\ 0)$이다. 먼 바다, 즉 $x\to-\infty$에서 $\lambda=200m$, $A=3m$인 파도가 해안선, 즉 $x=0$을 향해 진행하는 경우, $x=-1000m$인 곳에서 이 수면파를 이용하여 파력발전을 한다면, 이때 얻을 수 있는 최대동력을 구하시오.
4. 단추진기선(single propeller ship)의 경우, 프로펠러의 축은 대부분 선체의 중앙종단면을 포함하는 평면에 위치하며, 배의 전진에 의해 생긴 파도가 프로펠러평면의 반류(wake)에 미치는 영향은 주로 선수파계의 $x-$축 방향 성분, 즉 배의 전후방향 성분에 의해 주어진다. 3절의 식 (47)을 이용하여 Fn의 변화에 따라 이 성분이 프로펠러평면의 반류에 미치는 영향이 어떻게 달라지는지 설명하시오.
5. 조파저항을 이론적으로 계산할 때 쓰이는 선형 중, 선각의 반폭 $y(x,\ z)$가 다음과 같이 겹-포물선형(bi-parabolic form)으로 주어지는 선형을 Wigley 선형(Wigley' s hull form)이라고 한다.

$$y=\pm(B/2)[1-\{x/(L/2)\}^2]\{1-(z/T)^2\} \tag{E5}$$

여기서 $L,\ B,\ T$는 각각 배의 길이, 폭, 흘수이고, $(x,\ z)-$평면은 선체의 중앙종단면이며, $x\in(-L/2,\ L/2)$, $z\in(-T,\ 0)$이다. 한편 선형 조파저항이론인 박선이론에 따르면, Wigley 선형의 조파저항은 다음 식으로 주어진다.

$$R_W=\frac{\rho gkB^2L^2}{\pi}\ G\!\left(\frac{\partial y}{\partial x},\ Fn\right) \tag{E6}$$

여기서 $k=g/U^2$로, 식 (47)과 관련하여 얻었던 결과이고, 함수 G는 배의 형상, 특히 반폭의 길이방향 편도함수 $\partial y/\partial x$와 Fn의 함수이며 무차원량이다[8]. 식 (E6)으로부터 조파저항계수가 다음과 같이 주어지는 것을 보이고,

$$C_W = \frac{2}{\pi}\left(\frac{T^2}{S_w}\right)\left(\frac{B}{L}\right)^2 \frac{G}{Fn^4} \tag{E7}$$

이 식에 근거하여 조파저항계수에 미치는 L/B와 Fn의 영향에 대해 논하시오.

♣ 참고문헌

[1] Michell, J. H., 1898, The wave resistance of a ship, Phil. Mag. 45-5.

[2] Proc. International Seminar on theoretical wave-resistance, 1963, U. Michigan.

[3] Wehausen, J. V., 1973, The wave resistance of ships, Adv. in Appl. Mech. Vol. 13.

[4] SNAME, 1988, **PNA(Principles of Naval Architecture)**, 2nd Rev., USA.

[5] 임상전 역, 1969, **기본조선학**, 대한교과서주식회사.

[6] 이승준, 2009, **역사로 배우는 유체역학**, 2판, GS인터비전.

[7] Ursell et al., 1959, Forced small-amplitude water waves: a comparison of theory and experiment, Journal of Fluid Mechanics, Vol.7, pp. 33~52.

[8] Kostyukov, A. A., 1968, **Theory of ship waves and wave resistance**, English Translation, Iowa.

03

점성저항

김우전
교수
목포대학교

■

3_1_ 점성 경계층과 난류현상

인접해 있는 유체의 부분 사이에 상대운동이 있으면, 상대적으로 빨리 움직이는 부분은 느리게 움직이는 부분에 의해 운동이 지체되는 현상이 일어난다. 이러한 운동량의 손실은 유체분자 상호간에 작용하는 여러 힘에 기인한 것이다. 이러한 유체 고유의 특성을 점성(viscosity)이라고 한다. 유체유동에서 서로 인접한 두 층에 속도차가 존재하는 경우 전단력(shear force)이 발생하고, 점성으로 인해 두 층 사이에 유체마찰(fluid friction)이 생겨 전단력에 저항한다. 이는 유체분자 사이에 작용하는 응집력에 의한 것으로, 이러한 점성효과로 배가 실제로 움직일 때 선체 표면에 있는 물 입자는 배와 함께 움직이게 된다. 정지해 있는 수중을 전진하는 선박에 의해 선체 표면의 유체입자가 끌려가면서 그 근처의 유체입자 또한 점성에 의해 일부가 끌려가는 층이 형성된다. 이로 인해 선체 표면의 물입자는 **그림 3-1**에 나타낸 바와 같이 각각 다른 속도를 가지는 층이 형성된다. 선체 표면 근처의 물입자를 끌고 가기 위해 배는 주위의 유체에 지속적으로 운동량을 제공해야 하므로, 선박은 물의 점성으로 인한 마찰력을 받게 된다.

그림 3-1(a)는 선박이 일정속도로 전진하는 경우를 표현한 것인데, 유체역학에서는 흔히 물체가 전진하는 경우를 같은 속도를 가진 유체가 물체에 유입되는 경우로 표현하여 해석

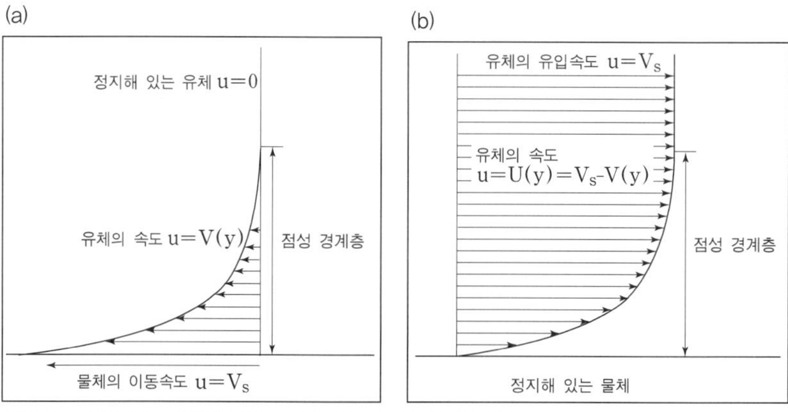

그림 3-1 전진하는 선박의 선체 표면 근처에서의 물의 속도분포
(a) 물체가 이동하는 경우 (b) 유체가 유입되는 경우

하는 것이 편리하다. 이는 단지 상대속도 개념을 도입한 것으로, 정속운동을 하는 경우에는 유동장 해석결과가 완전히 같다고 할 수 있다. 이 경우에는 선박이 정지해 있기 때문에 선체 표면의 물입자 역시 함께 정지해 있어야 한다. 이를 무활조건(no slip condition)이라고 한다. 배와 같은 속도로 유체가 유입되는 경우에는 **그림 3-1(b)**와 같이 선체 표면 근처에서 유체의 속도가 줄어드는 층이 형성되는 것으로 해석할 수 있다.

이러한 선체 표면에서의 속도구배에 따라 마찰응력(frictional stress) 또는 전단응력(shear stress)이 결정되는데, 이때 마찰응력이 속도구배에 직접 비례하는 경우를 Newton의 점성법칙(Newton' s law of viscosity)이라고 한다. 물과 공기 등 많은 단순유체가 이에 해당한다. 이를 평판 주위의 유동에 대하여 수식으로 표현하면 다음과 같다.

$$\tau_w = \mu \frac{dU}{dy} \tag{1}$$

여기서 τ_w는 벽면에서의 마찰응력이고, 비례상수 μ는 동점성계수(dynamic viscosity) 또는 간단히 줄여서 점성계수라고 부르며 유체의 고유한 성질에 해당되는데, 물을 포함한 일반적인 유체의 점성계수는 온도의 함수이다. 한편 점성계수를 유체의 밀도 ρ로 나눈 값 $\nu = \mu/\rho$를 운동학적 점성계수(kinematic viscosity)라고 부른다. 선박의 운항해역에 따라 해수의 온도 및 염도가 다르고 이에 따라 유체의 밀도 및 점성계수가 달라진다. 하지만 통상적으로 해수 온도 15℃를 기준으로 하여 밀도는 $1025kg/m^3$를 사용하며, ITTC에서는 1978년 이후 운동학적 점성계수에 대해 다음의 식을 권장하고 있다[1].

$$\nu = [\{0.659 \times 10^{-3}(T-1.0) - 0.05076\}(T-1.0) + 1.7688] \times 10^{-6}\ (m^2/s) \tag{2}$$

한편 담수의 경우, 밀도는 $1000kg/m^3$을 기준으로 하며, 운동학적 점성계수는 다음 식으로 표시할 수 있다.

$$\nu = [\{0.585 \times 10^{-3}(T-12.0) - 0.03361\}(T-12.0) + 1.2350] \times 10^{-6}\ (m^2/s) \tag{3}$$

여기서 T는 섭씨온도(℃)를 가리킨다.

앞에서 설명한 바와 같이 선박이 진행할 때 선체 표면에 형성된, 선박을 따라 끌려가는 유체의 층, 다시 말하면 유체가 유입될 때 속도가 손실되는 영역을 점성 경계층(viscous boundary layer)이라고 부른다(**그림 3-2**). 이러한 점성 경계층은 선체 표면을 따라 차츰 두꺼워진다. 물체의 후방 끝에서부터는 점성 경계층 내의 유체유동이 다시 원래의 속도를 회복

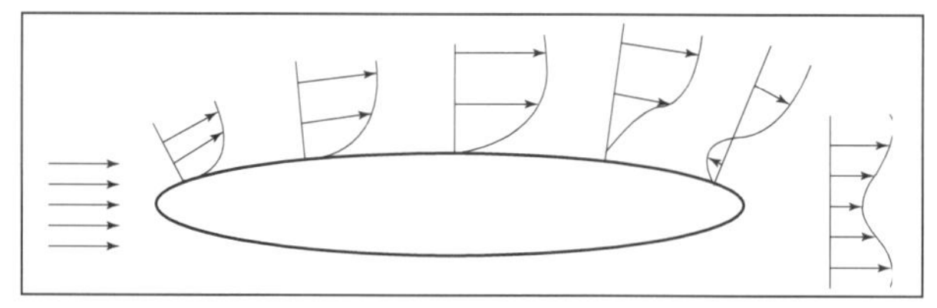

그림 3-2 선체 표면 주위의 점성 경계층과 반류

하게 되는데, 물체 후방에서 속도가 회복될 때까지의 영역을 반류영역(wake region)이라고 한다. 다시 말하면 선체 표면을 따라 끌려가던 물의 입자가 물체 후방에서는 천천히 멈추게 되는데, 마치 물체가 후방의 유체까지 함께 끌고 가는 것처럼 보인다.

만약 점성 경계층을 따라 큰 역방향 압력구배(pressure gradient)가 존재한다면 작은 운동량을 가지고 있는 경계층 내의 유체유동이 압력구배에 밀려서 더 이상 물체 표면을 따라 흐르지 못하고 역류(flow reversal)하는 현상이 일어날 수 있는데, 이 같은 현상을 유동박리(flow separation)현상이라고 한다. 실제로 선박의 경우는 선체가 유선형이기 때문에 이러한 형태의 2차원 박리(singular separation)는 트랜섬 선미의 후방을 제외하면 거의 일어나지 않는다. 단 가끔 잘못 설계된 선체 부가물(appendage) 근처에서는 발생하는 경우가 있다.

점성 경계층 내의 유동은 Reynolds수($Rn=UL/\nu$)가 작을 때는 층류(laminar flow)를 형성한다. 여기서 L은 물체의 길이이다. 하지만 Rn가 커지면서 점성 경계층 내의 유동이 불안정해지며 난류(turbulence)현상이 발생한다. 이러한 난류현상은 경계층 안에 많은 와(eddy)를 발생시켜 층간의 운동량 교환을 일으키게 되는데, 이로 인하여 벽면 아주 가까운 곳을 제외하고는 속도분포가 보다 균일해지는 결과를 낳는다. 따라서 선체 표면에서의 속도구배가 급격히 커지며, 이는 결국 마찰응력의 증가를 뜻한다. 실제로 실선은 물론 모형선에서도 선수부의 일부를 제외하면 대부분의 영역에서 난류 경계층이 형성된다. 실제 모형시험에서는 스터드(stud)나 사포(sandpaper)와 같은 난류촉진장치(turbulence stimulator)를 부착하여 모형선 주위의 흐름이 실선 주위의 현상과 유사하도록 해 주는 것이 상례이다.

그림 3-3은 평판 주위에 난류 경계층이 형성될 때 나타나는 속도장을 보여준다. **그림 3-3(a)**는 한 위치에서 일정 시간 간격으로 발생시킨 수소기포의 순간 형상, 즉 속도의 분포를 연속적으로 도시한 그림이다. 이러한 난류의 특징은 매우 짧은 시간 동안 매우 작은 공간 영역에서 크고 작은 와(eddy)가 생성되고 전달되면서 생기는 3차원적이고 불규칙한 회전성 유체 유동이라고 할 수 있다. 이를 **그림 3-3(b)**와 같이 겹쳐 보면, 매 순간 속도분포의 불규칙적인 특성을 볼 수 있다. 이 속도분포의 평균치를 도시하면 **그림 3-3(c)**와 같이 난류 경계층의 특징

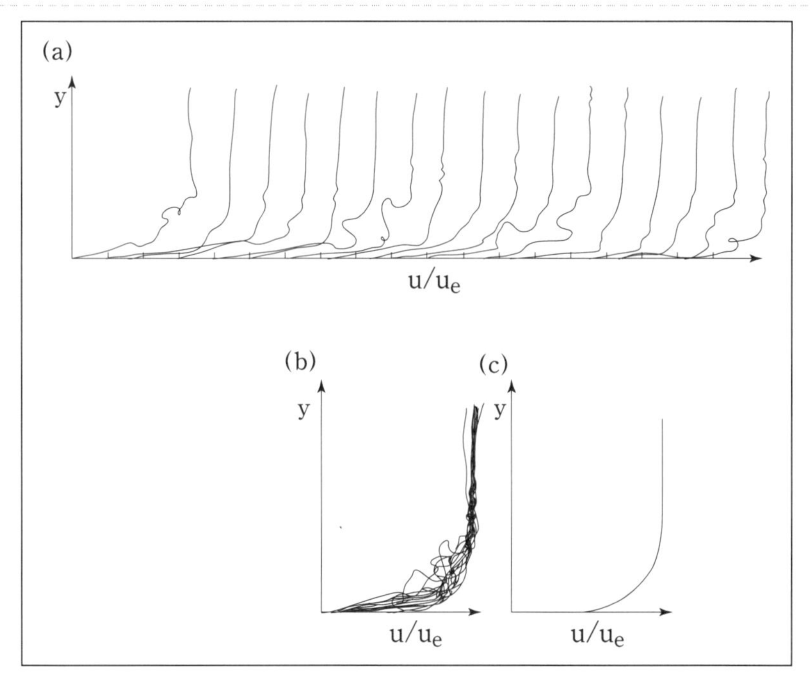

그림 3-3 난류현상

을 잘 보여주는 평균 속도분포를 얻게 된다. 이를 층류 경계층에서의 속도분포와 같이 겹쳐 그리면 **그림 3-4**를 얻는데, 난류 경계층에서의 속도분포는 와로 인한 경계층 안에서의 운동량 교환으로 인해 속도구배(velocity gradient)가 벽 근처에서 매우 커짐을 알 수 있다.

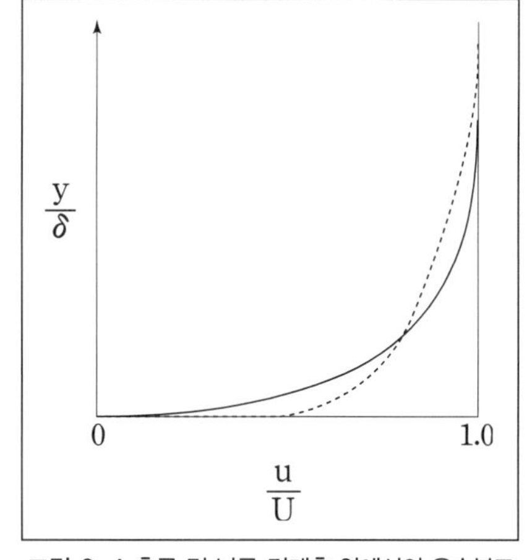

그림 3-4 층류 및 난류 경계층 안에서의 유속분포
(실선: 층류, 점선: 난류)

이러한 난류현상이 전체적으로 마찰저항의 증가를 야기하지만 현재 이러한 난류현상을 방지하거나 지연시키는 기술은 극히 제한적으로만 이용되고 있다. 난류현상을 제어하여 마찰저항을 줄이기 위한 노력으로는 선체 표면에 유동의 흐름 방향으로 작은 홈(groove)을 만들어주는 방법, 미세기포(micro-bubble)나 계면활성제(surfactant) 등의 첨가물(additives)을 투입하는 방법 등이 시도되고 있다[2]. 최근에는 난류의 발생 신호를 포착하여 물체 표면에 그에 대응하는 미소운동을 제공하여 난류 자체의 발생을 억제하는 방법이 연구되고 있다[3]. 하지만 그와 같은 방법들을 선박과 같이 Rn가 크고, 대형인 물체에 적용하기는 매우 어렵기 때문에 실용화하기에는 아직 많은 연구가 필요하다. 또한 이러한 난류 경계층의 형성으로 인한 마찰력의 증가는 표면의 거칠기가 클수록 심하기 때문에 선체 표면을 매끄럽게 유지해야만 마찰력의 증가를 예방할 수 있다. 실제로 선박의 운항일수가 증가하면 선체 표면에 생기는 따개비와 같은 작은 해양생물의 부착과 페인트의 손상 등으로 거칠어진다. 이는 심각한 마찰저항의 증가를 유발하기 때문에 선체 표면을 매끄럽게 하기 위해 해양생물의 부착을 방지하는 방오 페인트(anti-fouling paint)를 사용하거나 시간이 경과하면 저절로 벗겨지는 자정 페인트(self-polishing paint) 등을 사용하기도 한다.

3_2_ 점성저항의 성분

선박이 일정한 속도로 정수 중을 진행할 때, 중력에 의한 물체의 무게와 균형을 이루는 정수압으로 인한 부력, 그리고 파도 생성에 따른 조파저항 등을 무시한다면 선체 표면에 작용하는 응력(stress)은 순전히 점성유동장에 기인하는 성분이며, 이 응력에 따라 선박은 점성저항(viscous resistance)을 받게 된다. **그림 3-5**에 나타낸 바와 같이 선체 표면에 작용하는 응력은 선체 표면에 수직한 방향, 즉 법선방향(normal direction)으로 작용하는 성분과 평행한 방향, 즉 접선방향(tangential direction)으로 작용하는 성분으로 분해할 수 있다. 앞서 설명한 마찰응력은 접선방향으로 작용하는 성분이며, 법선방향으로 작용하는 성분은 압력이다. 이 중 마찰응력의 방향은 선체 표면에서의 유선방향과 같기 때문에 이 마찰응력의 선박 전진방향 성분을 선체 표면에 걸쳐 적분하여 선박에 작용하는 마찰저항(frictional resistance)을 구할 수 있다.

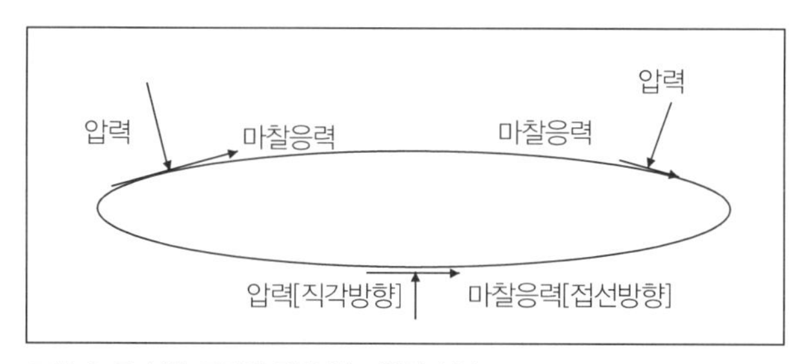

그림 3-5 선체 표면에 작용하는 힘의 성분

비점성, 비압축성 유체인 이상유체(ideal fluid)의 유동에서는 점성을 무시하기 때문에 점성에 의한 마찰저항은 없다. 만약 수표면이 없는 이상유체의 무한영역에서 물체가 일정한 속도로 움직이고 있다면, 물체에 작용하는 압력을 적분하여 얻는 압력저항(pressure resistance)은 영(zero)이라는 결론을 얻는다. 그러나 이러한 결론은 우리가 실제로 경험하는 바와는 명백히 다르기 때문에 이를 D' Alembert의 역설(D' Alembert' s paradox)이라고 한다. 하지만 실제유체(real fluid)의 유동에서는 마찰저항뿐만 아니라 점성으로 인한 압력저항이 존재한다. 이는 선수부에 작용하는 압력은 이상유체 유동과 거의 비슷한 반면, 선미부에 작용하는 압력은 점성 경계층이 두껍게 형성되기 때문에 이상유체유동에 비해 작아지므로, 전체적으로는 선박의 진행방향에 대해 반대방향의 합력이 발생함에 따른다. 선체 표면에 작용하는 압력의 선박 진행방향 성분을 침수표면적에 걸쳐 적분하여 얻은 항력을 점성압력저항(viscous pressure resistance)이라고 한다. 그리고 3차원 유선형 물체인 선박에서 유동의 역류를 동반한 2차원 박리(singular separation)는 찾아보기 어려운 반면, 종방향 와류(longitudinal vortex) 형성과 함께 발생하는 3차원 박리(ordinary separation)는 선미만곡부에서 발생하는 것이 보통인데, 이러한 만곡부와류(bilge vortex) 형성과 관련된 3차원 박리현상 또한 점성압력저항에 일정 부분 기여한다[4]. 이와 같이 선박의 점성저항은 마찰저항과 점성압력저항으로 분해할 수 있다.

점성저항의 기전을 정확히 알 수 있다면 저항이 작은 우수한 선형을 개발할 수 있을 것이다. 하지만 각기 다른 모양의 선박에 작용하는 점성저항을 정확히 추정하는 것은 매우 어려운 일이다. 다행히 평판에 작용하는 마찰저항에 관해서는 그 동안 많은 실험자료가 축적되어 있고, 실제로도 마찰저항이 선박의 점성저항에서 차지하는 부분이 매우 크기 때문에 평판의 마찰저항에 근거하여 배의 점성저항을 추정하는 방법을 찾고자 노력해 왔다. 물론 선박의 마찰저항은 선박과 길이, 표면적이 동일한 평판의 마찰저항과는 다르다. 이는 3차원 선박의 표면 위를 흐르는 유선은 압력구배가 있는 점성 경계층을 따라 흐르며, 실제 유선의 길이도 평판보다 길기 때문이다. 하지만 점성저항의 큰 부분을 차지하는 마찰저항을, 이미 충분한 실험자료가 확보되어 있는 평판의 마찰저항을 이용하여 평가할 수 있다면 선박의 저항추정에 큰 도움이 될 것이다. 흔히 선박의 점성저항과 주어진 선박에 상응하는 평판의 마찰저항의 차이를 형상저항(form resistance)이라고 한다. 이때 형상저항은 점성압력저항과 3차원효과에 의한 마찰저항의 증분을 뜻한다. 선박의 점성저항은 마찰저항과 점성압력저항으로 분해할 수 있으며, 또 길이와 표면적이 같은 등가평판(corresponding flat plate)의 마찰저항과 형상저항으로 분해하기도 한다. 형상저항을 추정하는 방법에 대해서는 차후에 언급하기로 하고, 다음 절에서는 평판의 마찰저항에 대해 알아보기로 한다.

3_3_ 평판의 마찰저항

평판의 마찰저항을 구하기 위해 19세기 후반부터 수조에서는 여러 가지 평판을 예인하며 저항을 계측하였고, W. Froude는 그의 예인수조(towing tank)에서 매끄러운 평판의 마찰저항에 관한 기초적 연구를 실시하였다[5]. 그는 여러 가지 길이의 평판을 다양한 속도구간에서 예인하여 마찰저항을 계측하였으며, 어떤 정해진 속도에서 평판의 단위침수표면적당 저항, 즉 비저항은 길이가 긴 평판의 값이 짧은 평판의 값보다 작게 나타나는 것을 발견하였다. 이러한 노력은 그의 아들인 R. E. Froude에 이르러 다음과 같은 실험식으로 정리되었다[6].

$$R_F = fSV^{1.825} = \frac{\rho g \lambda}{1000} SV^{1.825} \tag{4}$$

여기서 R_F는 마찰저항(N), ρ는 물의 밀도(kg/m^3), g는 중력가속도(m/s^2), S는 침수표면적(m^2), V는 배의 속력(m/s), 그리고 λ는 저항계수로서 Le Besnerais에 의해 다음과 같이 정리되었다.

$$\lambda = 0.1392 + \frac{0.258}{2.68 + L} \tag{5}$$

여기서 L은 배의 길이(m)이며, 온도가 15℃가 아닌 경우에는 $[1+0.0043(15-T)]$를 곱하여 사용하였다. 여기서 T는 섭씨온도를 가리킨다. 이를 현재 사용하는 마찰저항계수(frictional resistance coefficient) C_F로 표현하면 다음과 같다.

$$C_F = \frac{R_F}{(\rho V^2/2)S} = 0.002\lambda g V^{-0.175} \text{ (Froude의 평판 마찰공식)} \tag{6}$$

이 식은 1935년 ITTC에 의해 채택된 후 20세기 중반까지 사용되었다. 하지만 마찰저항계수가 차원량인 속도의 함수로 직접 표현되고 있어 현재 사용하고 있는 형태와는 약간 다르다.

20세기에 들어서 점성 유체유동에 대한 실험이, 평판뿐만 아니라 마찰저항 계측이 비교적 수월한 관유동(pipe flow)에 대해서도 많이 수행되었으며, 이를 바탕으로 한 이론적 연구 또한 지속적으로 이루어졌다. Reynolds의 유리관 실험을 통해, 층류로 유지되던 유동장이 특정한 임계속도를 지나면서 난류로 바뀌는 현상이 파악되었고, Blasius는 층류의 경우 마찰저항계수를 Rn의 함수로 다음과 같이 정의하였다[7].

$$C_F = \frac{R_F}{(\rho V^2/2)S} = 1.327Rn^{-0.5} \text{ (Blasius의 층류 마찰공식)} \tag{7}$$

그러나 위의 식은 층류에 대해서만 적용할 수 있는 식이기 때문에 $Rn < 10^5$에서만 사용할 수 있고, 실제 선박의 마찰저항계수로는 사용할 수 없다. 이후 Prandtl[8]과 von Karman [9]은 경계층(boundary layer)의 특성에 관한 이론과 실험치에 근거하여 각각 독립적으로 다음과 같은 난류에 대한 마찰저항계수의 계산식을 구하였다.

$$C_F = \frac{R_F}{(\rho V^2/2)S} = 0.072Rn^{-0.2} \text{ (Prandtl의 난류 마찰공식)} \tag{8}$$

Rn가 작은 경우, 매끄러운 평판의 저항은 Blasius의 곡선에 의해 주어지며 식 (7)에 따르면 저항은 $V^{1.5}$에 비례한다. 층류에서 난류로 바뀌는 천이(transition)현상이 평판 전체에서 동시에 발생하지는 않으며, 평판의 앞날(leading edge)에서부터 생각하는 위치까지의 거리를 기준으로 한 국부 Reynolds수(local Reynolds number)가 임계값(critical Reynolds number)이 되는 위치에서 천이현상이 나타나는데, 따라서 이 점은 속도가 증가함에 따라 앞으로 이동한다. 따라서 속도가 증가하면 천이점의 위치는 앞날에 가까워지고, 평판의 표면은 점점 더 난류영역으로 뒤덮이게 되며, 따라서 보다 큰 저항을 받게 된다. 그러므로 마찰저항계수는 천이곡선(transition line)을 따라 증가하여 결국은 점근적으로 난류에 상응하는 곡선으로 변하게 된다. 천이곡선은 유일하게 정해진 것이 없으며 입사유동 내부에 존재하는 난류성분, 평판의 거칠기 및 종횡비 등에 따라 다르게 정해질 수 있다는 점에 주의한다. 천이영역을 지난 후, Prandtl-von Karman에 따르면 마찰저항은 $V^{1.8}$에 비례한다. 하지만 식 (8)처럼 마찰저항에 관한 공식은 실제 선박과 같이 Rn가 큰 경우에 대한 마찰저항을 구하기 위해 사용하기에는 적절치 않으므로, 보다 많은 실험결과에 근거하여 새로운 마찰저항 추정식을 얻고자 노력하였다.

Schoenherr[10]는 평판에 대하여 그때까지 얻어진 실험결과를 가능한 모두 모아 **그림 3-6**에 나타낸 것처럼 수평축에 Rn를 잡고 수직축에는 C_F를 잡아 도시하였다. 그는 Prandtl과 von Karman의 이론식에 따라 Rn와 C_F의 관계식의 형태를 정하고 실험값을 바탕으로 계수를 결정하는 방식으로 다음의 식을 얻었다.

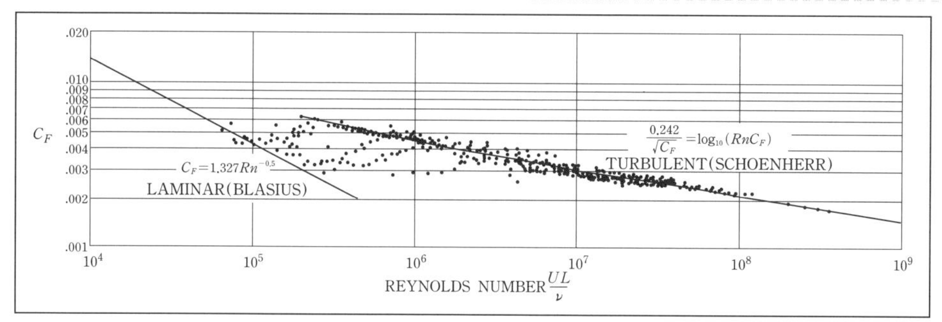

그림 3-6 평판의 마찰저항계수(Schoenherr 곡선)

$$\frac{0.242}{\sqrt{C_F}}=\log_{10}(RnC_F) \quad \text{(Schoenherr의 평판 마찰저항공식)} \tag{9}$$

이 공식을 이용하여 실선의 범위에 속하는 Rn에 이르기까지 Schoenherr의 저항계수들이 확장되어 매끈한 선체 표면에 대해 쓰이게 되었다. 실제 선박의 표면은 평판의 용접시임(seam), 페인트의 거칠기 등으로 인하여 완전히 매끄럽다고 할 수 없기 때문에 거칠기효과를 반영하여 실선에 적정한 여유를 주는 것이 보통이다. 하지만 현재까지도 이 곡선이 평판의 마찰저항을 결정하는 데 가장 널리 쓰이는 공식으로 인정받고 있다.

Schoenherr는 여러 연구자들에 의해 얻어진 결과들을 사용하였으나 실험 결과 간의 기하학적인 상사관계를 고려하지 못하였으므로, Froude의 결과와 마찬가지로 실험곡선에는 평판의 종횡비의 영향이나 앞날의 기하학적 형상의 영향이 포함되어 있어 완전한 2차원 평판의 마찰저항으로 보기 어려운 점이 있었다. Hughes[11], [12]는 평판과 폰툰(pontoon)에 대한 실험을 많이 수행했는데, 평판의 종횡비를 넓은 범위에 걸쳐 변화시켰으며 이들 자료를 활용하여 종횡비가 무한대인 경우의 값을 외삽법(extrapolation)으로 추정함으로써 2차원 유동상태에서 매끄러운 평판의 최소 난류 마찰저항곡선으로 생각되는 곡선을 다음과 같이 두 식으로 나타낼 수 있었다.

$$C_F=\frac{R_{F_0}}{(\rho V^2/2)S}=\frac{0.066}{(\log_{10} Rn-2.03)^2} \tag{10}$$

$$C_F=\frac{R_{F_0}}{(\rho V^2/2)S}=\frac{0.067}{(\log_{10} Rn-2)^2} \quad \text{(Hughes의 평판 최소 마찰저항공식)} \tag{11}$$

하지만 식 (10), (11)은 2차원 상태를 가정하여 외삽한 결과 얻어진 식으로, 최소 난류 마찰저항곡선이라는 의미를 가질 뿐, 실제 평판의 마찰저항을 추정할 때 너무 작은 값을 주는 경향 때문에 실제로는 적용되지 않고 있다.

3_4_ 모형선-실선 상관곡선

19세기 이래 선박의 저항추정에서 어떤 표준온도를 기준으로 삼아야 할지 결정된 바 없었으나, 1953년 미국수조회의(ATTC, American Towing Tank Conference) 이후 통상 15℃를 기준으로 하고 있다. 또한 ATTC[13]는 Schoenherr의 곡선을 1947년 ATTC 곡선으로 부르기로 하였는데, 실선에 사용할 때에는 이 곡선에서 얻어진 값에 당시의 건조공법으로 인한 리벳 자국 등 실선의 표면 거칠기효과를 반영하여 0.0004의 여유를 주고 추정하도록 권장하였다. 1978년 ITTC(국제수조회의)● 는 모형선의 거칠기효과를 반영한 수정치 C_A를 다음과 같이 표현하고 실선의 저항계수에 더할 것을 권장하였다(**그림 3-7**)[14].

● 이하에서는 ITTC(International Towing Tank Conference)로 약칭하며, 4장을 참고하기 바란다.

$$C_A = [105(k_S/L_{WL})^{1/3} - 0.64] \times 10^{-3} \tag{12}$$

여기서 k_S는 표면의 거칠기를 나타내며, 따로 구할 수 없는 경우에는 통상 $150 \times 10^{-6} m$를

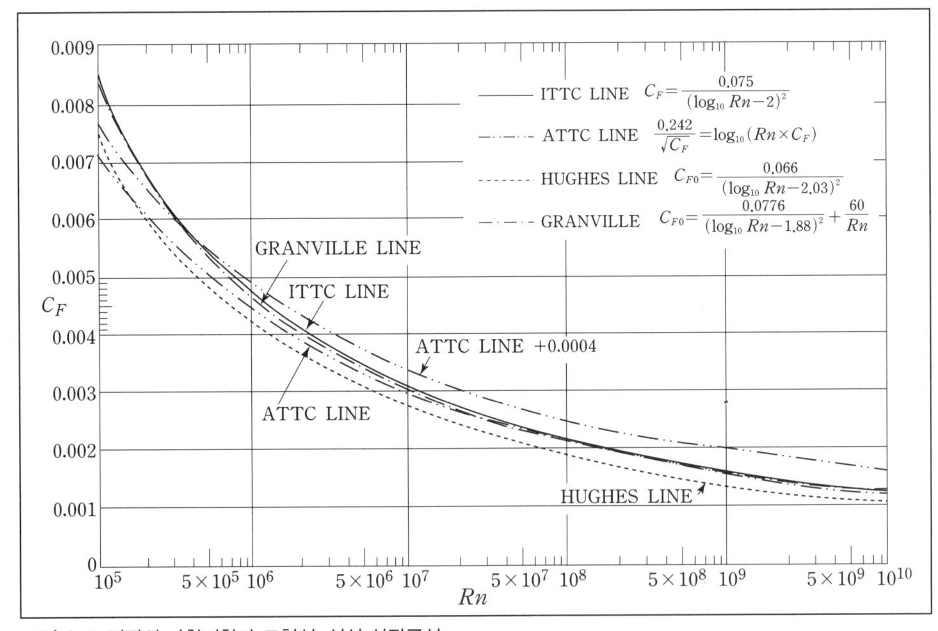

그림 3-7 평판의 마찰저항과 모형선-실선 상관곡선

사용한다. 실선의 시운전 결과 얻어지는 실선 저항과 모형시험으로 추정된 저항의 차이에는 표면 거칠기에 따른 마찰저항의 증가뿐만 아니라, 시험수조의 특성 등 다른 요소들이 들어 있어서 그 값을 모형선-실선 상관 수정계수(model-ship correlation allowance)라고 부르고 C_A 기호를 그냥 사용하기로 하였다. 하지만 많은 수조실험 결과를 실선으로 확장하는 과정에서 Schoenherr의 곡선(동시에 ATTC 곡선)이 작은 모형선에 상응하는 낮은 Rn에서는 곡선의 기울기가 충분히 크지 못하다고 생각되었으며, 그 때문에 작은 모형선과 큰 모형선 사이의 상관관계가 정확하지 않다고 생각되었다. 선박건조에 용접방식이 쓰이기 시작하면서 선박의 표면은 훨씬 매끄러워졌으며, 따라서 모형선-실선 상관 수정계수 C_A는 Schoenherr의 곡선을 사용할 때 모형선을 통해 추정된 저항값과 실선의 저항을 일치시켜 주기 위해서는 영이 되거나 음(−)의 값을 가져야 하는 경우가 생겼다.

1957년 ITTC는 모형선의 저항을 통해 실선의 저항을 추정하기 위한 평판의 마찰저항곡선으로, 기존의 Schoenherr 마찰저항곡선(ATTC 곡선)을 직접 사용하는 것이 적합하지 않다고 판단, 모형선의 결과를 실선으로 확장하기 위해 Schoenherr 곡선을 수정하도록 제안했다[15]. 이는 순전히 시험수조에서 행한 모형시험 결과를 실선으로 확장할 때, 보다 현실적인 값을 제공하기 위한 목적을 가지고 있다. ITTC는 Rn가 10^7보다 큰 구간에서는 Schoenherr 곡선을 쓰더라도 큰 모형선을 통해 추정되는 실선의 저항값이 차이를 보이지 않지만, Rn가 작은 구간에서는 작은 모형선이나 큰 모형선을 사용했을 때 추정되는 실선 저항의 차이를 줄여주는 데 경사가 급한 새로운 곡선을 제안했는데, 이 곡선을 사용하면서 실선의 저항을 낮게 추정함으로써 모형선-실선 상관 수정계수 C_A를 늘어나게 하고 C_A가 종종 음(−)의 값을 갖던 결점도 피할 수 있게 되었다. 1957년 마드리드에서 개최되었던 ITTC에서는 이 수정된 곡선으로 다음과 같이 주어진 공식을 사용할 것에 합의했다.

$$C_F = \frac{R_F}{(\rho V^2/2)S} = \frac{0.075}{(\log_{10} Rn - 2)^2} \text{ (ITTC 모형선–실선 상관곡선)} \tag{13}$$

ITTC는 이 곡선을 'ITTC 1957 모형선-실선 상관곡선' 으로 채택하였으며 '이 곡선은 실제적인 공학적 목적으로 사용하기 위한 잠정적인 해석법에 지나지 않는다.' 라고 조심스럽게 덧붙였다. 식 (13)으로 주어지는 곡선은 마찰저항곡선이 아니라 모형선-실선 상관곡선으로 불리는데, 이것은 그 곡선이 평판이나 곡면의 마찰저항을 나타내지 않을 뿐만 아니라 그러한 목적으로 사용될 수 없음을 내포하고 있다. 식 (10), (11)로 주어지는 Hughes의 제안은 ITTC 곡선과 같은 모양을 하고 있으나 ITTC 곡선이나 Schoenherr 곡선(ATTC 곡선)에서 얻어지는 C_F의 값보다 작은 값을 주고 있다. ITTC 1957 곡선은 사실상 Hughes의 곡선을 일률적으로 12% 증가시켜 얻어지는 값과 수치적으로 거의 같은 값을 주고 있다. 1977년 Granville은 ITTC 1957 모형선-실선 상관곡선 역시 난류유동 중에 놓인 평판의 마찰저항곡선으로 생각할 수 있음을 보여주었다. 그는 경계층 내부에서의 속도분포를 포함하는 기초적 문제를 고려하여 다음과 같은 일반적인 공식을 유도하였다[16].

$$C_F = \frac{R_F}{(\rho V^2/2)S} = \frac{0.0776}{(\log_{10} Rn - 1.88)^2} + \frac{60}{Rn} \quad \text{(Granville의 평판 마찰저항공식)} \qquad (14)$$

Rn가 5×10^5보다 작을 때 식 (14)나, ITTC 1957 곡선으로부터 얻어지는 값들은 잘 일치하고 있다. 1×10^8 이상의 Rn에서는 ITTC 1957 곡선, Schoenherr 곡선, 그리고 Granville 곡선 모두 거의 비슷한 값을 주고 있다.

1978년 ITTC에서는 모형시험 결과를 실선으로 확장하는 방법을 통일하였는데, 이때 모형선과 실선의 마찰저항을 추정하는 기본식으로 식 (13)으로 주어지는 ITTC 1957 곡선을 사용하기로 하였고, 이후 평판의 마찰저항을 구하는 데에는 이 곡선이 기본식으로 사용되고 있다. 실제로 평판의 마찰저항을 계산할 때 어떤 공식을 이용하는 것이 정확한가에 대해서는 계속적인 토의가 필요하지만, 현실적으로 평판 자체의 마찰저항을 산정하기 위해서는 많은 실험값에서 도출된 Schoenherr 곡선을 사용하고, 예인수조 시험을 통해 얻어진 모형선 결과를 실선으로 확장하기 위해서는 ITTC 1957 곡선을 사용하는 것이 공학적으로 합리적이라고 하겠다.

3_5_ 형상저항

2절에서 언급한 바와 같이 점성저항은 마찰저항과 점성압력저항으로 분해할 수도 있고, 또는 마찰저항을 길이와 표면적이 같은 등가평판의 마찰저항으로 평가하고, 점성저항과 평판의 마찰저항의 차이를 형상저항으로 분해할 수도 있다. 이렇게 정의된 형상저항에는 점성압력저항은 물론 3차원 형상 때문에 생기는 마찰저항의 증가도 포함되어 있다고 보아야 한다. Hughes[12]는 평판의 마찰저항곡선을 사용하여 모형선으로부터 실선으로 확장해 가는 새로운 방법을 제안하였다. **그림 3-8**에 나타낸 바와 같이, 그는 모형선의 전체저항계수 C_T는 점성저항을 나타내는 C_V와 조파저항을 나타내는 C_W로 분리할 수 있다고 가정하였다. 낮은 Fn에서는 C_W가 작아져 조파저항을 무시할 수 있을 정도가 되므로, C_T를 나타내는 곡선은 평판의 마찰저항곡선과 거의 평행하게 되며, 이 점에서 C_T의 값은 전체점성저항계수(total viscous resistance coefficient) C_V와 같아진다. 적어도 일부는 선체 표면의 곡률에 따른 성분이 포함된 것으로 생각되는 형상계수(form factor) k는 다음과 같이 정의된다.

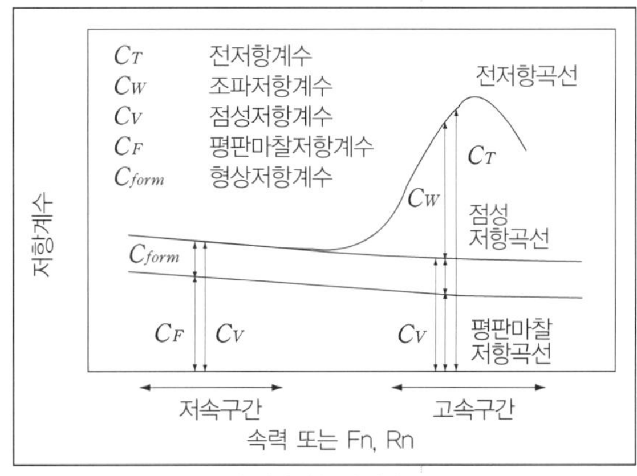

그림 3-8 Hughes의 형상계수 결정법

$$1+k=C_V/C_F \tag{15}$$

여기서 평판의 마찰저항은 1957년 ITTC 곡선을 사용하는 것이 보통이다. 그러나 일반적으로 저속구간에서 선박의 저항을 정확히 계측하기 어렵고, 조파저항성분이 어느 속도에서 완전히 없어지는 것으로 보아야 하는지 결정하는 것이 쉽지 않기 때문에 단순히 한 번의 실험으로 형상계수를 결정하는 것은 쉬운 일이 아니다. 통상 수조 모형시험에서 저속구간의 시험을 통해 얻어지는 저항 계측치 자체가 작으며, 이를 저항계수로 환산해서 도시해 보면 하나의 곡선으로 보기 힘들 만큼 흩어져 있는 경우가 많다. 물론 많은 시험을 통해 그 경향을 따르는 평균치를 환산해 볼 수 있으나, 시험 시간과 비용 때문에 아주 낮은 속도구간에서의 시험으로 형상계수를 추정하는 것은 현실적인 방법으로 보기 어렵다. 한편 조파저항의 영향을 고려하여 형상계수를 결정하는 방법이 Prohaska에 의하여 제안되었는데, 그는 조파저항계수가 Fn의 멱함수(power function) 형태로 표현될 수 있다고 가정하여 다음과 같이 표현하였다.

$$C_W = cFn^n \tag{16}$$

여기서 c와 n은 구하고자 하는 상수이다. 식 (15), (16)을 사용하면 전체저항계수 C_T는 다음과 같이 표현된다.

$$C_T = C_V + C_W = (1+k)C_F + cFn^n \tag{17}$$

여기서 $C_T/C_F = (1+k) + cFn^n/C_F$를 도시하여 직선에 가장 가까운 n과 c를 결정하고, 그 직선의 절편에 해당되는 값을 읽어 형상계수를 결정하는 방법을 제안하였다. 그러기 위해서는 모형선의 저항을 아주 낮은 속도인 $Fn \leq 0.1$의 구간에서 계측해야 하는데, 이에 따라 Rn의 크기에 따른 영향이 나타나 문제점으로 지적되고 있다. 통상의 예인수조 시험에서는 저속구간에 대해 시험을 수행하지 않기 때문에 $0.1 \leq Fn \leq 0.22$의 값을 바탕으로 조파저항을 나타내는 cFn^n에서 n을 4로 고정하여 사용하기도 한다[17]. 비대선의 경우에는 4와 6 사이에서 선택하기도 한다. 흔히 위와 같은 도식적인 방법으로 얻어진 형상계수가 쓰이기도 하지만, 적합한 형상계수를 얻을 수 있는 만족할 만한 방법은 아직 알려진 것이 없다. 일부에서는 그 동안의 실험값을 바탕으로 선형의 특징과 세장비, 그리고 방형비척계수 및 부심의 종방향 위치 등으로부터 형상계수를 추정하여 사용하기도 한다.

형상계수 k가 Rn와 무관하게 일정한 값을 갖는다고 가정하면, $(1+k)C_F$ 곡선을 그 형상을 가지는 선박의 점성저항계수 C_V로 생각하고, 모형시험 결과로부터 얻은 전체저항계수 C_T에서 C_V를 빼서 얻어지는 조파저항계수 C_W와, 실선의 Rn에 해당하는 C_V의 합에 C_A를 더하여 실선의 저항으로 확장할 수 있으며, 이러한 방법을 3차원 외삽법(extrapolation)이라고 한다. 반면 형상저항과 조파저항의 합을 잉여저항(residuary resistance)이라고 정의하고, 모형시험 결과로부터 얻어진 전체저항계수 C_T로부터 평판의 마찰저항계수 C_F를 빼서 얻어지는 잉여저항계수 C_R과 실선의 Rn에 해당하는 C_F의 합에 C_A를 더하여 실선의 저항으로 확장하는 방법은 2차원 외삽법이라고 한다. 모형선의 결과를 실선으로 확장하는 방법은 예인수조에 따라 조금씩 다른데, 이에 대한 자세한 내용은 다음 장의 모형시험에서 나루기로 한다.

3_6_ 점성유동장의 수치계산

효과적이고 체계적인 선형 개발을 위해서는 통상적인 예인수조 시험을 통해 계측되는 저항 및 자항 요소 등의 총량계측(global force measurement) 결과뿐만 아니라 선체 주위의 국부유동장(local flow field)에 대한 이해가 필수적이다. 이러한 국부유동 현상에 대한 규명이 선형변환과 연계될 수 있으면, 선박유체역학의 이론과 해석을 바탕으로 보다 나은 선형을 개발할 수 있기 때문이다. 최근에는 계산유체역학(Computational Fluid Dynamics, CFD) 기법을 이용하여 저항성분 및 국부유동장을 미리 예측할 수 있는 수치계산코드가 개발되어 각 조선소의 선형개발 단계에서 활발히 이용되고 있다[18].

선체 주위의 난류유동을 해석하여 마찰저항과 형상저항 등을 계산하고 프로펠러평면에서의 반류를 예측하기 위해서는 통상적으로 난류유동의 지배방정식인 Reynolds-평균 Navier-Stokes(Reynolds-Averaged Navier-Stokes(RANS)) 방정식을 풀어야 한다. 다음에는 선체 주위의 점성유동장을 해석하기 위해 사용되는 난류유동의 지배방정식인 RANS 방정식과 그 해법에 대하여 알아본다.

수치계산을 위해 대상 유체인 물을 비압축성(incompressible) 유체라고 가정하면, 이러한 비압축성 난류유동의 지배방정식인 연속방정식과 RANS 방정식은 $x_i=(x,\ y,\ z)$의 직교 좌표를 사용하여 다음과 같이 쓸 수 있다.

연속방정식(equation of continuity),

$$\frac{\partial u_k}{\partial x_k}=0^{\bullet\bullet} \tag{18}$$

●● 이하에서는 벡터 또는 텐서의 하첨자 표기에 관한 덧셈의 관례(summation convention)에 따라 2개의 하첨자가 중복되면 그 하첨자에 대해서는 덧셈이 적용되는 것으로 한다.

x_i-방향의 운동량방정식(momentum equation),

$$\frac{\partial u_i}{\partial t}+\frac{\partial(u_i u_j)}{\partial x_j}=-\frac{\partial p}{\partial x_i}+\frac{\partial \tau_{ij}}{\partial x_j} \tag{19}$$

위에서 사용된 모든 변수들은 배의 속도 V, 배의 길이 L, 그리고 유체의 밀도 ρ로 무차원화되었고, $u_i=(u,\ v,\ w)$는 각 좌표 축 $x_i=(x,\ y,\ z)$ 방향의 평균 속도성분, τ_{ij}는 점성과 난류에 의한 유효응력(effective stress), 그리고 p는 압력이다. 유효응력은 Boussinesq의 등방성 와점성 모형(isotropic eddy viscosity model)을 사용하여 다음과 같이 나타낼 수 있다.

$$\tau_{ij}=\nu_e\left(\frac{\partial u_i}{\partial x_j}+\frac{\partial u_j}{\partial x_i}\right)-\frac{2}{3}\delta_{ij}k \tag{20}$$

여기에서 k는 난류의 운동에너지이고, ν_e는 난류 와점성(turbulent eddy viscosity) ν_t에 유체의 운동학적 점성계수 ν를 더한 유효점성계수(effective viscosity)로 다음과 같이 쓸 수 있다.

$$\nu_e=\nu_t+Rn^{-1} \tag{21}$$

그리고 ν_t는 난류모형으로부터 결정되는데, 이러한 난류모형은 추가로 풀어야 할 난류 관련 방정식의 숫자에 따라 영-방정식(zero-equation), 1-방정식(one-equation), 2-방정식(two-equation) 모형 등으로 구분할 수 있다. 공학적으로 가장 많이 사용되는 대표적인 난류 모형으로는 $k-\varepsilon$ 모형을 들 수 있다.

난류현상을 보다 정확히 모사하기 위해 때로는 난류응력을 직접 모형화한 소위 Reynolds-응력 모형(Reynolds-stress model)을 사용하기도 한다. 최근에는 계산기의 발달로 난류모형을 도입하지 않고도 직접 난류현상을 모사하게 되었으며, 이를 직접 수치모사(Direct Numerical Simulation: DNS)라고 한다. 한편 난류현상 중 크기가 작은 와(eddy)에 대해서만 모형화를 도입하기도 하는데, 그 단계에 따라서 대형 와모사(Large Eddy Simulation: LES), 분리 와모사(Detached Eddy Simulation: DES)라고 한다. 하지만 이와 같은 방법들은 많은 계산시간과 노력을 필요로 하며, 수치계산의 안정성을 확보하기 어려운 점이 있기 때문에 비교적 형상이 간단하거나 Rn가 작은 경우에 제한적으로 이루어지며, 조선소 설계단계에서는 일반적으로 간단한 난류모형을 사용하는 것이 보통이다.

RANS 방정식의 해를 수치계산으로 구하기 위해서는 방정식을 이산화(discretization)해야 하는데, 현재 널리 사용되고 있는 방법으로는 유한 차분법(finite difference method), 유한 요소법(finite element method), 그리고 유한 체적법(finite volume method)이 있다. 이러한 일반적인 CFD 기법들은 조선, 해양, 기계, 항공, 토목, 화공 등 유체를 다루는 여러 분야에 공통으로 쓰이고 있고, 이를 위해 많은 상업용 계산코드가 개발되어 있다. 하지만 선형설계를 위한 목적에 꼭 알맞은 전산코드는 그리 많지 않으므로 보통 선체 주위의 점성유동 해석을 위해서는 선박유체역학을 전공하는 사람들에 의해 개발된 계산코드를 사용한다.

특별한 경우를 제외하고는 물은 비압축성 유체로 취급되므로 질량보존법칙인 연속방정식 (18), 즉 속도장의 발산도(divergence)가 영임을 만족하여야 한다. 이를 위해서 운동량 보존법칙을 만족하는 속도장이 연속방정식을 만족하도록 압력장을 결정하는 방법이 쓰인다. 정상상태의 유동을 계산하는 방법 중에서는 압력을 구하는 형식에 따라 이산화된 연속방정식으로부터 압력방정식이나 압력수정방정식을 따로 구하여 계산하는 방식, 즉 분리형(segregated type: SIMPLE 등)과 의사 압축성(artificial compressibility)을 도입하는 방법이 있는데, 각각 장단점이 있고 활용도나 성능은 비슷한 것으로 알려져 있다.

위의 수치계산 기법들을 사용하여 선체 주위의 점성유동을 계산하고자 하면 우선 선체 표면 격자계가 필요하고 이를 경계조건으로 하는 3차원 공간 격자계가 필요하다. 이러한 과정은 소위 전처리(pre-processor)로 불리는 유동계산을 위한 준비단계인데, 선형과 CFD에 모두 경험이 있는 선박유체공학자의 몫이라고 하겠다(**그림 3-9**). 격자계(grid system)는 현재 O-H, O-C, O-O등 여러 가지 기하학적 구조가 사용되고 있다. 이 중 주목해야 할 것은 그 사이 계산에 많이 사용되었던 일정한 종방향 위치에서 생성된 2차원 격자계를 연결하여 사용하는 방식으로는, 선수 및 선미의 복잡하고 급격한 압력변화 등 난류유동을 제대로 모사할 수 없다는 사실이다. 그러므로 선수 및 선미의 윤곽선을 따라 격자계가 3차원으로 분포된 선체윤곽선 맞춤격자계(profile-fitted grid system)의 사용이 바람직하다. 하지만 최근에는

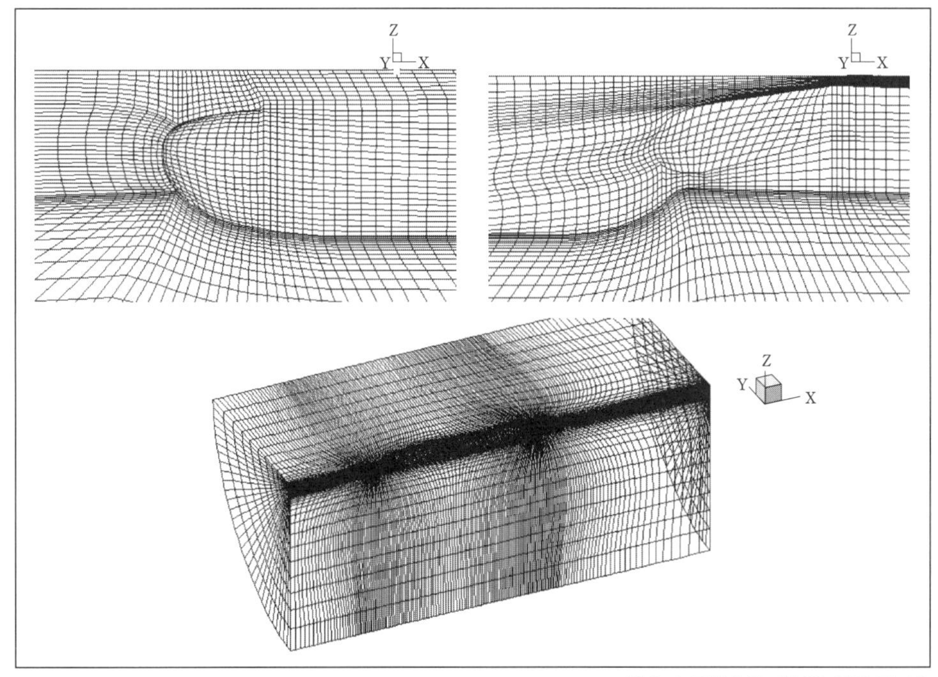

그림 3-9 점성유동 해석을 위한 격자계

복잡한 형상에 대하여 격자계 생성을 탄력적으로 할 수 있는 비체계형 격자(unstructured grid), 공생형 격자(chimera 또는 overlaid grid), 사조형 격자(embedded grid) 등과 같은 기술이 개발되었다.

점성저항을 계산하기 위해서는 우선 경계층 및 반류에서의 속도와 응력분포를 구하여 선박의 진행방향 성분에 대해 선체 표면에 걸쳐 적분한다. 이때 계산결과에 가장 많은 영향을 미치는 것이 난류모형이라고 할 수 있다. 특히 점성유동 계산결과로 제공되는 프로펠러 평면(propeller plane)에서의 공칭반류(nominal wake)는 선박의 추진성능을 결정하고 프로펠러의 공동 및 소음 특성에 지대한 영향을 줄 수 있으므로 효과적인 프로펠러 설계를 위해서 매우 중요한 정보이다. 이러한 선미 경계층과 반류의 올바른 예측을 위해서는 만곡부와류(bilge vortex)의 위치와 크기를 바르게 계산해야 하는데, 채용된 난류모형에 따라 계산결과가 많이 달라짐을 볼 수 있다. 공학적으로 가장 널리 사용되어 왔던 $k-\varepsilon$ 모형과 벽함수(wall function)의 조합은, 사용이 간편하고 격자를 선체 표면 가까이 분포시킬 필요가 없어 경제적이기는 하나 계산결과가 실제와 차이를 보이는 경우가 있다. 하지만 선형설계를 위한 평가용으로는 지금도 가장 널리 쓰이고 있다.

이러한 수치계산코드 중 국내에서 개발되어 현재 조선소 선형설계 분야에서 활발히 사용되는 것으로 WAVIS를 들 수 있다. 다음에는 WAVIS[19]를 사용하여 얻은 결과를 바탕으로 점성저항과 유동해석에 관해 언급하기로 한다. **그림 3-10**에는 산적화물선 표면에서의 국부마찰응력 중 점성저항의 마찰저항에 기여하는 성분을 도시하였다. 선수 끝 부근에서는 유체의 흐름이 옆으로 형성되기 때문에 마찰저항에 대한 기여는 거의 없다고 할 수 있으나, 선수부 하단 쪽으로 빠른 흐름이 형성되고 이로 인해 국부적으로 마찰이 증가한다. 점성 경계층이 선미로 가면서 차츰 두꺼워지기 때문에 마찰응력은 선미로 갈수록 감소한다. 특히 선미부에서는 선저에서 올라오는 유동으로 인해 약간의 마찰증가가 보이나, 만곡부와류의 형성과 선미부 오목한 면에서의 국부적인 마찰은 매우 작다.

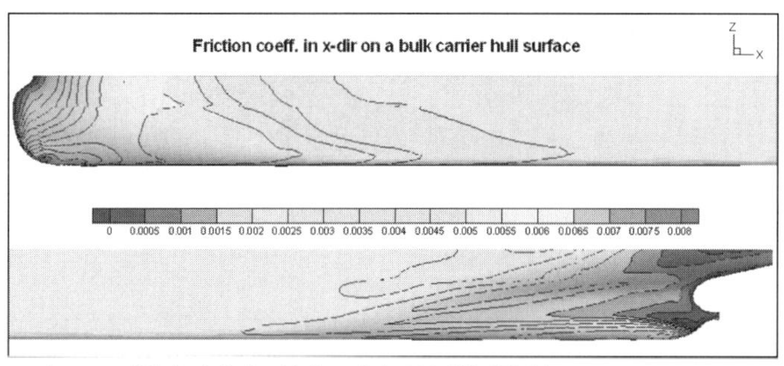

그림 3-10 저항에 기여하는 선체 표면의 국부마찰저항계수

그림 3-11에는 수표면효과가 없는 경우에 점성유동 해석결과로 얻어진 압력분포를 나타냈다. 우측은 선수부를 앞에서 바라본 모양이며, 좌측은 선미부를 뒤에서 바라본 모양이다. 이 두 압력을 적분하면 그 차이가 점성압력저항이다. 선수부에서는 구상선수(bulbous bow) 근처에서 압력증가가 나타나고, 그 다음 선수 어깨부(shoulder)에서 급격한 압력감소가 나타난다. 선미 어깨부에서도 약간의 압력감소는 있으나, 그 차이는 선수부에 비하면 크지 않다. 이는 산적화물선의 전형적인 형태에 기인한 면이 있음은 물론, 선미부에서의 압력 회복이 두꺼운 점성 경계층의 역할로 인해 많이 완화되어 있기 때문이다. 특히 우측의 선수부 중앙에 비해 선미부의 압력이 훨씬 낮은 것을 볼 수 있다. 이 차이가 점성압력저항의 큰 성분이며, 이와 함께 선수 및 선미 어깨부와 만곡부에서의 압력분포가 점성압력저항을 결정한다.

한편 점성유동의 계산도 수표면에서 선박에 의해 발생하는 파도를 고려하여 풀 수 있다. 이 경우 계산이 훨씬 복잡하고, 수표면에 발생하는 파도를 동시에 모사해야 하는 어려움이 있다. 특히 Fn가 작고 비대한 선형의 경우, 정확한 모사를 위해서는 많은 격자계와 계산시간을 요구한다. **그림 3-12**에는 수표면효과가 있는 경우에 점성유동 해석결과로 얻어진 압력분포를 나타냈다. 선수부에서는 압력증가에 해당하는 수면상승으로 큰 선수파가 생겼으며, 선수 어

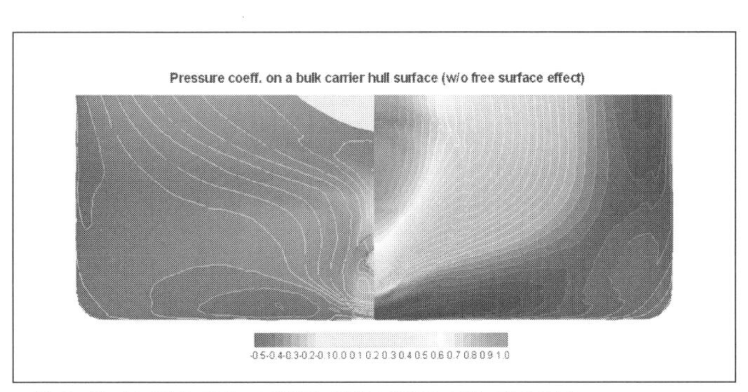

그림 3-11 수표면효과를 고려하지 않은 경우의 선체 표면 압력

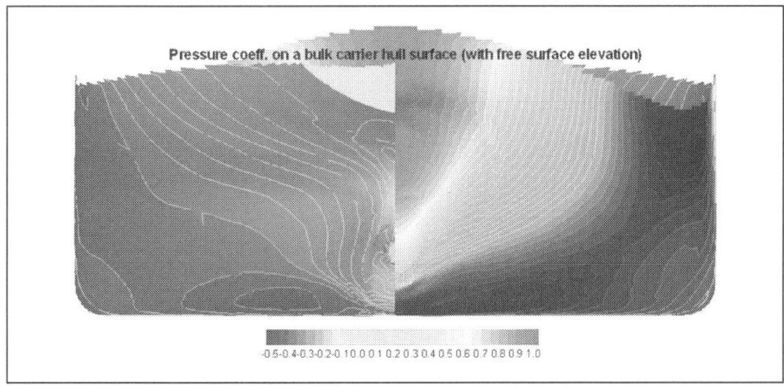

그림 3-12 수표면 조파현상을 고려한 경우의 선체 표면 압력

깨부에서는 낮은 압력으로 인한 파저가 형성되어 있다. 이러한 파계의 영향을 고려하여 수치 계산을 수행하는 경우에는 점성저항은 물론 조파저항이 포함된 전체저항을 얻을 수 있다. 이때 압력의 선박 진행방향 성분을 적분하여 얻은 것이 압력저항으로서 점성압력저항과 조파저항의 합으로 볼 수 있다. 하지만 이 조파저항은 앞 장에서와 같이 점성효과를 무시하고 비점성 유체로 가정하여 수행한 포텐셜유동 해석결과와는 다르다. 선수부에서는 점성 경계층의 두께가 작아 포텐셜유동 해석결과로 얻은 압력과 점성유동 해석에서 구한 압력에 큰 차이가 없지만, 선미로 갈수록 점성 경계층이 발달하므로 점성유동 해석의 결과가 보다 실제에 가까운 결과를 준다. 특히 선미파의 경우, 점성효과로 인해 그 크기가 감소되며 그 위상 또한 뒤로 밀리는 경향이 있다. 이와 같은 방식으로 점성은 실제 조파저항에 영향을 미치며, 조파현상으로 인해 전체적인 유선과 압력분포가 바뀌므로 점성저항 또한 조파현상의 영향을 받는다.

그림 3-13은 수표면을 포함한 점성유동장 계산결과로 얻어진 한계유선(limiting streamline)을 나타냈다. 여기서 한계유선이라 함은 선체 표면 아주 가까운 곳에서의 가상유선으로서 실제로는 표면 마찰응력 벡터를 적분하여 얻어지며, 표면 마찰곡선(surface friction lines)이라고도 한다. 이 그림에서는 선수부에 발생한 파도의 형태를 볼 수 있는데, 특히 선미만곡부와류(stern bilge vortex) 형성으로 인한 유선의 중첩이 나타난다. 선수부의 유선은 선수파의 형성과 밀접한 관계를 가지며, 이 부분의 점성유동 해석결과는 점성을 무시하고 조파현상만을 모사하기 위한 포텐셜유동 해석결과와 비슷한 경향을 보인다. 한편 선미 벌브 근처에서 발생하는 유선수렴(streamline convergence)현상은 만곡부와류의 형성에 의한 것으로 종방향 와류를 동반한 3차원 박리(ordinary separation)현상이며, 프로펠러평면에 유입되는 반류의 특성을 결정하는 매우 중요한 설계인자이다.

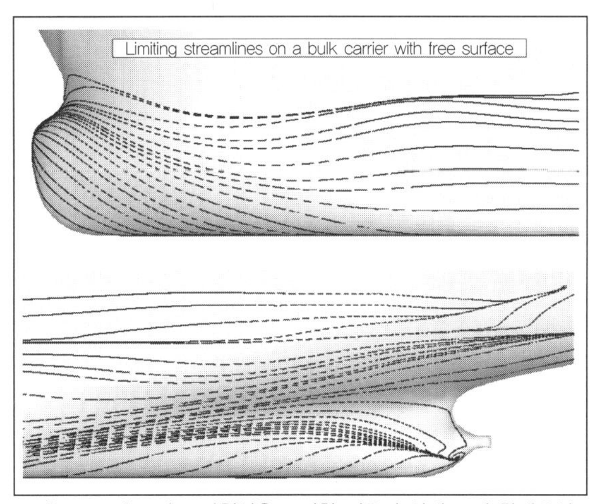

그림 3-13 수표면 조파현상을 고려한 경우의 선체 표면 한계유선

그림 3-14에서는 선미의 형상이 약간 다른 2척의 대형유조선 선미에서의 만곡부와류에 의한 유선의 모양을 비교하였다. 아래쪽의 선형이 보다 U자에 가까운 형태를 띠고 있어서 만곡부와류가 강한 것으로 보이며, 그로 인해 선미 프로펠러평면으로 입사되는 공칭반류에 와류성분이 강하게 남아 있다. 이는 프로펠러평면의 반류분포에서 그 흔적이 나타나는데, **그림 3-15**에 나타낸 2척의 프로펠러 공칭반류분포에서는 횡방향 속도벡터에서 회전성분이

관측되며, 이러한 와류에 의해 축방향 속도 성분의 분포가 마치 갈고리 모양(hook-like shape)의 형상으로 나타난다. 이러한 반류(wake)가 커지면 통상 점성저항의 증가로 해석된다. 하지만 추진효율의 관점에서는 유리한 경우도 있기 때문에 프로펠러평면에서의 공칭반류는 점성저항은 물론, 추진효율의 영향을 동시에 고려하여 해석하는 것이 바람직하다. 또 이런 프로펠러평면에서의 반류분포는 프로펠러에서 발생하는 공동(cavitation)의 발생에 중대한 영향을 끼치기 때문에 선박의 선형설계 단계에서 프로펠러 평면에서의 공칭반류를 미리 파악해야 한다.

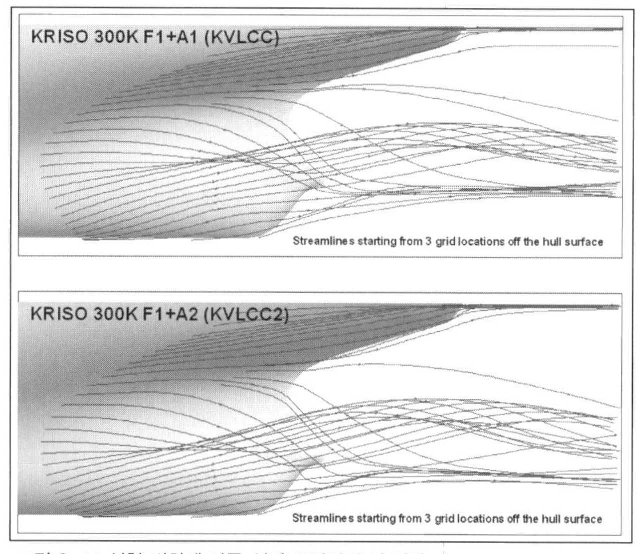

그림 3-14 선형 변화에 따른 선미 주위의 유선 변화

선박설계 과정에서 점성유동 해석 프로그램의 효용성은 이미 조선소에서 충분히 입증되고 있을 뿐만 아니라 선형은 물론 프로펠러 및 배관, 기관실 및 연돌의 설계 등 다양한 용도로 활용되고 있다. 하지만 실제로 선형개발 과정에서 점성저항 또는 전체저항을 추정하기 위해서는 통상 수치계산만으로는 그 한계가 있고, 따라서 전통적인 모형시험에 의존하는데, 점성유동 해석기술의 진보에 따라 머지않아 모형선의 점성저항은 물론, 전체저항을 상당히 정확히 추정할 수 있으리라 본다. 다만 실선의 경우에는 난류모형의 한계 등의 이유로 그 적용시점은 예단하기 힘들다. 한편 점성유동장의 수치계산을 통해서는 저항뿐만 아니라 프로펠러 반류분포 및 국부유동장에 대한 다양한 정보를 쉽게 얻을 수 있기 때문에 그 활용 범위는 점차 확대될 것이다. 특히 수표면을 포함한 점성유동장 계산을 통해 전체저항을 단번에 얻을 수 있기 때문에 선형의 상대적인 저항성능 우위평가 목적으로 사용하는 데에는 현재의 기술수준으로도 충분하다.

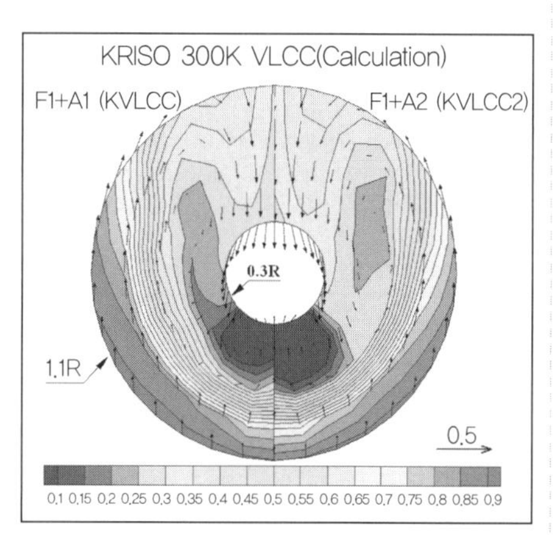

그림 3-15 선형 변화에 따른 프로펠러평면에서의 공칭반류의 변화

연습문제

1. 수온 15℃인 깊은 바다 속에서 길이 200m의 평판이 10m/s의 정속으로 직진하고 있을 때, 해당하는 Reynolds수를 계산하고, 평판에 작용하는 마찰저항계수를 Froude, Prandtl, Hughes, ITTC, Granville의 공식에 따라 각각 구하고 비교하시오. 단 Schoenherr 공식의 경우, 수식의 양변에 마찰저항계수 C_F가 들어 있는 관계로 C_F의 초기값을 가정하고 반복계산을 수행하여 구한다.
2. 밀도가 1000kg/m^3인 수온 5℃의 청수가 담겨 있는 예인수조에서 길이 10m, 폭 1m의 평판을 2m/s로 끌면서 마찰저항을 계측하고자 한다. ITTC 모형선-실선 상관곡선에 따르면, 어느 정도의 마찰저항(N)이 계측될지 계산하시오.
3. 유조선과 같은 비대선의 형상계수는 컨테이너선과 같은 세장선에 비해 크다. 이는 상대적으로 형상저항이 차지하는 비중이 크다는 것을 의미한다. 비대선의 형상계수가 큰 이유를 유체역학적으로 설명하시오.

참고문헌

[1] ITTC, 1999, **ITTC Quality manual**.

[2] Sellin, R. H., Moses, R. T., 1989, **Drag reduction in fluid flows: techniques for friction control**, Ellis Horwood.

[3] ISSDR, 2005, Proc. 2nd International Symposium on Sea Water Drag Reduction, Busan, Korea.

[4] Chang, P. K., 1979, **Separation of flow**, Pergamon Press.

[5] Froude, W., 1872, Experiments on surface friction, British Association Report, 또는 INA, 1955, The paper of William Froude, 1810~1879, INA, London.

[6] Froude, R. E., 1888, On the constant system of notation of results of experiments on models used at the admiralty experiments works, INA.

[7] Blasius, H., 1908, Grenzschichten in Flüssigkeiten mit kleiner Reibung, Zeitschrift für Mathematik und Physik, band 56.

[8] Prandtl, L., 1921, Ergebnisse der aerodynamischen Versuchsanstalt zu Göttingen, Vol. 3, Abhandlungen aus dem Aerodynamischen Institut, Achen, Germany.

[9] von Karman, 1921, Über laminare und turbulente Reibung, Vol. 1, Abhandlungen aus dem Aerodynamischen Institut, Achen, Germany.

[10] Schoenherr, K. E., 1932, Resistance of flat surfaces moving through a fluid, SNAME Trans. Vol. 40.

[11] Hughes, G., 1952, Frictional resistance of smooth plane surfaces in turbulent flow, Trans. INA, Vol. 94.

[12] Hughes, G., 1954, Frictional and form resistance in turbulent flow and a proposed formulation for use in model and ship correlation, Trans. INA, Vol. 96.

[13] ATTC, 1953, Minutes of the 10th ATTC, MIT.

[14] ITTC, 1978, Proc. of 15th ITTC, the Hague, the Netherlands.

[15] ITTC, 1957, Proc. of 8th ITTC, Madrid, Spain.

[16] Granville, P. S., 1977, Drag and turbulent boundary alyer of flat plates at low Reynolds numbers, JSR, Vol. 21, No. 1.

[17] Harvald SV. AA., 1983, **Resistance and propulsion of ships**, A Wiley-Interscience Publication.

[18] 김우전, 김도현, 반석호, 1998, 선체 주위의 유동해석을 위한 수치계산과 검증 실험 자료에 관한 연구, 선박해양기술, 제 26 호, pp. 47~54, 한국해양연구원.

[19] Kim, W. J., Kim, D. H., Van, S. H., 2000, Development of wave and viscous flow analysis system for computational evaluation of hull forms, Journal of Ship and Ocean Technology, Vol. 4, No. 3, pp. 33~45.

⚜ 추천문헌

[1] SNAME, 1988, **PNA**, 2nd Rev., **Vol. II, Resistance, propulsion and vibration**, USA.

[2] White, F. M., 1974, **Viscous fluid flow**, McGraw Hill.

[3] Schlichting, H., 1979, **Boundary layer theory**, McGraw Hill.

04

모형시험

유성선
박사
삼성중공업

■

4_1_ 모형시험과 시험수조

4_1_1_ 모형시험 개요

선박은 탱커, 컨테이너선, LNG선, 여객선, 시추선 등의 상업용 선박(**그림 4-1**), 군용으로 건조되는 각종 함정, 그리고 해양 레저 및 스포츠용으로 제작되는 요트와 보트 등의 다양한 경우에 대해 건조목적과 선주의 요구사항에 따라 크기와 속도, 형상이 모두 다르게 설계, 제작된다. 속도와 배수량은 가장 중요한 선박의 계약조건이며, 이들 조건을 만족하는 선형 및 추진기의 설계가 최우선적으로 진행된다. 선형 및 추진기를 설계할 때 설계대로 건조된 실제 선박의 속도성능을 추정할 수 있는 가장 믿을 만한 방법은 현재까지는 예인수조(towing tank)를 활용한 저항추진 모형시험으로 알려져 있다.

선박이 해상에서 전진할 때, 추진기의 추력(thrust)과 선체에 작용하는 저항(resistance)

그림 4-1 대표적인 상선

이 평형을 이루면 배는 일정한 속도로 항해할 것이다. 만약 프로펠러의 회전수를 증가시켜 추력이 증가하면 선박은 가속되고, 속도 증가에 따라 커진 저항과 추력이 다시 평형을 이루면 배는 또 일정한 속도로 항해할 것이다. 따라서 선박의 속도는 선형에 의해 주어지는 저항성능과 추진기에 의해 주어지는 추진성능, 양자의 조합에 의해 결정됨을 알 수 있다.

원하는 속도성능을 갖는 선박을 건조하기 위해, 선형 관점에서는 저항이 작은 선형, 추진기 관점에서는 추진효율(propulsion efficiency)이 우수한 추진기를 설계해야 하며, 선형과 추진기 각각의 성능특성이 저항시험(resistance test)과 프로펠러 단독시험(open water test)에 의해 우선적으로 파악되어야 한다. 이들 시험을 수행하여 각각에 대한 개별적인 특성이 얻어진 후, 추진기를 선체에 장착하고 수행하는 자항시험(self-propulsion test)을 통해 배의 저항추진성능을 종합적으로 판단할 수 있다.

정수 중에서 일정한 속도로 전진하는 모형선의 저항을 계측하는 저항시험에 대해서는 이 장에서, 그리고 추진기의 성능을 계측하는 프로펠러 단독시험, 모형선과 추진기가 결합되어 저항과 추력이 동시에 작용하는 자항시험에 대해서는 9장에서 설명하기로 한다. 또 이 장에서는 국부유동을 계측하기 위한 시험에 대해서도 언급할 것이며, 선형 및 부가물(appendage)의 유체역학적 특성을 파악하기 위한 유동가시화 시험과 프로펠러 설계에 효과적으로 활용되는 프로펠러평면에서의 반류계측시험에 대해 기술하기로 한다.

모형시험의 목적은 실선의 성능 및 특성을 파악, 추정하는 것이므로 실선에서 발생하는 물리적 현상과 특성을 면밀히 분석하여, 모형시험 시 실선과 동일한 물리적 현상과 특성이 재현될 수 있도록 시험 환경과 조건을 맞추도록 노력해야 한다. 시험 시 어떤 제약조건이 발생하더라도 합리적인 가정을 세워 시험조건을 보완하고, 해석 시 이런 제약조건에 대해 보정함으로써 물리적으로 보다 합리적인 시험결과를 얻을 수 있다.

4_1_2_ 시험수조

1.1.3절에서 Froude와 관련하여 언급한 바 있듯이, 근대적인 의미의 최초의 시험수조는 1872년 Torquay에 지어졌다. 길이가 75m였던 이 수조는 Froude에 의해 모형시험과 관련한 여러 가지 기본적인 사실들을 알아내는 데 사용되었으며, 그의 이러한 성과는 곧 세계 각국의 시험수조 건설을 촉진하였다. 네덜란드는 1873년 암스테르담에 해군 수조를 건설하였고, Taylor 제독은 길이 143m인 미국 최초의 시험수조(EMB)를 1898년에 완성하였으며,

세계 각국의 주요 시험수조 건설을 정리하면 다음과 같다.

- 프랑스 Brest에 해군 수조 건설(1878)
- 영국 Dumbarton에 세계 최초 상업용 수조 건설(1881)
- 영국 Haslar에 해군 수조 건설(1886)
- 이탈리아 Spezia에 해군 수조 건설(1889)
- 러시아 St. Petersburg에 해군 수조 건설(1890)
- 독일 Deutsche Elbschiff-Gesellschaft Kette 조선소가 Übigau에 상업용 수조 건설 (1892)
- 독일 Bremerhaven에 상업용 수조 건설(1900)
- 세계 최초의 대학 수조, 미국 Cornell대학 Ithaca에 수조 건설(1900)
- 독일 정부 Berlin에 수조 건설(1903)
- 미국 미시간대학 Ann Arbor에 수조 건설(1906)
- 일본 Nagasaki에 상업용 수조 건설(1907)
- 영국 NPL(National Physical Laboratory) Teddington에 수조 건설(1911)
- 오스트리아 정부 Wien에 수조 건설(1915)
- 노르웨이 Trondheim대학 수조 건설(1922)
- 일본 정부 Tokyo에 수조 건설(1927)
- 이탈리아 정부 Rome에 수조 건설(1929)
- 영국 NPL Teddington에 시험수조 추가 건설(1932)
- 네덜란드 Wageningen에 수조 건설(1932)

이와 같은 시험수조의 건설은 차후로도 지속되어 현재 세계적으로 약 100여 개 기관이 시험수조를 운용하고 있으며, 주요 시설을 **표 4-1**에 정리하였다.

우리나라는 1970년대부터 본격적으로 조선공업에 진출하였으며, 서울대학교에 1962년 길이 27m의 교육용 시험수조가 최초로 건설된 이래, 본격적인 설비로는 한국선박연구소(현재의 해양시스템안전연구소)•가 1978년 완성한 길이 203m, 최대예인속도 6m/s의 수조를 들 수 있다. 차후 현대중공업, 삼성중공업이 상업용 수조를 건설하여 오늘에 이르고 있으며 **표 4-2**에 국내의 주요 수조를 정리하였다.

● 이하 MOERI(Maritime & Ocean Engineering Research Institute)로 약칭한다.

이와 같이 많은 시험수조들이 건립되어 모형시험을 수행하게 되자 모형시험의 절차, 결과 해석 등과 관련하여 상호 협력이 모색되었으며, 1932년 Hamburg에서 열린 International Hydromechanical Congress에서 ICSTS(International Conference of Ship Tank

기관명	수조 제원(길이×폭×수심) m	최대 예인속도 m/s
Krylov SRI (러시아)	1324×15×7	20
NSWCCD(이전 DTMB, 미국)	심해 : 575×15.5×6.7 천수 : 363.3(271+10+82.3)×15.5×(6.7+3) 고속 : 904(514+356+34)×6.4×(4.9+3)	심해 : 10.3 천수 : 9.3 고속 : 6.5, 25.7, 30.9
CSSRC (중국)	474×14×7	15
INSEAN(이탈리아)	470×13.5×6.5	15
NMRI (일본)	400×18×8	15
CEHIPAR (스페인)	320×12.5×6.5	10
HSVA (독일)	300×18×6	8
MHI (일본)	270×13×5	5
SSPA (스웨덴)	260×10×5	10
MARIN (네덜란드)	250×10.5×5.5	9

표 4-1 세계 각국의 주요 시험수조

기관명	수조 제원(길이×폭×수심) m	최대 예인속도 m/s	완공 연도
서울대학교	26.6×3.1×1.5	1.2	1962년
인하대학교	75×5×2.7	3	1971년
부산대학교	100×8×3.5 (건설 당시 87.3×5×3)	7 (건설 당시 5)	1974년
MOERI(이전 KRISO)	203×16×7	6	1978년
현대중공업(HMRI)	188×14×6	7	1984년
서울대학교	110×8×3.5	5	1984년
삼성중공업(SSMB)	400×14×7	5.18	1996년
국립수산과학원	85×10×3.5	3	2001년

표 4-2 우리나라의 주요 시험수조

Superintendents)라는 기구를 결성하기로 합의하였다. 차후 ICSTS는 지속적으로 회의를 개최해 왔으며, 1954년 7차 회의에서 명칭을 ITTC(International Towing Tank Conference, 국제수조회의)로 변경하여 현재에 이르고 있다. **표 4-3**에 그 동안 개최되었던 ITTC 회의를 정리하였으며, ITTC의 회의자료와 논문집(Proceedings)은 선박 및 해양구조물에 관한 전 세계의 연구결과 및 향후 방향 등을 깊이 있고 폭넓게 다루고 있어 매우 주요한 참고문헌으로 활용되고 있다.

우리나라도 ITTC에 적극적으로 참여하여 연구결과를 발표, 공유하고 있으며, 대한조선학회 산하에 KTTC(Korea Towing Tank Conference)를 운영하며 국내 시험수조의 협력 및 ITTC와의 공조에 힘쓰고 있다.

	Dates of Meeting	Venue	No. of Delegates	No. of Observers	No. of Countries	No. of Organisations
1st	July 13~14 1933	The Hague	23		9	16
2nd	July 10~13 1934	London	25	6	11	20
3rd	Oct. 2~4 1935	Paris	19		8	13
4th	May 26~28 1937	Berlin	29		10	18
5th	Sept. 14~17 1948	London	46	4	7	24
6th	Sept. 10~15 1951	Washington	68	17	13	44
7th	Aug. 19~31 1954	Scandinavia	77	7	17	
8th	Sept. 15~23 1957	Madrid	93	6	21	58
9th	Sept. 8~16 1960	Paris	85	3	19	55
10th	Sept. 4~11 1963	Teddington	88	13	22	59
11th	Oct. 11~20 1966	Tokyo	97	15	18	66
12th	Sept. 11~20 1969	Rome	172		23	91
13th	Sept. 4~14 1972	Hamburg & Berlin	134	50	25	71
14th	Sept. 2~11 1975	Ottawa	109	35	24	67
15th	Sept. 3~10 1978	The Hague	152	61	31	82
16th	Aug. 31~ Sept. 9 1981	Leningrad	166		26	86
17th	Sept. 8~15 1984	Gothenburg	209	59	32	92
18th	Oct. 18~24 1987	Kobe	223		25	93
19th	Sept. 16~22 1990	Madrid	235		32	158
20th	Sept. 19~25 1993	San Francisco	213		36	175
21st	Sept. 15~21 1996	Bergen & Trondheim	186		27	99
22nd	Sept. 5~11 1999	Seoul & Shanghai	184		26	96
23rd	Sept. 8~14 2002	Venice	217		28	115
24th	Sept. 4~10 2005	Edinburgh	194	65	26	

표 4-3 ITTC 개최 현황

4_2_ 시험계획 및 준비

4_2_1 모형시험의 이해

모형시험을 통하여 실선의 성능을 정확히 추정하려면 세밀한 사전 연구와 분석을 통하여 관련된 현상의 물리적 특성을 잘 이해하고 있어야 한다. 모형시험을 통해 실선에 작용하는 저항을 정확히 예측하고자 한다면, 1장에서 논한 바와 같이 기하학적으로 상사한 모형선을 사용하고 역학적 상사성도 고려해야 한다. 또한 정확한 계측치를 얻기 위해서는 계측체계, 수조를 채우고 있는 물의 특성, 예인전차(towing carriage), 계측방법, 신호처리(signal processing) 등의 시험 환경조건에 대해서도 노력을 기울여 최선의 정확도를 유지할 수 있도록 해야 한다.

4_2_2_ 모형선

시험에 사용하는 모형은 시험결과를 좌우하는 가장 근본적인 요소이다. 모형의 크기는 일반적으로 최대한 크게 하는 것이 시험의 척도효과(scale effect) 면에서 유리하고, 계측되는 물리량이 커지기 때문에 시험의 정확도를 향상시킬 수 있다는 장점이 있다. 척도효과를 줄이기 위해서는 모형선의 치수를 크게 해야 하지만 수조의 크기 등에 따른 제약을 받기 때문에 적정 치수가 되도록 한다.

1) 측벽효과(blockage effect)

횡단면으로 비교할 때 수조에 비해 모형선이 크면 측벽효과로 인해 과다한 저항이 계측될 수 있다. 이는 수조가 작아 모형선 주위의 유동이 측벽이나 바닥이 없는 경우의 유동과 달라지는 것에서 비롯되며, 일반적으로 유동의 상대적 흐름이 빨라져서 모형선에 작용하는 저항이 커진다. 상대적으로 큰 모형선을 사용하여 시험하는 경우, 정확한 시험결과를 얻기 위해서는 해석 시 이를 보정해 주어야 하며, 이를 피하려면 모형선의 크기를 결정할 때 다음의 간단한 조건을 활용하면 좋다.

(1) 모형선의 최대 단면적은 수조 횡단면적의 1/200 이하여야 한다.

(2) 모형선의 길이는 수조 폭의 1/1.5 이하로 한다.

대형수조의 경우에는 수조를 건설하기 전에 수조의 크기와 모형선의 크기를 적절히 조절하므로 특수한 시험이 아니라면 해석 시 측벽효과를 고려할 필요가 없다.

2) 시험수조 설비의 영향

모형선의 크기는 기타 다른 인자들에 의해서도 결정될 수 있다. 먼저 모형을 가공하는 가공장비의 최대 가공능력에 따라 한도가 주어질 수 있는데, 대형수조의 경우에는 대부분 10m급 길이의 모형선을 가공할 수 있는 설비를 갖추고 있다.

그림 4-2에는 모형선 가공기, **그림 4-3**에는 모형선 제작과정을 나타냈는데, 모형선 가공기의 최대 가공능력에 따라 운반장치 및 크레인 용량의 한도, 시험준비수조(trimming tank)의 크기가 결정되며, 모형의 최대 크기에 맞도록 저항동력계, 프로펠러 단독시험용 동력계, 자항동력계 등 주요 계측장비의 계측범위 등도 결정된다. 이러한 여러 설비들의 크기와 용량은

그림 4-2 모형선 가공기와 프로펠러 가공기

그림 4-3 모형신 제작과징

실제로 수조(**그림 4-4**) 건설 시 수조 제원을 정하면서 함께 결정되므로, 모형선과 모형프로펠러의 크기는 수조의 크기에 따라 이미 결정된 것으로 볼 수 있다.

특수선 및 특수추진체계 개발을 위해 모형시험을 계획한다면, 시험 설비 및 장비, 수조환경, 전차의 특성을 면밀히 분석하여 모형의 크기를 결정해야 한다.

그림 4-4 예인수조 전경(삼성중공업 수조)●●

●● 이하 SSMB (Samsung Ship Model Basin)로 약칭한다.

4_2_3_ 난류촉진장치

앞에서 누차 언급한 바와 같이 저항시험은 모형선과 실선의 Fn가 같도록 수행되므로 모형선의 Rn는 실선에 비해 상당히 작다. 한편 모형선의 크기는 수조의 규모에 따라 결정되는데, 일반 상선의 경우에는 $7m$ 이상의 모형을 사용하며, 연구 목적용으로 $2\sim3m$의 모형을 사용하기도 한다. 일반적으로 물체 주위의 유동 특성은 Rn에 따라 민감하게 달라지는데, 실선 주위의 유동은 난류인 반면, 모형선 주위의 유동은 그렇지 않다. **그림 3-6**에서 알 수 있듯이 동일한 Rn에서 층류일 때의 마찰저항계수는 난류일 때의 마찰저항계수보다 매우 작으므로, 이와 같은 유동특성을 고려하지 않고 모형시험 결과를 이용하여 실선의 저항성능을 추정하는 경우에는 큰 오차가 발생할 수 있다. 따라서 모형선 주위의 유동을 실선의 경우와 같은 난류로 변화시켜 주기 위해 난류촉진장치(turbulence stimulator)를 사용하는데, 난류촉진장치는 모형선, 추진기, 부가물 등의 크기와 형태, 속도, 수조규모 등에 따라 수조별로 다양한 장치 및 기법들을 활용하고 있다.

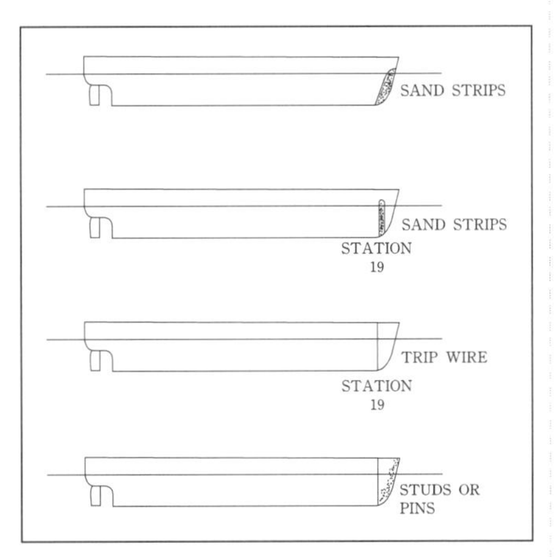

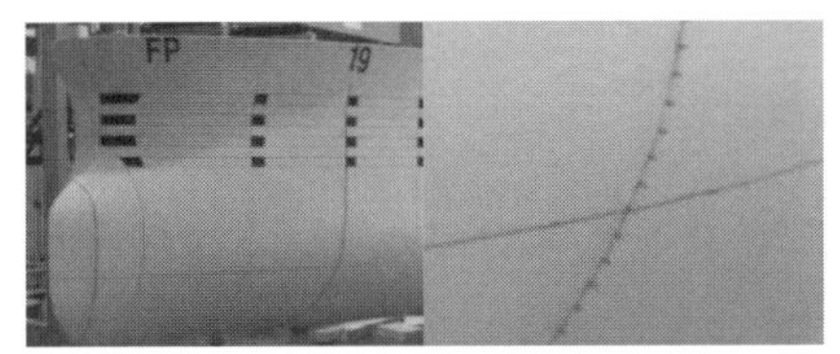

그림 4-5 난류촉진장치의 부착

난류촉진장치의 재료로는 스터드(stud), 철사(wire), 사포(sand grain strip) 등이 널리 사용되고 있다. 부착위치는 재료와 관계없이 대부분 선수부 LBP 5% 부근에 스테이션을 따라 설치할 것을 권장한다. 벌브가 없는 경우에는 선수와 평행하게 부착하고 벌브가 있는 경우에는 추가적으로 벌브 끝으로부터 벌브길이의 1/3 또는 1/2 위치에 부착하는 것이 일반적이다(**그림 4-5**).

각각의 재료와 관련된 상세한 내용, 즉 모래의 굵기, 스트립의 폭 및 부착위치, 스터드의 직경 및 간격 등은 수조마다 약간씩 차이가 있다. 각 수조에서는 일관된 난류촉진장치를 사용하여 적절한 시험자료를 축적하고 있으며, 모형선-실선 상관특성을 분석하기 위해서는 이와 같은 고려가 필수적이다.

그림 4-6은 난류촉진장치에 대한 체계적인 연구결과를 보여주고 있다. Hughes & Allan[1], NPL[2]은 **그림 4-6**과 같이 당시의 일반적인 선형에 대한 스터드의 크기와 부착위치에 대한 지침을 제시한 바 있다.

난류촉진장치는 모형선에 사용되는 것이 대부분이지만, 추진기와 부가물 등의 실험적 연구에도 사용되고 있다(MARIN, SSPA, SSMB 등). 모형선에 비해 크기가 작기 때문에 주로 모래 등의 분말류를 사용하며, 모형의 앞부분(길이의 5% 부근)에 부착하게 되는데, 실험결과에 상당히 민감한 영향을 주므로 수조마다 표준부착법을 설정하여 실시하고 있다.

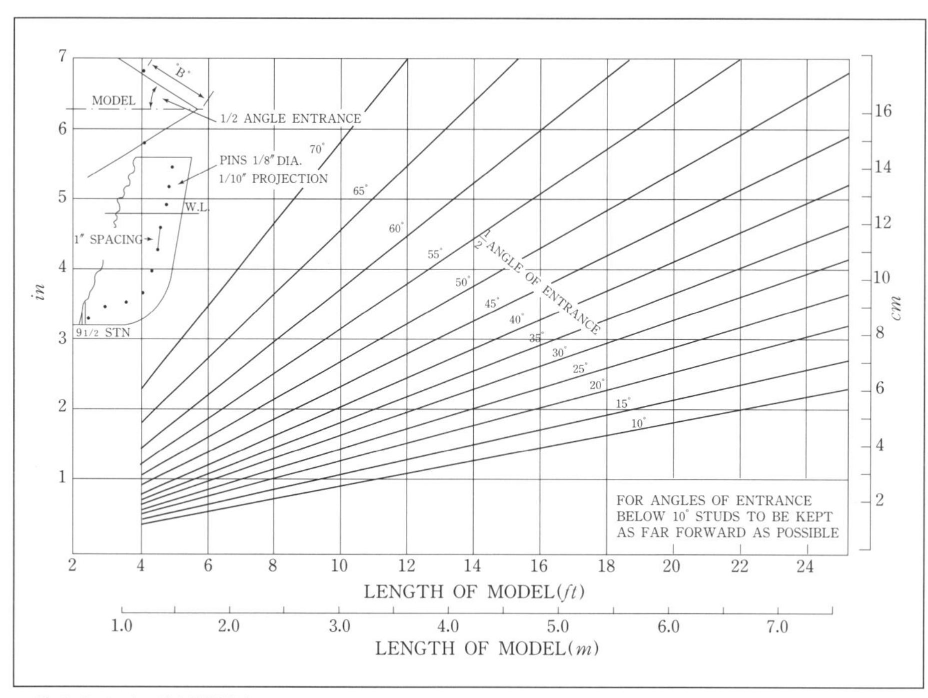

그림 4-6 스터드의 부착위치

회류수조에서 사용하는 허니콤(honeycomb), 철망(wire network) 등은 임펠러(impeller)와 유도 베인(guide vane)을 통과하면서 야기된 불균일한 유속분포를 균일화하기 위한 장치로, 난류촉진장치와는 구별된다.

4_2_4_ 계측제어체계

저항시험은 시험의 정확도가 매우 중요한 시험이다. 시험의 정확도에 영향을 미치는 요인은 모형제작의 정밀도, 수조를 채우고 있는 물의 상태를 비롯한 수조환경 등 여러 가지가 있지만, 계측제어체계의 정확도가 가장 우선적으로 확보되어야 한다.

저항시험의 주요 계측제어체계는 저항을 계측하는 저항동력계, 가속 및 감속 구간에서 작용하는 관성력에 대한 보상력을 제공하는 구속계(clamp system), 선수동요와 좌우동요의 횡방향 운동(transverse motion)을 방지하고 전후동요와 종동요의 종방향 운동(longitudinal motion) 및 상하동요와 횡동요를 허용하는 트림가이드(trim guide)로 구성된다. 예전에는 동력계로 천칭과 도르래를 이용하는 기계식이 널리 사용되었으나, 오늘날에는 스트레인게이지(strain gage)를 이용한 전기식이 대부분을 차지하고 있다. 항주 중의 자세변화는 저항의 특성을 이해하는 데 중요한 정보를 제공하므로 함께 계측하는데, 주로 가변저항을 이용하여 변위 또는 각변위를 계측하는 방식이 보편적이다.

4_2_5_ 시험속도의 범위와 절차

모형시험 전에 시험준비 및 해석에 사용될 모형선의 배수량, 침수표면적, 특성 길이 등을 얻기 위해 수정역학적(hydrostatic) 계산을 수행한다. 시험에 가장 큰 영향을 끼치는 값인 배수량과 침수표면적은 매우 정확히 구해져야 하며, 부가물에 대해서도 세심한 주의를 기울여 계산한다.

시험속도는 시운전을 고려하여 주기관의 최대 연속정격출력(MCR: Maximum Continuous Rating) 기준으로 30~100% 범위에서 결정하는 것이 일반적이다. 3차원 외삽법을 사용하는 수조에서는 형상계수 k를 얻기 위해 Fn가 0.05~0.1인 저속구간에서도 시험을 수행해야 한다.

그림 4-7은 저항추진시험의 전 과정과 각 단계별로 고려해야 할 내용들을 간단한 도표로 정리한 것이고, **그림 4-8**은 시험계획 및 준비항목을 간단한 흐름도로 정리한 것이다.

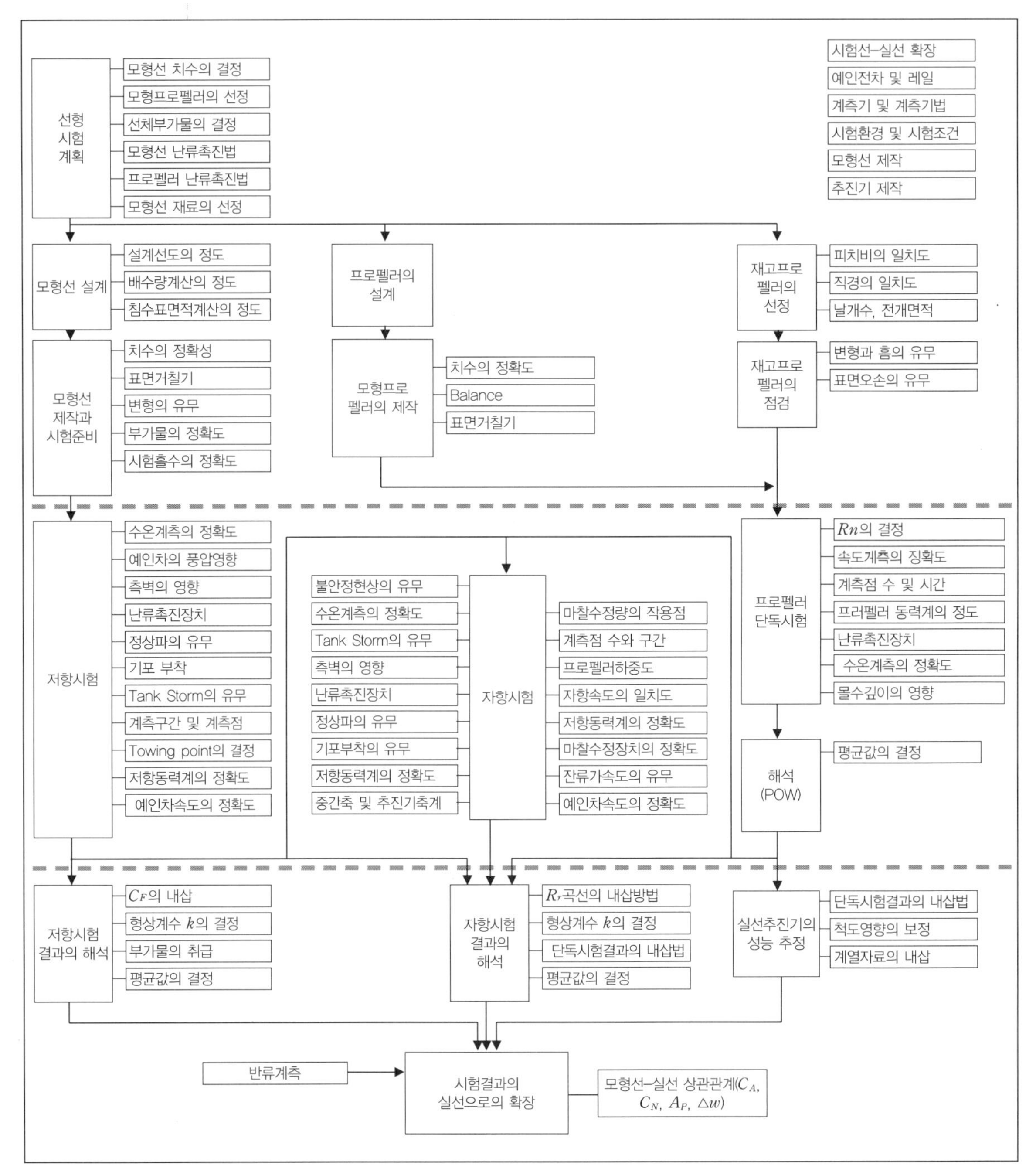

그림 4-7 저항추진시험 절차 및 정확도에 영향을 미치는 인자

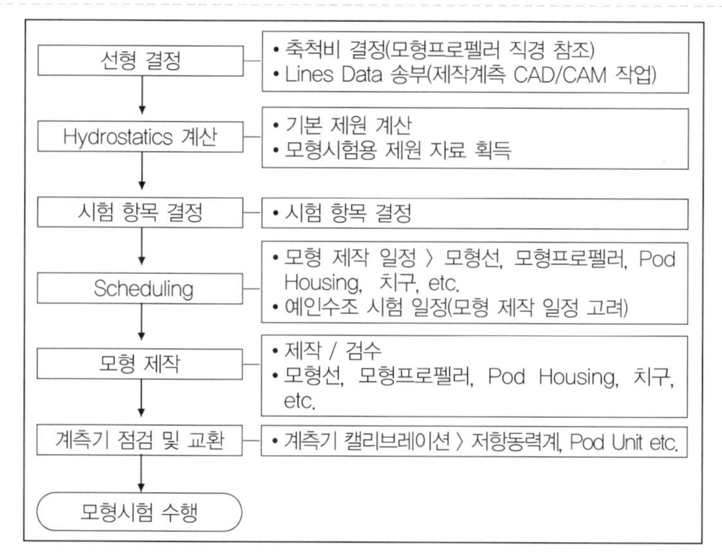

그림 4-8 시험계획 및 준비절차

4_3_ 저항시험

4_3_1 개요

프로펠러를 장착하지 않은 모형선이 정수 중에서 일정한 속도로 전진하기 위해서는 어떤 형태로든 전진방향으로 힘을 받아야 하는데, 현대적인 예인수조에서는 대부분 예인전차(towing carriage)를 이용한다. 19세기 후반 Froude에 의해 선형 시험수조가 만들어진 이래 초기에는 중력식 예인전차가 널리 사용되었으나, 전기·전자 기술의 발전에 따라 20세기 후반에 이르러서는 예인속도를 정확히 제어할 수 있는 예인전차로 대체되었다. 선체에 작용하는 저항을 계측하는 저항동력계 또한 초기의 도르래와 추를 이용한 기계적 방식에서 스트레인게이지를 이용한 전기-전자적 방식으로 발전하면서 예인수조를 이용한 저항시험의 정확도는 획기적으로 개선되었다. 현대의 계측제어체계는 **그림 4-9**와 같이 모형선을 예인전

그림 4-9 초고속선(위)과 고속선(아래)의 저항시험

차에 부착하고 저항을 계측할 수 있는 저항동력계와 모형선의 진행방향이 일정하도록 유도하는 트림가이드(trim guide for course keeping), 그리고 예인전차의 가·감속 시 모형선의 관성에 의한 이탈을 방지하면서 저항동력계를 보호하는 클램프(clamp)로 구성된다.

저항시험은 비록 정수 중에서 이루어지지만 모형선이 실선의 운항상태와 최대한 동일한 조건에 놓일 수 있도록, 저항을 계측하는 저항동력계에 세 방향의 힘과 모멘트가 모두 전달될 수 있는 체계를 구성하되, 선수동요(yaw)와 좌우동요(sway)는 구속한다. 예인점

(towing point)은 길이방향으로는 LCB, 상하방향으로는 VCB에 위치하도록 함으로써 자세 변화에 따른 저항의 차이도 계측될 수 있도록 한다. 특히 고속선의 경우에는 운항 중 자세가 상당히 많이 변화하므로 이에 유의하여야 한다. 모형선의 축척비는 전술한 바와 같이 수조의 크기와 예인전차 및 설비, 계측장비에 따라 결정되며, 가능한 한 모형선의 크기를 크게 함으로써 모형시험의 불확실성을 최소화한다.

선박의 전체저항(total resistance)은 다양한 요인들이 서로 복잡하게 간섭한 결과로 나타나지만, 기본적으로는 1, 2, 3장에서 기술한 바와 같이 조파와 점성에 의한 성분이 중요하다. **그림 4-10**은 선박의 저항 및 추력의 구성을 실질적인 관점에서 이해하기 쉽도록 도식적으로 나타낸 것이다. 저항시험 시 계측되지 않는 수표면 위의 선각과 갑판 위의 구조물이 공기와의 접촉에 의해 받는 공기저항(air resistance)은 실선의 저항추정 시 추가적으로 고려해야 한다.

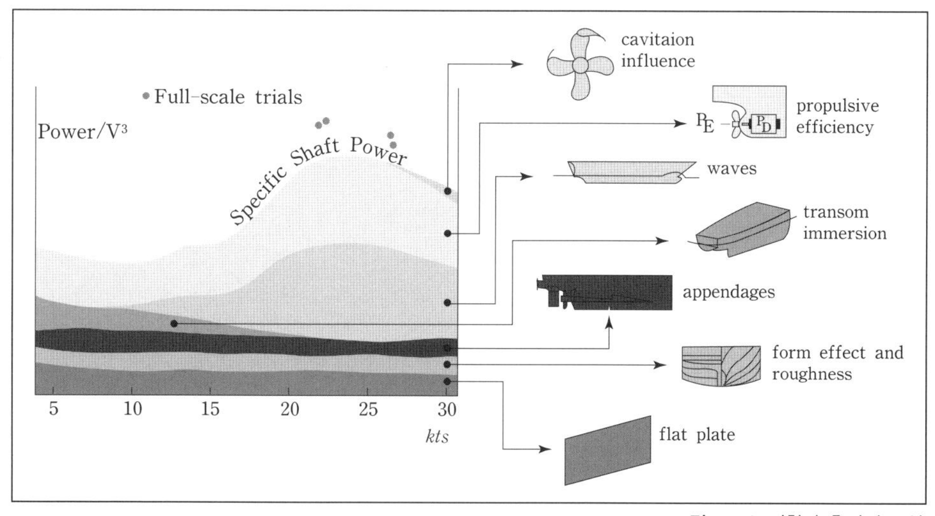

그림 4-10 저항과 추력의 구성

선박의 속도성능을 향상시키기 위해서는 저항을 최소화해야 하며, 이를 위해서 저항의 성분, 생성 원인, 특성은 물론, 이러한 저항성분들과 선형의 상관관계에 대해 깊은 이해가 필요하다. **그림 4-9**와 **4-11**에서 보듯이 모형시험을 통한 파형 관측 및 계측, 전체저항의 계측결과는 조파저항의 주요 성분인 선수파, 선미파, 발산파(divergent wave), 가로파(transverse wave) 등의 파계(wave system) 및 선측파형의 특성에 대한 정보를 제공하며, 이를 토대로 우수한 속도성능을 갖는 선형을 개발할 수 있다.

그림 4-11 컨테이너선의 저항시험

1장에서 언급한 바와 같이 모형선과 실선의 Fn와 Rn가 모두 같도록 시험을 수행하는 것이 현실적으로 불가능하므로, 모형시험에서 얻은 결과를 이용하여 실선의 저항을 추정하기 위해서는 일련의 절차를 따른다. 그림 4-12는 모형선과 실선에 대해 정의되는 다양한 저항계수들 사이의 관계를 도식적으로 나타내고 있으며, 이하에서는 모형선의 저항시험에서 계측된 저항으로 실선의 저항을 추정하는 방법들에 대해 고찰하기로 한다.

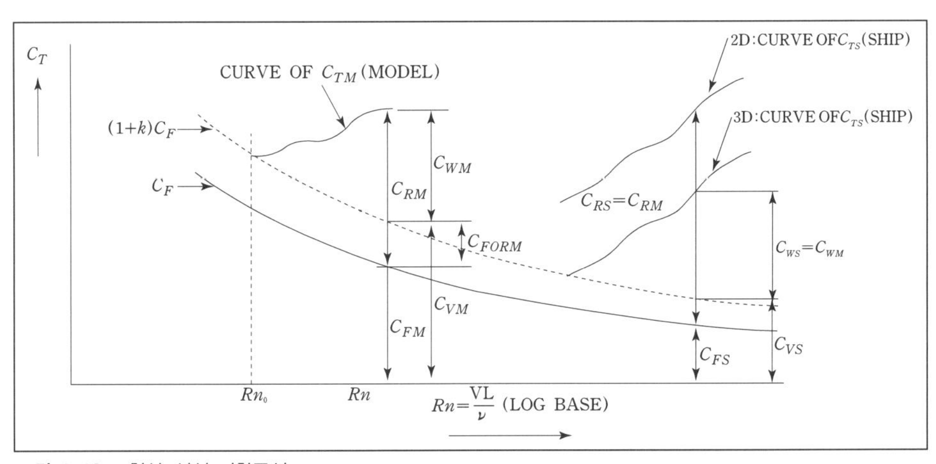

그림 4-12 모형선-실선 저항곡선

4_3_2_ Froude법

W. Froude[3]는 수많은 시험과 분석을 통하여 선박의 전체저항을 구성하는 마찰저항과 잉여저항은 동일한 법칙을 만족하지 않으며, 기하학적으로 상사한 두 선박의 속도비가 치수비의 제곱근이 될 때 잉여저항은 치수비의 세제곱에 비례한다는 것을 알았다. 또 그는 이러한 속도를 대응속도(corresponding speed)로 정의한 소위 비교법칙(law of comparison)을 발표하였다.

배의 속도를 V, 길이를 L이라고 하고, 실선에 대해서는 하첨자 S, 모형선에 대해서는 하첨자 M을 사용하기로 하면, 실선과 모형선의 대응속도에 대해 다음을 얻는다.

$$V_M/V_S=\sqrt{L_M/L_S}=\sqrt{s} \tag{1}$$

여기서 $s(<1)$는 축척비이다. 위의 식 (1)을 약간 변형하면 다음을 얻는다.

$$V_M/\sqrt{L_M}=V_S/\sqrt{L_S}=\text{상수} \tag{2}$$

따라서 대응속도에서는 $V/\sqrt{L}$이 동일한 값을 가지며 이 값은 속장비(speed-length ratio)라고 부른다. 속장비는 무차원량이 아니므로 여러 가지로 불편한 점이 있으며, 무차원량인 Fn는 속장비와 상수 배만큼의 차이만 있을 뿐 모든 면에서 속장비에 대신하여 사용할 수 있다. 모형시험 결과를 실선으로 확장하기 위하여 Froude는 다음과 같은 방법을 제안하였고, 그의 방법은 현재까지도 많은 수조에서 모형선 저항시험 및 실선 저항추정법의 근간을 이루고 있는데, 전체적인 절차를 간단히 요약하면 다음과 같다.

1) 축척비 s인 모형선을 식 (1)을 만족하도록 대응속도 $V_M=\sqrt{s}V_S$로 예인한다.

2) 모형선의 전체저항 R_{TM}을 계측한다.

3) 모형선의 마찰저항 R_{FM}은 모형선과 길이가 같고 침수표면적이 같은 평판의 마찰저항과 같다고 가정하여 그 값을 계산한다.

4) 모형선의 잉여저항 R_{RM}을 다음 식으로부터 얻는다.

$$R_{RM}=R_{TM}-R_{FM} \tag{3}$$

5) 실선의 잉여저항 R_{RS}를 비교법칙에 따라 다음과 같이 구한다.

$$R_{RS}=s^{-3}R_{RM} \tag{4}$$

이 결과는 다음 식으로 주어지는 실선의 대응속도에서의 잉여저항으로 간주한다.

$$V_S=V_M/\sqrt{s} \tag{5}$$

6) 3)의 가정에 근거하여 실선과 같은 길이와 침수표면적을 가지는 평판의 저항을 구하고 이를 실선의 마찰저항 R_{FS}로 간주한다.

7) 표면이 매끄러운 실선의 전체저항 R_{TS}를 다음과 같이 얻는다.

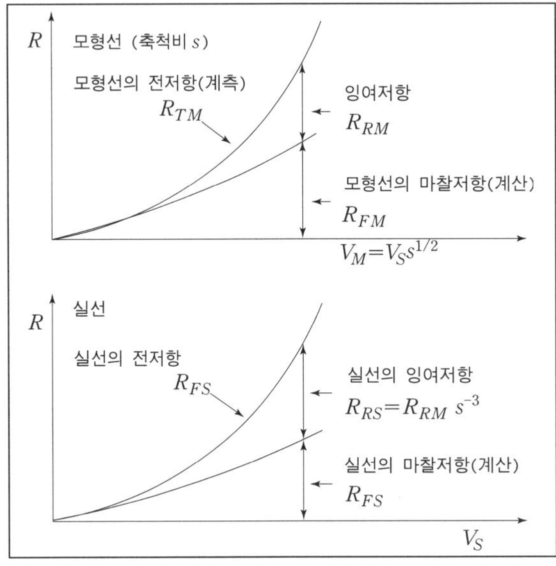

그림 4-13 Froude 모형선-실선 저항추정법

$$R_{TS}=R_{RS}+R_{FS} \qquad (6)$$

R. E. Froude는 실험결과에 근거하여 위에서 언급한 평판의 마찰저항을 구하는 데 식 (3.4)를 사용할 것을 제안하였으며 (3.3절 참조), 식 (3.4)는 차후 ITTC(1935)에 의해 채택되어 20세기 중반까지 사용되었다. 위의 절차를 도식적으로 나타내면 **그림 4-13**과 같다.

4_3_3_ 2차원 외삽법(Froude법 기준)

2차원 외삽법은 W. Froude의 실선 저항추정법을 근간으로 하고 있다. 모형시험으로 계측된 저항으로부터 모형선의 전체저항계수 C_{TM}은 다음과 같이 얻는다.

$$C_{TM}=\frac{R_{TM}}{(\rho_M V_M^2/2)S_M} \qquad (7)$$

여기서 ρ는 유체의 밀도, S는 침수표면적이다. 또한 모형선의 잉여저항계수 C_{RM}은 다음과 같이 얻는다.

$$C_{RM}=C_{TM}-C_{FM} \qquad (8)$$

여기서 C_{FM}과 C_{FS}는 3장에서 기술한 Froude의 평판 마찰공식인 식 (3.6)이나, Schoenherr의 평판 마찰저항공식인 식 (3.9), 또는 ITTC 1957 모형선-실선 상관곡선인 식 (3.13) 등의 마찰저항 공식으로부터 구한다. 모형선과 실선의 Fn는 대응속도에서 서로 같고, 비교법칙에 따라 모형선과 실선의 잉여저항계수는 동일해야 하므로 다음을 얻는다.

$$C_{RS}=C_{RM} \qquad (9)$$

따라서 실선의 전체저항계수 C_{TS}는 다음과 같이 얻고,

$$C_{TS} = C_{FS} + C_{RS} \tag{10}$$

최종적으로 실선의 저항을 다음과 같이 구한다.

$$R_{TS} = \frac{1}{2}\rho_S V_S^2 S_S C_{TS} \tag{11}$$

2차원 외삽법을 이용한 실선의 저항추정방법을 도식적으로 정리하면 **그림 4-14**와 같다.

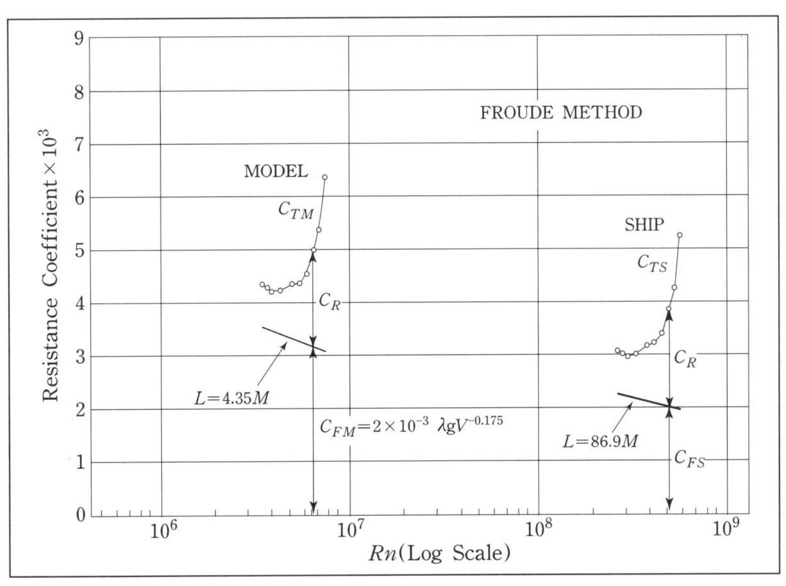

그림 4-14 2차원 외삽법(Froude법)에 의한 모형선-실선 저항추정법

1957년 ITTC는 모형선-실선의 마찰저항을 추정하는 데 다음의 식 (3.13)을 사용하도록 제안하였다[4].

$$C_F = \frac{R_F}{(\rho V^2/2)S} = \frac{0.075}{(\log_{10} Rn - 2)^2} \tag{3.13}$$

ITTC 1957 방법은 마찰저항계수를 이 식으로 계산하고 Froude의 2차원 외삽법을 기준으로 실선의 저항성능을 추정하는 방법이다. **그림 4-15**에 이 과정을 도식적으로 나타냈으며 그 절차를 요약하면 다음과 같다.

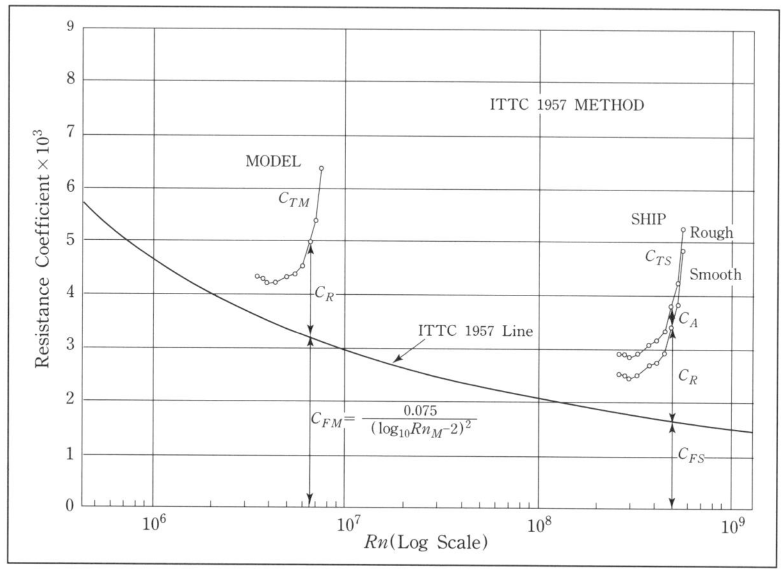

그림 4-15 ITTC 1957 모형선-실선 저항추정법

1) 축척비 s인 모형선을 모형선과 실선의 Fn가 같도록 실선의 설계속도를 포함하는 속도 범위에 걸쳐 예인하여 전체저항 R_{TM}을 계측한다.

2) 모형선의 전체저항계수 C_{TM}은 식 (7)로부터 구한다.

3) 모형선의 잉여저항계수 C_{RM}을 식 (8)로부터 구하는데, 모형선의 마찰저항계수 C_{FM}은 모형선의 Rn를 사용하여 식 (3.13)으로부터 구한다.

4) 비교법칙에 의해 실선의 잉여저항계수 C_{RS}는 식 (9)로부터 얻는다.

5) 실선의 전체저항계수 C_{TS}는 다음과 같이 얻는다.

$$C_{TS}=C_{FS}+C_{RS}+C_A \tag{12}$$

여기서 C_{FS}는 실선의 Rn를 사용하여 식 (3.13)으로부터 구하며, C_A는 실선의 표면 거칠기 등을 반영한 모형선-실선 상관 수정계수(model-ship correlation allowance)로서 각 기관마다 시운전과 모형시험 결과를 고려하여 결정한다.

6) 최종적으로 실선의 저항은 식 (11)을 이용하여 얻는다.

4_3_4_ 3차원 외삽법(Hughes법 기준)

Hughes[5]는 평판의 두께 및 모서리 등의 3차원효과를 제외한, 두께가 없는 2차원 마찰저항공식을 식 (3.10), (3.11)과 같이 제안하였으며, 모형선의 전체저항계수 C_{TM}은 점성저항계수 C_{VM}과 조파저항계수 C_{WM}의 합으로 볼 수 있다고 가정하였다. 배의 속도가 매우 작아지면 배의 전진으로 인해 발생하는 파도가 매우 작으므로, $C_{TM} \approx C_{VM}$으로 간주할 수 있지만, 속도가 커지면 조파저항 성분을 무시할 수 없으므로, C_{TM} 곡선은 다음과 같이 식 (3.10)으로 주어지는 곡선보다 더 큰 값을 가진다.

$$C_F = \frac{R_{F_0}}{(\rho V^2/2)S} = \frac{0.066}{(\log_{10} Rn - 2.03)^2} \tag{3.10}$$

Hughes는 $C_{TM} \approx C_{VM}$의 가정이 더 이상 성립하지 않기 시작하는 점을 조파저항의 시발점(run-in point)이라 부르고, 이 점에 상응하는 Rn를 Rn_0로 표시하였다. 그는 형상계수 k를 시발점에서의 점성저항계수와 2차원 마찰저항계수의 비를 사용, 다음과 같이 정의하였다.

$$1+k = \frac{C_{TM}(Rn_0)}{C_{FM}(Rn_0)} \tag{13}$$

임의의 Rn에서의 모형선의 점성저항을 형상계수를 사용하여 나타내면 다음과 같으며,

$$C_{VM} = (1+k)C_{FM}(Rn) \tag{14}$$

여기서 C_{FM}은 식 (3.10)의 2차원 마찰저항공식에서 얻는다. 형상계수는 Rn에 독립적인 양임을 가정하면, 모형선과 실선의 Fn가 같은 경우 조파저항계수도 같을 것이므로, 전체저항계수 C_{TS}에 대하여 다음 결과를 얻는다.

$$C_{TS} = C_{WM} + (1+k)C_{FS} \tag{15}$$

여기서 C_{FS}는 실선의 Rn를 사용하여 식 (3.10)으로부터 구하며, 따라서 실선의 전체저항은 식 (11)을 이용하여 얻을 수 있다.

그림 4-16은 Hughes의 제안을 근간으로 하는 3차원 실선 저항추정법을 도식적으로 보여주고 있다. 2차원 외삽법에서는 모형선의 잉여저항계수 C_{RM}이 실선의 잉여저항계수 C_{RS}와 동일하지만, 3차원 외삽법에서는 모형선의 조파저항계수 C_{WM}이 실선의 조파저항

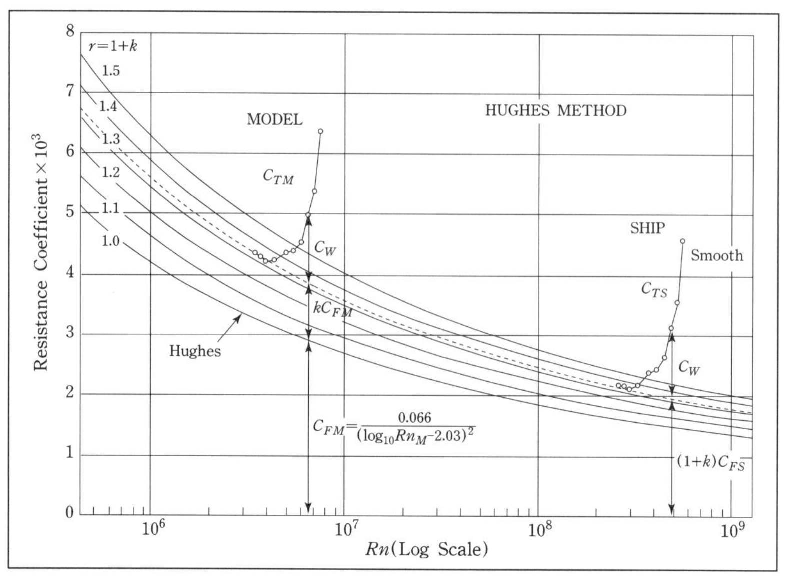

그림 4-16 Hughes의 모형선-실선 저항추정법

계수 C_{WS}와 동일한 것에 유의한다. 형상계수 k는 배마다 다른 값을 가지므로, 3차원 외삽법에서는 배마다 다른 마찰저항공식을 사용한다고 볼 수 있다.

한편 3차원 외삽법을 사용할 때는 형상계수를 정확히 구해야 하고, 이를 위해서는 조파저항을 무시할 수 있을 정도의 저속영역에서 모형시험을 수행해야 하는데, **그림 4-16**에 나타낸 바와 같이 저속 영역에서의 시험오차 및 불확실성(uncertainty)으로 인해 형상계수의 정확한 값을 구하기 힘들다는 문제점이 있다.

Prohaska는 이와 같은 문제점을 해결하기 위하여 다음과 같은 방법을 제안하였다[6]. 그는 박리의 영향이 작은 배에 대해 다음과 같이 가정하고,

$$C_T = C_W + (1+k)C_F \tag{16}$$

조파저항계수 C_W는 다음과 같이 Fn의 4승에 비례한다고 가정하였다.

$$C_W = cFn^4 \tag{17}$$

여기서 c는 비례상수이며, 이 식을 식 (16)에 대입하고 양변을 C_F로 나누면 다음을 얻는다.

$$C_T/C_F = (1+k) + cFn^4/C_F \tag{18}$$

$0.1 \leq Fn \leq 0.22$에 대한 저항시험에서 계측한 저항값으로부터 C_T/C_F 값을 종축, Fn^4/C_F

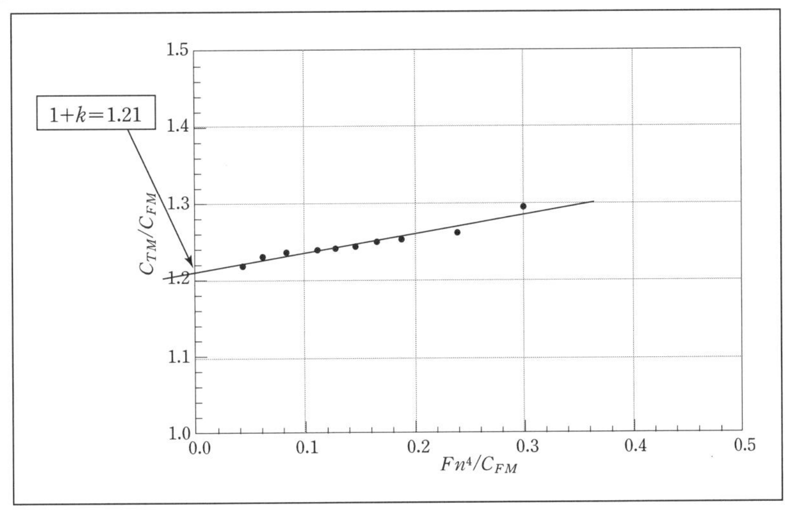

그림 4-17 Prohaska법에 의한 형상계수 결정법

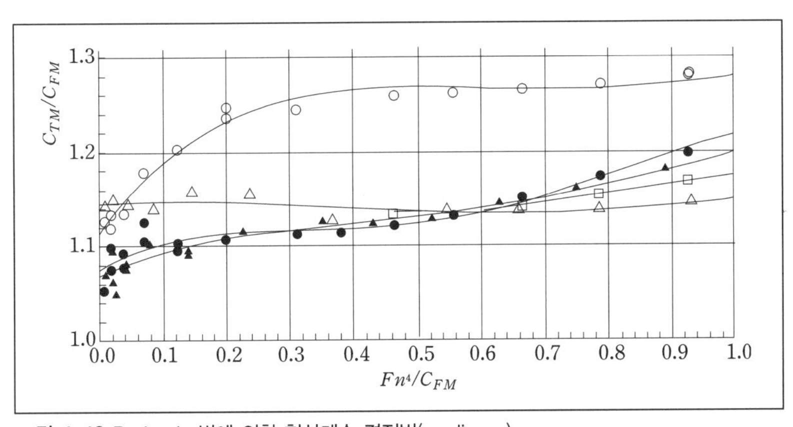

그림 4-18 Prohaska법에 의한 형상계수 결정법(nonlinear)

의 값을 횡축으로 그리면, 식 (18)은 c를 기울기로 하고 $(1+k)$가 절편이 되는 직선의 방정식이 되어 **그림 4-17**에 나타낸 것과 같이 k를 구할 수 있다. 이 방법은 매우 낮은 속도가 아닌 속도에서의 저항값을 이용하여 k를 구할 수 있다는 장점이 있지만, 방형비척계수(block coefficient) C_B가 큰 선박의 경우, 식 (17)의 가정이 잘 맞지 않아 **그림 4-18**에 나타낸 것과 같이 식 (18)이 직선이 아닌 곡선으로 주어지는 문제점이 있다. 따라서 1981년 ITTC에서는 실험결과에 근거하여 Prohaska의 방법을 다음과 같이 수정하여 사용하도록 권고했다.

$$C_T/C_F = (1+k) + cFn^n/C_F \tag{19}$$

여기서 n은 2와 8 사이의 정수 중 실험결과를 가장 잘 근사(fitting)할 수 있는 값(보통 4, 5, 6

중 하나)으로 택하며, 근사에는 최소자승법(least square method)을 사용한다.

3차원 외삽법은 형상계수가 Rn에 독립이라는 가정과 그 값을 정확히 구할 수 있다는 전제가 성립할 때 그 의미가 있다. 그러나 벌브가 큰 컨테이너선, 여객선, 그리고 경하흘수에서의 탱커에 대한 저항시험 결과, 저속에서 벌브의 영향으로 인해 상당히 큰 저항을 보이므로 Prohaska 방법을 사용하여 형상계수를 결정하기 어려운 문제점이 있다.

또한 부가물이 많은 선박에 대한 저항시험에서도 저속영역에서 일반적으로 상당히 큰 저항값이 계측되므로 정확한 형상계수를 결정하기 어렵다. 3차원 외삽법은 2차원 외삽법에 비해 여러 면에서 합리적임에도 불구하고, 정확한 형상계수를 구하기 어렵다는 문제점 때문에 국내외의 많은 수조에서는 2차원 외삽법을 사용하고 있다.

4_3_5 Telfer 방법

Telfer는 저항에 관한 Froude와 Reynolds의 상사법칙을 결합하는 방법을 기술하고, 모형선의 저항시험으로부터 실선의 저항을 추정하는 실용적인 방법을 제안하였다[7]. 그는 크기가 다른 상사 모형선을 사용하여 저항시험을 수행하였으며, 시험결과를 활용하여 속장비를 고정하고 Rn를 변화시키면서 저항계수 값을 비교했는데, 동일한 Rn에서 속장비의 변화에 따른 저항계수의 변화도 함께 비교하였다. **그림 4-19**는 6개의 축척비로 제작된 모형선들의 저항값으로 실선의 저항을 추정하는 Telfer 방법을 도식적으로 보여주고 있다. 일정한

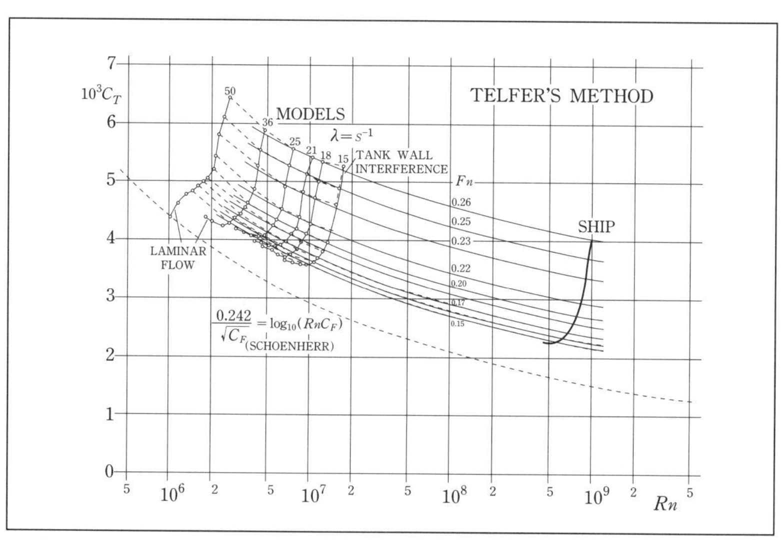

그림 4-19 Telfer의 실선 저항추정법

속장비에서의 저항계수 곡선들은 대체적으로 서로 평행하며, Schoenherr의 마찰저항공식인 식 (3.9)의 곡선과도 거의 평행하다는 사실을 알 수 있다. 이 곡선들은 Telfer의 모형선-실선 저항추정법에서 외삽자(extrapolator)로 사용된다.

Telfer의 방법은 모형선-실선 저항추정에서 이상적인 방법으로 간주될 수 있고, 1척의 모형선만을 사용하여 실선의 저항을 추정하는 다른 방법들에 비해 오차를 줄일 수 있지만, 여러 척의 모형선을 제작하여 훨씬 많은 횟수의 시험을 수행해야 하므로 시간과 비용이 많이 드는 단점이 있다.

4_3_6_ ITTC 1978 방법

1978년 ITTC는 단추진기 선박을 대상으로 Prohaska가 제안한 형상계수 결정법과 Hughes가 제안한 3차원 외삽법을 기본으로 실선의 저항을 산정하는 표준추정법을 제안하였다[8]. 만곡부용골(bilge keel)이 부착되지 않은 실선의 전체저항계수 C_{TS}는 다음 식으로 표시된다.

$$C_{TS}=(1+k)C_{FS}+C_R+C_A+C_{AA} \tag{20}$$

여기서 마찰저항계수 C_{FS}는 1957 ITTC 모형선-실선 상관곡선인 다음 식 (3.13)에 실선의 Rn를 대입하여 계산하며,

$$C_F=\frac{R_F}{(\rho V^2/2)S}=\frac{0.075}{(\log_{10} Rn-2)^2} \tag{3.13}$$

잉여저항계수 C_R은 다음 식으로 주어진다.

$$C_R=C_{TM}-(1+k)C_{FM} \tag{21}$$

모형선의 마찰저항계수 C_{FM} 또한 식 (3.13)에 모형선의 Rn를 대입하여 구하며, 모형선의 전체저항계수 C_{TM}은 모형시험에서, 그리고 형상계수 k는 Prohaska의 방법에 따라 얻는다. 식 (20)에서 C_A는 모형선-실선 상관 수정계수이며 실선의 표면 거칠기에 의한 마찰저항 증가에 상응하고, 다음 식으로 주어진다.

$$C_A=[105(k_s/L_{WL})^{1/3}-0.64]\times 10^{-3} \tag{22}$$

여기서 k_s는 50mm 길이에 대한 표면 거칠기의 평균높이이며, 측정값이 없을 경우에는 $150\times10^{-6}m$를 사용하기를 권고하였고, L_{WL}은 실선의 수선길이(Length of waterline)이다. 또한 C_{AA}는 공기저항계수로 다음과 같이 주어진다.

$$C_{AA}=0.001(A_{VT}/S) \tag{23}$$

여기서 A_{VT}는 선박의 수면 위 정면투영면적이고, S는 선체의 침수표면적이다.

만곡부용골이 부착된 선박의 경우 전체저항계수는 만곡부용골의 표면적 S_{BK}를 고려하

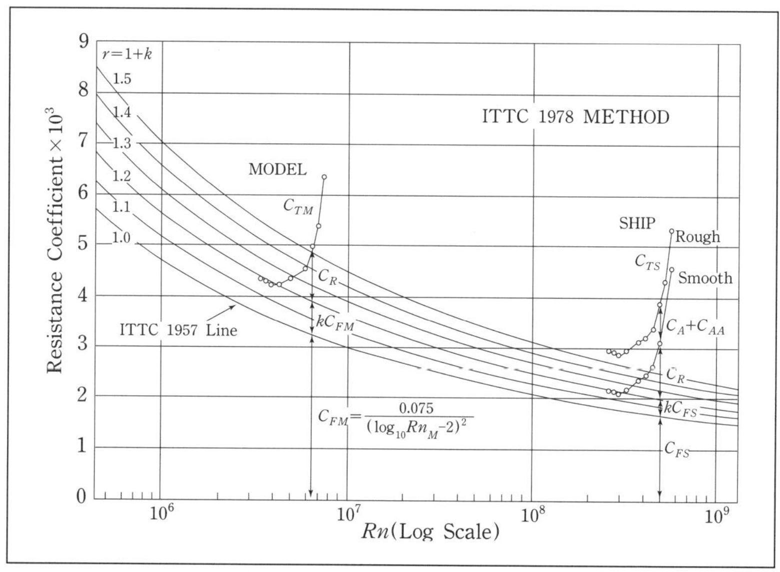

그림 4-20 ITTC 1978 모형선-실선 저항추정법

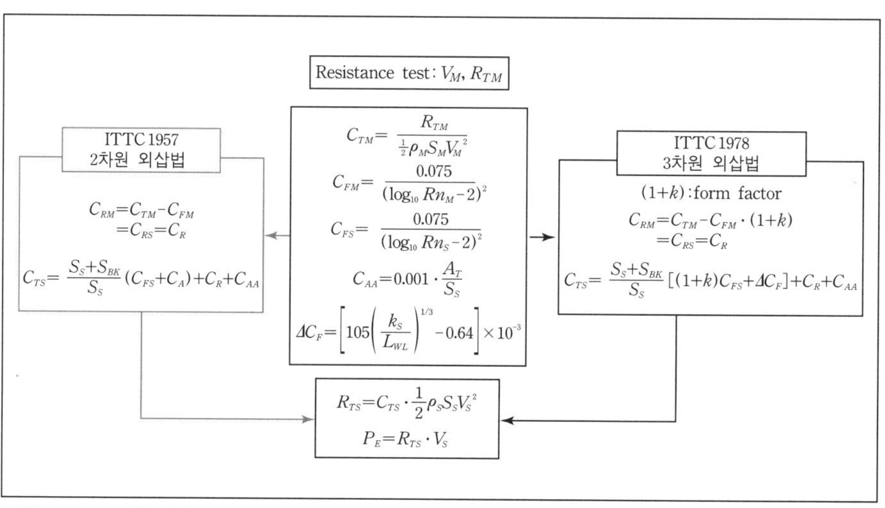

그림 4-21 2차원 외삽법과 3차원 외삽법의 절차

여 다음과 같이 얻는다.

$$C_{TS}=\{(1+k)C_{FS}+C_A\}(S+S_{BK})/S+C_R+C_{AA} \tag{24}$$

그림 4-20에는 ITTC 1978 모형선-실선 저항추정법을 도식적으로 나타내었으며, **그림 4-21**에는 그 절차를 요약하여 설명하였다.

4_4_ 국부유동장 계측시험

4_4_1_ 국부유동 계측의 필요성

새로운 선종의 출현주기가 점점 빨라지고 있으며, 사양 및 성능에 대한 요구가 기존선형 대비 큰 폭으로 변화하고 있어, 기존의 제한된 기술 및 정보만 가지고는 요구되는 사양과 성능을 만족시킬 수 있는 새로운 선박 및 추진장치를 개발하기 어렵다.

속도성능을 추정하기 위해서는 선체 및 추진기에 작용하는 저항, 추력, 토크(torque) 등 총량(global quantity)을 계측하는 저항추진시험을 수행하고, 그 결과를 해석하여 실선의 성능을 추정하는 것이 관례이다. 한편 프로펠러평면에서의 반류분포를 계측하여 추진기 설계에 사용하는 등, 일부 국부유동(local flow) 특성을 파악하는 실험을 수행하여 그 결과를 설계에 활용하고 있지만, 새로운 선형 및 추진기 설계를 위해서는 선체 주위의 국부유동에 대한 특성을 보다 넓은 영역에서 면밀히 파악하는 것이 중요하다. 기존의 실험적인 방법에 추가적으로 설계 및 개발에 필요한 국부유동 특성 또는 물리적 정보가 필요한 것이다. 초기설계 단계에서는 컴퓨터의 비약적인 발전에 힘입어 추정 정도가 크게 향상된 계산유체역학(CFD, Computational Fluid Dynamics) 기법을 널리 사용하고 있지만, 구체적인 설계를 위한 실용적 자료를 얻기 위해서는 실험적인 방법이 보다 정확하고 효과적이다.

여객선의 I형-V형 스트럿-축계 설계, 특수형 타 설계, 고마력 선박 및 추진장치 설계, 연료절감장치 설계, LNG 냉각체계 설계, 각종 부가물 설계 등 국부유동 해석정보를 필요로 하는 분야가 빠르게 증가하고 있어, 해외 선진 수조를 비롯한 수조시험 연구기관은 국부유동 계측법 및 해석법의 개발을 위해 많은 노력을 기울이고 있다.

4_4_2_ 유속 계측 기법

국부유동의 특성은 유동의 속도(크기와 방향), 압력, 그리고 흐름의 경향을 가시적으로 파악할 수 있는 유동가시화 정보 등으로 주어진다. 필요한 위치에서 이러한 국부유동 특성 정보를 파악할 수 있어야 하는데, 그 중에서도 유속에 대한 정량적 정보는 가장 중요하며, 선형과 추진기, 부가물 등을 개발하기 위해 가장 필요한 정보이다.

유속을 측정하는 방법으로는, 유체 내부에서 직접 계측하는 직접계측법과, 빛과 광학장비를 이용한 비접촉계측법이 있다. 레이저 빔과 중성부력 초소형입자를 이용하여 직접 유속을 계측하는 LDV(Laser Doppler Velocimetry)법, 가시화기술 및 촬영장비를 활용하고 디지털 영상처리기술(image processing technique)로 해석함으로써 유동장 전체에 걸쳐서 속도의 2-성분 또는 3-성분을 동시에 얻어내는 PIV/PTV(Particle Image Velocimetry, Particle Tracking Velocimetry)법 등의 비접촉계측법은 유동장을 교란시키지 않고 정확한 정보를 얻을 수 있다는 장점이 있는 반면, 장비가 매우 비싸고 장소나 공간에 많은 제약을 받는다는 단점이 있다. 속도와 전기열 손실관계를 이용하는 열선 또는 열막(hot film), 가장 오랜 기간 사용해 오고 있는 운동에너지와 압력의 관계를 이용한 피토관(Pitot tube) 방식 등의 직접계측법은 교란을 유발하고, 속도와 전기적인 신호에 대해 캘리브레이션(calibration)을 수행해야 하는 단점이 있으나, 나름대로의 장점으로 인하여 널리 활용되고 있다. **그림 4-22**에는 여

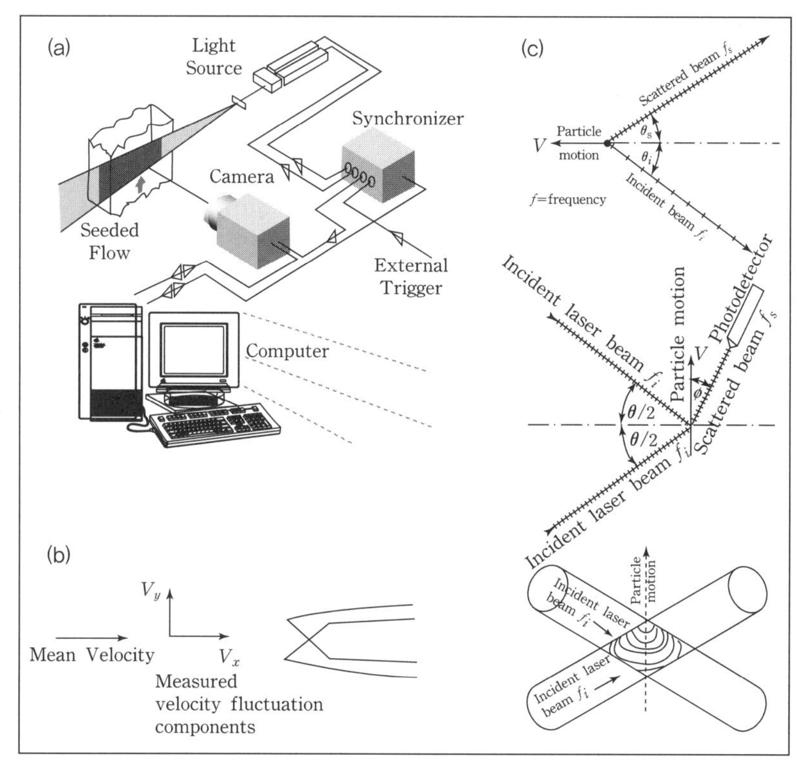

그림 4-22 여러 가지 유속 계측 기법
(a) PIV 기법 (b) 열선 기법 (c) LDV 기법

러 가지 유속 계측법을 나타내었다.

예인수조 반류시험에 사용하는 피토관체계는 피토관-이송장치-압력변환기-증폭기-A/D 변환기-P/C 등으로 구성된다. 피토관은 원하는 위치로 이동시키는 방식에 따라 회전방식과 직교방식으로 분류된다. 회전방식의 경우는 계측효율을 높이기 위하여 회전식 레이크에 다수의 피토관을 체결하여 사용한다. 그러나 반경방향은 위치가 고정되어 있으므로, 직교이송장치에 비해 여러 위치에서의 유동을 계측하는 것이 쉽지 않다. 이송장치는 보조전동기(servomotor)나 스테핑모터 등을 사용하며, 컴퓨터로 자동제어하는 방식을 채용하여 1회 시험으로도 여러 위치에서의 유속을 계측함으로써 시험시간을 단축시킬 수 있다. **그림 4-23**은 1개의 피토관과 직교이송방식의 반류계측체계가 프로펠러 후류를 계측할 수 있도록 설치된 모습을 보여준다. 1개의 피토관을 사용하므로 5개의 피토관을 사용하는 회전방식에 비해 시험시간은 더 소요되지만, 실험결과의 일관성(consistency) 및 안정성(stability)을 얻을 수 있는 장점이 있다. 피토관은 일반적으로 5개의 구멍을 갖는 반구형 또는 쐐기형 관 형상으로 제작된다(**그림 4-24**).

그림 4-23 피토관과 직교이송장치로 구성된 반류계측체계

5공 피토관에 대한 캘리브레이션은 2단계로 구분할 수 있다. 첫 번째 단계는 압력과 전

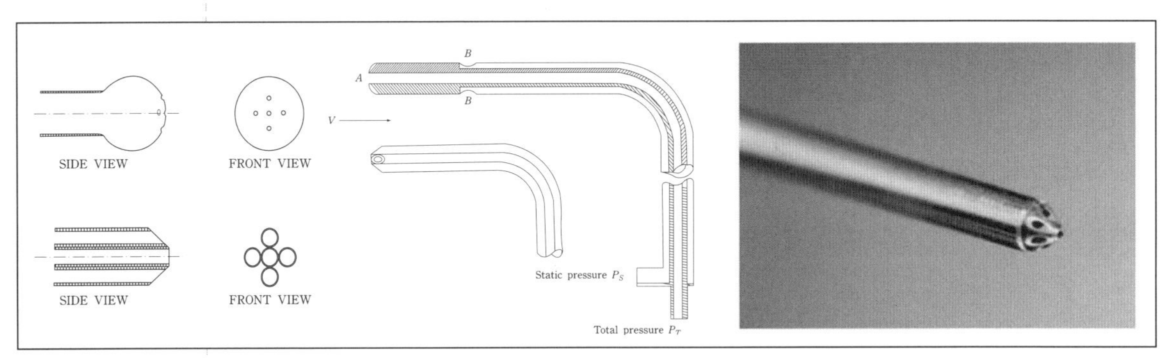

그림 4-24 피토관의 형상(반구형 및 쐐기형)

기적 신호에 대한 캘리브레이션이다. 알고 있는 압력을 압력계측체계에 전달하고 출력되는 전기적 신호(직류전압)를 측정하여 압력과 전압의 관계를 정하는 것이다. 두 번째 단계는 유속 및 방향과 전기적 신호(압력)에 대한 캘리브레이션이다. 이때, 1차원 또는 2차원 캘리브레이션을 사용하는데, 1차원 캘리브레이션은 5공 피토관의 횡경사각을 0°로 고정시키고 종경사각을 변화시키면서 압력과의 관계를 설정하거나, 반대로 종경사각을 0°로 고정시키고 횡경사각을 변화시키면서 압력과의 관계를 설정하여 캘리브레이션하는 것을 뜻한다. 1차원 방법은 간편하지만 종경사각과 횡경사각이 모두 큰(20° 이상) 유동을 계측하는 경우에는 오차가 크다는 단점이 있다. 특히 방형비척계수가 큰 비대선일수록 선미부 유동의 변화도 크기 때문에 이 같은 경우에 대한 계측 신뢰도가 낮아진다. 2차원 캘리브레이션은 5공 피토관의 횡경사각을 임의의 각도로 변화시키고, 동시에 종경사각도 임의의 각도로 변화시키면서 압력과의 관계를 설정하는 것으로, 계측값들은 종경사–횡경사의 2차원 평면 전체에 대응하게 된다. 그러므로 이러한 캘리브레이션 도표를 사용하면, 캘리브레이션을 실시한 각도 범위에서는 계측 정도가 향상된다. 일반적으로 피토관의 형상에 따라 캘리브레이션 함수의 형태가 달라지며, 1–1 대응이 될 수 있도록 적절한 함수를 설정해 주어야 한다. [9]는 1차원과 2차원 캘리브레이션 방법에 따른 정확도 차이, 캘리브레이션 해석방법, 피토관 형상 차이에 의한 캘리브레이션 도표의 특성 등에 관한 김우전 등의 연구결과를 자세히 인용하고 있다.

그림 4–25는 반구형 5공 피토관에 대한 전형적인 종경사각, 횡경사각과 압력 간의 관계를 나타내는 K–L 곡선도를 나타내고 있다. 그림에서 알 수 있듯이 동일한 종경사각, 또는 횡경사각에 대응하는 선은 직선이 아니고 기울기가 크게 변화하는 곡선임을 알 수 있다. 1차원 캘리브레이션 방법을 사용한다면, L=0, K=0인 2개의 곡선만으로 전체 종경사각과 횡경사각 범위를 대신하는 것이므로, 직사각형의 캘리브레이션 도표를 얻는 데 2차원 캘리브레이션 방법에 의한 결과와 비교할 때 현격한 차이가 있음을 확인할 수 있다.

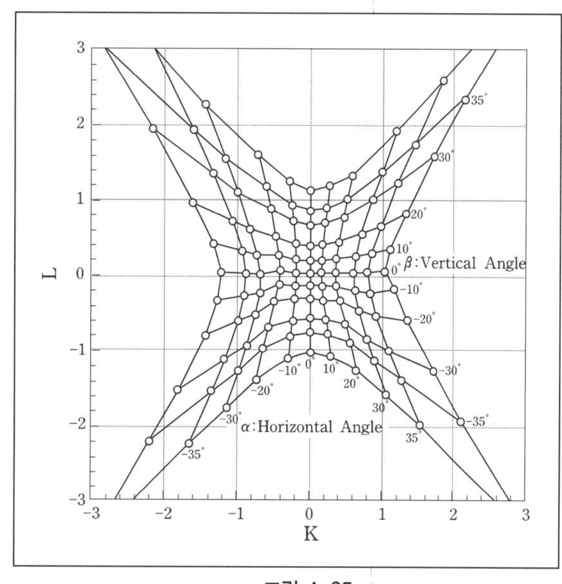

그림 4–25
반구형 피토관의 캘리브레이션 함수의 예

그림 4–26은 5공 피토관에 대한 유동방향과 유속과의 관계를 표시해 주는 캘리브레이션 곡선이다.

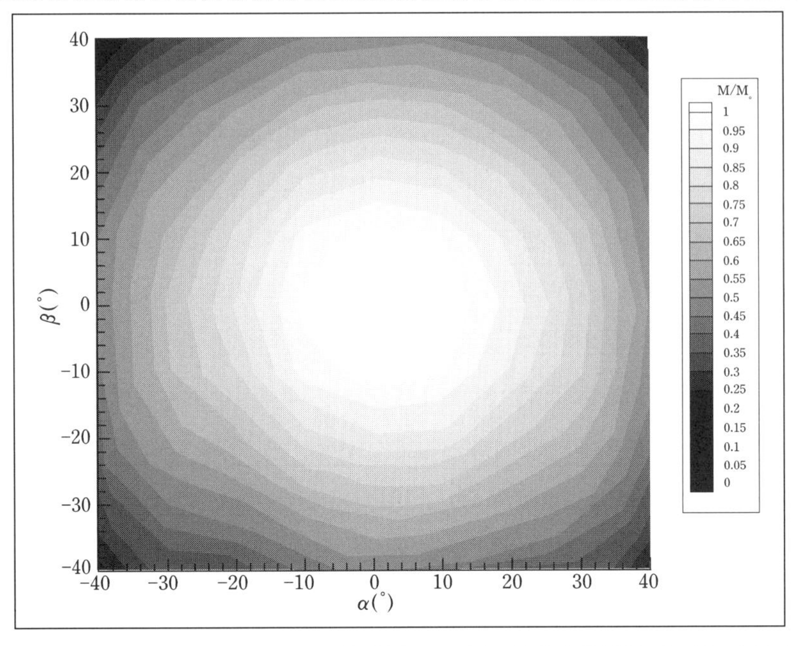

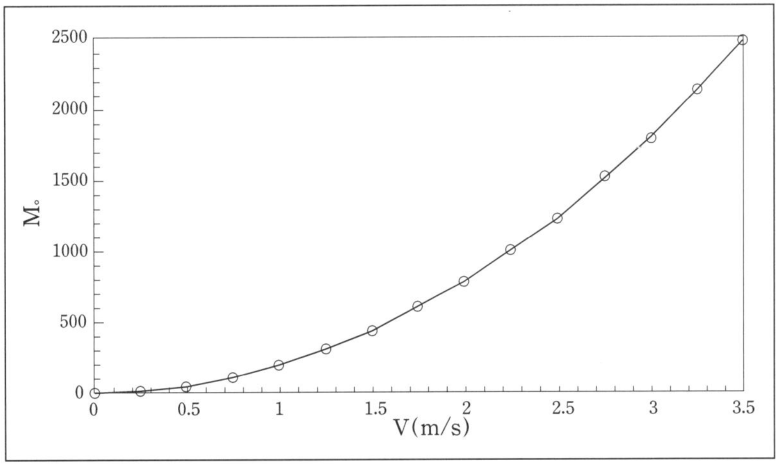

그림 4-26 반구형 피토관의 속도 캘리브레이션 함수의 예

4_4_3_ 유동가시화 기법

유동가시화 기법은 물리 현상에 대한 연구의 단서 및 기초자료를 제공해 주는 매우 중요한 시험 기법 중의 하나로, 광범위한 분야에서 지속적인 발전이 이루어져 왔으며 지대한 기여를 하고 있다. 유동가시화는 다양한 물리량의 전달현상(transport phenomena) 과정을 가시화하는 것으로서 속도, 압력, 밀도, 온도 등과 같이 우리 눈에는 보이지 않는 유동정보

의 공간분포를 시간과 공간의 일정한 범위에서 눈으로 볼 수 있게 하는 실험기법이다.

유동가시화 기법은 관련 기술의 발전과 함께 커다란 진전을 이룩해 왔다. 가장 전통적인 방법으로는 페인트, 염료, 기름 등을 혼합하여 물체 표면에서의 한계유선을 가시화하는 표면추적(wall tracing) 기법, 유동의 가시화를 위한 입자인 추적자(tracer) 또는 염료를 주입하는 염료주입(dye injection)법, 물체 표면 또는 공간에 설치하여 시간적으로 변화하는 유체의 유동을 가시화하는 터프트법 등의 기법이 있다. 전기공학의 발전과 함께 수소기포(hydrogen bubble)법, 연사(smoke-wire) 기법 등 전기제어기술을 이용하는 방법도 개발되었는데, 이들은 물의 전기분해로 발생되는 수소기포나 광물유(mineral oil)를 태워 생성되는 연선(smoke filament)을 추적자로 사용하며, 이들이 발생되는 정도는 전기적으로 제어한다. 이와 함께 광학기술이 발전되면서 광학적 가시화 기법도 개발되었는데, 유동장의 밀도 변화, 즉 매질의 굴절률 변화를 이용하는 방법으로서 음영도(shadowgraph)법, Schlieren법, Mach-Zwandher 간섭계(interferometer), Holographic 간섭계 등의 방법이 있다. 이와 같은 가시화 기법은 정성적인 유동정보를 얻을 수 있는 실험방법이다. 최근에는 전산기, 레이저(laser), 영상기술(ccd camera)과 접목하여 유동의 영상을 취득하고, 디지털 화상처리 기법을 이용하여 전산기로 많은 정보를 신속히 처리하는 LDV, PIV/PTV 등 정성적인 순간 유동정보는 물론, 정량적인 속도장 정보까지 구할 수 있는 가시화 기법이 개발되기에 이르렀다. 선박유체 분야의 연구에서도 위에 언급한 가시화 기법 중 많은 방법을 적용해 오고 있다. 유동가시화 기법을 적용할 때에는 실험목적, 장소, 환경, 적용 가능 여부, 경제성 등을 종합적으로 고려하여 최적의 기법을 선택해야 한다.

예인수조에서 수행하는 유동가시화 시험에는 시험환경의 제약으로 한계유선 가시화법(페인트법, 염료주입법, 기름-탄소법)과 터프트법 등이 보편적으로 사용되고 있는데, 최근에는 연구소 및 대학을 중심으로 PIV/PTV 등에 대한 활용연구가 활발히 진행되고 있다.

4_4_4_ 한계유선가시화 기법

한계유선가시화에 의해서는 선체 표면 부근에서의 유동 방향 및 특성에 대한 정보를 얻을 수 있다. 선형 개량뿐만 아니라 선수추진기터널(bow thruster tunnel)의 위치 및 격자(grid)방향 결정, 타를 포함한 부가물 설계, 안정핀(stabilizing fin) 설계, 선형 설계, 프로펠러 설계 등 다양한 분야에 활용되고 있다. 한계유선가시화 방법 중 대표적인 방법은 페인트법인데, 이를 위해서는 도료로서 유화물감–에나멜페인트–폴리왁스–경유(또는 등유) 등을 적정 비율로 혼합 제조해 사용한다. 성분들 대부분이 유성인 데 비해 폴리왁스는 물이 포함되어 있어, 적절한 혼합을 위해 상당 시간 골고루 잘 섞어주어야 한다. 페인트법은 비교적 넓은 속도영역에서 사용 가능하고, 선명한 유선을 얻을 수 있으며, 시험속도에 따라 혼합비율을 달리하여 사용한다. 수조에 따라서는 면실유와 탄소가루를 혼합해 사용하거나 염료주입 방법을 이용하기도 한다(**그림 4–27, 4–28**).

그림 4–27 페인트를 이용한 한계유선가시화

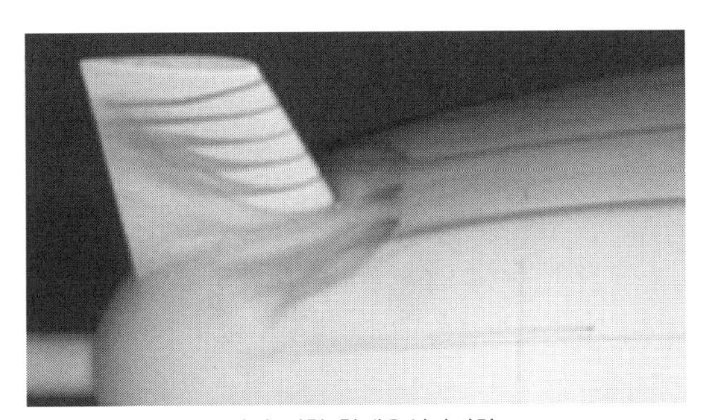

그림 4–28 염료주입에 의한 한계유선가시화

4_4_5_ 터프트(tuft)를 이용한 유동가시화 기법

선진 수조들은 오래 전부터 선박유체 분야에서 터프트법을 사용해 왔다. 특히 새로운 선형 또는 추진장치의 개발에 앞서 이상유동 현상의 확인, 유체역학적 성능에 대한 이해를 위해 터프트법을 이용한 유동가시화를 활용하였다.

터프트를 이용한 유동가시화는 한계유선가시화와는 달리 공간적, 시간적으로 변화하는 유동의 특성을 확인할 수 있다는 장점이 있다. 난류유동이나 박리 등 유체역학적 성능에 큰 영향을 미치는 유동 현상을 국부적인 위치별로 사세히 알 수 있어, 선형 또는 추진장치

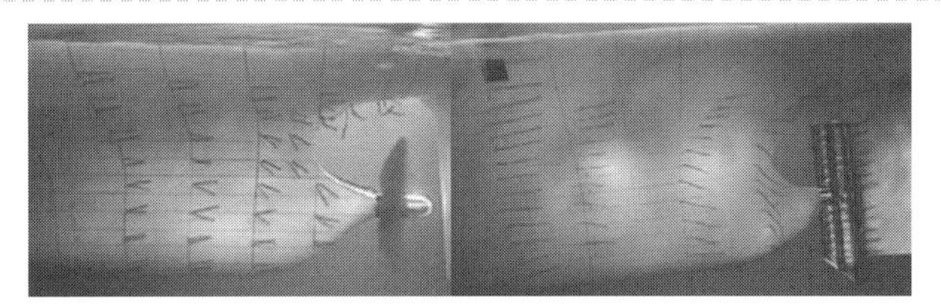

그림 4-29 터프트를 이용한 선미유동가시화

그림 4-30 터프트와 스크린을 이용한 프로펠러평면에서의 유동 특성

의 개발이나 개선을 위해 효과적으로 사용된다.

그림 4-29는 터프트를 이용한 예인수조 선미유동가시화 시험 중 수중촬영장치를 이용하여 촬영한 것으로, 선미유동의 특성을 쉽게 확인할 수 있다.

그림 4-30은 프로펠러평면에서의 원주방향 유동을 효과적으로 관찰할 수 있도록, 사각형 형태의 반류스크린에 터프트를 설치하여 프로펠러평면에서의 유동을 관측한 예이다.

4_4_6_ 반류의 특성

선체 주위의 유체는 배가 전진하면 그 진행방향으로 배와 함께 움직이게 되는데 이와 같은 유동을 반류(wake)라고 한다. 반류는 선수에서 선미로 갈수록 증가하며, 따라서 프로펠러에 입사하는 물의 상대속도, 다시 말하면 프로펠러 전진속도 V_A는 배의 속도 V보다 작아진다. V와 V_A의 차이를 반류속도(wake speed)라고 하며, Taylor는 반류속도를 V로 나누어 다음과 같이 반류비(wake fraction)를 정의하였다.

$$w = (V - V_A)/V \qquad (25)$$

반류비는 5장에서 논의할 바와 같이 포텐셜반류비, 점성반류비, 파도반류비 등의 성분으로 분해할 수 있으며, 거의 모든 경우 양(+)의 값이다. 하지만 구축함과 같은 고속선에서는 음(−)의 값을 가질 수도 있다. 프로펠러가 없을 때 발생하는 반류를 공칭반류(nominal wake), 프로펠러가 장착되었을 때의 반류를 유효반류(effective wake)라고 한다.

반류비는 여러 가지 방법으로 측정할 수 있는데, 반류분포를 얻고자 하는 경우에는 프로펠러 근처에 피토관들을 배치하여 반류속도의 축방향, 반경방향 및 원주방향의 성분들을 계측함으로써, 반류등고선을 얻을 수 있으며, **그림 4-31**과 **4-32**는 저속비대선과 고속선에서 3개의 흘수와 3개의 선속에 대해 프로펠러평면에서의 축방향 반류비 w_x를 나타낸 것이다. 그림에서 확인되듯이 반류는 불균일한 분포를 보이고 있으며, 이 불균일성으로 인해 프로펠러가 회전할 경우 주기적인 힘과 모멘트가 프로펠러날개에 작용하며, 유동장 내부에 형성된 압력장은 물과 축베어링을 통하여 선체에 전달됨으로써 선체진동의 주요 원인이 된다. 또한 물이 유입되는 속도의 불균일성 때문에 날개단면에 부딪치는 유동의 입사각(또는

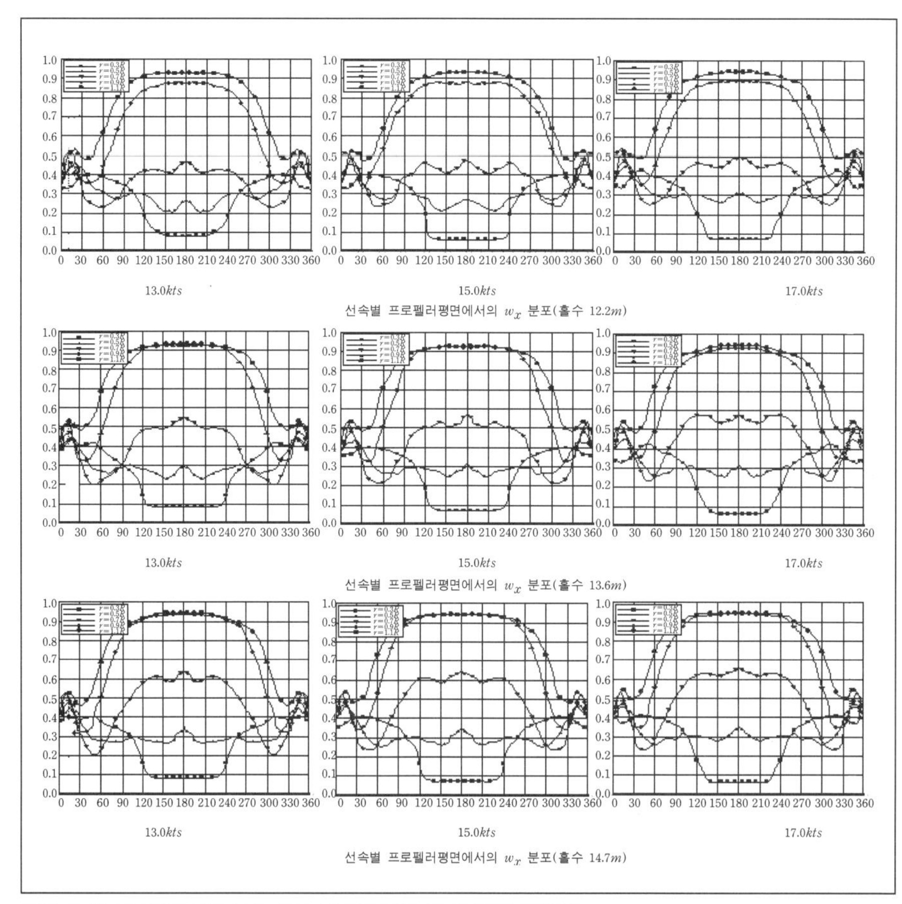

그림 4-31 저속비대선의 선속, 흘수 변화에 따른 반류분포의 변화[9]

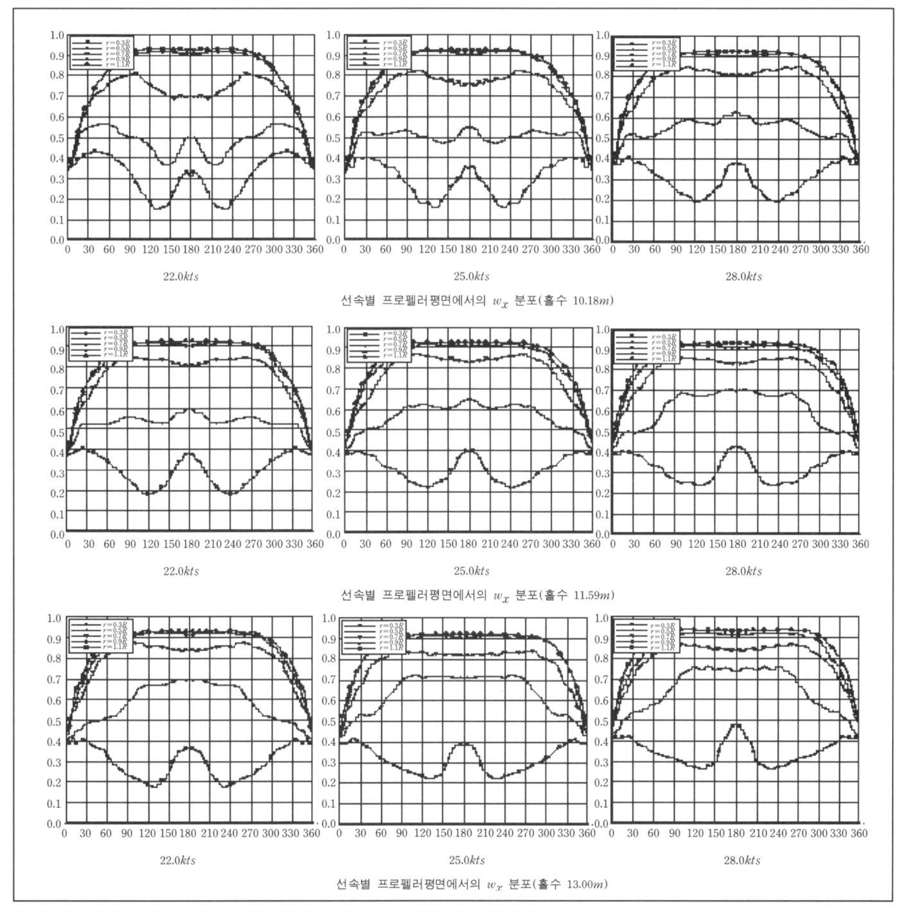

그림 4-32 고속선의 선속, 흘수 변화에 따른 반류분포의 변화[10]

받음각, angle of attack 또는 angle of incidence)이 주기적으로 변화하며, 결과적으로 진동(vibration)과 소음(noise), 그리고 날개의 부식(erosion)을 수반하는 공동 발생의 요인이 된다. 그러므로 이 같은 결과를 야기하는 프로펠러평면 전체에 걸친 반류의 불균일성을 최소화하기 위하여, 선미형상과 보싱(bossing) 등 부가물의 형상, 선체와 프로펠러의 간격 등에 대해 특별한 주의를 기울여야 한다. 반류의 불균일성 문제를 해결하기 위해 실이나 물감, 그 밖의 방법으로 회류수조를 사용하여 유동가시화 시험을 수행할 수도 있고, 예인수조에서 피토관을 사용하여 계측할 수도 있다. 선체에 작용하는 이러한 힘들과 기관 진동의 영향에 대해서는 다음 절에서 다루기로 한다. 그러나 그들을 방지하거나 최소화하려는 노력은 배가 건조된 후가 아니라 설계초기의 임무임을 명심해야 한다.

반류의 불균일성을 근사적으로 해석하기 위해 Fourier 방법(Fourier method)을 사용하기도 하는데, Hadler 등(1965)[11]은 다음과 같은 결과를 얻었다.

1) 비정상 추력과 토크는 날개수 Z의 정수배만으로 표시되는 Fourier 급수(Fourier series)로 근사할 수 있다.

2) 적절한 날개수를 선택함에 있어 근사해법인 Fourier 방법이 좋은 결과를 줄 수 있다.

3) 반류는 주로 선미형상에 의해 결정되며, 선수형상의 변화에 따른 영향은 무시할 만하다.

4) 축방향과 원주방향의 속도성분을 나타내는 Fourier 급수의 계수는 차수가 증가함에 따라 감소한다. 개방형 선미, 즉 축을 지지하는 스트럿을 가진 트랜섬 형태의 선미를 가진 선박에서는 단조 감소하나, 재래식 선미를 가진 단추진기선에서는 짝수 차수의 계수들이 비교적 큰 값을 가진다.

5) 축방향 평균속도의 반경방향 분포는 선미형상에 따라 약간 다른 특징을 보인다. 개방형 선미는 모형선 속도와 비슷한 크기로 상당히 균일한 분포를 보이지만, 재래식 선미를 가지는 단추진기선은 허브 가까운 쪽에서는 작은 값, 먼 쪽에서는 큰 값을 가지는데, 이 값들의 크기는 선미의 형상과 날씬한 정도에 따라 달라지며, 일반적으로 선미가 날씬할수록 커진다.

6) 원주방향의 속도변화는 제법 크고, 프로펠러평면에서의 상향유동 때문에 sin 함수의 형태를 가지며, 1차 조화성분이 가장 크다. 더욱 축방향 속도의 1차 조화성분의 진폭도 매우 크므로 날개의 형상에 결함이 있을 때, 이와 같은 원주방향의 속도변화는 축의 진동수와 같은 진동수의 축 진동을 야기한다.

7) 단추진기선의 공동과 진동 문제를 줄이는 데 개방형 선미는 재래식 선미보다 낫다.

8) 타는 축방향 평균속도에 영향을 주지만 그에 따른 변화는 그렇게 크지 않다.

9) 배수량과 트림의 변화는 반류분포, 즉 공동 및 진동 특성을 크게 변화시킬 수 있다.

4_4_7_ 반류를 포함한 선미 국부유동장 계측

프로펠러평면에 유입되는 유동장 내부에는 선미만곡부에서 생성된 종방향 와동, 점성에 기인하는 박리유동, 선체 주위를 지나는 포텐셜유동 등, 유속과 방향이 다른 다양한 유동이 복합적으로 포함되어 있다. 이러한 각각의 유동은 선박의 종류, 선속, 그리고 선박의 형상에 따라 달라지므로 프로펠러에 유입되는 유동성분 또한 달라진다. 일반적으로 프로펠러평면에서의 유속분포는 프로펠러를 설계할 때 매우 중요한 자료이다. **그림 4-33**은 직교형

그림 4-33 선미유동장 계측(SSMB)

반류계측 장비를 이용하여 선미유동을 계측하는 예인데, MOERI에서 설계하고 제작한 KLNG 모형선과 모형프로펠러를 사용하여 SSMB에서 수행된 시험이다[10]. 길이방향으로 3개의 장소에서, 프로펠러가 있을 경우와 없을 경우, 프로펠러의 회전수를 달리하는 경우에 대해 프로펠러의 작동으로 가속되는 유동의 평균유속 및 유동의 방향을 계측, 분석하였다.

LNG선의 시운전이 수행되는 경하흘수(T_b=9.3m)에서, 흘수의 변화가 속도장에 미치는 영향을 체계적으로 분석하기 위해 선미의 3개 스테이션(station)에서의 속도장을 계측하였다. MOERI에서 수행된 설계흘수(T_d=11.3m)에서의 시험결과와 비교분석할 수 있도록 가능한 한 동일한 시험조건을 선정하였다. 길이방향으로 프로펠러평면(St. 0.421), 타의 앞날(St. 0.21) 및 타의 뒷날(St. −0.3383)등 3개 위치에서, 프로펠러와 타를 장착하거나 장착하지 않은 상태 등 총 6가지 조건에 대해 유속을 계측하였다. 시험속도는 모든 시험에서 19.5kts(V_M=1.6138m/s)로 동일하였다. 프로펠러 회전수는 경하흘수의 자항시험 결과에 의거, 7.53rps로 정하였다. 프로펠러의 회전수에 의한 속도장 변화를 살펴보기 위해 8.01rps에서 2개의 시험조건을 추가하여 실시하였으며, 다음과 같은 결론을 얻었다.

1) 길이방향 위치별, 흘수별 선미유동장 비교(프로펠러와 타 미장착, 즉 알몸상태)

그림 4-34는 경하흘수(9.3m), 프로펠러 및 타가 없는, 즉 알몸(bare hull)상태에 대해 프로펠러평면(왼쪽 그림), 타의 앞날(가운데 그림) 및 타의 뒷날(오른쪽 그림) 등 3개 위치에서 계측된 속도장을 도시한 것이다. 프로펠러평면에서는 선체와 가장 근접해 있어 점성의 영향을 많이 받아 유체의 운동량이 크게 감소되었으며, 특히 선체와 근접한 프로펠러 위쪽과 축 부근에서의 유속이 작게 나타나고 있다. 뒤쪽으로 가면서 다른 유동성분과 결합하며 에너지를 받음으로써 다시 유속이 증가하는 현상을 보이고 있다. 이로 인해 반경방향 속도구배는 뒤로 갈수록 완만해진다. 만곡부로부터 형성된 종방향 와류의 중심은 뒤로 갈수록 아래로 처지면서 세기가 급속히 약화되는 경향을 보인다.

그림 4-35는 MOERI[12]의 설계흘수에서 계측한 속도장으로, 흘수를 제외한 나머지 모든 조건은 SSMB의 시험과 동일하다. 설계흘수에서도 경하흘수와 유사한 속도장 형상을 보이지만, 종방향 와류의 중심이 경하흘수에서 보다 프로펠러 아래쪽으로 이동하였고, 프로펠러 위쪽의 등속도곡선이 축방향으로 모이면서 전체적으로 등속도곡선이 프로펠러 아래쪽으로 평행이동하였다. 또 계측면 상부에서의 곡률 변화가 크고 아래로 처져 있으며 뒤로

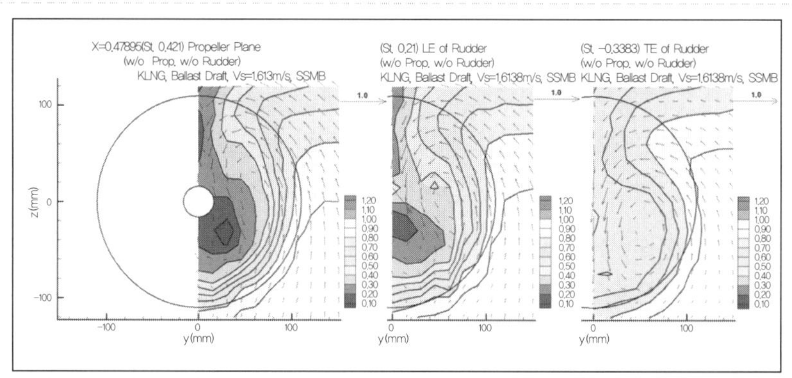

그림 4-34 3개 스테이션에서의 반류분포(경하흘수, 알몸상태, SSMB)

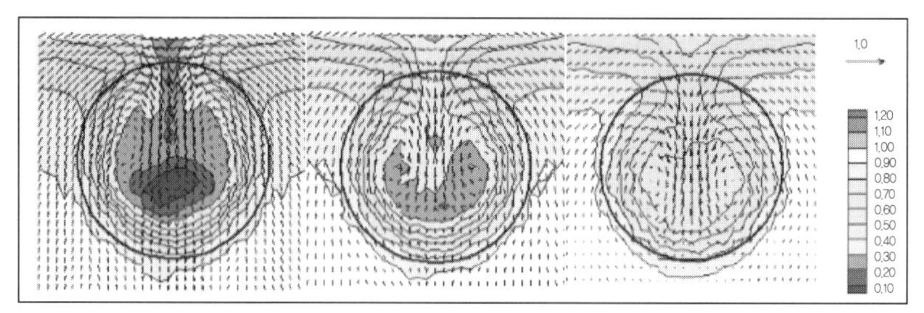

그림 4-35 3개 스테이션에서의 반류분포(설계흘수, 알몸 상태, MOERI)

갈수록 차이가 확연한데, 이는 수표면의 영향에 따른 것으로 보인다.

2) 프로펠러에 의한 가속유동장(프로펠러 장착, 타 미장착)

프로펠러 작동에 의해서 교란되는 회전 가속유동장에 대한 시험결과를 정리하여 **그림 4-36, 4-37, 4-38, 4-39**에 나타냈다. 경하흘수에서, 프로펠러를 자항 회전수로 작동시키면서, $Y-Z$ 자동이송장치를 사용하여 횡방향 $y=\pm 150mm$, 수직방향 $z=\pm 120mm$ 영역에서 계측하였으며, 프로펠러 직경은 $220mm$이다.

그림 4-36은 타를 장착하지 않은 상태에서 타의 앞날에서의 유속분포를 계측한 것이다. 왼쪽 그림은 동일 위치에서 프로펠러를 장착하지 않은 상태에서 계측된 유속분포이다. 두 그림을 비교하면 프로펠러의 영향으로 인하여 매우 상이한 유동 경향을 보이고 있음을 알 수 있다. 프로펠러에 의해 발생된 회전방향의 가속유동은 프로펠러원판(propeller disk)의 뒤쪽에 국한되어 그 바깥쪽과는 다른 속도분포를 보인다. 우현 쪽 $0.7R$ 부근에서 선속의 1.20배 정도의 최고유속이 계측되었고, $0.6R$, $0.8R$에서 선속과 유사한 높은 속도가 원주방향으로 띠모양을 이루며 분포한다. 이는 프로펠러 반경방향의 부하분포에 기인하는 것으로 분석된다. 프로펠러가 장착되지 않은 경우, $0.7R$에서의 유속은 선속의 0.7배 정도인 점을 감안할 때, 프로펠러에 의해 유동이 약 1.7배 가속되있음을 뜻한다. 프로펠러원판 바깥

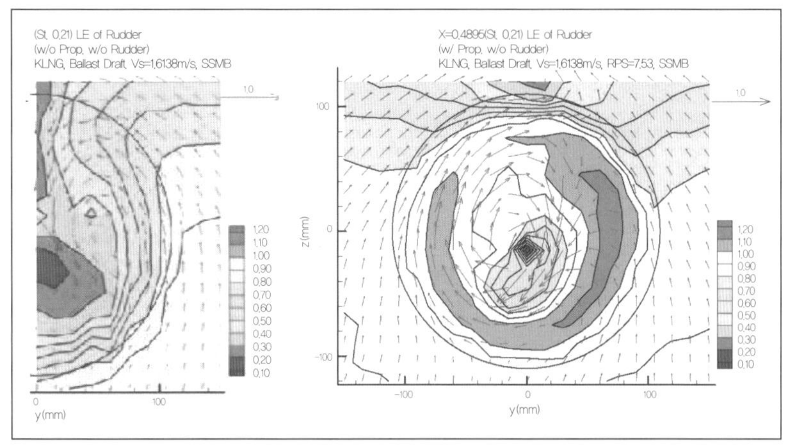

그림 4-36 반류분포(경하흘수, 타 미장착, 프로펠러 7.53rps, 타 앞날, SSMB)(왼쪽 그림은 동일 위치에서 프로펠러가 미장착된 경우의 반류분포)

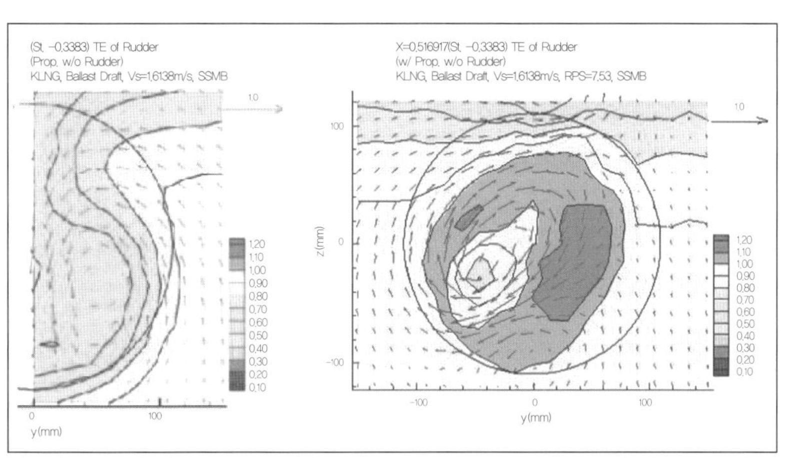

그림 4-37 반류분포(경하흘수, 타 미장착, 프로펠러 7.53rps, 타 뒷날, SSMB)(왼쪽 그림은 동일 위치에서 프로펠러가 미장착된 경우의 반류분포)

의 유동은 프로펠러의 회전 가속작용으로 인하여 등속도곡선이 수평으로 바뀌었다. 특히 프로펠러 바로 위쪽은 $1.1R$ 부근에 저속영역이 남아 있고, 그곳으로부터 $0.8R$까지의 좁은 영역에서는 유속이 심하게 바뀐다. 이것은 타가 없는 경우의 유속분포이므로 타가 장착된 경우와는 다소 다를 것이며, 실선의 경우에는 타가 후류의 흐름을 막게 되므로 프로펠러 바로 위쪽의 유속은 더욱 감소할 것이다. 즉 반류가 국부적으로 증가하므로 프로펠러 설계 시, 이로 인한 변동압력, 공동 현상에 대한 사전검토가 요구된다.

그림 4-37은 **그림 4-36**과 같은 경우에 대해 타의 뒷날에서의 유속분포를 계측한 것이다. 왼쪽 그림은 동일 위치에서 프로펠러가 장착되지 않은 경우에 계측된 유속분포이다. 위에서와 마찬가지로 프로펠러의 영향으로 인하여 상이한 유동 경향을 보인다. 프로펠러에 의

해서 가속된 원주방향 회전유동은 뒤로 이동하면서 타원형의 회전유동으로 변화하였다. 이것은 프로펠러가 오른쪽으로 회전하므로 좌현과 우현에서 프로펠러로 실제로 유입되는 유동의 입사각이 다른 것에 기인하는 것으로 보인다. 프로펠러 바로 위의 수직방향 유속 변화율은 타의 앞날에서보다 매우 완만함을 알 수 있다.

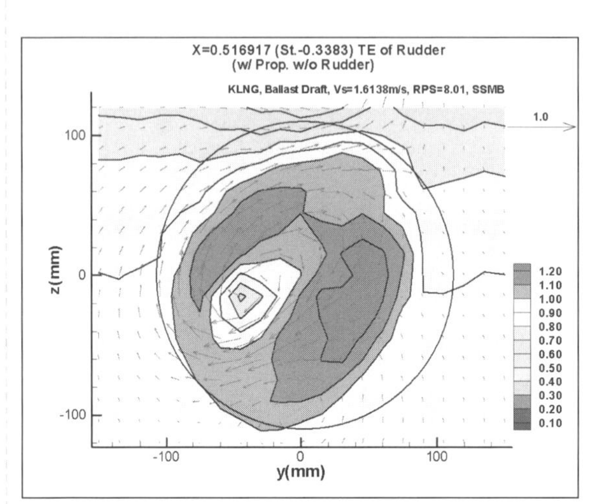

그림 4-38 반류분포(경하흘수, 타 미장착, 프로펠러 8.01rps, 타 뒷날, SSMB)

그림 4-38은 프로펠러의 회전수 변화에 따라 유동장이 얼마나 변화하는지를 살펴보기 위해 수행된 시험결과로서, **그림 4-37**과 동일한 조건에서 회전수만 8.01로 하여, 자항 회전수인 7.53에 비해 6.4% 증가시킨 상태에서 계측한 유속분포이다. 전체적인 유동 경향은 유사하지만, 가속류의 증가로 보다 넓은 영역에서 속도가 빨라졌으며, 그에 따라 프로펠러원판 위쪽의 유동을 변화시키고 있음을 알 수 있다. 또한 등속도곡선의 간격이 넓어졌으며, 프로펠러원판 바깥의 유동이 타원형으로 변화한 것을 알 수 있다.

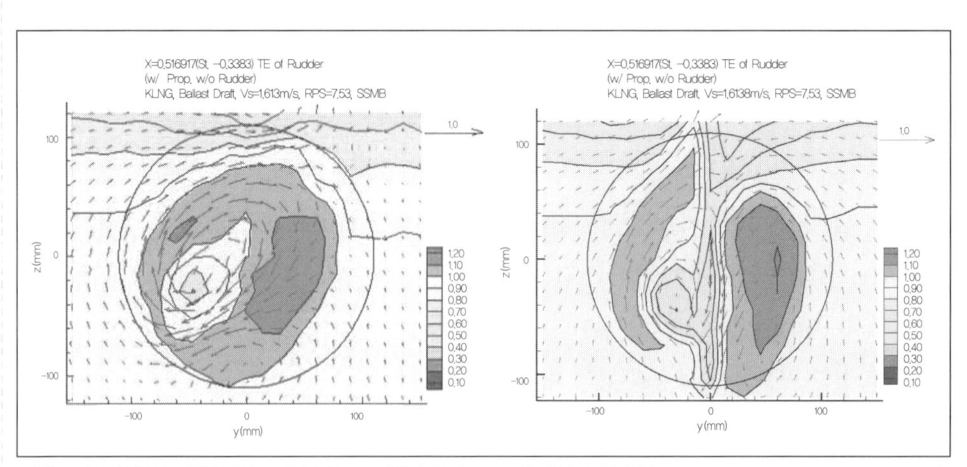

그림 4-39 반류분포(경하흘수, 타 장착, 프로펠러 7.53rps, 타 뒷날, SSMB)(왼쪽 그림은 동일 위치에서 타가 미장착된 경우의 반류분포)

3) 프로펠러-타에 의한 가속유동장(프로펠러와 타 장착)

그림 4-39는 프로펠러와 타가 모두 장착된 상태에서 타의 뒷날에서 계측된 유속분포를 보여준다. 왼쪽 그림은 동일한 위치에서 타를 장착하지 않은 경우에 대한 결과이다. 프로펠러에 의해 회전 가속된 유동은 타를 지나면서 프로펠러 중심을 포함한 연직선을 기준으로 유동이 좌우로 분리된 특이한 형태를 보여준다. 타의 오른쪽에 유속이 상당히 크고 강한 와동과 왼쪽에 조각띠 모양의 고속영역, 그리고 중심축에 가까운 좌하부의 약한 와동 등 3개 영역이 관찰된다. 프로펠러가 회전하는 방향과 타의 존재에 기인하여 좌현 쪽 상부유동은 제법 센 상향 속도성분을 가지며, 하부유동은 회전방향에 따라서 아래로 이동하고 유입되는 유동과 혼합되어 약한 와동을 형성하게 된다. 더불어 우현 쪽은 강한 와동이 타와 평행한 수직영역을 차지하고 있다. 이와 같은 반류에 대한 정보는 연료절감 또는 조종성 향상을 목적으로 하는 특수타 또는 부가물 설계 시에 유용한 자료로 활용될 수 있다.

연습문제

1. 저항시험과 추진기시험을 실시하고자 할 때 무차원 해석법을 이용하여 실선과 모형선 사이의 역학적 관계를 조사하고자 한다. 저항시험과 추진기시험 각각에 대하여, 관련된 무차원수를 정리하고 그 의미를 설명하시오,

2. 예인수조에서 2가지 선형(선형 A, 선형 B)에 대한 모형시험을 수행하여 다음과 같은 결과를 얻었다. 여기에서 소요동력을 구하고 두 선형의 성능을 비교하시오. 단 2차원 해석법을 사용하고, 공기저항과 만곡부용골의 영향은 무시하며, 모형선-실선 상관계수 $C_A = 0.0$으로 가정하고, 마찰저항곡선은 ITTC 1957 곡선을 사용하시오.

선형	A	B
침수표면적(m^2)	18000.0	
모형선 축척비	1/36	
모형선 속도(m/s)	2.1	
모형선 저항(N)	102.0	101.6
모형선 마찰저항계수 C_{FM}	2.876×10^{-3}	2.854×10^{-3}
실선 마찰저항계수 C_{FS}	1.360×10^{-3}	

3. 예인수조에서 모형선 저항추진시험을 수행할 때 모형선에 난류촉진장치를 부착하는 이유를 설명하시오.

4. 선체의 반류가 발생되는 원인과 공칭반류 및 유효반류의 차이를 기술하시오.

5. 실선 저항을 추정하기 위한 해석법으로서 2차원 외삽법과 3차원 외삽법이 있다. 각각의 해석법에서 선박의 저항을 구성하는 주요 저항성분과 그 특징을 간략히 기술하시오.

6. 길이(L_{WL})가 350m인 선박이 있다. 이 선박과 기하학적으로 상사한 모형선을 7m로 제작하여 예인수조에서 Froude의 가정에 근거하여 저항시험을 수행하고자 한다.

1) 실선 속도 25kts에 대응되는 모형선의 예인 속도를 구하시오.

2) 만약 달에 건설된 예인수조에서 저항시험을 수행한다면, 실선 속도 25kts에 대응되는 예인 속도를 구하시오(단, 달에서의 중력가속도는 지구 중력가속도의 1/6).

참고문헌

[1] Hughes, G. & Allan, J. F., 1951, Turbulence stimulation on ship models, SNAME Trans, Vol. 59.

[2] National Physical Laboratory, 1960, NPL Report SHR 10/59 Revised. Standard procedure for resistance and propulsion experiments with ship models.

[3] Froude, W., 1874, On experiments with HMS Greyhound, Trans. INA, Vol. 15, 또는 The paper of William Froude, 1810~1879, 1955, INA.

[4] ITTC, 1957, Proc. 8th ITTC, Madrid, Spain.

[5] Hughes, G., 1954, Frictional and form resistance in turbulent flow and a proposed formulation for use in model and ship correlation, Trans. INA, Vol. 96.

[6] Prohaska, C. W., 1966, A simple method for the evaluation of the form factor and low speed wave resistance, Proc. 11th ITTC.

[7] Telfer, E. V., 1927, Ship resistance similarity, Trans. INA, Vol. 69.

[8] ITTC, 1978, Proc. 15th ITTC, The Hague, The Netherlands.

[9] Rhyu, S. S., 2002, An experimental study on the characteristics of nominal wakes for varying drafts and speeds for a full ship, Proc. Annual Spring Meeting, SNAK.

[10] 유성선 외, 1999, 2000, 2001, 2002, 2003 SSMB 저항추진시험 보고서.

[11] Hadler, J. B. & Cheng, H. M., 1965, Analysis of experimental wake data in way of propeller plane of single and twin-screw ship models, SNAME Trans. Vol. 73.

[2] MOERI, 1998, MOERI 20주년 기념 보고서.

✤ 추천문헌

[1] SNAME, 1988, **PNA**, 2nd Rev., **Vol. II, Resistance, propulsion and vibration**, USA.

[2] Harvald SV. AA., 1983, **Resistance and propulsion of ships**, A Wiley-Interscience Publication.

[3] MARIN, 2007, **Ship hydrodynamics**(Text Book for Training Course).

[4] ATTC, 1953, Minutes of the 10th ATTC, MIT.

[5] ITTC, Report of Resistance & Performance Committee, 1978, Proc. 15th ITTC.

[6] ITTC, Report of Resistance & Performance Committee, 1981, Proc. 16th ITTC.

[7] ITTC, Report of Resistance & Performance Committee, 1984, Proc. 17th ITTC.

[8] ITTC, 19th ITTC Proc. Vol.1, p. 306.

[9] ITTC Model Manufacture, Ship Models, 22nd ITTC, Quality Manual, 4.9-02-01-01, Revision00.

[10] ITTC, Report of Resistance & Performance Committee, 2002, Proc. 23rd ITTC.

05

선형이 저항추진에 미치는 영향

김호충
부사장
대우중공업

■

황보승면
소장
삼성중공업

■

유재문
교수
충남대학교

5_1_ 개요

컨테이너선이나 자동차운반선, 여객페리(RoRo-Ferry) 등은 비교적 운항 속도비 또는 Fn가 높은 특성을 가지고 있고, 최근 고부가 선박으로 각광을 받고 있는 액화가스(LNG 또는 LPG) 운반선 등은 그보다 약간 떨어지기는 하지만 Fn가 낮지 않다. 이에 비해 유조선 및 화학제품선, 산적화물선, 일반겸용선 등은 신속한 화물운송에 의한 경제적 이득이 별로 없으므로 Fn가 낮고, 선속이 높지 않은 저속비대선의 형상을 가진다. 이러한 선종에 따른 고유의 운항특성은 선형 설계 및 개발 시 선박의 저항성능, 추진성능 최적화를 위한 가장 핵심적인 고려사항이 된다. 선박의 Fn에 따라 주 저항성분들의 영역이 변화하며, 이때 선형은 변화하는 주 저항성분을 최적화하는 형태로 설계되어야 한다. Fn가 작은 선박은 파도의 생성이 거의 없으므로 마찰저항, 점성저항이 최소가 되는 형상을 가지도록 설계되나, Fn가 크면 선수부에서 발생되는 조파저항이 급격히 상승하므로 가능한 한 배수량의 분포를 선미 쪽으로 이동시켜 선수부가 날씬해지도록 설계된다.

일반적으로 선형의 배수량분포는 **그림 5-1**과 같은 C_P 곡선으로 표현된다. 여기서 L_e, L_r은 각각 도입부(entrance)와 결속부(run)의 길이를 뜻하고, 배의 길이를 선폭으로 무차원한 후 20등분한 형태로 표시, 도입부 및 결속부가 선수 또는 선미 수선과 얼마나 큰 각도를 이루고 있는지 알 수 있도록 하여 각종 저항성분과의 연계가 쉽도록 한다.

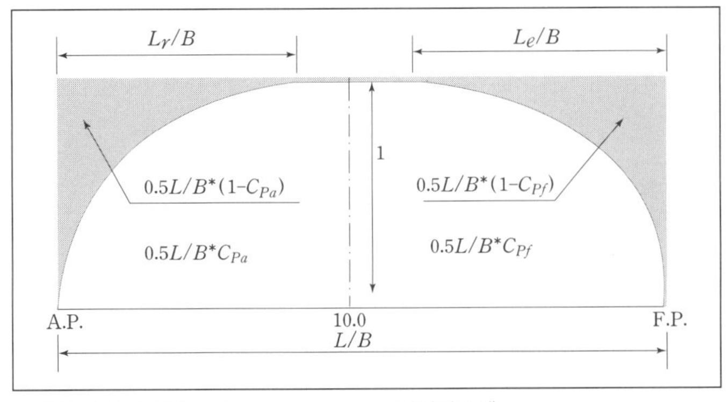

그림 5-1 C_P 곡선(sectional area curve, 단면적곡선)

한편 선형을 설계할 때 선수선형은 파형저항 및 쇄파저항의 감소 측면에서 중요하며, C_P 곡선, 횡단면형상, 구상선수의 형상 및 수선면의 도입각 등이 중요한 설계인자이다. 반면에 선미선형은 점성저항, 형상저항, 추진효율 측면에서 중요하며 단면형상, C_P 곡선과 선미 측면형상(stern profile) 등이 가장 중요한 설계인자이다.

선수선형은 단면형상에 따라 U형과 V형으로 구분할 수 있으며, 일반적으로 고속세장선은 V형($C_B < 0.7$) 선수, 저속비대선은 U형($C_B > 0.80$) 선수를 채택하고 있고, 중속선($0.7 < C_B < 0.8$)은 중간 형태인 UV선형을 채택하고 있다. 조파저항 및 쇄파저항 감소를 위해 채택하고 있는 구상선수는 형상에 따라 높은 벌브(high bulb), 낮은 벌브(low bulb), 중간 벌브(middle bulb), 거위목 벌브(gooseneck bulb) 등으로 구분되며, 적용 및 그 효과에 대해서는 다음 절에서 상세히 설명하기로 한다.

선미형상을 설계할 때는 점성 및 3차원 형상에 의한 복잡한 유동특성을 고려해야 함은 물론, 프로펠러, 타, 축계, 트랜섬 등에 대한 상세한 검토도 병행해야 한다. 선미형상은 프로펠러와의 조합에 의해 저항성분과 선박의 자항성분을 결정하고 프로펠러 축기진력에 의한 선박의 진동, 소음 문제에도 큰 영향을 미치기 때문이다. 따라서 선미단 측면형상, 프로펠러 직상방 혹은 전방의 여유(clearance), 타면적 확보를 위한 선미 오버행(overhang) 및 트랜섬 형상 등을 계획하고 결정할 때에는 저항성능, 추진성능의 관점뿐만 아니라 프로펠러 공동성능 및 선박의 조종성능까지 고려해야 한다.

과거에 많이 사용되었던 선미형상인 순양함 선미(cruiser stern)와 달리 현재 일반적으로 널리 사용되는 트랜섬 선미(transom stern)를 채택하는 선박 중 저속비대선은 선미단 위에 많은 양의 배수량을 분포시킬 수 있으므로 형상저항을 증대시키는 부위의 배수량을 효과적으로 이동시킬 수 있어, 트랜섬 끝 부위의 소규모 와류저항(eddy resistance) 증대가 발생하기는 하지만, 일반배치나 성능최적화 관점에서는 매우 유리하다. 이에 반해 컨테이너선과 같은 고속세장선의 경우에는 트랜섬을 계획흘수 위에 배치함으로써 건조 트랜섬(dry transom)이 되도록 하여 와류저항을 감소시켜 속도성능을 개선하고, Fn가 0.3 이상인 경우는 플랩(flap)이나 쐐기(wedge) 등의 부가물을 활용하면 10%대 이상의 동력 감소효과도 볼 수 있다.

선수형상과 같이 선미선형도 횡단면에 따라 U형, V형, 바지형, UV 복합형 등 여러 형태의 모습을 가질 수 있으며, 선미형상에 따라 큰 영향을 받는 선박의 저항성능 및 자항성능, 프로펠러성능 및 공동성능, 조종성능 등을 충분히 고려하여 설계해야 한다.

5_2_ 속도성능 추정 및 선형 매개변수의 평가

선형설계자는 선형설계를 본격적으로 수행하기 전에 반드시 속도성능에 영향을 주는 주요 인자들을 분석, 평가하고 달성하고자 하는 속도성능에 대하여 정확하게 추정해야 한다. 속도성능의 추정은 선박 계약의 핵심사항이므로 당연히 선형설계 이전에 정확히 추정될 수 있어야 하지만, 선형설계 과정에서 활용될 다양한 성능인자들의 개량과 개선을 통해 향상된 성능을 얻을 수 있으므로, 속도성능에 미치는 주요 선형 매개변수(parameter)의 영향을 충분히 이해하고 최적의 결과를 얻기 위해 효과적인 대응책 등을 연구할 필요가 있다.

선박의 성능을 좌우하는 저항성분과 그 구성요소들은 앞 장에서 충분히 다루었으므로 여기서는 선박의 선수, 선미형상과 저항성분과의 관계를 고려하여 선형설계 최적화의 기본적인 개념 및 절차를 설명하기로 한다.

보통 선형에서 선수부는, 수면하 선수단부(forebody end part) 및 선수만곡부(forebody bilge part) 등이 형상저항(form drag)에 일부 영향을 미치지만 대체로 조파저항에 큰 영향을 미치는 반면, 선미부는 저항성분의 대부분을 차지하는 점성저항(저속선의 경우 95% 이상, 고속 컨테이너선의 경우도 대부분 80% 이상)뿐만 아니라 선미단부(afterbody end part)의 반류구역에 프로펠러가 장착되어 있어서 선박 추진효율의 우열에도 직접적인 영향을 미치고 있다. 더불어 선미부의 유동현상에 의해 지배되는 프로펠러 날개 공동현상, 선체변동압력(fluctuation of hull pressure)의 대소 등도 선박의 품질, 성능을 좌우하는 핵심 고려사항 중 하나이다.

따라서 선형설계를 시작할 때 선미부의 최적화를 우선적으로 고려하여야 한다. 물론 조파저항 성분의 중요도가 강조되어 선수부의 최적화가 우선적으로 요구될 수도 있지만 대부분 적절하게 설계된 선형에서 조파저항이 차지하는 비중은 앞에서 서술한 것처럼 그다지 크지 않기 때문에 저항성능, 추진효율, 그리고 추진성능 전체에 영향을 주는 선미부의 설계를 우선 고려한 후 최적화해 가는 것이 바람직하다.

단, 주어진 비척도 및 속도에 비해 배수량의 분포가 적정 수준 이상으로 선수부에 치우치게 되면 조파저항이 급격히 증가하여 전체성능이 열악해질 수도 있으므로, 사전에 주요

성능인자들의 적절한 선정으로 이러한 극단적인 사례가 발생하지 않도록 하여야 한다. 조파저항 성능의 개선 및 향상이 특히 요구되는 경우는 선수부의 최적화가 먼저 수행될 수도 있어 불가피하게 선미부가 비대해질 수도 있지만, 이때는 선미부의 단면형상(section shape) 등을 특수한 형태로 개량하여 문제의 발생을 억제하여야 한다.

5_2_1_ 속도성능의 추정

속도성능 추정은 다음과 같이 크게 세 가지 형태로 구분할 수 있다. 구체적인 선형설계가 진행되기 전에는 주로 선박의 주요요목(main particulars)을 이용하여 과거의 실적을 바탕으로 대략적으로 추정할 수 있지만, 선형의 개념이 구체화되면 CFD(Computational Fluid Dynamics) 등의 수치계산을 활용하여 추정 정도를 높이고 성능개선도 추구하게 된다. 물론 모형시험을 통한 검증과 개선이 가장 확실하고 정확한 방법이지만 시간적으로나 금전적으로 많은 투자가 필요하므로 통상 계약이 확정된 이후 선형개발의 과정으로 수행된다.

1) 통계해석에 의한 방법(혹은 계열시험 결과 이용)

2) 유사한 선박의 설계와 모형시험의 결과로부터 추정하는 방법

3) 초기 선도를 생성하고 수치계산을 수행하여 그 결과를 이용하는 방법

주요요목만을 사용한 속도성능 추정은 일반적으로 1), 2)의 방법을 병행하여 수행한다. 설계 선박의 제원이 통상적이지 않거나 경험이 별로 없는 선박인 경우에는 선형설계자가 직접 초기 선도를 작성하고 수치계산을 수행하여 선박의 저항 및 추진효율을 예측하는 3)의 방법을 통하여 추정의 정도를 향상시킬 수 있다.

경험자료 및 통계해석에 의한 속도성능 추정에 사용되는 주요 고려사항 및 추정 후 얻을 수 있는 결과와 개략적인 추정절차를 **그림 5-2**에 나타냈다. 여기서 추정된 값은 선형의 구체적인 형상 등이 포함되지 않은 개략적인 것이므로 보다 정확한 추정을 위해서는 설계하려는 선박과 유사한 선박들의 모형시험 또는 시운전 결과를 참조하여 비슷한 비율로 수정하는 방법이 사용된다.

동력과 추진효율 계산에 필요한 각 항목들의 추정치는 유사선의 것을 바탕으로 변화된 주요요목의 차이를 고려하여 사용하든지, 혹은 4절에서 설명할 반류비, 추력감소비 등의 실적을 표준도표로 작성해서 참조하면 쉽고 편리하다.

한편 통상적인 선형 및 추진기 외에도 일부 특수한 경우에 대한 동력의 변화량을 과거

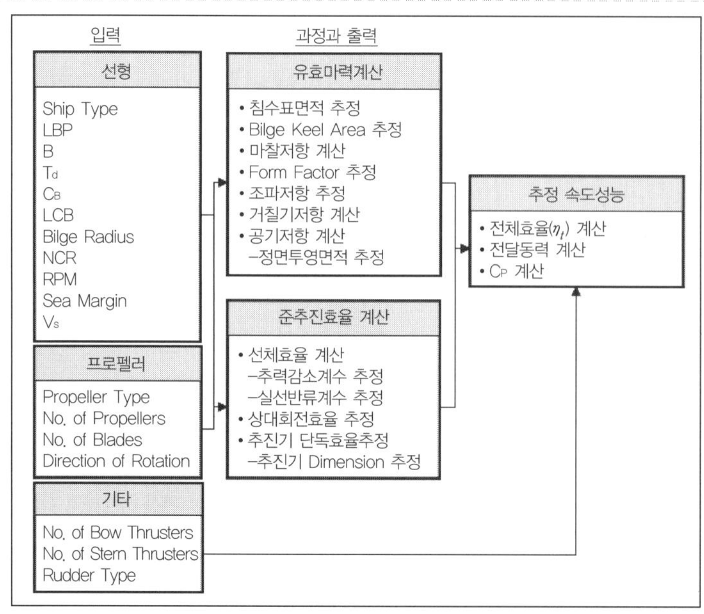

그림 5-2 통계를 이용한 속도추정 흐름도

부가물	동력 증가량
선수/선미 보조추진기(thruster)	1.0/0.5%
Schilling/Beck 타	6.0/1.0%
가변피치 프로펠러(CPP)	2.0%

표 5-1 특수장치에 의한 동력 증가

의 경험으로부터 정리해 놓으면 보다 정확한 추정이 가능하다. **표 5-1**은 특수 혹은 부가설비에 대한 동력 증가량을 여러 수조에서 수행된 모형시험 결과를 바탕으로 정리한 것이다.

5_2_2_ 설계 매개변수의 평가

좋은 선형을 설계하기 위해서는 우선 주어진 주요요목의 평가를 통하여 설계 선박이 가지는 주요제원에 대한 특징을 이해하고, 이를 선형설계 개념에 효과적으로 반영할 수 있어야 한다. 더불어 선박의 각 부위가 유체역학적 성능에 미치는 영향을 잘 파악하여 유체역학적 성능을 최적화해 가는 과정에서 선형의 각 부위가 효과적으로 연계, 활용되어야 할 것이다.

일반적으로 선형개발 시 저항 및 추진효율 등에서의 영향력을 고려하여 선미부의 최적화를 우선으로 설계를 진행한다. 하지만 속도는 중속선의 속도영역에 속하는, 즉 Fn가 0.18∼0.21이면서, 비척도는 저속선의 방형비척계수(block coefficient)를 가지는, 즉 C_B가 0.75∼0.85를 가지는 등의 비정상적인 선박을 설계할 경우에는 선박의 비척도에 비해 속도가 너무 커서 조파저항이 급격히 증가할 염려가 있으므로 선미부보다 선수부의 최적화에 집중하여 조파저항을 최소화하는 전략이 바람직하다. 따라서 본격적인 선형설계를 수행하기에 앞서 설계 선박의 특성을 고려하여 유연한 설계전략을 가져야 한다.

초기설계 단계에서는 다음과 같은 선체 각부와 주요 유체역학적 성능과의 연관성을 고려하여 설계개념을 수립하는 것이 바람직하다.

- 선수부 : 조파저항 및 내항성능 관점에서의 최적화 설계
- 선미부 : 마찰저항, 점성에 기인한 저항 및 추진효율 관점의 설계
- 선미부/추진기 : 추진효율, 공동 및 변동압력 관점에서의 설계
- 주로 선미부 : 조종성능 관점에서의 부가적인 고려

아래에서는 초기 선도(lines) 개발단계에서 검토, 분석되어야 할 주요 성능요소의 실적을 그림으로 정리하였다. 대체로 성능이 우수한 실적을 위주로 작성된 것이므로 평균적인 값을 채택하면 무난할 것으로 생각되나 폐곡선으로 둘러싸인 일부 과도한 값들은 또 다른 선형인자와의 조합을 통하여 최적화된 설계를 수행해야 한다.

그림 5-3은 선박의 Fn와 바람직한 비척도 C_B를 실적자료집(data base)을 정리하여 얻은 것이다. 원안이 C_B에 비해 설계속도가 큰 선박인 경우는 조파저항이 증가될 염려가 있으므

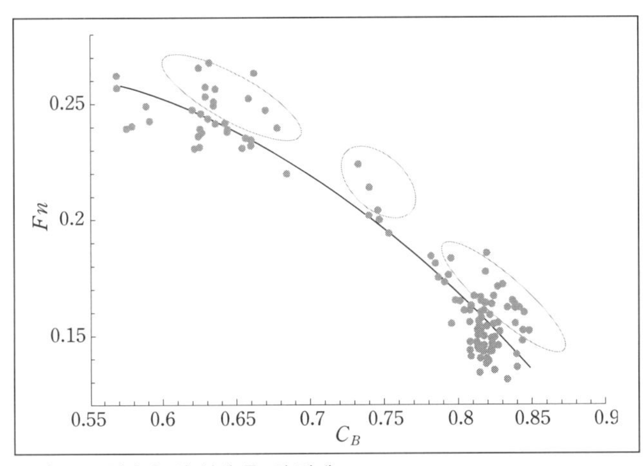

그림 5-3 최적 C_B와 설계 Fn의 관계

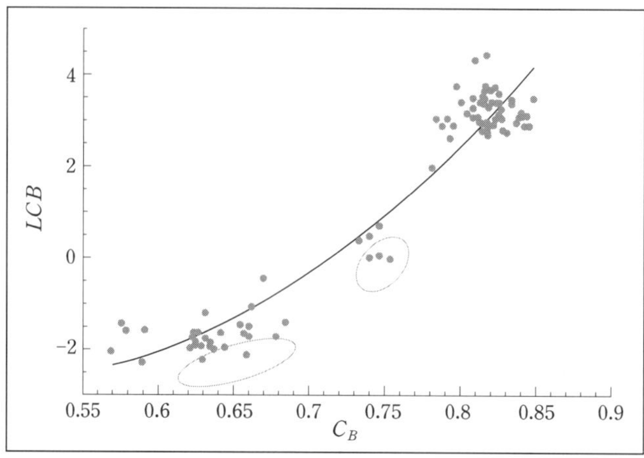

그림 5-4 C_B와 LCB의 관계

로, 조파저항에 영향이 큰 선수부가 비대해지지 않도록 배수량분포를 표준보다 뒤쪽으로 이동시키는 등의 고려를 통하여 전체성능이 열악해지지 않도록 한다.

그림 5-4는 현실적인 선형들을 기준으로 우수한 성능을 가지는 선박의 C_B와 종방향 부심(LCB, Longitudinal Center of Buoyancy)의 관계를 보여주고 있다. 잘 선정된 LCB는 선형설계 시 주요요목 결정 이후 성능에 가장 큰 영향을 주는 핵심요소이며 잘못 선정된 LCB로는 좋은 성능의 선형을 만들기 어렵다. 선형설계 시 여기서 선정된 표준 LCB에서 ±0.5% 이상 차이나지 않는 것이 바람직하지만, 불가피하게 표준에서 많이 벗어난 LCB가 채택된 경우는 단면 및 수선면 형상 등을 최적화하여 유동현상이 저항성분이나 자항요소에 나쁜 영향을 주지 않도록 노력해야 한다. 그러나 이 그림은 선박의 다른 특징을 무시하고 C_B와 LCB의 관계만으로 단순하게 표현한 것이어서, 계획속도(설계 Fn) 등과 같은 중요 인자에 차이가 있을 경우에는 C_B가 같더라도 최적 LCB를 다르게 선택해야 한다.

즉 계획속도가 상대적으로 빠른 경우는 조파저항이 증가할 가능성이 크므로 선수부를 날씬하게 해야 하고 따라서 표준치에 비해 LCB가 뒤쪽으로 이동되어야 한다. 반면 계획속도가 느린 경우는 LCB를 앞쪽으로 이동시켜 선미부에 의해 주로 지배되는 형상저항을 최소화하도록 한다. **그림 5-5**는 선박의 설계속도와 이에 대응되는 LCB의 결과를 실적선의 경험에 기초하여 정리한 것이다.

유사한 경우로 L/B도 생각해 볼 수 있는데, 주로 저속비대선에서 L/B의 값이 작아지면 선미부 결속각(run angle)이 급해지기 때문에 통상의 경우에 비하여 LCB를 선수 쪽으로 이동시켜야 한다. 이것은 선수비대도(forebody fullness) 및 도입각(entrance angle)을 증

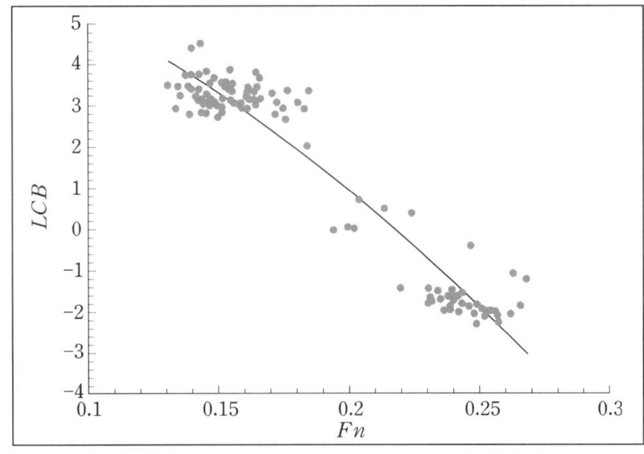

그림 5-5 설계 Fn와 LCB의 관계

가시켜 조파저항 측면에서 나쁜 영향을 주지만, 저속비대선의 경우 전체저항에서 조파저항이 차지하는 비율이 그다지 크지 않기 때문에 선수부에서의 손실에 비해 선미부를 통한 성능개선의 기여도가 훨씬 크므로 총체적인 최적화 관점에서는 바람직하다고 할 수 있다.

위의 자료 및 기타 실적경험을 참조하여 주어진 주요요목에 따른 표준 LCB를 다음과 같이 정리할 수 있다.

1) C_B와 LCB_B의 관계

$$LCB_B(\%) = 56.196C_B^2 - 55.892C_B + 11.225 \qquad (1)$$

여기서 LCB_B는 C_B만 우선적으로 고려하여 얻는 잠정적인 LCB이다.

2) C_B와 표준 Fn_B의 관계

$$Fn_B = -0.9714C_B^2 + 0.9395C_B + 0.0383 \qquad (2)$$

여기서 Fn_B는 C_B만 우선적으로 고려하여 얻는 잠정적인 Fn이다.

3) Fn에 따른 LCB의 보정 관계

$$\Delta Fn = Fn_B - \text{설계 } Fn(=V/\sqrt{gL}) \qquad (3)$$

$$\Delta LCB(\%) = 21.312\Delta Fn + 0.0011 \qquad (4)$$

4) Fn와 C_B를 모두 고려한 표준 LCB의 위치

$$\text{표준 } LCB = LCB_B + \Delta LCB \qquad (5)$$

위의 식은 먼저 선박의 비척도(C_B)와 종부심 위치(LCB), 비척도와 Fn를 표준화하고, 동일 C_B에서 설계 Fn가 표준 Fn보다 크면 조파저항이 급격히 증가할 수 있으므로 LCB를 선미부로 이동하고, 설계 Fn가 더 작으면 선수부로 LCB를 이동시켜야 한다는 개념으로 작성된 것이므로, 추가적으로 종부심 결정에 큰 영향을 줄 수 있는 인자인 길이-폭 비(L/B) 및 선미부 단면형상에 대해서도 부분적인 수정이 필요하다.

- L/B 수정

L/B가 작아지면 길이에 비해 폭이 커지는 것을 뜻하고 선수 도입각도 커지지만, 선미 결속각도 커져 점성저항 등의 증대가 현저해지므로 LCB를 선수부 쪽으로 이동하는 것이 바람직하며 경험에 따라 필요량만큼 수정해야 한다.

- 선미부 단면형상 수정

선미형상을 바지(barge)형으로 하면 유체의 흐름이 선체 하부에서 상부로 진행하는 단순한 유동(bottom flow)으로 변화되어, 선미부가 어느 정도 비대해지더라도 저항증가를 최소화할 수 있으므로 종부심의 위치를 뒤쪽으로 이동할 수 있다. 이 경우는 역으로, 선박의 비척도에 비하여 Fn가 너무 커서 선수부로의 LCB 이동도 바람직하지 않을 때, 불가피하게 비대해진 선미부를 해결하기 위해 통상적인 V형 또는 U형의 선미 형태가 아닌 바지형을 택함으로써 선미부의 영향을 크게 받는 점성저항을 최소화할 수 있음을 뜻하기도 한다.

5_3_ 선수선형과 조파저항

선수형상은 점성저항보다는 조파저항에 미치는 영향이 지배적이므로 조파저항 최소화를 위한 관점에서 설계된다. 조파저항에 미치는 영향은 저속선보다는 고속선인 경우 급격히 커지므로 선수형상의 설계는 속도에 따라 그에 적절한 개념으로 접근해야 한다.

아래에서는 상세 선수선형 개념과 관련하여 저속선 및 고속선 선형설계에 대해 기술한다. 선수부를 설계할 때 주로 고려하여야 할 설계인자는 선수비대도, 수선면의 형상, 선수 단면의 형상(section or frame shape), 구상선수 특성 및 선수 C_P 곡선의 형상 등이다.

그림 5-6에 선속과 선수비대도의 관계를 통계자료를 이용해 나타냈다. 여기서 E_f는 선수부만의 비대도를 표현한 값으로 도입계수(entrance coefficient)라고 한다(**그림 5-1**). 통상적으로 선수, 선미의 배수용적을 나타내는 지수로는 C_{Pf}와 C_{Pa}를 들 수 있으나 이들 값은 중앙평행부 길이를 포함하고 있으므로 이들 지수를 도입부 및 결속부의 특성을 나타내는 계수로 보기에는 무리가 있다. 따라서 그림 **그림 5-1**에서 음영으로 처리된 부분처럼 중앙평행부를 제외한 다음의 수식으로 표현하는 것이 타당하다.

$$E_f = (1 - C_{Pf})L/B,\ E_a = (1 - C_{Pa})L/B \tag{6}$$

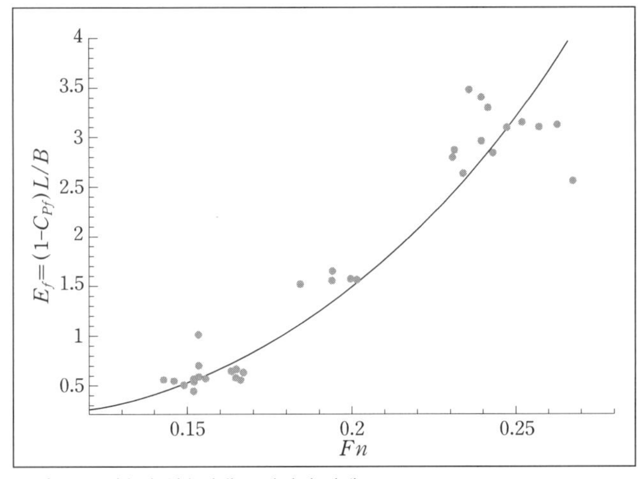

그림 5-6 선속과 선수비대도 사이의 관계

상대적으로 운항속도가 빨라서 조파저항을 줄이기 위한 벌브설계가 필요한 중속선 또는 고속선의 선형은, 최대한 날씬한 선수 도입각을 가지도록 수선면의 형상을 유지하여 쇄파 발생을 억제하되, 파도상쇄(wave cancellation)효과는 극대화될 수 있도록 벌브심도(bulb immersion)를 작게 하는 것이 바람직하다.

반면 저속비대선인 경우 날씬한 도입각을 가지는 설계개념보다는 조파저항의 대부분이 선수부 어깨파도(shoulder wave)에 기인하므로 가능한 한 부드러운 어깨부가 되도록 하는 것이 바람직한 설계개념이라 할 수 있다. 이러한 관점에서 저속선에서 구상선수의 역할은 파도상쇄에 의한 조파저항 감소 역할보다, 선수부 전체배수량의 효과적인 배분 및 점성 형상저항에서 유리한 부드러운 어깨부의 채택을 유도하여 전반적인 저항 최적화에 기여하는 것이라 할 수 있다. **그림 5-7**은 **그림 5-8**에 정의된 선수부 도입각과 선속에 대한 관계를 나타낸 것이다. 저속선의 경우에는 선속이 작아질수록 도입각이 커지는 것을 알 수 있다.

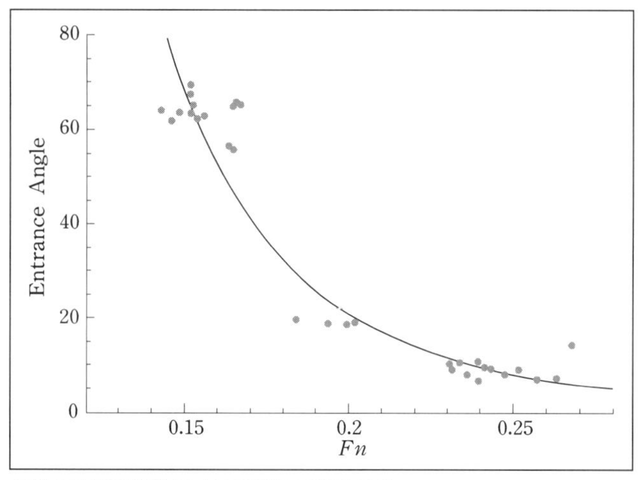

그림 5-7 저속비대선의 선속에 따른 도입각 특성

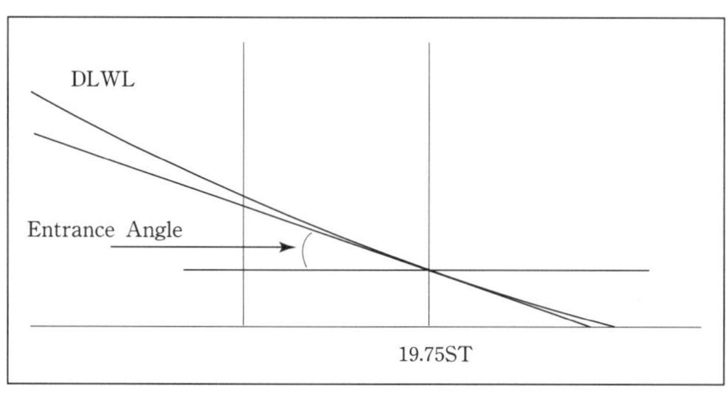

그림 5-8 도입각의 정의

5_3_1_ 저속비대선 선수부와 조파저항

저속비대선이 받는 조파저항의 두 가지 성분 즉, 파형저항과 쇄파저항은 주로 도입부의 형상에 따라 결정되며, 중앙평행부나 결속부의 영향은 무시할 수 있을 정도로 작다. 또한 점성저항은 선수형상의 영향을 별로 받지 않으므로 선수형상은 조파저항의 관점에서 고려되며, 주로 다음의 선수 선형요소에 의해 좌우된다.

1) 선수비대도(forebody fullness), 2) 수선면의 형상(shape of the waterplane), 3) 단면적곡선의 모양, 특히 선수수선(F.P.) 근처에서의 모양, 4) 구상선수의 형상(shape of the bulbous bow). 이하에서는 이들에 대해 차례로 고찰한다.

1) 선수비대도

대체로 조파저항에 민감한 선수부가 날씬해지면 조파저항은 감소된다. 그러나 저속비대선의 전체저항에서 조파저항이 차지하는 비율은 별로 크지 않은 반면, 선미부에 의해 크게 지배받는 점성저항의 비중이 크기 때문에 가능하면 선박의 체적(배수량)을 선미에서 선수로 이동시킨다. 체적이 일정하면 주로 LCB를 전방으로 이동시켜 선수비대도를 높일 수 있다. 단 계획된 선속에 비하여 선수비대도를 극단적으로 증가시키면 조파저항이 크게 증가하여 전체적으로 선박의 저항성능을 나쁘게 하기도 하므로 주의해야 한다. 선수비대도가 최적치보다 큰 경우에는 쇄파현상이 생기기 않는 한도 내에서 도입각을 크게 하며, 수선면형상을 타원형으로 설계하되 선수부 어깨에서 큰 파가 발생하지 않도록 하는 것이 좋다. 비대한 선수부에 대해 도입각만 작게 하는 것은 상대적으로 어깨부의 곡률(curvature)을 크게 하여 선수부의 어깨파도를 발생시키며 따라서 전체 조파저항을 증가시킬 수 있다. 바람직한 LCB는 앞에서 정의한 표준 LCB 산정식을 참조하면 될 것이다.

2) 수선면의 형상

일반적으로 저속비대선의 선수 단면형상은 U형에 가까우므로 일정 범위 이상의 수선에서는 수선면형상과 유사하고, 전반적으로는 단면적곡선 형상과 밀접히 관련되어 있다. 따라서 수선면의 형상이 조파저항에 미치는 영향은 단면적곡선이 조파저항에 미치는 영향과 거의 일치한다. **그림 5-9**에

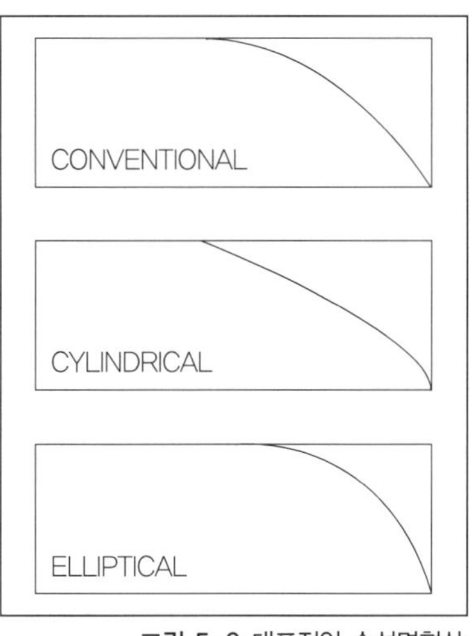

그림 5-9 대표적인 수선면형상

나타낸 재래(conventional)형의 경우는 도입각이 작아서 조파저항 성분이 감소하나, 수선의 기울기가 전반적으로 크고 어깨부의 곡률반경(radius of curvature)이 작아서 파형저항은 증가한다. 비대도가 커서 어깨의 곡률반경이 지나치게 작은 경우에는 어깨파도가 부서져서 또 다른 쇄파저항이 발생하기도 한다. 따라서 재래형은 비대도가 크지 않은 경우의 만재수선이나 낮은 수선 부근에 주로 채택된다.

반대로 **그림 5-9**에 나타낸 타원(elliptical)형의 경우에는 선수수선의 뭉툭함(bluntness)이 커지는 것 외에는 전반적으로 수선의 기울기가 작고 어깨부의 곡률반경도 대단히 커서 대체로 파형이 양호하며 파형저항도 작다. 그러나 선수단이 뭉툭해서 쇄파저항이 커질 수 있으며, 도입각을 90° 보다 작은 80° 혹은 그 이하로 줄이면 쇄파저항이 감소한다.

그림 5-10에 나타낸 것과 같이 일반적으로 쇄파저항은 만재상태보다 경하상태에서 더 심하게 나타난다. 경하상태의 수선이 만재수선에 비해 도입각이 훨씬 작고, 선수단의 뭉툭함이 매우 작음에도 불구하고 쇄파저항이 심한 이유는 경하상태에서의 속도가 만재상태에 비해 빠를 뿐 아니라 충분히 잠기지 못한 경하상태의 선수부 수면에서 발생한 파도가 더 둔탁해진 수면 상부를 부드럽게 타고 넘어가지 못하고 깨지기 때문이다. 이 경우 구상선수의 길이를 가능한 길게 하여 도입각을 최소화하고 경하흘수 상방의 수선면 도입각을 유사하게 설계하면 이러한 쇄파현상을 많이 줄일 수 있다. 여기서 설계자는 정수 중의 수선면 형상만 고려할 것이 아니라 실제 계획속도에서의 파의 발생과 그 파에 따른 동적 수선면형상의 최적화에 유의해야 함을 항상 명심해야 한다.

그림 5-10 만재상태(왼쪽), 경하상태(오른쪽)의 쇄파현상

3) 단면적곡선의 형상

저속선에 대해서는 앞에서 논의한 바와 같이 단면적곡선 형상은 수선면형상과 밀접하게 연관되어 있다. 즉 어깨부의 배수량이 많아서 단면적곡선의 곡률이 작으면 주로 파형저항의 증가에 의해 조파저항은 커진다. 배수량을 고정하고 단면적곡선의 모양을 변화시킬 때, 단면적곡선의 어깨부 기울기가 작아지면 조파저항은 감소하지만 선수단에서의 단면적곡선이 너무 뭉툭해져 쇄파의 발생이 용이해지고 쇄파저항이 증가하기도 한다. 따라서 단면적곡선에서의 기울기(1계 미분), 곡률(2계 미분)을 자료집으로 만들어 전체저항이 최소화되는 적절한 단면적곡선을 설계할 수 있어야 한다.

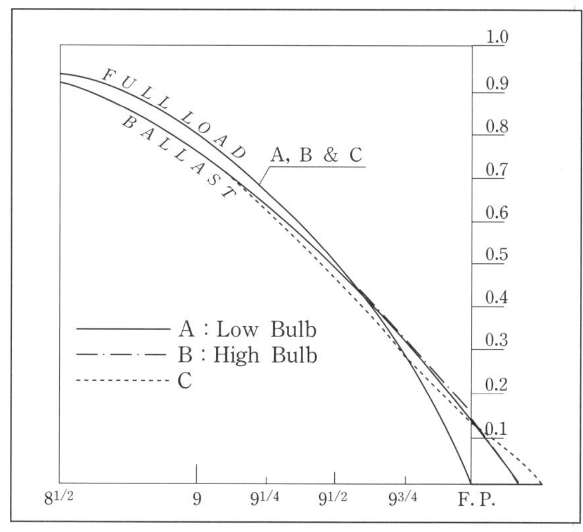

그림 5-11 구상선수로 인한 수선면형상 변화

4) 구상선수의 형상

적절한 구상선수의 채택은 **그림 5-11**에서 보는 바와 같이 단면적곡선 및 수선면 형상을 변화시켜 경하상태에서의 쇄파저항을 효과적으로 감소시킨다. 이는 구상선수에 의해 흘수선이 얕을 때는 선수 끝이 앞으로 연장되므로, 수선단부가 오목해지고 뭉툭함도 크게 감소되며 단면적곡선의 기울기가 대폭 감소되기 때문이다. 한 예로서 **그림 5-12**에 C_B가 0.8인 유조선에 대한 경하상태의 모형시험 결과를 나타냈다. 구상선수가 없는 경우에는 쇄파저항이 전체저항의 약 25%이나, 구상선수로 인해 쇄파저항이 전체저항의 약 10%로 감소되었다.

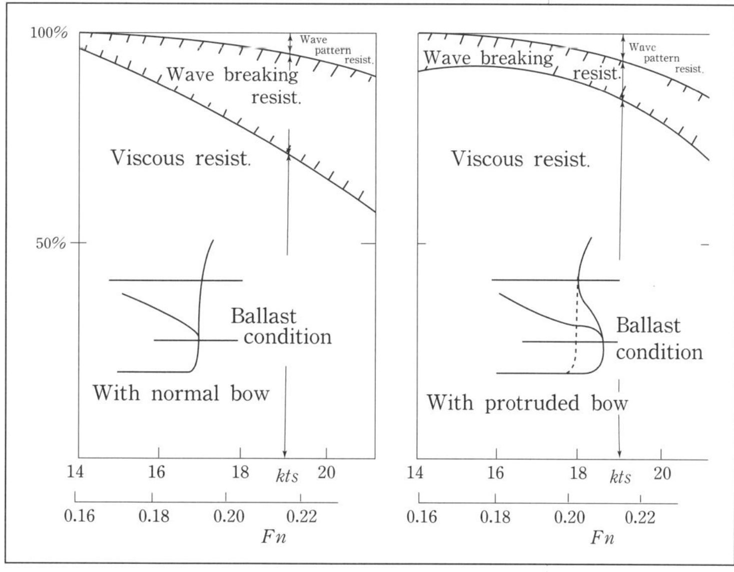

그림 5-12 구상선수의 유무에 따른 경하상태에서 저항성분 분해

5_3_2_ 구상선수(또는 선수벌브)의 설계

선수벌브의 부착에 따른 효과로는 우선 파도상쇄에 의한 조파저항 감소를 생각할 수 있다. 특히 Fn가 큰 선박의 경우, 특성파의 파장$(=2\pi Fn^2L)$을 고려하여 선수벌브에 의해 발생된 파도가 선수미 어깨부(shoulder)에서의 파도를 상쇄시켜 줄 경우, 큰 효과를 기대할 수 있다.

한편 저속선의 경우, 선수벌브는 수면하의 유효수선(effective waterline) 길이를 증가시키므로, 이에 기인하여 점성저항 및 쇄파저항의 감소가 발생한다. 이 경우 선수벌브는 위에서 언급한 것처럼 벌브로 인한 조파저항의 감소효과와 더불어 배수량의 효율적인 분포에 따른 부수적인 선수부 도입각 감소, 쇄파현상의 감소, 그리고 우수한 내항성능 등의 효과를 가져올 수 있다. 구상선수에 의한 또 하나의 가능성은 일부 배수량을 선수벌브로 이동시켜 상대적으로 선미부를 날씬하게 함으로써 점성저항을 감소시키는 것이다. 실제 경하흘수 또는 중간(intermediate)흘수에서, 수선 길이의 증가로 얻어지는 도입각의 감소가 쇄파현상의 개선에 큰 효과를 나타내고 있다. **그림 5-13**에 대표적인 선수벌브의 형태를 나타냈으며, 각 형태별 특징은 아래와 같다.

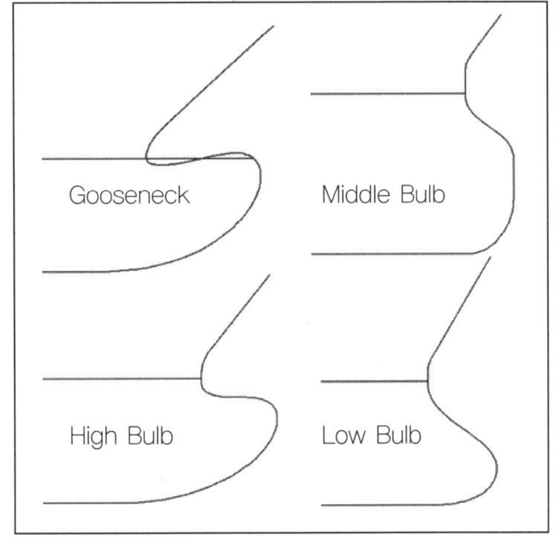

그림 5-13 선수벌브(또는 구상선수)의 형상

1) 높은 벌브(high bulb)형

벌브의 주요 체적이 수선면 근처에 위치하고 벌브코의 높이(bulb nose height)가 비교적 큰 형태로서 주로 고속선에 적용하여 파도상쇄효과를 노린다. 수선은 약간 오목한(concave) 형상이며 벌브길이는 배 길이(Length between perpendiculars, 수선간 길이)의 2.5~4%, 벌브 면적은 중앙단면적(midship area)의 6~10%의 값을 가진다. 만재흘수선(LWL, Load WaterLine) 근처로 벌브의 위치를 높일수록 벌브에 의한 파도상쇄효과가 커지지만, 그렇게 어느 한쪽의 흘수만을 고려하게 되면 경하흘수 또는 중간흘수에서 벌브코 부위에 벌브로 인한 강한 쇄파현상이 자주 발생하므로 각별한 주의가 필요하다.

특히 계획속도 근처에서, 경하흘수 또는 중간흘수에서의 동역학적 유동(dynamic flow)이 벌브코 부위를 쉽게 타고 넘어 쇄파현상이 발생하지 않도록 하여야 한다. 혹은 수선에서의 도입각을 최소화하여 유동이 벌브의 상부를 타고 넘지 않고 좌우로 쉽게 갈라지면서 빠져나가도록 고려할 필요가 있다.

2) 낮은 벌브(low bulb)형

위의 높은 벌브에 비해 벌브의 위치가 밑으로 처진 형으로, 고속선에 대해 조파저항의 감소에 초점을 맞춘 높은 벌브와는 달리 저속비대선에서 과도하게 주어진 선수부 체적을 수면하에 적절히 분포시키도록 하는 개념의 벌브형상이다.

이 형을 채택할 때는 과거 벌브가 없었던 기둥형 선수(cylindrical bow)의 수선형상을 유지하고 수면 아래 깊은 곳에 벌브길이 2~3%, 벌브면적 12~14%의 벌브를 부착함으로써 과도한 체적을 자연스럽게 분포시킨다. 특히 선수부가 과도하게 비대한 선형에서 수선면의 도입각을 무리하게 작게 할 경우 어깨부가 너무 비대해져서 강렬한 어깨파도가 발생하기 쉽다. 이에 따라 약간의 쇄파현상은 있을 수 있지만 위와 같이 기둥형 선수형상을 가지도록 하며, 계획흘수에서 이러한 개념이 벌브에 의해 방해받지 않도록 벌브의 위치를 밑으로 처지게 설계한다. 한편 경하흘수에서의 파도상쇄효과를 노려 상기의 높은 벌브를 경하흘수보다 아래로 내린 경우도 있다. 이 경우 계획흘수에서보다 경하흘수에서 조파저항이 최적화되는 특징을 보이기도 한다.

3) 중간 벌브(middle bulb)형

저속비대선 중 계획속도에 비해 선수비대도가 과하지 않은 경우, 도입각을 작게 하더라도 어깨파도의 발생에 대해 걱정할 필요가 없으므로 위의 낮은 벌브의 기둥형(cylindrical type) 수선 형식이 아닌 직선형 수선(straight waterline) 형식으로 설계한다. 가능한 한 모든 수선이 이와 같이 작은 도입각을 가지도록 설계하여 주어진 벌브의 끝까지 수선이 형성되도록 하되, 만재수선 근처와 선저접촉(bottom contact)부에서 곡선화(rounding)가 제대로 이루어지지 않아 유동박리가 발생되지 않도록 유의하면 된다.

이 경우의 벌브형상은 순전히 수선형상의 개선이라는 관점에서 고려되었으며 선수비대도가 클수록 벌브길이와 면적은 커져야 한다. 통상 벌브길이 2~3.5%, 벌브면적 10~14%이며 경하흘수와 중간흘수의 저항성능이 다른 어느 형태의 벌브형상보다 유리한 것이 특징이다.

4) 거위목 벌브(gooseneck bulb)형

여객선(cruiser)이나 여객페리(passenger ferry) 등 비교적 고속이며 화물의 무게가 가벼워 만재상태에서도 흘수 변화가 작은 경우의 선박에서 계획흘수만을 고려해 설계한 벌브형이다. 이 경우는 1)에서 언급된 높은 벌브의 개념을 바탕으로 계획흘수에서 효과가 최대화될 수 있도록 벌브를 수선면 부위로 최대한 올리고, 직후방에서는 벌브의 폭이나 높이가 약간 작아지게 함으로써 전체적으로 유동 형태가 좋아지도록 한 벌브이다.

실제 운항 중 벌브는 물속에 잠기게 되므로 대부분 벌브의 앞부분이 계획흘수보다 높이 치켜든 모습으로 설계되며 파도상쇄를 극대화함으로써 저항성분을 최적화하려는 의도가 강하다. 반면 낮은 흘수 조건에서 해상상태가 열악할 경우 과도하게 튀어 올라와 있는 벌브에 의해 강한 쇄파현상이 발생될 수 있고 이에 의해 저항의 급격한 증가가 예상된다.

한편 좋은 선수벌브를 설계하기 위한 순서는 대체로 다음과 같다.

(1) 주요요목 결정

(2) 설계 LCB 결정

(3) 선수비대도에 의한 어깨파도 발생 가능성 검토

(4) 수선의 형태 결정

- 직선형 또는 오목형

- 기둥형

(5) 벌브의 형상 결정

- 높은 벌브 또는 거위목 벌브 : 오목한 수선면, 고속선

- 중간 벌브 : 직선형 수선면, 저속선

- 낮은 벌브 : 기둥형 수선면, 극비대 저속선

(6) 경하흘수 또는 중간흘수를 고려한 벌브 최적화

- 국부적 개선 및 변형

선수벌브와 관련된 용어의 정의를 그림 5-14에 나타냈고, 과거 실적치를 바탕으로 한 벌

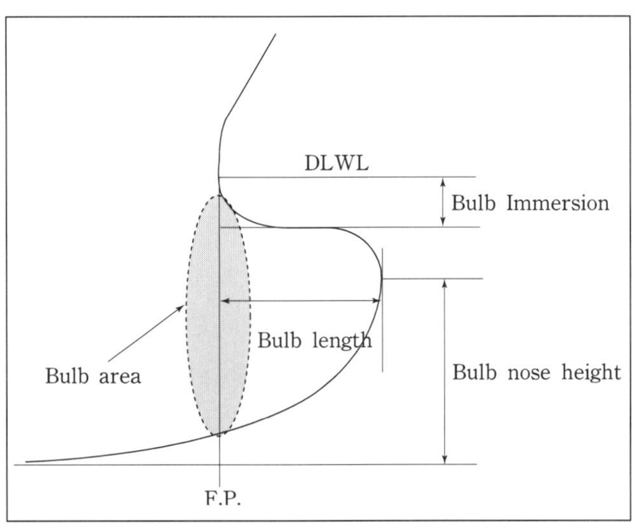

그림 5-14 선수벌브의 용어

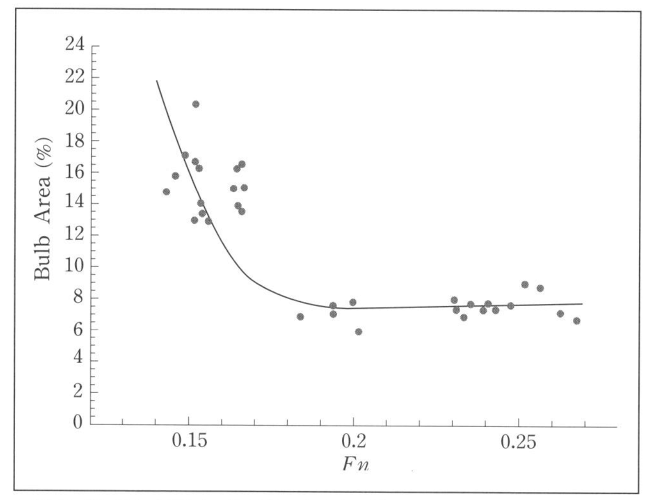

그림 5-15 선속 변화에 따른 벌브면적의 변화

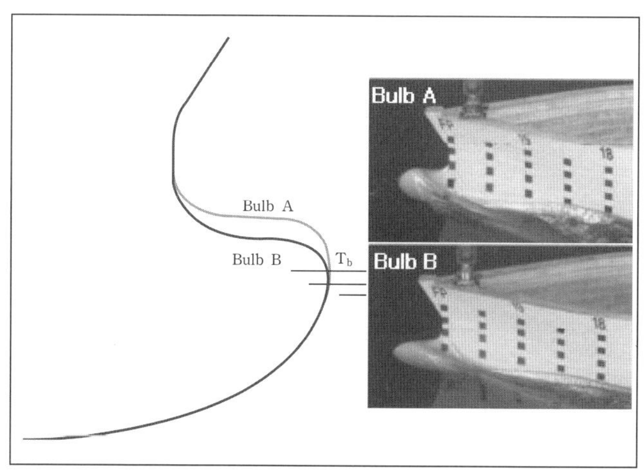

그림 5-16 선수벌브의 높이에 따른 선수파형의 변화

브면적의 일반적인 경향을 **그림 5-15**에 표시하였다. 주로 파도상쇄효과에 의한 조파저항의 감소를 노리는 고속선 영역에서는 면적은 크지 않지만 주어진 수선면에서 돌출되는 벌브형상을 채택하고, 배수량을 효과적으로 분배함으로써 형상저항의 개선을 목표로 하는 저속선에서는 보다 큰 벌브면적을 가지고 있어 후방의 단면적과 자연스럽게 연속성을 갖는다.

한편 벌브형상 변화에 따른 조파현상의 급격한 변화를 보여주는 한 예를 **그림 5-16**에 나타냈다. 벌브의 높이를 약간 변화시킴으로써 경하흘수에서의 조파현상이 상당히 변하고 있으며, 저항성능도 상당히 개선될 수 있음을 보여준다. 단, 이 경우 계획흘수에서 벌브효과가 미약해지면서 조파저항이 일부 증가되기도 하므로 설계자는 설계흘수 및 경하흘수에서의 저항성능을 모두 고려한 신중한 설계를 해야 한다.

그림 5-17은 중속에서 낮은 벌브와 중간 벌브를 채택한 두 가지 선형의 예를 보여주며, **그림 5-18**은 두 선형의 유효동력 곡선을 보여주는데, $Fn > 0.18$인 전 범위에 대해 높은 벌브에 의한 파도상쇄효과가 현저함을 볼 수 있다. 일반적으로 고속이 될수록 높은 벌브의 선형이 낮은 벌브의 선형에 비해 저항성능을 개선시키는 것으로 알려져 있다.

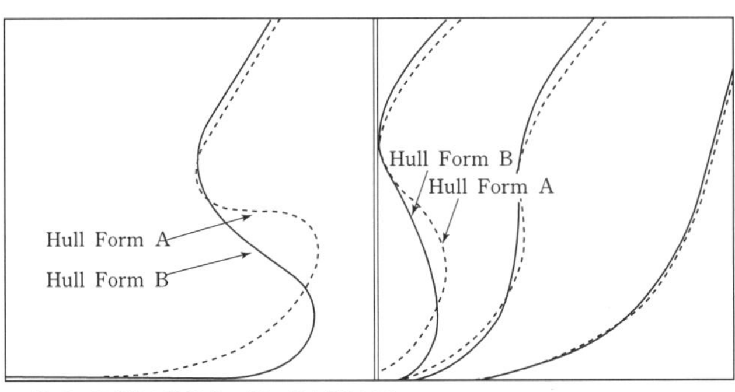

그림 5-17 벌브형상에 따른 선수형상 비교

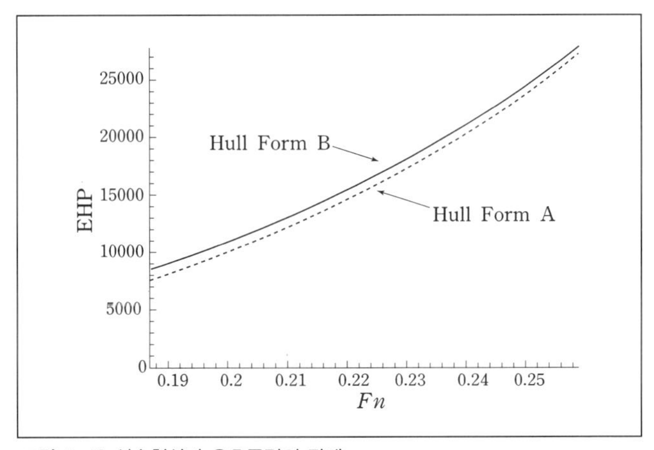

그림 5-18 선수형상과 유효동력의 관계

5_3_3_ 선수 C_P 곡선의 설계

선형 조파저항이론에 의하면 조파저항은 기본적으로 선수부 C_P 곡선의 형상, 즉 2차원 선수부 배수량의 변화에 주로 지배받게 된다. 다시 말해서 선수부 선형의 주 고려인자는 조파저항의 최소화에 맞추어져 있고, 이 조파저항은 기본적으로 C_P 곡선의 형상에 따라 결정된다고 해도 과언이 아니다.

선수단에서의 C_P 곡선의 기울기(1계 미분)는 통상 선수단부의 도입각과 같은 의미를 가지며, 이 값이 크면 대체로 선수파를 증가시켜 심할 경우 쇄파현상을 초래하기도 한다. 한편 C_P 곡선의 곡률(2계 미분)은 배수량 변화의 곡률로 볼 수 있는데, 이 값은 이 선박이 발생시키는 파계의 주요 부분과 밀접한 관련이 있으며, 이 값으로부터 어깨파도의 크기와 형상을 유추할 수 있다. 따라서 선수부 설계의 핵심은 어떻게 우수한 선수 C_P 곡선을 설계하느냐에 달려 있고, 단면형상 및 선수벌브형상 등은 오히려 부차적인 것으로 볼 수 있다.

그림 5-19는 그 예를 보여주는 것으로 C_P 곡선 1계 미분의 선수단에서의 형상이 선수단에서 발생되는 파고의 파정 변화와 일치하며, 2계 미분의 형상은 전반적인 선측파고의 모습과 유사한데, 특히 어깨파도의 형상과 긴밀한 상관관계를 가지고 있음을 보여준다.

최근에는 CFD의 현업적용이 보편화되어 선형개발 도중에 수시로 수치계산을 수행하고 그 결과를 비교 분석함으로써 보다 최적화된 선형을 개발할 수 있으므로, 3차원 선형 전

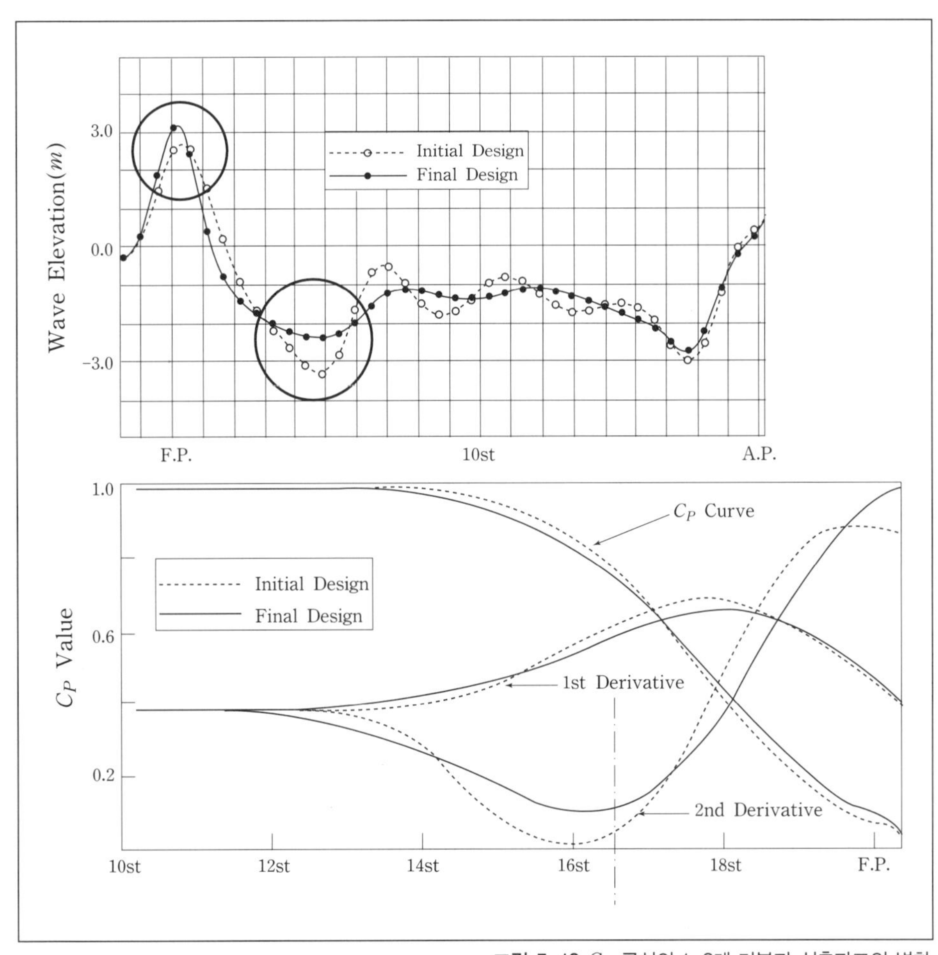

그림 5-19 C_P 곡선의 1, 2계 미분과 선측파고의 변화

체에 대한 저항계산 및 유동현상 모사(simulation) 결과를 항상 참고하도록 한다.

5_3_4_ 선수부 단면형상의 설계

선수부의 단면형상(frame line)은 선체 표면을 따라 흐르는 유동 형태를 이해하고 그 유동 형태가 조파저항 및 점성저항에 미치는 영향을 세심하게 고려하여 결정한다. 선체 주위의 유동을 지배하는 광의적인 지표는 앞에서 설명한 C_P 곡선으로 볼 수 있으나, 깊이방향의 배수량분포로 볼 수 있는 선수부 단면형상의 설계도 적절히 이루어져야만 보다 바람직한 선수형상의 개발이 가능하다.

일반적으로 주어진 배수량을 수면하 선저부에 배치하면 단면형상이 U형이 되고, 계획흘수선 부근에 분포하면 V형이 된다. U형의 특징은 선저만곡부의 곡률이 커져 점성형상저항이 일부 증가할 염려가 있으나, 만곡부 외의 영역에서는 유체의 흐름이 수선(waterline)을 따라 배의 길이방향으로 흐르는 2차원 유동으로 단순화될 수 있다. 따라서 고속선을 제외하면 일반적으로 선수형상은 만곡부의 곡률이 무리하게 커지지 않는 한 U형을 채택한다.

한편 속도가 증가하면 큰 곡률의 만곡부를 가지는 U형에서는 유동박리, 저항증가 등에 따른 성능 저하 때문에 단면형상을 V형으로 채택하며, V형에서는 선수부에서 시작된 유동이 각 단면의 형상을 따라 부채꼴 모양으로 퍼져나간다.

특히 고속의 컨테이너선, 여객페리(Ro-Pax; Ro-Ro Passenger ferry) 등은 근본적으로 복원성이 취약하여 선형 자체의 메타센터 높이를 최대화해야 하므로, 수선면 근처의 폭을 가능한 한 크게 하여 수선면의 2차 모멘트를 증가시킨 V형 단면을 채택해야 할 필요성이 더욱 절실해진다.

그림 5-20에 속도영역별 대표적인 선수부 단면형상을 나타냈다. 속도가 증가함에 따라 U형에서 V형 단면으로 변해가는 모습을 확인할 수 있다.

그림 5-21은 저속선에서 단면형상이 저항에 미치는 영향을 설명한 한 예이다. 저속선의 경우 앞서 언급한 바와 같이 선수만곡부의 곡률반경을 가능한 한 크게 하는 것이 바람직하며, 곡률반경이 큰, 즉 부드러운 만곡부를 가진 점선의 선형 A가 실선의 선형 B에 비해 10% 이상 저항이 작다는 점을 밝히며, 선수 단면형상의 영향은 생각보다 클 수 있음에 유의한다. 현실적으로는 화물창 배치 등 여러 제약으로 인해 항상 만족할 만큼 부드러운 만곡부를 가지는 선형을 설계할 수 없는 경우도 많다.

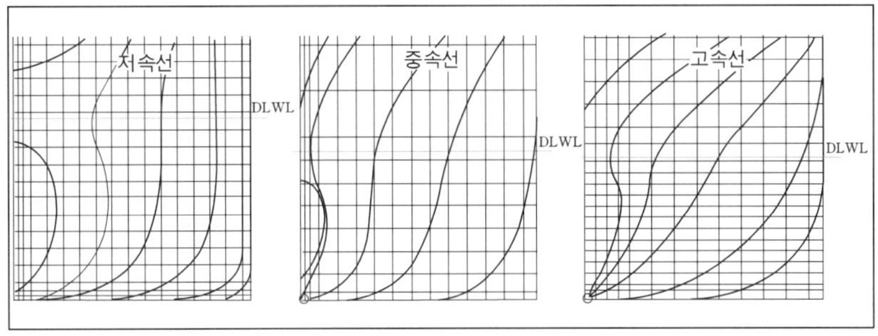

그림 5-20 저속선, 중속선, 고속선의 선수부 단면형상의 특징

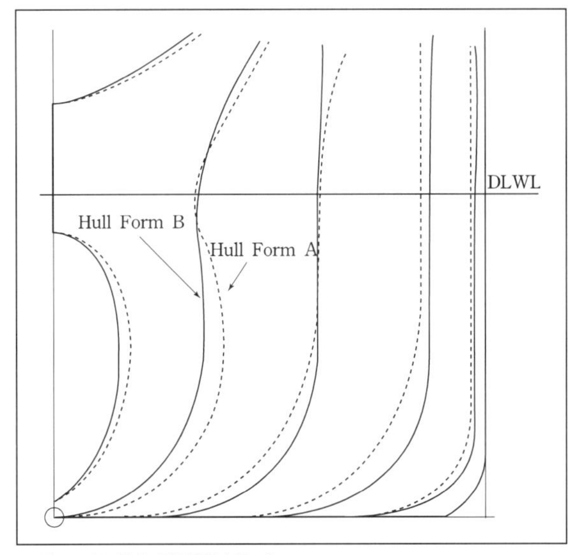

그림 5-21 선수 단면형상의 비교

하지만 성능에 영향을 끼치는 여러 인자들에 대한 명확한 인식과 이해는 선박의 전체적인 설계 품질을 향상시키는 데 있어 매우 중요한 정보를 제공하고, 최적화를 위한 판단의 기준으로 활용될 수 있음을 명심해야 한다.

5_4_ 선미선형과 점성저항

5_4_1 선미선형 설계의 특성

일반적으로 선박의 선미부는 점성저항에 미치는 영향이 매우 커서 전체 저항성능에 기여하는 바가 지대함과 동시에, 프로펠러가 설치되는 구역이기 때문에 선박의 추진효율 및 프로펠러 자체에서 발생되는 공동현상과 선체변동압력의 수준에도 직접적인 영향을 끼친다. 따라서 저항 최소화 및 추진효율 극대화를 실현할 수 있는 개념의 적용, 프로펠러 성능에 유리한 환경조성을 위한 유동분포 균일화, 반류 최대치(wake peak value)의 최소화 등 다양한 설계요소를 고려해야 한다.

더불어 선미부의 단면형상 및 선미부 측면형상은 조종성능에도 민감한 영향을 미치므로 선미의 선형설계 시에는 항상 이 점을 염두에 두어야 할 것이며, 특히 비대도가 큰 선박에 대해서는 더욱 유의해야 한다.

선미의 선형설계가 영향을 미치는 주요 유체성능 및 핵심 고려사항은 다음과 같다.

- 형상저항 최소, 반류장의 균일화, 반류 최대치의 최소화
- 자항요소 극대화, 프로펠러 설계 최적화, 공동 및 변동압력 최소화
- 타 설계 및 타 공동, 조종성능 고려
- 일반배치, 작업성, 안정성 등의 충분한 고려
- 선미비대도의 영향 및 단면형상

통상적으로 선수, 선미의 배수용적을 나타내는 무차원 계수로는 C_{Pf}와 C_{Pa}를 들 수 있고, 이들 값에서 중앙평행부의 영향을 제거하고 **그림 5-1**처럼 도입부 및 결속부의 특성을 나타내도록 다시 정의한 것이 식 (6)이다. 결속계수(run coefficient) E_a는 특히 선미비대도를 나타내는데, 이 값이 작을수록 선미부가 비대하고 유동의 진행이 원만하지 못함을 뜻한다. 따라서 박리영역의 증대 및 만곡부와류 발생이 쉬워지고 프로펠러평면으로의 유동이 불균일해지기 쉬우며 유속이 작아진다. 효과적인 선미부를 설계하기 위해서는 상기 인자들을 적절한 범위 내에서 제어해야 한다.

Fn에 따른 결속계수의 바람직한 지침(guideline)은 우수 실적선을 바탕으로 얻어진 다음 식으로부터 얻을 수 있으며, **그림 5-22**에 속도와 선미비대도(또는 선미형상)의 관계를 나타냈다.

1) $E_a < 8.185Fn^2 - 2.431Fn + 0.3093$, 비대한 선미에 유리한 바지형 선미

2) $E_a > 1.083Fn^2 - 2.957Fn + 3.400$, 재래형(conventional type) 선미

3) $8.185Fn^2 - 2.431Fn + 0.3093 < E_a < 1.083Fn^2 - 2.957Fn + 3.400$, 위의 두 형태가 적절히 혼합된 세미바지형(semi-barge type) 선미

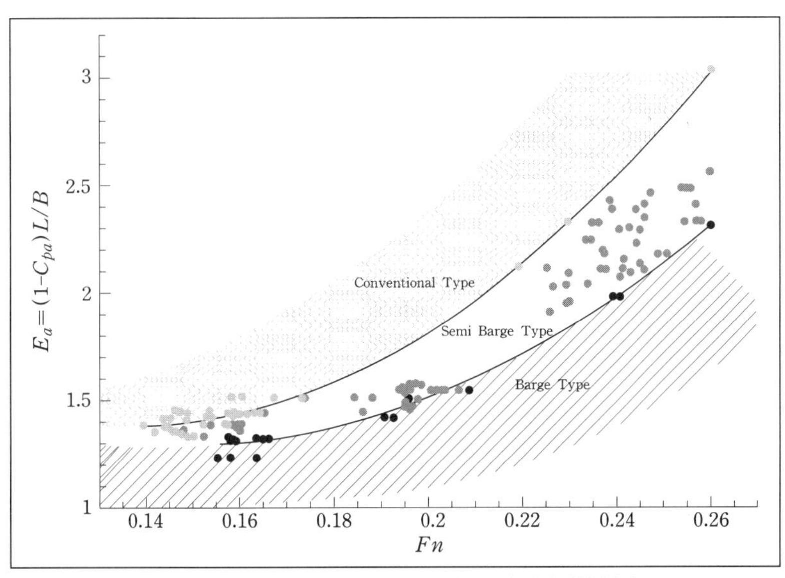

그림 5-22 Fn와 E_a(결속계수, 선미비대도)에 따른 선미부의 바람직한 형태

결속계수가 지침의 중간에 위치하고 있는 경우는 재래형 선미와 바지형 선미가 절충된 형태를 취한 세미바지형이 바람직하다. 그러나 요구되는 설계조건의 정도에 따라 바지형과 재래형의 비중을 적절히 조절하며 최적화해야 한다. E_a가 너무 작아 선미부가 지나치게 비대한 경우는 일반적인 선미형상으로 좋은 선형이 설계될 수 없다. 따라서 유동 형태의 단순화가 가능한 바지형으로의 변경이 필요하며 이 경우, 직진 조종성능이 나빠질 수 있으므로 조종성 관점에서 타면적의 추가적인 증대 또는 선미단부에서의 측면형상을 가능한 한 넓게 하는 등의 추가적인 고려가 필요하다.

그림 5-23에 재래형 단면형상으로 볼 수 있는 저속선 및 고속 컨테이너선 선미형상의 대표적인 예를 나타냈다. 더불어 **그림 5-24**에 바지형 선미선형의 예, 그리고 극단적으로 단순

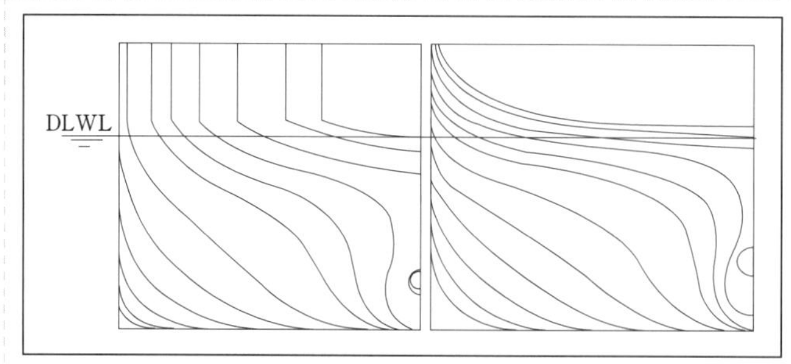

그림 5-23 저속선(왼쪽) 및 고속 컨테이너선(오른쪽)의 선미부형상

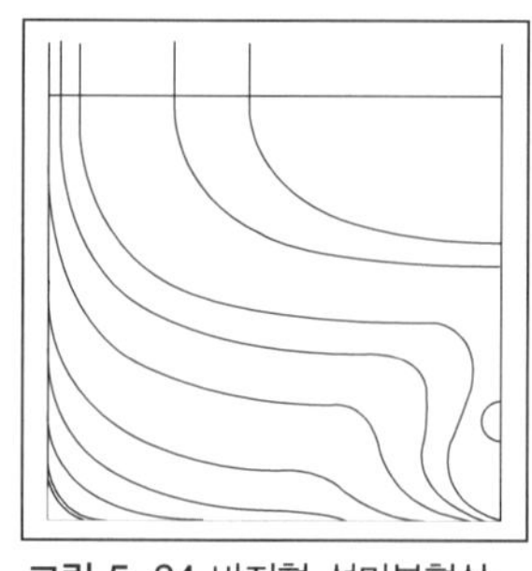

그림 5-24 바지형 선미부형상

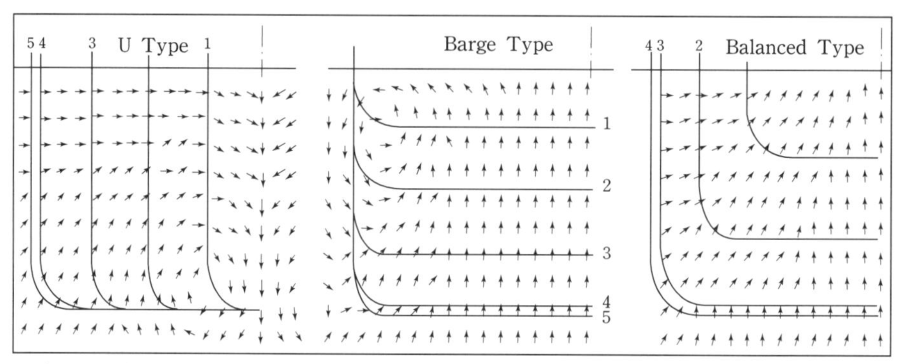

그림 5-25 선미형상에 따른 선미 유동현상

화한 선미형상들에 대한 유동 형태를 **그림 5-25**에 도식화하여 이해를 돕고자 하였다.

그림 5-25의 중간 그림에서 볼 수 있듯이 극단적인 바지형에서는 유동의 대부분이 선체 바닥을 지나 버톡선(buttock line)을 따라 진행하는 모습을 볼 수 있다. 이 버톡선의 경사를 적절히 조절하면 비대도가 과도할 경우 발생하는 형상저항의 증가 및 선미박리 등을 최소화할 수 있으므로 선미가 비대한 경우에 큰 저항의 증가 없이 활용할 수 있는 장점이 있다.

한편 비대도가 상대적으로 작고 속도가 큰 고속선(컨테이너선, 여객페리, 여객선 등)에서 선미부의 형상은 넓은 갑판면적에서 오는 우수한 화물적재성, 복원안정성에 유리한 큰 수선면적의 확보, 프로펠러 부위의 유동 균일성 등의 이유로 이미 바지형의 개념이 기본적으로 채용되어 있다. 따라서 비대도를 더 증가시키면 상기의 바지형이 폭방향으로 더욱 넓게 확장되면서 선측에서의 만곡부가 작아지는(hard) 형태로 변화한다.

그림 5-25에서 볼 수 있는 극단적인 U형 선미형상은 만곡부에 강한 내향회전와류(inward rotating vortex)를 발생시키는 반면, 횡단 평면이 넓고 평평하게 설계된 바지형의 경우는 선측에 심한 만곡부가 형성되고 그 만곡 부위를 따라 외향회전와류(outward rotating vortex)가 발생한다. 이렇게 강한 와류의 발생 자체가 큰 에너지 손실을 의미하므로 필요에 의해 선미형상이 강한 U형 혹은 강한 바지형으로 설계되더라도 곡면이 형성되는 만곡부는

반드시 부드럽고 유연하게 처리되어야 한다. 그림에서 제시된 조화형(balanced type)의 자연스러운 유동 형태는 와류 발생에 기인하는 문제를 해결하기 위한 선형의 바람직한 방향을 보여준다.

와류는 종방향 속도가 작은 영역에서 발생하며, 와류의 세기가 셀수록 운동량 손실이 커지거나 반류비(wake fraction)가 커진다. 게다가 와류의 존재는 종방향 속도가 작은 영역으로부터 유체를 흡입하는 경향이 있으므로 종방향 와류가 발생한 부근에서는 속도가 매우 감소된다.

한편 종방향 속도가 충분히 커야 할 영역에 대해서는 와류를 이용하여 빠른 종방향 유동을 생성시킬 수 있다. 추진기공동이 커지는 추진기 상부의 최대반류 위치에서 와류를 생성시켜 종방향 속도가 큰 유동을 흡입하고, 반류 최대치의 위치를 상대적으로 하부로 이동시킴으로써 반류분포가 추진기공동에 유리하게 작용하도록 한다. 이러한 현상을 극대화한 예로는 선미만곡부 근처에 와류생성장치(vortex generator)를 부착하여 추진기평면에서의 반류 형태를 개선하는 방법을 들 수 있으며, 실제로 실선에 적용되고 있다.

선체 좌우에서 발생된 2개의 와류는 회전방향이 다르므로 그들의 상호작용에 의해 수직방향으로 움직인다. 즉 안쪽으로 회전하는 와류는 배 뒤쪽으로 이동하면서 선저방향으로 움직이며, 반대로 바깥쪽으로 회전하는 와류는 자유표면방향으로 움직인다.

3차원 와동면(vortex sheet)에 의한 유동박리가 발생하면 저항 또한 증가하므로, 선미부가 U형 단면인 선박은 V형 단면인 선박에 비해 저항이 크다. 그러나 이 저항의 차이는 크지 않으며, 대부분의 추기적인 운동량 손실은 추진성능의 증대로 다시 회복된다. 따라서 U형 단면을 갖는 선형이 저항은 약간 크지만 전체적인 추진성능의 차이는 그리 크지 않다.

바지형 선박에서의 와류는 수선면 근처의 선체측면에서 발생하므로 프로펠러에 의한 운동량 손실의 회복이 없어, 설계자는 이 와류가 발생하지 않도록 설계하는 것이 중요하다. 따라서 바지형 선박은 단면형상이 경사진 선저로부터 선박의 연직 측면방향으로 충분히 큰 만곡부 반경을 갖도록 설계해야 한다.

와동면을 따르는 유동박리에 의한 저항증가는 사수(dead-water) 영역이 형성되는 2차원 박리에 의한 저항증가 현상과는 근본적으로 다르지만, 이러한 유동박리의 형성은 언제나 바람직하지 않으므로 항상 피하도록 해야 한다.

반류비는 소요동력의 관점에서 보면 클수록 좋지만, 반류분포는 유동의 불균일성으로 인한 프로펠러의 공동, 진동 및 선내소음이 발생하지 않도록 충분히 균일하도록 해야 한다. 특히 고출력 선박에서는 반류분포가 가능한 한 균일하도록 선형을 설계해야 하며, 반류분포의 균일성은 진동 문제가 심각한 대출력 단축선에서 더욱 중요하다.

반면, 설계선형의 추진성능을 검토하지 않고 반류분포만 최적화하면 진동 문제는 해결할 수 있겠지만, 추진성능의 관점에서는 최적화되지 못해 선체-프로펠러 상호작용이 나빠진다.

선체 후방에서 반류의 원주방향(circumferential) 성분의 불균일성은 추진효율 손실의 진정한 요인이 아니다. 그러나 종방향 성분의 불균일성은 프로펠러 반경방향의 부하분포에 영향을 준다. 반류의 원주방향 성분의 불균일성은 프로펠러의 후류(slipstream)에서 추가적인 운동에너지의 손실을 야기하는데, 이에 대한 실험적 연구는 아직 충분하지 않은 것으로 보인다.

선박의 중앙종단면 내에서 반류 최대치의 깊이방향 위치는 프로펠러 날개면에 발생되는 공동과 프로펠러의 유기진동 기진력 발생에 가장 중요한 매개변수이다. 프로펠러원판의 윗부분은 반류값이 가장 큰 영역이기 때문에 프로펠러 단면에서의 받음각이 증가하며 공동 발생의 가능성이 매우 큰 곳이다.

변동공동(fluctuating cavitation)은 진동을 유발할 수 있는 변동압력과 관련이 깊으며, 다음과 같은 세 가지 요소가 기진력에 대한 반류 최대치의 효과를 가중시킨다.

- 반류값의 변화가 급격하고, 프로펠러의 부하(loading)가 클 때
- 반류 최대치의 위치가 수면에 가까워 정압이 작을 때
- 반류가 큰 영역에서 날개면이 선체와 가까울 때

따라서 선형설계 시, 중앙부(심선)에서 반류 최대치의 연직방향 위치는 주요한 인자이다.

그림 5-26에 보이는 V형 선미형상은 과거 비대한 선미부에 많이 채용되었던 저저항형 선형으로, 선미부 단면형상을 V형으로 유지하면서 프로펠러 축심의 아래쪽은 작은 쐐기 형태로 처리하고 있다. 쐐기 형태는 3차원 유동의 흐름과 일치하도록 설계되어야 하지만, 선미부의 구조 및 기관실 배치 등의 반드시 필요한 면적을 고려하면, 프로펠러 바로 위쪽으로 들어오는 유동의 결속각이 커짐으로써 반류분포가 불균일하고 반류 최대치가 현재의 중간 U형(moderate U형, 또는 선미벌브(bulbous stern)형)에 비해 크게 증가되는 결점이 있다. 따라서 V형 선미형상은 작은 저항치를 가지는 장점이 있는 반면, 불균일성은 크지만 전체적으로 작아진 유효반류와 더불어 추진기 작동 시 추진기 상부영역에서 U형에 비해 상대적으로 큰 압력강하가 발생하여 추력감소비가 증가함으로써 식 (9.20) [$\eta_H = (1-t)/(1-w)$]으로 주어지는 선각효율과 추진효율이 열악해지는 단점이 있다.

한편 **그림 5-26**의 U형 선미형상은 V형과는 반대의 개념으로 선미 단면형상이 U형화되어 있어 점성에 의한 운동량 손실이 크고 형상저항 및 박리영역의 증대에 따라 저항이 전체

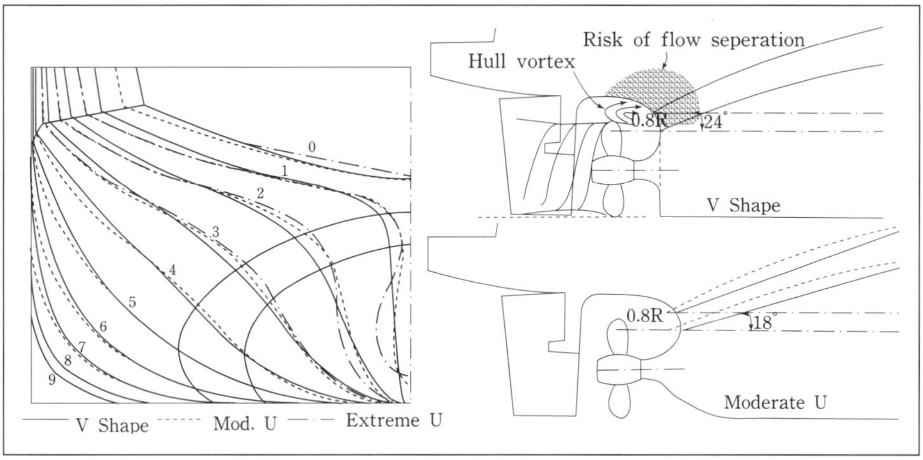

그림 5-26 선미형상의 분류(U형, V형)

적으로 커진다. 반면에 만곡부와류의 발생이 현저하며 전반적으로 유속이 감소하여 평균 공칭반류의 크기가 V형 선미에 비해 상당히 증가하지만, 추력 발생이 큰 추진기 상부영역에서의 결속각이 작고 선체와 추진기 사이의 거리가 크므로 추력감소비가 작아지며, 이에 따라 선각효율 및 추진효율이 대체로 높고 반류 최대치가 그다지 크지 않다는 장점이 있다. 최근에는 일반적으로 선미선형은 위에서 언급한 U형, V형의 장점만을 따서 저항에 유리한 V형 상부와 높은 효율 및 균일한 반류분포를 가지는 U형이 결합된 선미벌브형을 채택하고 있다. **그림 5-27**은 대표적인 선미형상에 따른 프로펠러평면에서의 반류분포의 예를 보여준다.

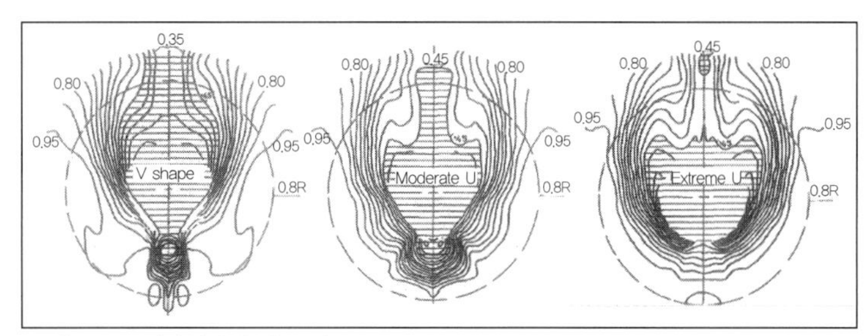

그림 5-27 선미형상에 따른 반류분포

5_4_2_ 선미형상과 형상계수

형상계수(form factor)에 대한 자세한 논의는 3.5절, 4.3.4절을 참고하기로 하고, 여기서는 주로 형상계수와 선미형상의 상관관계에 대해 논의하기로 한다.

형상계수는 주로 선미부의 비대도 및 결속각 등에 의하여 그 크기가 좌우된다. 형상계수는 대체로 C_B가 클수록, L/B가 작을수록, 또 LCB가 뒤쪽으로 갈수록 커지는데, 이는 점성저항에 큰 영향을 주는 선미부의 비대도와 함께 이 값도 증대되기 때문이다. 그러나 동일한 선미비대도를 가지더라도 선미부 단면형상을 어떻게 설계하느냐에 따라 형상계수는 크게 변화할 수 있다.

즉 통상적인 단면형상보다 수선면 근처에 집중적으로 배수량을 분포시키는 바지형의 경우는, 유동 형태가 선저에서 버톡선을 따라 흐르는 단순한 형태로 바뀌게 되어 일반적인 경우보다 형상계수가 훨씬 작아진다. 저속비대선의 전체저항 중 점성저항이 차지하는 비중이 대단히 큰 점을 고려하면 이러한 방식에 의한 형상계수의 감소는 저항 측면에서 굉장히 획기적인 개선을 의미하지만, 선각효율이 크게 감소하므로 추진효율이 작아져 전체적인 추진성능은 크게 개선되지 않는 경우가 많으므로 선미선형의 채택 시 이와 같은 점을 염두에 두어야 한다.

형상계수는 주로 선미만곡부의 단면형상과 선미비대도에 의해 결정되며, 이를 C_B를 매개변수로 하여 개략적으로 나타내면 다음과 같다.

$$k=\begin{cases} 0.10-0.15, & C_B<0.7 \\ 0.15-0.20, & 0.7<C_B<0.8 \\ 0.20-0.30, & C_B>0.8 \end{cases} \tag{7}$$

5_4_3_ 선미형상과 반류비, 추력감소비

반류비(wake fraction) 또한 선미비대도에 의해 결정되는 대표적인 요소로서 형상계수와 비슷한 경향을 가진다. Harvald[1]는 반류비를 다음과 같은 여러 성분으로 분해하였다.

$$w_T=w_p+w_f+w_w+w_i \tag{8}$$

여기서 w_T는 전체유효반류비, w_p는 포텐셜반류비, w_f는 마찰반류비, w_w는 파도반류비, w_i는 선각-프로펠러 상호작용반류비이다. w_p는 선체가 수표면과 점성이 없는 유체 속에서 진행할 때의 성분, w_f는 유체의 점성에 기인하는 성분, w_w는 수표면에 발생하는 파도에 기인하는 성분, w_i는 선체 뒤에 프로펠러가 위치하고 있음에 기인하는 성분이다. w_i를 제외한 성분은 공칭반류(nominal wake)를 구성하며, w_i가 포함된 반류는 유효반류(effective wake)가 된다. 일반적으로 w_i는 프로펠러에 의한 유체의 가속으로 음의 값을 가진다.

위의 성분 중에서 w_p와 w_f가 가장 중요하며, 이들은 본질적으로 결속계수에 의해 결정된다. 하지만 적절한 단면형상의 채용과 수선형상의 최적화를 통하여 국부적으로 제어할 수도 있다. **그림 5-28**은 결속계수와 모형선 반류비 w_M의 관계를 실적자료를 바탕으로 보여주고 있다. 대략의 w_M은 결속계수 E_a의 함수로 다음과 같이 주어진다.

$$w_M = -0.1535E_a^2 - 0.7525E_a + 1.1889, \quad E_a = (1-C_{Pa})L/B \tag{9}$$

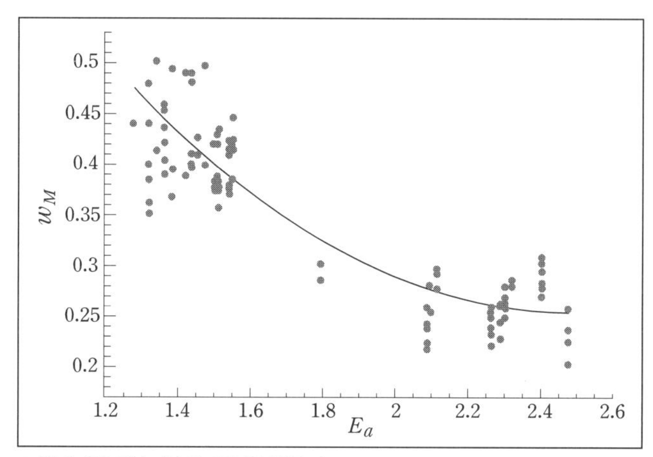

그림 5-28 결속계수와 모형선 반류비

한편 선박이 예인될 때는 선미부에 압력이 높은 구역이 발생하고 압력의 전진방향 성분에 기인하여 배의 저항이 작아진다. 그러나 선미에 프로펠러가 장착되면 프로펠러 앞뒤의 유체가 가속되고 이에 따른 압력강하가 일어나는데 이 압력강하는 위에서 언급한 압력의 전진방향 성분을 감소시켜 저항을 증가시킨다. 이와 같은 저항증가를 추력의 관점에서 보면 추력이 감소되는 것으로 볼 수도 있으며, 추력감소비(thrust deduction fraction) t는 다음과 같이 정의된다.

$$R = (1-t)T, \quad t = (T-R)/T \tag{10}$$

여기서 R은 저항, T는 추력이다. 추력감소비를 성분별로 분해하면 다음과 같다.

$$t = t_p + t_f \tag{11}$$

여기서 t_p는 포텐셜추력감소비, t_f는 마찰추력감소비이다. t_p는 프로펠러에 기인하는 선미부 압력분포의 변화에 따른 저항 증분, t_f는 프로펠러가 선미부의 유동을 가속시킴에 따라서 수축된 경계층 내부의 유속증가 때문에 발생하는 마찰저항 증분에 각각 상응하는 양이다.

추력감소비의 크기는 일반적으로 프로펠러가 선체 표면에 작용하는 압력분포를 얼마나 크게 변화시킬 수 있는 위치에 놓여 있는가에 따라 결정된다. 따라서 추력감소비를 최소화하기 위해서는 프로펠러가 최대한 선체로부터 많이 떨어져야 한다. 즉 프로펠러가 선체의 반류 속이 아닌 가능한 한 자유유동(free stream) 내에 위치하도록 설계해야 한다.

그러나 주어진 협소한 선미단 영역에서 프로펠러가 놓일 위치는 대부분 정해져 있으므로 프로펠러 앞쪽의 선형을 프로펠러로부터 가능한 한 선수 쪽으로 멀게 하는 방식을 채용하지만, 이것 역시 앞쪽 선체의 수선길이(waterline length)를 짧게 함으로써 결속각을 증가시키는 불리함 때문에 어느 정도 한계가 있다. 앞에서 논의한 바와 같이 대부분의 경우, 추력감소비는 선미비대도의 증가에 따라 증가한다.

그림 5-29는 결속계수와 추력감소비의 관계를 보여주고 있다. 결속계수, 즉 선미비대도가 동일할지라도 추력감소비의 변화가 큰 이유는 선미형상 자체의 특징들이 선미비대도에 의해 모두 표현되지 못하기 때문이며, 선미비대도 외에도 추력감소비에 영향을 주는 다른 요소가 많음을 의미한다. 추력감소비는 프로펠러 작동에 의해 발생되는 요소이므로 공칭반류의 분포 및 프로펠러형상, 프로펠러와 선체, 프로펠러와 타의 상호작용 등의 영향을 받는다.

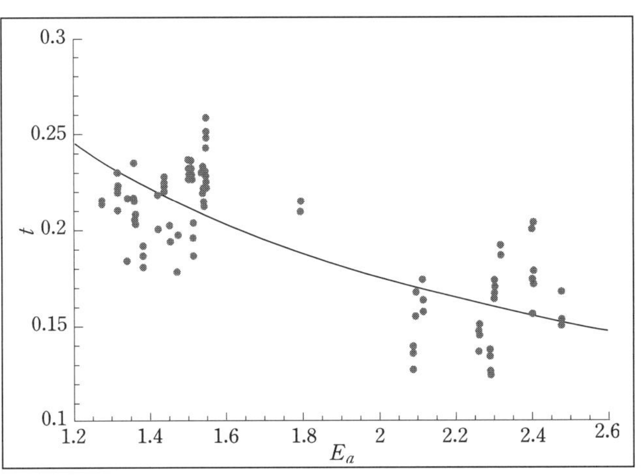

그림 5-29 결속계수와 추력감소비

5_4_4_ 선미 측면형상과 선미 C_P 곡선의 설계

초기 제원을 기본설계로부터 접수한 뒤 선형설계자가 가장 먼저 수행해야 할 작업은, 주어진 기본 제원으로부터 앞서 언급한 바와 같이 속도-동력을 추정하고, 조종성능을 확보하기 위해 타면적(rudder area)을 결정하는 것이다. 이로부터 선미끝(A.E.; Aft End)과 선미수선(A.P.) 사이의 선미부 오버행(stern overhang)이 결정된다. L_{OA}에서 L_{BP}를 제외한 나머지 여유 길이에서 A.E.-A.P 사이의 거리를 제외하면 자연스럽게 활용 가능한 벌브 길이가 결정된다. 또 프로펠러 변동압력 관점에서 적정 프로펠러 날개끝여유(tip clearance)를 고려하여 선미부 측면형상을 결정해야 한다. 타면적의 확보가 설계의 제약으로 충분하지 않거나, 선박의 기본 제원이 조종성에 대단히 불리한 경우에는 **그림 5-30**에 나타낸 바와 같이 선미 측면형상 하부의 측면적을 최대한 확보하는 것이 바람직하다.

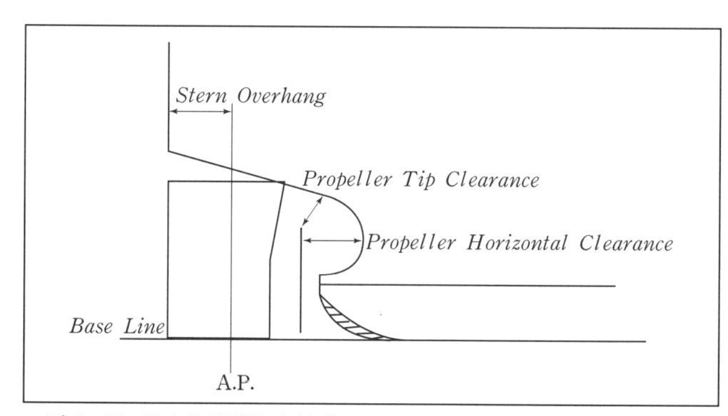

그림 5-30 선미 측면형상의 설계

프로펠러와 선체 사이의 거리는 변동압력 성분에 지대한 영향을 미치는 설계인자이며, 프로펠러의 부하(loading)가 큰 경우 선체에 미치는 변동압력의 크기가 증대되기 쉬우므로, 보다 안전한 성능을 확보하기 위해서는 프로펠러 날개끝여유 및 프로펠러 수평여유(horizontal clearance)를 충분히 확보해야 한다. 저속비대선의 경우는 프로펠러 날개끝여유 값이 대략 프로펠러 직경의 27~35% 정도이며, 컨테이너선 등의 경우 대략 25~30% 내외이지만 가능한 한 30% 이상의 여유를 가지도록 노력한다. 단 LNG선, 여객페리, 자동차전용운반선(PCC) 등은 흘수조건에 비해 프로펠러 직경이 대체로 큰 편에 속하여 여유를 크게 확보하는 것이 현실적으로 어려울 수 있다. 날개끝여유가 너무 작을 경우는 프로펠러 끝이 구부러진 날개끝경사 프로펠러(tip raked propeller) 등을 활용하면, 프로펠러 직경을 일부

키우는 효과가 있어 선체변동압력의 주요 원인이 되는 추진기 날개끝와류를 효과적으로 억제할 수도 있다. 대체로 우수한 성능의 실적선에 기초한 프로펠러 날개끝여유의 추정식은 다음과 같다

$$c_t = 0.0075B_P - 0.19(B/D) - 0.6677C_B + 0.813625 \tag{12}$$

여기서 c_t는 날개끝여유를 프로펠러 직경 D로 나누어 얻은 백분율(%)을 뜻하고, B_P는 Taylor의 프로펠러 부하계수(Taylor's propeller loading coefficient)로 다음과 같이 정의된다.

$$B_P = N\sqrt{P_D/V_A^5} \tag{13}$$

여기서 V_A는 프로펠러의 전진속도, P_D는 전달동력[식 (7.4) 참조], N은 분당 회전수(rpm)이다. 한편 프로펠러 수평여유 c_h는 선체-프로펠러 상호작용에 긴밀히 연관되어 있어 추진효율에 미치는 영향이 크다. 통상 프로펠러 직경의 40~50% 이상이 요구되며, 통계적인 추천치는 아래와 같다.

$$c_h = 1.1(0.001346B_P - 0.624425C_B + 0.813625) \tag{14}$$

선미부 설계에서 선미윤곽선(stern contour)의 형상은 선박의 유체역학적 성능을 결정하는 중요한 요소 중 하나이다. 프로펠러가 놓이는 위치로부터 앞쪽의 선체는 선각-프로펠러 상호작용을 결정하는 반류, 추력감소, 그리고 상대회전효율 η_R 등에 직접적인 영향을 끼치며 이 양들에 따라 추진효율의 크기가 결정된다.

선미윤곽선 설계를 위해 다음 두 가지 사항은 반드시 숙지해야 한다.

첫째, 선박의 저항 관점에서는 수면하의 선체부 길이가 길면 길수록 수선의 결속각이 감소하므로 유리하다. 따라서 주어진 요목 내에서 선미윤곽선을 최대한 뒤쪽으로 밀 수 있어야 저항 관점에서 유리한 설계가 가능하다. 이와 같은 설계는 조종성능 관점에서는 침로안정성이 불량한 선박에 대해서도 효과적인 개선책이 될 수 있으며, 배의 횡저항 증가에 따른 지그재그(zig-zag) 성능에서의 과월각(overshoot angle)의 감소를 기대할 수 있다. 요컨대 선박의 수면하 측면적을 극대화하는 것이 유리하다.

둘째, 첫째와는 반대로 선박의 자항 관점, 즉 추진효율 관점에서 보면 프로펠러로부터 앞으로(forward) 최대한 멀리 선체가 위치하도록 해야 한다. 다시 말해서 프로펠러가 선체의 반류영역으로부터 벗어나 있다면 추진효율의 증대를 도모할 수 있다. 특히 추력감소비는 이러한 변화에 가장 민감한 요소 중의 하나이다.

선형설계 시에는 위의 두 가지 상반된 개념을 적절히 절충해야만 한다. 가능한 한 수선면하의 수선길이를 길게 하되 프로펠러 앞쪽은 많은 여유를 확보하여야 한다. 그러나 침로 안정성에서 어려움이 예상되는 선박일 경우 저항성능, 추진효율에서 어느 정도 손해를 보더라도 프로펠러 아래쪽의 전방 측면적을 넓게 설계하여 선형 자체에 따른 조종성능의 개선을 도모해야 한다. 더불어 프로펠러 날개끝여유도 적절히 유지하여 프로펠러에 의해 유기된 선체변동압력 성분이 선체에 전달될 때 충분한 거리를 가지도록 해야 한다. 그러나 과도한 날개끝여유의 유지는 이 구역에 대한 배수량의 급격한 손실을 유발하고, 이로 인해 수선길이가 매우 짧아지거나 감소된 배수량을 다른 곳에서 만회토록 이동시켜야 하는 등의 불리한 측면도 있다는 것을 고려해야 한다.

프로펠러 위쪽의 선미 측면형상의 경사각도(slope angle)는 3차원 유동에 적합한 모습이 되도록 수선형상을 최적화함으로써 저절로 결정된다. 저속선의 보통형 선미부에서는 15°～20° 내외의 값을 가지지만, 유동이 바닥에서 타고 오르는 바지형 선미를 채택한 경우에는 선미부 앞쪽의 버톡선 경사를 따라 유동이 형성되기 때문에 유동박리가 일어나지 않도록 선미 측면형상의 경사각도를 잘 결정해야 한다. 저속선의 경우 15°, 고속선의 경우는 9°가 넘지 않도록 설계하는 것이 바람직하며, 최근에는 CFD의 적용이 일상화되어 있으므로 그 결과를 참조하여 최적화하면 큰 도움이 된다.

한편 선미부 설계에서는 선수부와는 달리 C_P 곡선의 형상보다는 주로 각 단면의 형상을 잘 선택하여 유동의 최적화를 도모하며 이와 관련된 설명을 앞에서 하였지만, 전체적인 배수량분포를 표현하는 각 단면별 C_P 곡선의 변화도 주의 깊게 검토해야 한다. C_P 곡선의 변화는 특히 선미부에서의 파형 및 조파저항에 영향을 주며, 수면하의 선체압력분포 및 형상저항도 크게 변화시킨다.

일반적으로 점성에 기인한 각종 저항을 줄이고 추진효율을 개선시키기 위해서는 프로펠러가 설치되는 구역에서 선미 C_P 곡선의 형상이 가급적 완만하고 부드러운 모습이어야 하며, 특히 선미어깨부에서 뭉툭한(blunt) 형상이 되지 않도록 하여야 한다. 선미단부의 트랜섬은 저속비대선의 경우 프로펠러 날개끝여유(propeller tip clearance)가 충분히 확보된 범위 내에서 물속으로 잠기도록 하여 전체적인 배수량의 분포를 최적화하는 것이 바람직하다. 그러나 속도가 빠른 컨테이너선 등은 트랜섬 잠김에 따른 와류저항이 커지기 때문에 트랜섬이 수면 밖에 위치하도록 하는 것이 좋다. 따라서 선미 곡선의 끝부분 형상은 트랜섬 면적에 맞추어 잡아야 하지만 전방 곡선의 기울기와도 부드럽게 연결되어 특정 부위가 뭉툭해지지 않고 균형 잡힌 모습을 가지도록 한다.

5_5_ 주요 선형설계의 예

5_5_1_ 저속선의 설계

저속선은 선수부의 영향을 받는 조파저항보다는 선미부와 민감하게 관련된 점성저항이 전체저항의 90% 이상이므로, 선미의 선형설계 성공 여부가 전체성능을 결정짓는다 해도 무리가 아니다. 선미선형설계는 저항성능, 추진성능 이외에도 프로펠러 변동압력 및 조종성능에도 직접적이고 결정적인 영향을 미치므로 보다 다양한 관점에서 설계개념을 수립해야 한다.

그림 5-31은 전형적인 저속비대선의 C_P 곡선과 정면도(body plan)를 보여준다. 저속선의 경우 화물적재에 유리하도록 LCB를 앞으로 가져가 최전방 화물창을 크게 하는 경우가 많다. 이와 같이 LCB가 선수 쪽에 위치하면, 상대적으로 선미를 날씬하게 설계할 수 있으며, 저속비대선의 전체저항 중 대부분을 차지하는 점성형상저항(viscous form drag)의 최소화 측면에서도 유리하다. 통상적으로 저속비대선의 LCB는 중앙에서 선수 쪽으로 3.0~3.5% L_{BP} 정도 되도록 한다.

그림 5-31의 선형은 앞서 언급한 바와 같이 LCB가 앞쪽으로 많이 이동되어 전체적으로 배수량분포가 선수부에 치우쳐 있음을 알 수 있다. 선수부의 주요 단면형상은 U형에 가깝고, 선미는 저저항, 고효율을 지향하며 프로펠러평면으로 유입되는 유동의 균일성을 고려하여 약한 U형으로 설계되었다.

저속비대선의 선미설계에서 가장 강조되는 부분은 선수부로부터 유입된 유동이 선미표면을 따라 흐르면서 박리 등의 발생이 최소화되는 상태로 원활하게 진행되어야 한다는 것이다. 특히 선미부 프로펠러 평면의 유동 형태(반류분포)는 저항의 크기뿐 아니라 추진효

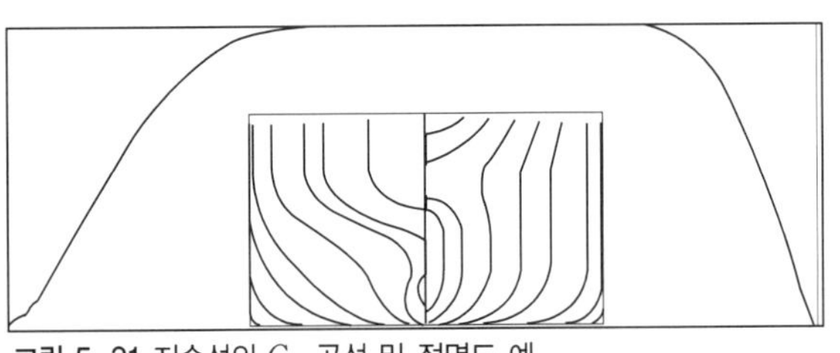

그림 5-31 저속선의 C_P 곡선 및 정면도 예

율 및 공동 등 프로펠러 자체 성능에도 큰 영향을 주므로 신중하게 설계, 평가되어야 한다.

비대선의 대부분은 LCB를 중앙단면 앞쪽에 둠에도 불구하고 선미부는 여전히 비대한 상태이기 때문에 선미만곡부에서는 만곡부와류가 생성되고, 선미단에서는 어느 정도의 박리현상도 필연적으로 발생한다. 그러나 보다 개선된 유동 형태가 구현되도록 선미만곡부와류 및 박리 등과 관련하여 최대한 단순한 지표를 만들고, 설계 과정을 통하여 이를 최적화시켜 나가야 한다. 특히 선미만곡부를 따라 프로펠러평면 상부로 유입되는 유동은 매우 중요한 인자가 될 수 있다. 따라서 프로펠러평면의 상부와 선미만곡부를 연결한 선체 표면의 기울기 및 곡률의 변화에 주목하여 이 값을 비교하고 평가하는 노력이 필요하다.

그림 5-32는 다른 선미형상을 가지는 두 가지 선형에 대하여 선미만곡부로부터 프로펠러평면으로 진행하는 가상적인 사선(daigonal line)을 선체 표면상에서 비교, 도시한 것이다. 이 사선은 선미만곡부를 따라 진행해 온 유체가 프로펠러평면 상부로 유입될 때, 유동이 선체 표면을 따라 지나는 대표적인 궤적을 뜻한다. 이 궤적의 변화율이 일정값 이상으로 과도하게 커지면 선체 표면을 따라 이동하던 유동이 선체를 이탈하면서 박리가 발생할 가능성이 높아지며, 이는 곧 저항증가로 직결된다. A선형처럼 선저만곡부를 부드럽게(soft) 처리하면 만곡부를 따라 돌며 올라오는 유동이 보다 쉬워져 만곡부와류의 세기 및 박리영역이 감소됨으로써 저항감소에 중요한 역할을 한다.

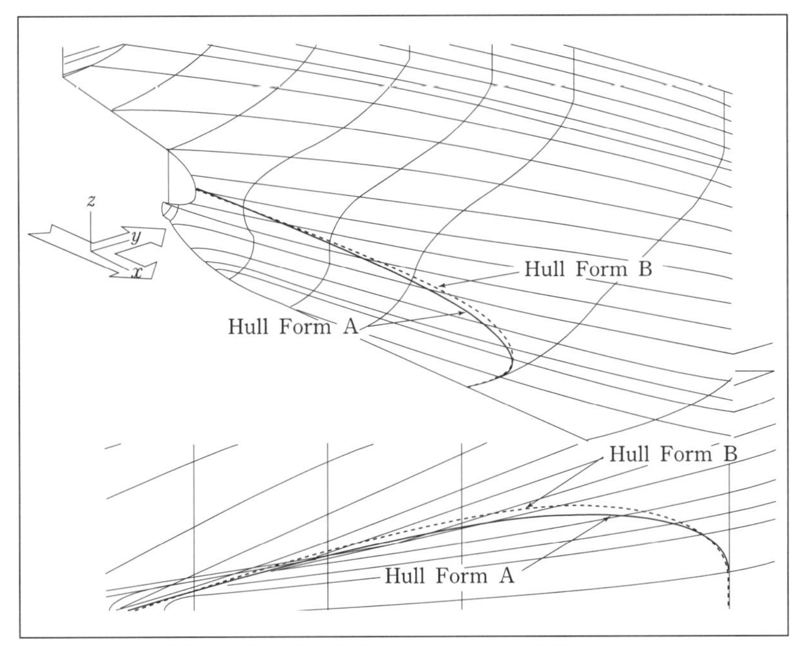

그림 5-32 저속선 선미 주위의 주요 사선(main diagonal line)의 비교

그림 5-33은 A선형 및 B선형으로 표현된 선미형상에 대하여 RANS 방정식의 수치계산을 통해 얻어진 선미부 선체 표면의 압력분포와 프로펠러평면에서의 반류분포이다. 주요 유동의 결속각이 완만하게 설계된 A선형의 수치계산 결과를 보면 선미만곡부에서 최저 압력이 크지 않으면서 압력 변화가 완만하게 진행되고 있음을 알 수 있다. 또한 프로펠러평면에서의 반류분포에서도 좌우 45° 방향에 존재하는 만곡부와류의 세기가, A선형에서 상대적으로 많이 약해져 있어 전반적으로 반류 최대치가 낮고 그 분포가 균일함을 알 수 있다. 따라서 주요 유동의 최적화를 통하여 A선형과 같은 저저항, 고효율의 선형을 얻을 수 있다.

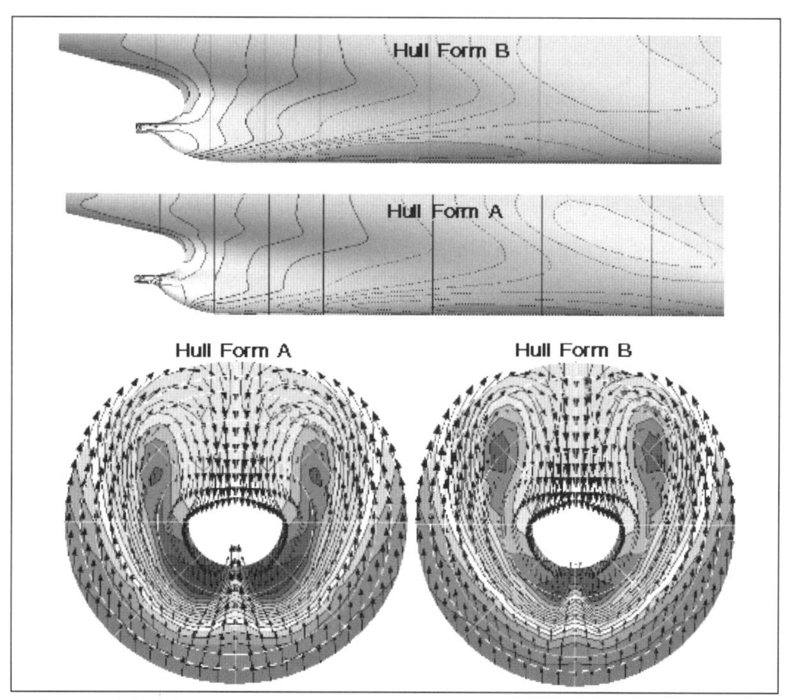

그림 5-33 선미 압력 및 반류분포의 비교

5_5_2 중속선의 설계

중속선은 LNG선, LPG선과 같이 화물의 밀도가 높지 않은 반면 화물창이 커서 많은 부피의 화물을 운송해야 한다. 운항속력 또한 통상 19~20kts가 요구되며, 설계속력이 조파저항의 급격한 증가가 시작되는 임계점에 위치하는 경우가 많으므로 선수부의 배수량 분포에 세심한 주의가 요구된다.

그림 5-34는 전형적인 중속선의 C_P 곡선 및 주요 단면형상을 보여주고 있다. 일반적으로

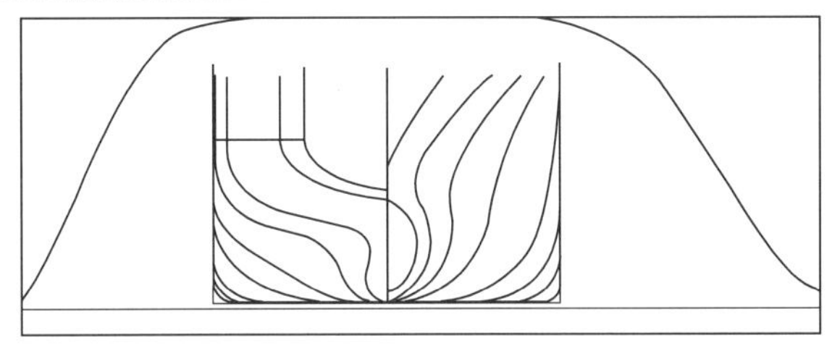

그림 5-34 중속선의 C_P 곡선 및 정면도 예

$Fn > 0.18$일 때는 선수부 도입각을 가능한 한 작게 하여 쇄파현상이 발생하지 않도록 해야 하며, 벌브를 높은 벌브형으로 하되 수선면 쪽에 위치하여 파도상쇄효과를 극대화함으로써 조파저항을 최소화한다. 저속비대선에서는 대체로 선수 도입부를 약간 크게 하더라도 어깨부에서 파가 크게 발생되지 않도록 해야 하지만, 속도가 빨라지면 선수 도입부에서의 도입각을 작게 함으로써 쇄파현상을 방지하는 것이 매우 중요하다. 특징적인 것은 급격한(hard) 어깨부로 인한 파 발생은 전체저항에서 차지하는 비중이 별로 크지 않다는 것이다.

그림 5-35에는 C_P 분포가 서로 다른 중속선의 C_P 곡선과 1계 및 2계 도함수를 보였다. 그림에 나타낸 바와 같이 선수단부에서 C_P 곡선을 날씬하게 처리한 실선의 A선형이 대체로 저저항 선형으로 많이 이용되고 있다. 어깨부에서 배수량의 처리가 A선형이 B선형에 비해 다소 크게 되었음에도 불구하고 선수 도입부의 날씬함으로 얻은 이득이 더 큰 점에 유의한다. **그림 5-36**은 두 선형의 수치계산으로 얻은 파도등고선(wave contour)을 나타냈으며, **그림 5-37**은 날씬한 선수 도입부를 갖는 선형의 계획속도에서의 파형을 모형시험 결과를 통해 보여준다. 날씬한 도입부를 통해 생성된 파도가, 비교적 급격한 어깨부를 가지고 있음에도 불구하고 쇄파현상 등을 보이지 않으며 진행하고 있음을 볼 수 있다.

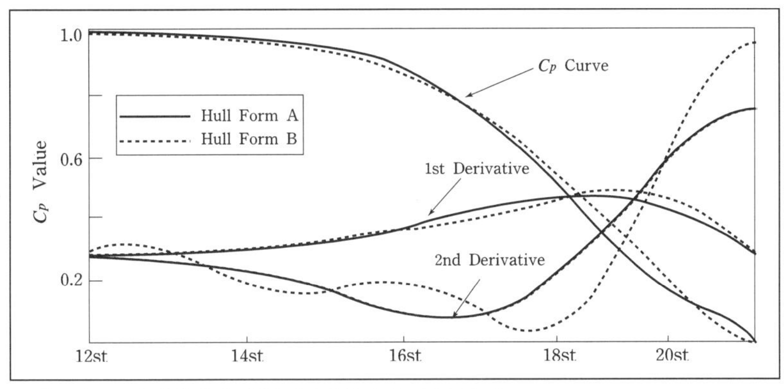

그림 5-35 두 중속선의 C_P 곡선과 1계 및 2계 도함수의 비교

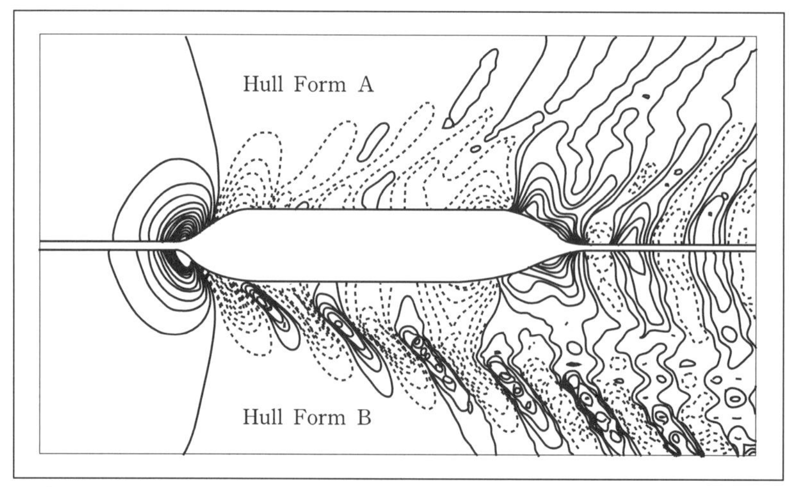

그림 5-36 두 선형의 파도 등고선 수치계산 결과

그림 5-37 날씬한 도입부를 갖는 중속선의 파형

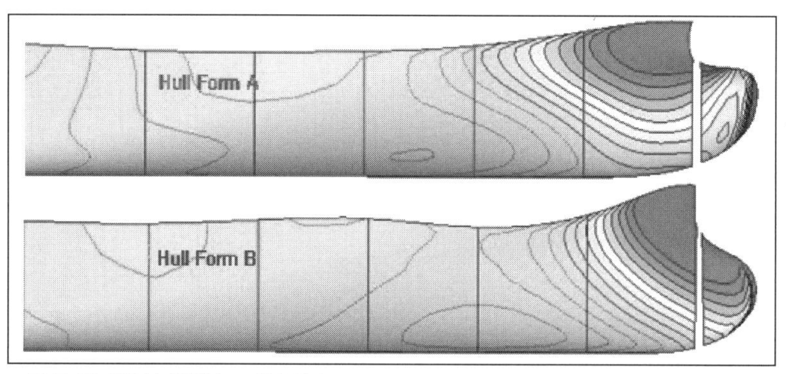

그림 5-38 선수부 압력분포 계산 결과

그림 5-38은 A선형과 B선형에 대해 계산된 선수부 선체 표면의 압력분포이다. 계산된 압력 역시 도입부가 날씬한 A선형의 선수부 압력변화가 자연스러운 반면, B선형의 경우 선수부와 벌브 전역에 걸쳐 큰 압력이 작용하는 것을 볼 수 있다.

중속선의 선미부는 저속비대선의 경우와 기본적인 설계개념은 동일하다. 그러나 속도가 빠른 만큼 박리현상 등의 발생이 심하고 그 영향도 더욱 커서 주요 유선의 결속각이 더욱 작아져야 하므로 선미만곡부를 돌아서 프로펠러 상부로 유입되는 선체 표면의 폭도 더불어 날씬하게 설계되어야 한다. **그림 5-34**에서 볼 수 있듯이 중속선의 선미형상은 선미만곡부가 비대선에 비해 훨씬 날씬하게 처리되고, 이 부분에서 줄어든 배수량을 보완하기 위해 수선면 근처에서 선폭을 약간 키운 세미바지형을 채택한다.

5.5.3 컨테이너선의 설계

컨테이너선은 유조선이나 산적화물선 등의 저속비대선과는 달리 속도가 빨라 전체저항에서 조파저항이 차지하는 비중이 큰 배이다. 따라서 선형설계에 있어서도 조파저항과 깊은 관계가 있는 선수부의 제반요소를 최적화시키는 관점에서 선형을 설계해야 한다. **그림 5-39**는 컨테이너선의 C_P 곡선 및 정면도의 전형적인 예를 보여주고 있다. 컨테이너선의 통상적인 설계속도는 $24 \sim 26kts$에 이르고, Fn도 $0.22 \sim 0.25$가 되어 선수부가 잘못 설계되었을 때에는 선박 전체의 속도성능에 심각한 영향을 주게 된다.

컨테이너선의 C_P 곡선형상은 선수 도입부를 가급적 날씬하게 함으로써 과도한 선수파 발생 및 쇄파현상을 방지해야 하며, 파도상쇄에 효과적인 벌브를 반드시 채택해야 한다. 더불어 수선면 아래의 유동이 자연스럽고 부드러우며, 컨테이너 적재능력의 극대화와 함께 선박의 안정성에 필요한 넓은 수선면을 확보하기 위해 V형 단면형상을 채택하는 것이 일반적이다. 선미의 경우도 같은 이유로 광폭의 수선면 및 넓은 갑판면적이 요구되므로 바지형으로 설계하되 유동의 단순화 및 균일화를 위하여 가능한 작은 형태의 스케그(skeg)를 채택한다. 단 수선면 근처에서 폭방향으로 지나치게 넓어진 단면형상은(통상 복원성을 극대화하기 위해 채용) **그림 5-39**에서 보는 바와 같은 극단적인 바지형으로 귀결된다. 이와 같은 경우에는 선측만곡부의 곡률을 급하게 하여 유동의 진행이 복잡해지고 저항이 증가될 우려가 있으므로 유의해야 한다.

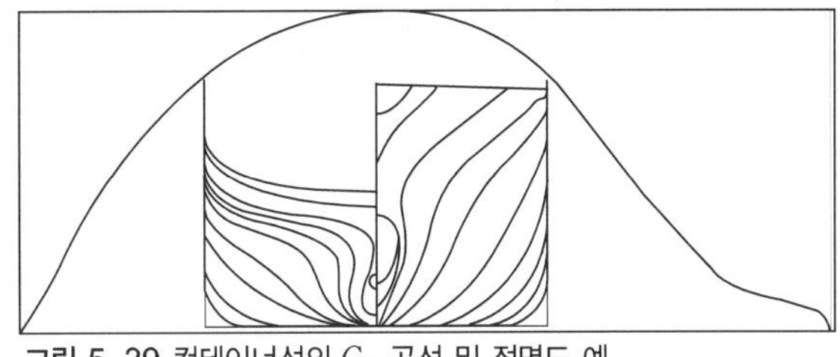
그림 5-39 컨테이너선의 C_P 곡선 및 정면도 예

일반적으로 컨테이너선의 선미선형은 **그림 5-39**와 같이 바지화된 주요 단면 부분과 프로펠러평면 근처로 유동이 유입되는 스케그 부분을 따로 취

급하여 주요 단면형상은 유동의 단순화와 저항 측면에서 유리하도록 설계하고, 프로펠러평면 근처에서는 유동의 균일화 및 자항성능에 유리한 중간 U형으로 설계한다.

그림 5-40은 컨테이너선의 선형을 비교한 예로 조파저항을 최소화할 목적으로, A선형은 B선형에 비해 선수벌브의 크기를 줄이고 위치를 낮추되 선수 도입부를 날씬하게 설계하여 선수파를 최소화함으로써 조파저항을 감소시켰다. 선미 단면형상도 스케그화된 부위의 선저만곡부를 보다 부드러운 곡률을 가지도록 처리하여 형상저항을 저감하고 프로펠러평

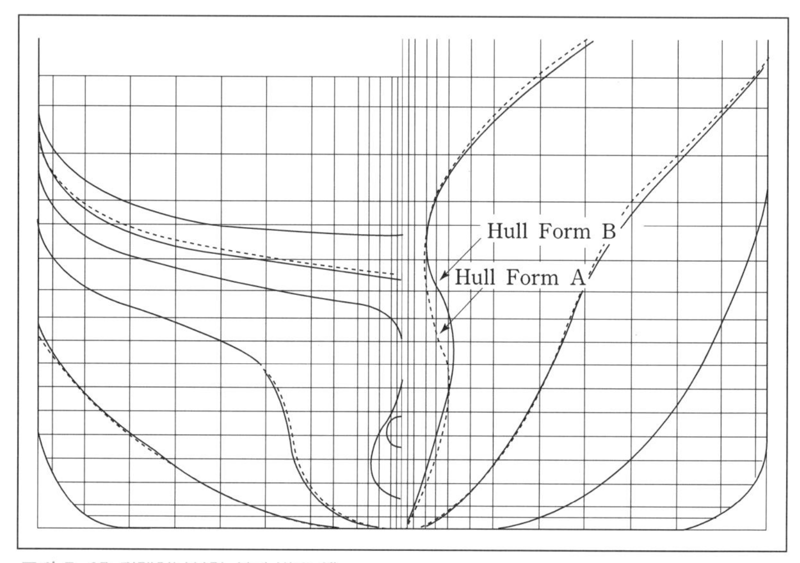

그림 5-40 컨테이너선의 선형 비교 예

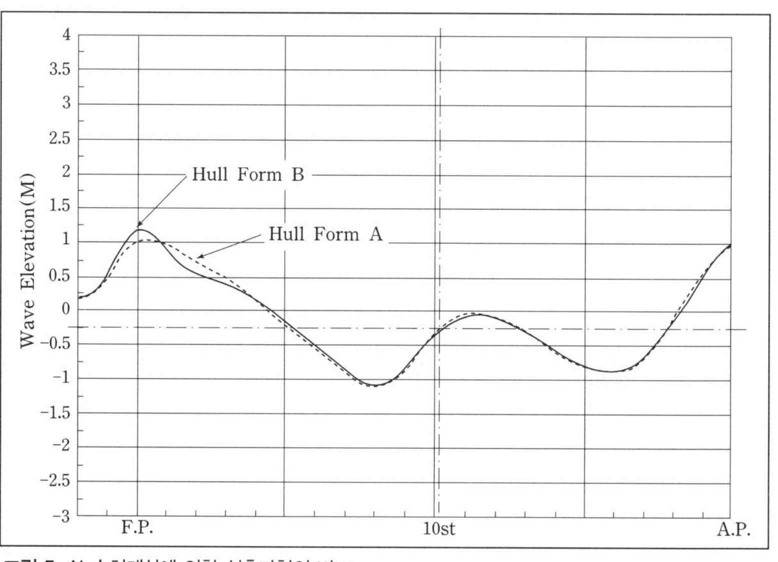

그림 5-41 수치계산에 의한 선측파형의 비교

면에서의 반류균일성도 높이고 있다. 단 이러한 개선은 일반배치에서 구조배치 및 기관실 구역의 적합성을 전제로 이루어지는 만큼, 배치 설계와 긴밀하고 창의적인 협조가 절대 요망된다.

그림 5-41에는 두 선형에 대한 선측파고의 수치계산 결과를 나타냈다. 선수 도입부를 날씬하게 처리했기 때문에 의도한 바와 같이 A선형의 선수파가 작아진 것을 확인할 수 있다. 이들 두 선박의 비교를 통해 선수부의 C_P 곡선의 모습이나 벌브형상은 상대적으로 고속인 컨테이너선의 저항성분 중 특히 조파저항성분에 민감한 영향을 미치고 있음을 확인할 수 있다. 이와 같은 결과로부터 선형설계 시 최적의 배수량분포 및 선수벌브형상을 가지도록 노력해야 함을 알 수 있다. 모형시험에 의한 두 선형의 최종적인 전체저항 차는 약 5%로 별로 크지 않은 선형의 변화가 중속선 및 고속선에서 얼마나 큰 저항성능의 변화를 가져오는지 잘 보여주는 사례이다.

5_5_4 고속선($Fn > 0.30$)의 설계

고속선의 경우, C_B는 크지 않지만 고속을 내기 위해 상당한 엔진마력이 요구된다. 대표적인 고속선인 자동차운반선, 여객페리, 여객선, 해군함정 등에서 볼 수 있듯이 대체로 가벼운 화물을 적재하여 계획흘수가 크지 않기 때문에, 프로펠러의 직경이 너무 커지지 않도록 쌍추진기(twin screw)선형으로 설계하여 과도한 추진마력을 분산시킨다. 더불어 쌍추진기선형에 적합한 평저형인 바지형 선미선형이 채택되고, 동일속도의 단추진기(single screw)선형에 비해 비대한 배수량의 분포가 유리한 특성 때문에 선박의 LCB를 보다 뒤쪽에 위치하도록 할 수 있다. 이에 따라 상대적으로 선수부를 날씬하게 할 수 있으며, 고속으로 인한 조파저항의 급격한 증가를 방지해야 하는 저항성능 측면에서의 요구와도 잘 부합된다.

선형설계 전체의 최적화 관점에서도 역시 고속영역에서의 조파성능의 최적화가 선행되어야 하며, 선수 도입부의 최적화와 더불어 보다 적극적인 파도상쇄 개념이 요망된다. 수선면 부위에서 치켜세운 거위목 벌브의 채택은 고속으로 생성된 파를 효과적으로 상쇄시킬 수 있는 방법으로 널리 애용되고 있다.

그림 5-42에는 일반적인 고속선의 배수량분포 및 정면도의 예를 나타냈다. C_P 곡선으로부터 빠른 설계속도로 인해 선미 쪽으로의 배수량이 이동되었음을 알 수 있고, 단추진기선

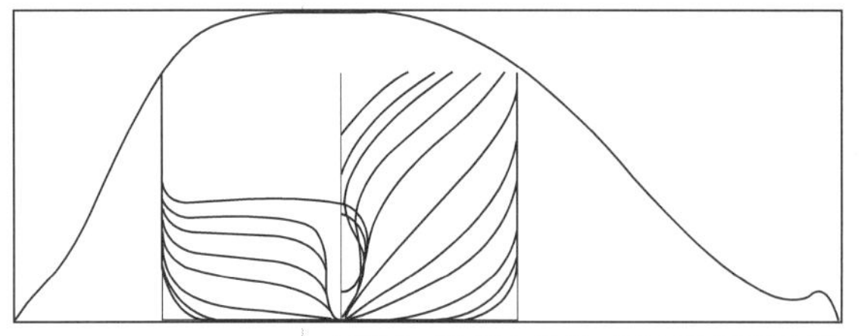

그림 5-42 고속선 C_P 곡선 및 정면도 예

형의 LCB 위치가 선미 쪽 2~2.5%L_{BP}에 위치함에 비해, 다추진기선형은 선미 쪽 3.0~4.0%L_{BP}에 LCB가 위치하는 것이 일반적이다. 선속이 빠른 경우에는 간섭에 의한 파도상쇄효과가 대단히 중요하므로 이의 극대화를 위하여 거위목 벌브를 채택하며, 선수단면의 주요 형상은 복원성과 부드러운 유동 측면에서 유리한 V형 선수가 사용된다.

선미의 경우는 쌍추진기선임에도 불구하고 여전히 프로펠러 직경에 비해 작은 흘수, 바지형 선미로 인해 프로펠러와 가까워진 선체 표면 등으로 인한 낮은 자항효율, 프로펠러 공동현상, 그리고 선체변동압력과 연계되어 발생되는 선체진동 문제 등을 최소화하기 위해, 선체를 프로펠러로부터 가능한 한 멀리 두고자 프로펠러 날개끝여유를 최대화한 터널형(tunnel type)의 단면형상을 채택하기도 한다.

그림 5-43에는 서로 다른 단면형상 및 배수량분포를 가지는 여객페리 선형의 설계 예를 나타냈다. A선형의 경우는 선수 도입부의 배수량을 최소화한 반면, 주요 단면형상은 B선형에 비해 넓은 V형으로 설계하였다. 선미의 단면형상은 앞서 언급한 바와 같이 프로펠러로부터 선체가 최대한 멀어지도록 하여 프로펠러 기진력에 의한 변동압력이 선체진동에 미치는 영향을 줄이기 위해 터널형으로 설계되었다.

그림 5-44에는 이들 두 선형의 선수부 길이방향 배수량분포, 즉 C_P 곡선을 도시하였다.

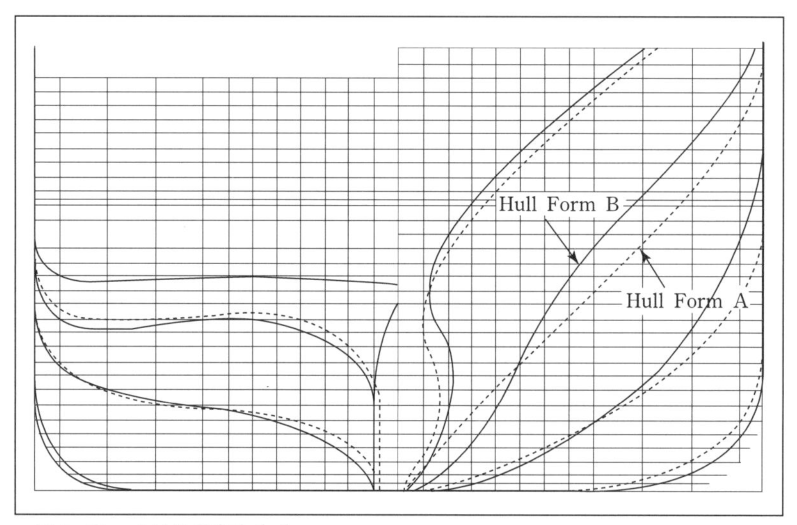

그림 5-43 고속선의 선형설계 예

점선으로 표시된 A선형의 경우는 벌브의 크기를 가능한 크게 하는 대신 선수 도입부를 날씬하게 처리하되, 모자라는 배수량을 어깨부로 이동하였다. 이들 두 선형에 대한 선측파형의 계산결과를 **그림 5-45**에 나타냈다. **그림 5-44**의 배수량분포와 비교해 보면 선수 도입부의 영향과 발생된 파의 관계를 쉽게 이해할 수 있다.

한편 선수부의 주요 단면형상이 과도하게 V형으로 펼쳐진 A선형의 경우, 선수파의 관점에서는 비교적 효과적인 결과를 얻고 있으나, 선수 어깨부가 너무 급격하게 커지면서 큰 어깨파의 발생과 함께 심하면 파가 부서지는 쇄파현상이 발생될 수도 있다. 고속선에서 이렇게 극단적인 V형 선수를 채용하는 근본적인 이유는 넓은 수선면 확보를 통해 큰 KM_T를 얻음으로써 선박의 복원성을 보장하려는 의도이지만, 너무 과도하게 설계된 V형 단면은 설계속도가 빨라지면 심각한 어깨파를 발생시키기 쉽다. 따라서 초기설계 단계에서 반드시

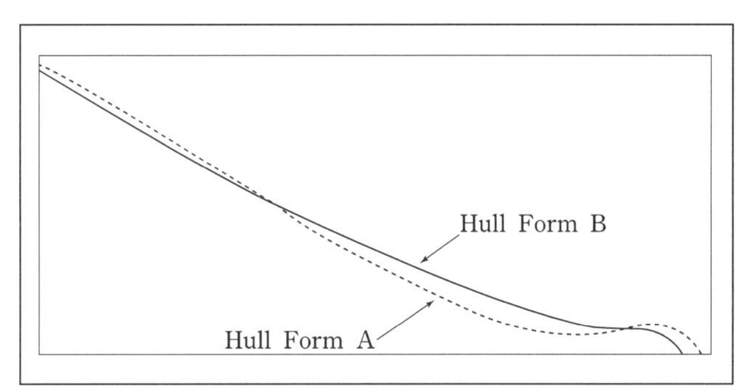

그림 5-44 선수단에서의 배수량분포의 비교

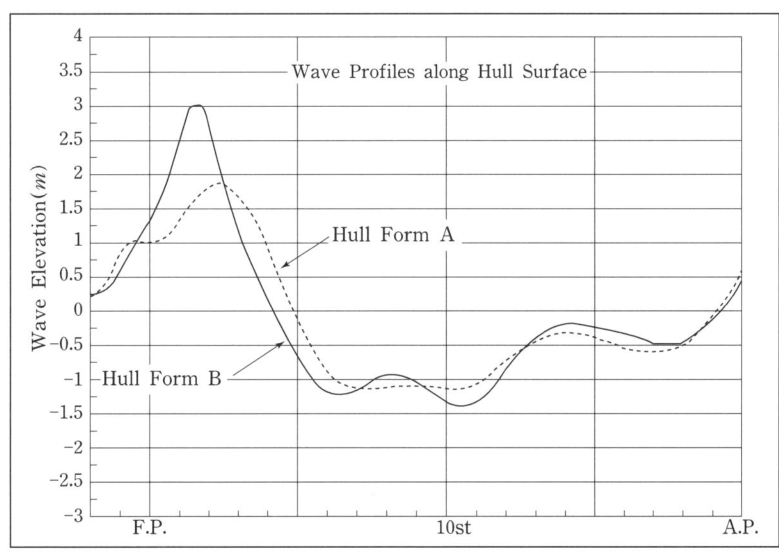

그림 5-45 수치계산에 의한 선측파형의 비교

주어진 설계조건으로부터 적정한 KM_T를 미리 예측하고 목표 KM_T와의 비교, 평가를 통해 선수부 설계개념을 정립하는 수순을 밟아야 한다.

그림 5-46은 과도한 KM_T 확보를 위해 선수를 무리하게 V형으로 했을 경우, 선수 어깨부에서 발생하는 쇄파현상을 모형시험을 통하여 확인한 사진이다. 이 경우는 선수 어깨부에서의 무리한 수선면 확대를 자제하고 필요할 때 LCB를 좀 더 선미 쪽으로 유도하되 선미부에서 부족한 KM_T를 확보할 수 있도록 단면형상을 개선해 나가는 것이 바람직하다.

그림 5-47은 A선형 및 B선형의 선수 및 선미의 선체 표면에서의 압력분포에 대한 계산 결과이다. 선수부는 날씬한 도입부를 가지는 A선형의 경우가 조파성능뿐 아니라 선수부 압력분포 관점에서도 상대적으로 향상되었으며, 선수벌브에 의한 효과 역시 큰 차이로 개선되었다. 선미부는 중앙스케그(center skeg) 주위의 폭을 좀 더 날씬하게 처리한 A선형의 경우가 약간 개선된 압력분포를 보이는 것 외에는 전반적으로 유사한 결과를 보이고 있다.

그림 5-46 어깨부 쇄파현상

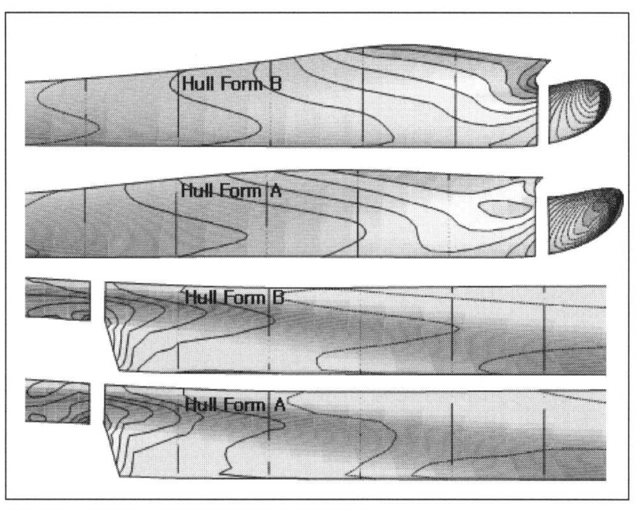

그림 5-47 선수, 선미부 압력분포 계산 결과

연습문제

1. 선박의 길이, $L=300m$, 방형비척계수, $C_B=0.8$, 계획속도, $V=15.5kts$일 때, 이 선박의 속도성능 관점에서 종방향 부심, LCB의 대략적인 위치를 L에 대한 백분율(%)로 나타내시오.
2. 저속비대선, 중속선, 고속선 등에 있어서 LCB의 대략적인 위치와 개념상의 차이점을 기술하시오.
3. 저속비대선과 고속세장선에서의 선수벌브의 대표적인 형태와 차이점, 그리고 그 역할에 대하여 기술하시오.
4. 선미비대도의 증가에 따른 바람직한 선미 형태의 변화를 나열하고 그 이유를 설명하시오.
5. 선미부를 설계할 때 추진효율을 극대화하고 추진기와 선체의 적합도를 높이기 위한 선형설계의 핵심요소와 바람직한 설계방향에 대하여 기술하시오.

참고문헌

[1] Harvald SV. AA., 1983, **Resistance and propulsion of ships**, A Wiley-Interscience Publication.

추천문헌

[1] MARIN, 2007, **Ship hydrodynamics**(Text Book for Training Course).

[2] Mori, M., 1997, **船型設計**, 船舶技術協會.

[3] 김호충, 이춘주, 최영복 1990, 저저항 고추진효율의 비대선 선미선형의 개발에 관하여, 대한조선학회지 27권 3호.

06

고속선

이춘주
박사
MOERI
■
김형만
교수
해군사관학교
■

6_1_ 개요

20세기 중반 이후, 해상 물동량이 지속적으로 증가하고 보다 빠른 운송수단이 필요하게 되면서 선박의 고속화가 조선계의 새로운 과제로 대두되고 있다. 현재 고속선의 최고속도는 보통 50*kts* 정도로, 항공기보다는 늦지만 기존의 상선보다 훨씬 빠르면서도 저렴한 운임으로 화물수송, 여객수송이 가능하다는 측면에서 새로운 수요가 계속 발생하고 있다.

대부분의 선박은 수면 아래에 위치한 선체의 부력에 의해 배의 중량을 견뎌내는 부력(buoyancy)지지방식이다. 이는 저속에서는 저항이 매우 작으며 대형화도 쉽다는 장점을 가지고 있으나, 소요동력이 선속의 3승에 비례하여 급격히 증가하므로 속도를 증가시키는 것이 매우 어렵다는 단점을 가진다.

이러한 문제를 해결하고자 각국에서는 1980년대 후반부터 새로운 중대형 고속선의 개발을 위해 관련 연구개발에 많은 노력을 기울이고 있다. 미국, 유럽, 호주 등에서는 다양한 형태의 50*kts*급 초고속 여객선(300~500인승)을 개발하고 있으며, 일본에서는 1000톤급 화물선으로 50*kts*급 TSL(Techno Super Liner)을 조선소들이 공동으로 개발하고 있다. 또한 우리나라도 위그선 개발을 국책사업으로 선정하여 이 같은 추세에 발맞추고 있다.

6_2_ 고속선의 선형 분류

고속선은 비교적 높은 Froude수($Fn=U/\sqrt{gL}$)를 가지며, Fn는 식 (2.47)에 나타낸 바와 같이 다음 식으로 주어진다.

$$Fn=\sqrt{\lambda/2\pi L} \tag{1}$$

즉 Fn는 선체가 일으키는 파도의 파장과 배 길이의 비의 제곱근으로 생각할 수 있으며, 고속선은 배에 의해 생성된 파도의 파장이 배의 길이에 비해 상당히 긴 선형임을 알 수 있다.

고속선의 선형은 지지방식, ITTC의 분류에 따라 나눌 수 있으며, 이하에서는 이들 분류 방법에 대해 기술한다.

6_2_1_ 지지방식에 따른 선형의 분류

그림 6-1과 같이 선체를 지지하는 방식에 따라 수정역학적, 수동역학적, 공기정역학적 및 복합 지지방식과 WIG로 나눌 수 있다.

1) 수정역학적 지지방식

보통 배수량형(conventional displacement type)과 특수 배수량형(special displacement type)으로 나눌 수 있으며, 특수 배수량형은 다시 쌍동선(catamaran), 삼동선(trimaran), 소수선면선(Small Waterplane Area Twin Hull: SWATH) 등으로 나눌 수 있다.

2) 수동역학적 지지방식

활주선(planing ship)과 수중익선(hydrofoil craft)으로 분류할 수 있으며, 활주선은 활주 정도에 따라 반활주선(semi-planing ship), 전활주선(fully planing ship)으로 나눌 수 있다.

3) 공기정역학적 지지방식

공기부양선(Air Cushion Vehicle: ACV)과 표면효과선(Surface Effect Ship: SES)이 있다.

4) 복합 지지형(hybrid type)

위에서 논의한 세 가지 선형의 복합선형으로 여러 가지 가능성이 연구되고 있다.

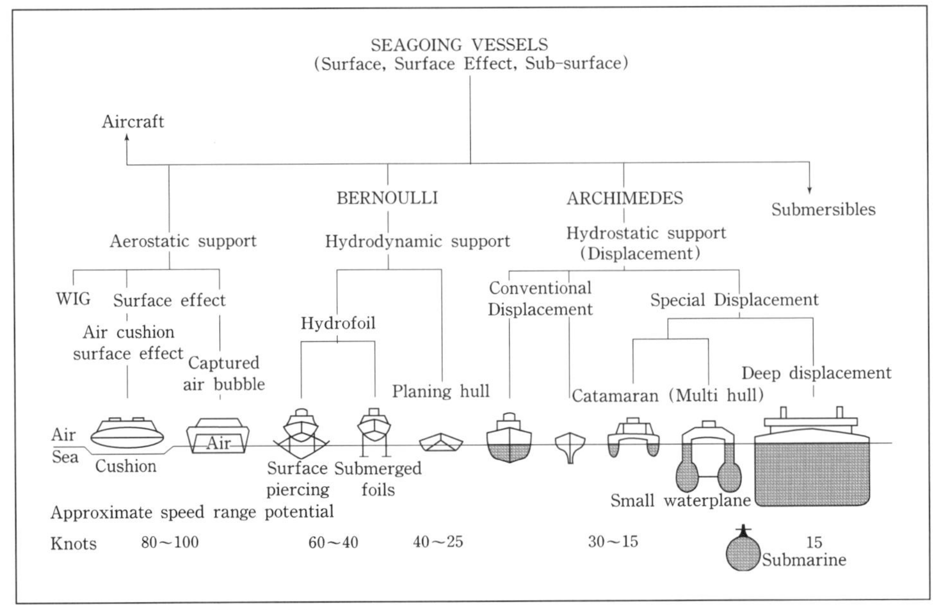

그림 6-1 지지방식에 의한 고속선의 분류

5) 위그선(Wing-In-Ground effect ship: WIG)

수표면에 매우 가까이 비행하는 경우, 경상효과(image effect)로 인해 매우 큰 양력을 받을 수 있다는 점을 활용하는 선형이다.

6_2_2_ ITTC에 의한 고속정의 분류

ITTC에 의한 고속정의 분류는 ITTC가 검토대상으로 하는 고속선형을 선종별로 구분하고 있기 때문에 그림 6-2에 나타낸 바와 같으며, 모든 선형이 포함되어 있지는 않다[1].

1) 단동선(mono hull)

반활주선과 전활주선(또는 간단히 활주선)이 이에 속한다.

2) 쌍동선(twin hull)

보통의 쌍동선과 소수선면선이 이에 속하며, 또한 복합형 쌍동선(Fast Displacement Catamaran, FDC)이나 수중익 쌍동선 등도 여기에 포함시킬 수 있다.

3) 수중익선

수면관통 수중익선(surface piercing hydrofoil 또는 semi-submerged hydrofoil craft)과 전

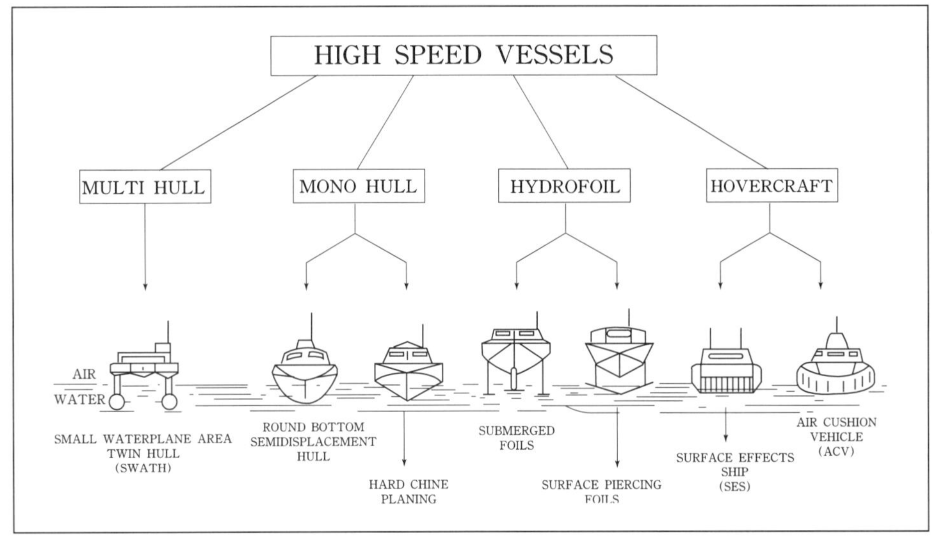

그림 6-2 ITTC에 의한 고속선의 분류

몰 수중익선(fully submerged hydrofoil craft)으로 나눌 수 있다.

4) 호버크래프트(hovercraft)

공기부양선과 표면효과선이 여기에 속한다.

5) 위그선

6_3_ 수정역학적 지지방식

_ 이하에서는 선체의 지지방식에 따른 선형의 분류법에 의해 선형을 분류하고, 각종 고속 선형의 제반 특성에 대해 살펴본다.

수정역학적 지지방식은 가장 오래된 형태로서 Archimedes의 원리(Archimedes' principle)에 의해 주어지는 부력으로 선체가 지지되는 방식을 말하며, 이 지지방식에는 기존의 보통 배수량형 지지방식과 쌍동선, 다동선, 소수선면선 같은 특수 배수량형 지지방식이 있다.

6_3_1 보통 배수량형

단동선은 동체가 하나의 선체로 이루어진 선형으로 보통 배수량 지지방식의 선형이며, **그림 6-3**의 위에 둥근 만곡부형(round bilge type) 선형을 도시했다. 단동선은 여객선, 화물선, 함정 등 거의 모든 종류의 선박에 사용되며, 최근 다양한 형태의 선형 연구가 진행 중이지만 현재까지도 가장 광범위하게 이용되고 있다.

그림 6-4는 주요 고속선형에 대하여 속도변화에 따른 운송효율과 소요동력을 나타낸 것인데, 단동선보다는 다동선이나 공기부양 방식의 고속선이 유리함을 보여주고 있다[2].

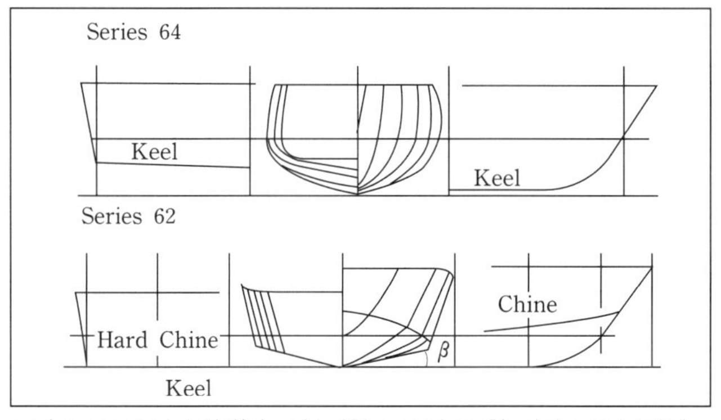

그림 6-3 고속선의 형상(위 : 배수량형 둥근 만곡부형, 아래 : 경식차인형)

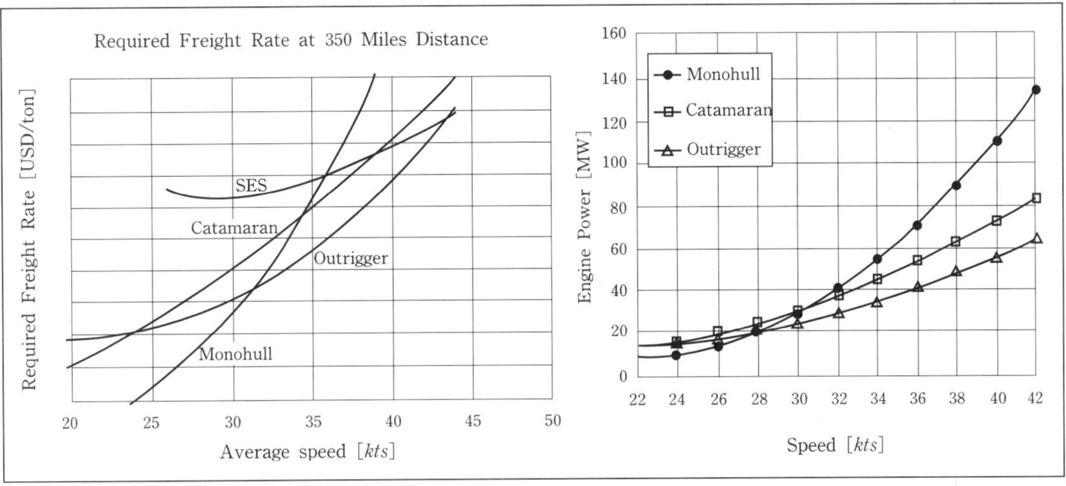

그림 6-4 고속선별 운송효율 및 소요동력 비교

6_3_2_ 특수 배수량형

특수 배수량 지지방식의 선형에는 다양한 종류가 있다. 동체의 개수에 따라 나누어지는 쌍동선, 삼동선 등의 다동선이 있고 쌍동선보다 저항성능과 내항성능 향상을 위해 개발된 소수선면선이 있다.

1) 쌍동선

선체가 2개의 분할선체(demihull)로 지지되는 쌍동선은 각각의 동체 길이가 길고 폭이 좁은 형태의 선형이다(**그림 6-5**). 장점을 살펴보면 갑판 면적이 넓기 때문에 여객선, 해양탐사선과 같이 넓은 갑판이 필요한 선박에 유리하고, 같은 배수량의 단동선에 비해 폭방향 길이가 커서 복원 모멘트가 증가하기 때문에 횡방향 안정성이 좋다. 쌍동선은 제반 성능의 결정에 중요한 역할을 하는 주요요목의 다양성으로 인해 선박의 성능제고를 비교적 용이하게 꾀할 수 있다. 즉 단동선의 수선 면적의 크기는 선택할 수 있는 범위가 매우 제한되어 있지만 쌍동선에서는 어느 정도 유연성 있게 선택할 수 있어 내항성을 향상시킬 수 있는 여지가 꽤 크다. 또한 저속에서의 조종성능 측면에서는 쌍동선이 단동선보다 우수한데, 이는 두 분할선체에 부착된 프로펠러의 상대적인 회전수를 조절함으로써 선박의 회전이 쉽게 이루어질 수 있기 때문이다. 특히 혼잡한 항만 내에서 큰 회전반경을 요하지 않는 조종성능 때문에 선장들에게 크게 환영받고 있다. 고속에서의 회전은 두 분할선체에서 받는 횡방향의 유체저항 때문에 단동선보다 큰 회전반경이 필요하지만 상선인 경우 보통 고속에서 회전하는 일이 드물어 큰 문제가 되지 않으며, 공기부양이나 수중익 등을 추가하여 선박의 성능 향상을 꾀할 수도 있다.

단점을 살펴보면 먼저 동일한 톤수의 단동선보다 건조비가 높다는 점을 들 수 있는데, 재료비는 크게 문제되지 않지만 부재 수나 용접 공수의 증가에 따라 조립 제작과정에서의 비용이 증가할 수 있다. 또한 필요한 동력을 가진 하나의 대형 추진기관보다 2개의 소형 추진기관이 필요하고 보조기관들도 2개 이상 되어야 하므로 건조비용이 증가한다. 저항 측면에서는 침수표면적이 단동선의 경우보다 크므로 마찰저항이 증가하며, 이러한 마찰저항의 증가는 분할선체의 선형을 적절히 개발함으로써 조파저항을 감소시켜 어느 정도 상쇄시킬 수 있다. 한편 쌍동선은 종동요나 슬래밍(slamming)에 취약하여 내항성능에 문제가 있는데, 이와 같은 문제점을 개선하기 위해 파랑관통형(wave piercer type)의 선형이 사용된다.

일반적인 쌍동선의 선형은 세장비가 큰 2개의 분할선체로 구성되지만 중앙선수(center bow)가 추가된 파랑관통형은 1980년대 초, 호주의 Incat에서 개발되었다. 선형의 특징은 선수 부분이 날씬하여 저항성능이 우수하고, 또 분할선체 사이의 하갑판(lower deck) 중심에 중앙선수를 물에 잠기지 않도록 배치하여 운항 시 저항성능에 미치는 영향을 최소화하면서도 부족한 선수부 배수량을 보충하여 슬래밍 시의 충격을 감소시킨다. 또한 이 같은 내항성능의 취약점을 보완하기 위해 운동제어체계를 도입하기도 한다.

쌍동선의 선체는 보통 활주선형상을 채택하며, 경식차인(hard chine)형의 대칭 또는 비대칭 활주형 단면을 가진다. 또한 쌍동선에는 활주 트림을 최적화하고 스프레이(spray)현상을 조절할 수 있는 트림플랩(trim flap), 그리고 쐐기형 스프레이레일(wedge spray rail)과 트

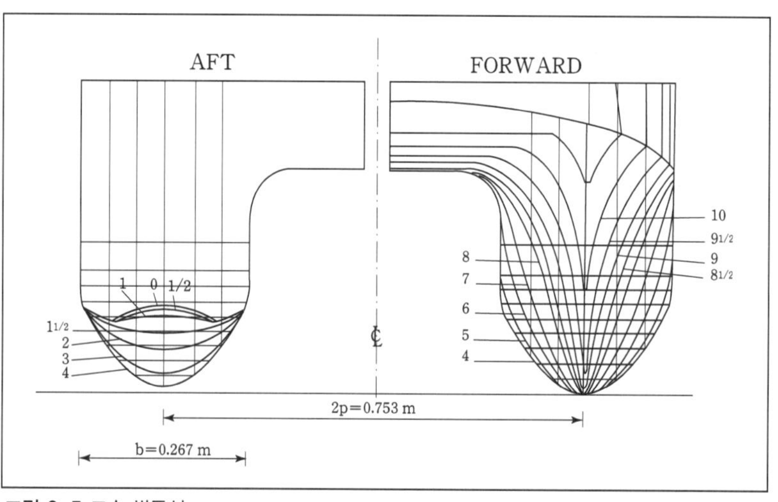

그림 6-5 고속 쌍동선

랜섬을 채택한다(**그림 6-5**).

2) 삼동선

삼동선은 길고 폭이 좁은 하나의 주선체 좌우에 2개의 보조선체를 가진 선형으로 저항성능과 복원성능에 유리하며 넓은 갑판 면적을 제공할 수 있다는 장점이 있다(**그림 6-6**). 삼동선이 주목받는 이유는 저속에서는 보조선체의 마찰저항으로 인하여 약간 저항이 증가하지만, 고속에서는 보조선체의 위치 선정에 따라 파도상쇄효과로 인한 저항성능의 개선을 꾀할 수 있기 때문이다. 보조선체는 함정의 기관실과 같은 주요 부분의 피격을 보호하는 역할도 하며 손상 시 복원성능에도 유리하게 작용한다. 이와 같은 삼동선의 특징을 이용하여 경항모, 구축함과 같은 함정뿐만 아니라 초고속 컨테이너 피더선, 여객선 등에 적용하기 위해 활발한 연구가 진행 중이다[3].

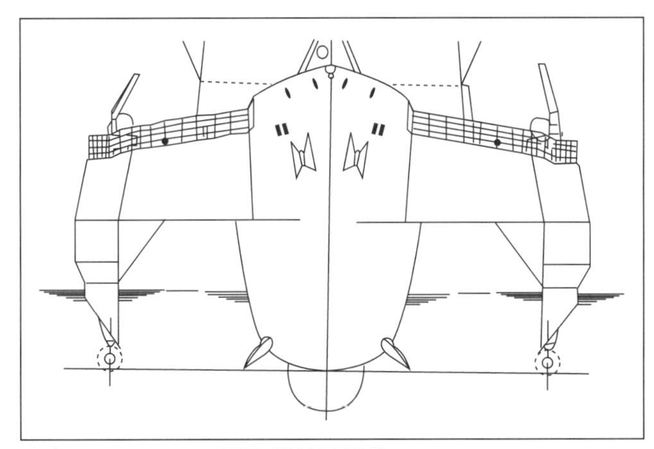

그림 6-6 RV Triton 1100톤 삼동선 시험선

삼동선의 날씬한 주선체는 전체 속도구간에 걸쳐서 조파저항이 작고, 보조선체는 설계속도구간에서 주선체와의 상대적인 위치를 최적으로 선정해 줌으로써 주선체와 보조선체에 의해 생성되는 파도를 서로 상쇄시킴으로써 고속에서 저항증가를 감소시킬 수 있다. 침수표면적의 증가에 따라 저속구간에서 마찰저항은 약간 증가되나 고속에서는 바람직한 파도간섭으로 소요동력을 대폭 줄일 수 있다. 특히 저항을 줄이기 위해 주선체와 보조선체의 간섭효과를 수치계산과 모형시험을 통하여 추정, 보조선체의 최적위치를 찾음으로써 상당한 조파저항의 감소효과를 볼 수 있다.

그림 6-7은 저항시험 결과로부터 얻은 잉여저항계수를 비교한 것이다. $20kts$ 근처에서는 보조선체의 위치에 따라 주선체와의 파도간섭으로 인한 저항의 변화가 있으며, $22kts$ 이상

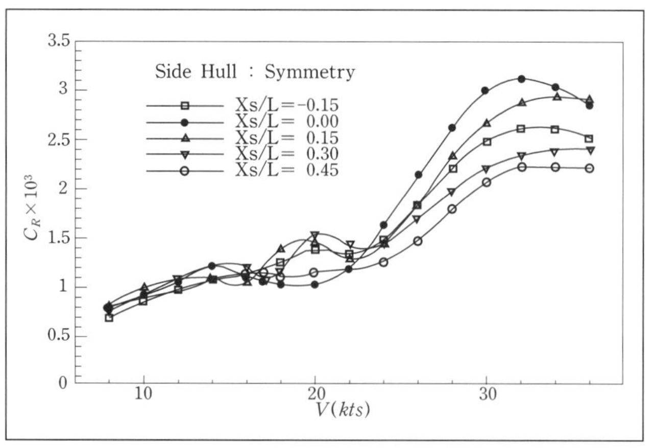

그림 6-7 보조선체의 5개의 다른 종방향 위치에 대한 잉여저항계수

의 속도구간에서는 급격한 저항증가가 생기는데, 보조선체의 위치에 따라 많은 저항차이가 있음을 알 수 있다. 순항속도 18kts에서는 보조선체가 중앙부($X_S/L_{BP}=0.0$)에 위치해 있을 때 저항성능이 가장 좋으며, 최대속도 30kts에서는 보조선체가 선미 끝부분($X_S/L_{BP}=0.45$)에 위치할 때 저항성능이 우수함을 알 수 있다.

또한 실선에서의 저항추진성능을 비교하기 위하여 삼동선과 유사 단동선들에 대한 제독부계수(Admiralty coefficient), $C_{adm}=\Delta^{2/3}V^3/P_D$를 비교해 보면, 삼동선이 저속구역의 일부분을 제외하고는 단동선에 비하여 고속영역에서 일반적으로 저항추진성능이 유리한 것으로 나타났다. 여기서 P_D는 전달동력이며, 식 (7.4)로 정의된다.

따라서 삼동선은 고속 중형 크기의 선박에 적용하기가 유리하며, 이때는 저항추진성능과 내항성능이 모두 우수한 편이나, 소형 삼동선에서는 저항추진성능은 우수할 수 있지만 상대적으로 작은 선체형상 때문에 내항성능은 크게 기대하기 힘들다.

영국 해군에서는 시험선(RV Triton)을 제작하여 연구 중이며(**그림 6-6**), 2002년 4월부터 울산과 일본 오쿠라를 잇는 여객항로에 호주의 NWBS 조선소가 제작한 40kts급 삼동선(돌핀 울산)이 운항하고 있다.

3) 소수선면선

소수선면선은 쌍동선과 마찬가지로 정적 부력에 의해 지지되지만, 배수량의 대부분은 수면 아래의 몰수체가 담당하고 수면 위의 갑판부 선체와 수면 아래의 원통형 몰수체는 지주로 연결되어 있으므로, 수선면적이 매우 작다는 특징이 있다(**그림 6-8**).

장점을 살펴보면 수표면과 접촉하는 면적이 작기 때문에 조파성능의 향상을 기대할 수 있으며, 파랑 중에서 파도의 충격을 직접 받지 않아 파도가 쌍동선체를 연결하는 갑판을 칠

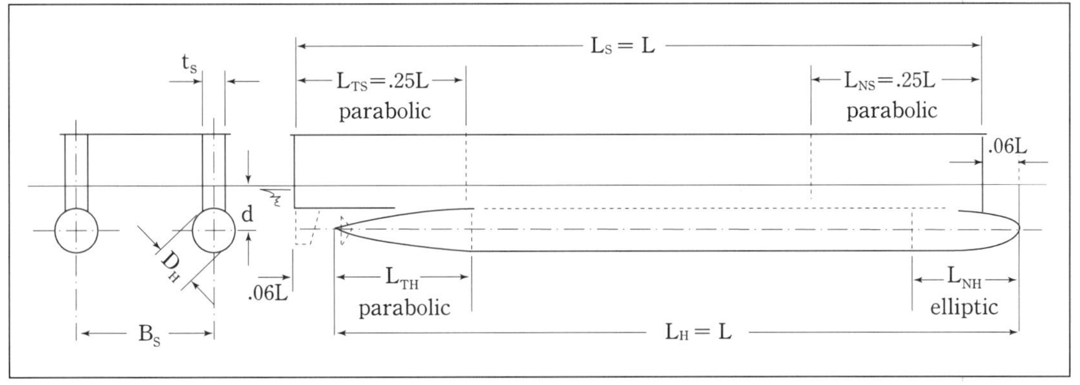

그림 6-8 소수선면선의 형상

정도로 높아지기 전까지는 작은 수선 면적 때문에 상하동요나 종동요의 고유주기가 길어진다. 그러므로 같은 배수량의 단동선보다 운동이 감소되어 내항성능이 우수하며 큰 파랑 중에서도 고속을 유지할 수 있다. 또한 선미의 프로펠러에 유입되는 유동장이 비교적 균일하여 추진효율이 양호하다.

그러나 수선면적이 작으므로 센티미터 침하당 톤수(TPC; tonnes per centimeter immersion)가 작기 때문에 높은 재화중량이 요구되는 경우에는 단동형과 비교할 수 없을 정도로 결정적인 단점을 가진다. 또한 침하나 트림 시 복원력이 적어, 어느 정도 이상의 속도에서나 심한 파랑을 겪을 때는 복원 모멘트의 부족으로 종동요 시 Munk 모멘트(Munk moment)에 의해 불안정 상태가 될 수 있다. 이 점을 보완하기 위해서는 반드시 복원력의 보충을 위한 안정핀(stabilizing fin)을 장착해야 하는데, 수중익선에 비해 작은 날개로도 제어가 가능하다. 내항성능을 좋게 하려면 갑판까지의 높이를 키우고, 또 몰수체가 파도의 영향을 받지 않도록 하려면 흘수를 크게 해야 하므로 수심의 제약을 받게 된다. 소형선의 경우 수선 아래의 선체에 추진기관의 배치가 어렵고 Z-구동(Z-drive) 체계로 프로펠러에 연결시키는 데 동력 전달기구의 기계적인 효율성이 떨어진다.

또한 소수선면선 선형의 특성 중 하나는 저속과 고속에서 마찰저항 성분이 조파저항 성분보다 월등히 크기 때문에 고속에서 소수선면선 선형의 침수표면적을 줄이는 것이 전체 저항을 줄일 수 있는 최적의 방법이다. 이를 위해서는 내항성능을 저하하지 않는 범위 내에서 지주의 길이를 짧게 하는 것과 아울러 몰수체의 길이/직경 비를 크게 하는 것이 바람직하다.

소수선면선의 저항성능에 큰 영향을 미치는 인자들로는 두 선체 사이의 거리, 몰수체와 지주의 상대 위치, 지주의 수, 지주 길이, 몰수체의 단면형상 및 종방향 측면형상 등이 있다. 또한 몰수체와 지주의 세장비, 도입부 길이 및 결속부 길이 등도 저항성능에 영향을 미친다. 소수선면선의 전체저항은 다음과 같이 6개 성분들의 합으로 주어진다[4].

$$R_T = R_W + R_F + R_{FO} + R_{APP} + R_{AA} + R_A \quad (2)$$

여기서 R_T=전체저항, R_W=조파저항, R_F=마찰저항, R_{FO}=형상저항, R_{APP}=부가물저항(제어판 등), R_{AA}=공기저항, R_A=모형선-실선 상관계수로부터 얻어지는 저항이다.

소수선면선은 특히 내항성능이 우수하기 때문에 여객선, 실험선, 군용 등에 주로 사용된다. 소수선면선 선형은 미 해군의 시험선인 Kailalino호가 1973년 건조되면서 시작되었지만 상선용으로 개발한 것은 일본의 Mitsui조선(주)으로 여객선을 실용화한 바 있는데, 1990년 초까지 건조된 소수선면선은 20척에 달한다. 또한 두 선체 사이에 중앙벽(central wall)을 설치할 수 있어 해양조사선, 레저용으로도 채용되고 있다.

실제로 운항 중이거나 건조 중인 소수선면선 외에도 앞으로 건조를 목적으로 설계 중에 있는 소수선면선도 세계 각국에 상당수 있다. 이들 중에는 미 해군의 2000톤급 보조함부터 34,700톤급의 다목적 항공모함이 있고, 미국 해안경비대용의 500톤급 경비정, Lockheed사의 500톤급 순시선, 525톤급 여객선, 3800톤급 해양관측선, 그리고 연안여객선으로 SWATH Ocean이 설계하고 있는 최고시속 38.5kts, 여객 450명, 승용차 124대를 탑승하고자 하는 1500톤급 REGENCY가 있다. 캐나다 해군도 175톤급 SWATH 순시선을 설계하였고, 영국도 125톤급 순시선, 320톤급 여객 · 승용차선, 그리고 1600톤급 해안경비선을 설계하였다.

6_4_ 수동역학적 지지방식

_ 수동역학적 지지방식은 부력이 아닌 양력을 이용하여 선박을 지지하는 방식을 말한다. 수동역학적 지지방식에는 수중익을 이용한 수중익선과 평평한 선체저면의 양력을 이용한 활주선이 있다. 활주선은 양력의 정도에 따라 전활주선과 반활주선으로 나눌 수 있다.

6_4_1_ 수중익선

수중익선은 선저에 항공기 날개와 비슷한 형상의 수중익을 부착하여 고속의 수중익에서 발생하는 양력을 이용, 부상하는 형태의 선형이다(**그림 6-9**). 이러한 수중익에서 발생하는 양력은 물이 공기에 비해 밀도가 약 1000배나 크기 때문에 공기 중에서보다 작은 날개 면적으로도 충분한 양력을 얻어 선체를 부상시킬 수 있다. 이와 같이 선체가 부상하면 배가 물과 접촉하는 면적과 체적을 현저히 줄일 수 있기 때문에 마찰저항과 조파저항을 모두 줄일 수 있는 장점이 있다. 따라서 배수량 선형에 비하여 적은 동력으로 충분한 고속(35~45kts)을 얻을 수 있으며 자세 제어장치를 설치하면 파도가 심한 해상상태에서도 고속운항이 가능할 만큼 내항성도 우수하다.

그림 6-9 수중익선의 함정

수중익선은 날개의 형상에 따라 수면관통 수중익선과 전몰 수중익선이 있다. 수면관통 수중익선은 날개의 양력면 일부가 수면 위로 돌출된 형태의 선형으로, 돌출된 날개가 횡동요 시에 경사진 쪽으로 기울면서 양력을 받기 때문에 복원성이 좋다. 따라서 전몰 수중익선과 같은 복잡한 제어기술이 필요하지 않고 선가도 싸다는 장점이 있다. 초기에는 수면관통 수중익선의 선형이 일반적이었지만 돌출된 날개로 인하여 내항성능이 떨어지기 때문에 주로 잔잔한 연근해를 운항하는 소형 여객선에 적합하다는 한계가 있다. 전몰 수중익선은 날개의 양력면 전체가 수중에 잠긴 형태의 선형이며 수중익부양상태(foil-borne mode)로 운항 시 복원력을 갖지 않기 때문에 자세제어가 필요하다. 따라서 복잡한 제어 및 컴퓨터 기술이 적용되기 때문에 선가가 높아지지만 내항성능이 상당히 뛰어나다는 장점이 있다. 날개의 배치는 선수-전몰익과 선미-전몰익, 그리고 선수-수중관통익과 선미-전몰익의 형태가 일반적이다.

최근에는 선체 하부에 타원형 주상체와 같은 구조물을 설치하고 수중익을 더하여 부력과 양력을 모두 이용하는 복합 지지형(예로 일본의 TSL) 선형도 등장하고 있다.

한편 종중심(*LCG*, Longitudinal Center of Gravity)의 위치에 따라 세 종류의 날개 배치방식이 있다. *LCG*가 선수수선 F.P.로부터 선체 길이의 35% 이내인 앞쪽에 위치하는 경우는 일반형(conventional type)이라고 하며, 선수 쪽의 날개가 선미 쪽 날개보다 큰 형태이다. 병렬형(tandem type)은 *LCG*가 F.P.로부터 선체 길이의 35~65% 사이에 위치하는 경우에 사용하며 선수와 선미 쪽의 날개 면적이 거의 비슷하다. 그리고 *LCG*가 F.P.로부터 선체 길이의 65% 이후인 뒤쪽에 위치하는 경우에는 오리형(canard type)이 적용되며 선수보다 선미가 무겁기 때문에 선미의 날개가 큰 형태이다. 이러한 날개 배치방식은 양력을 이용하여 선체를 효율적으로 지지하기 위하여 고안되었다. 또한 각각의 방식은 날개가 분리된 분리형과 분리되지 않은 일체형으로 나눌 수 있다. 최근에는 오리형이 가장 일반적인 형태이다.

수중익의 양력에 의해 지지되는 선박의 저항은 대응하는 배수량형 선박이 받는 저항의 절반에도 미치지 않는다. 다만 수중익선의 대형화로 인해 중량은 길이의 3승에 비례하여 증가하는 데 비해 수중익의 면적은 길이의 2승에 따라 증가하므로, 수중익이 면적당 담당해야 할 하중이 크게 증가한다. 수중익선 크기의 일반적인 한도는 2000톤 정도이며, 대체로 수중익선에서 고속화를 방해하는 인자는 수중익의 공동(cavitation)현상이다.

6_4_2_ 활주선

날개가 아닌 평탄한 선저면에서 발생하는 양력을 이용하여 선체의 일부 혹은 대부분을 수면 위로 부상시키며 선박을 지지하는 방식이다(**그림 6-3 아래**).

선형상의 특징은 다음과 같다. 차인(chine)은 고속에서의 파도스프레이(wave spray)를 줄이기 위해 선체저면과 선체측면을 연결하는 부위에 설치하는데, 차인의 수에 따라 단일

차인, 이중차인, 다중차인 등으로 부르고 차인의 형상에 따라 경식차인, 연식차인 등으로 나뉜다. 경식차인(hard chine)은 각진 형태(right angle)이며 연식차인(soft chine)은 단이 아닌 보다 부드러운 형상의 차인을 말한다. 일반적으로 경식차인은 초기안정성(initial stability)이 좋지만 부가안정성(secondary stability)이 거의 없으며 연식차인은 초기안정성이 약간 작지만 부가안정성은 더 좋다. 한편 선수 부분은 조파저항을 줄이기 위하여, 선미 부분은 양력을 얻기 위하여 직선적인 선형을 이루며, 양력면을 크게 하기 위하여 흘수에 비하여 폭이 넓은 특징이 있다. 선체의 형상이 전체적으로 V형에 가깝고 선미에서도 그 형상을 유지하며, 일반적인 배수량형 선형에 비하여 큰 선저경사(deadrise, 선체바닥과 기저면이 이루는 각)를 가지며, V형의 형상에 따라 깊은 V형과 얕은 V형이 있다.

활주선형은 고속의 소형 함정, 어선, 경정 등에 주로 적용되며 양력에 의한 선체지지 정도에 따라 비활주선, 반활주선, 전활주선의 세 가지로 나눌 수 있다. 구분의 기준은 체적 Froude수(volumetric Froude number), F_∇로 다음과 같이 정의한다.

$$F_\nabla = U/\sqrt{g\nabla^{1/3}} \tag{3}$$

여기서 U는 배의 속도, g는 중력가속도, ∇는 배수용적을 각각 나타낸다. 일반적으로 F_∇가 2.5 이하의 선형은 선체가 부력에 의하여 지지되는 비활주선 선형이며, **그림 6-10**에 그 정면도를 비교 목적으로 도시했다.

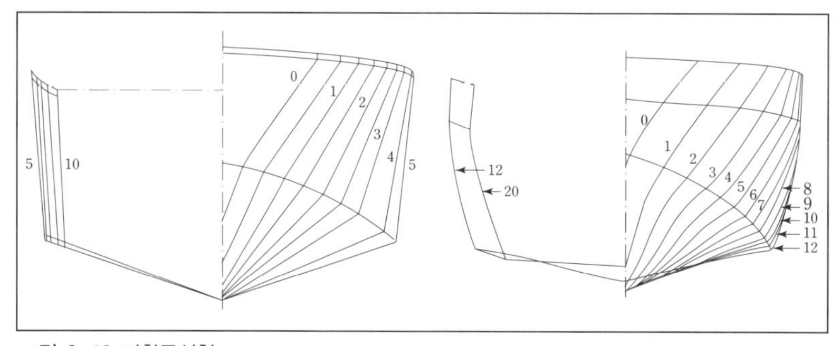

그림 6-10 비활주선형

1) 반활주선

F_∇가 2.5~4.0인 선형이며, 선체가 부력과 양력 모두에 의하여 지지된다(**그림 6-11**). 고속항주 시에는 동압에 의한 양력으로 배수량의 20~30%를, 그 나머지를 정수압에 의한 부력으로 선체를 지탱한다. 또한 선속이 빨라지면서 양력은 증가하고 부력과 동적 트림(dynamic trim)은 감소하는 경향을 보인다. 이 선형은 일반 선박과 같이 연속되는 곡면으로

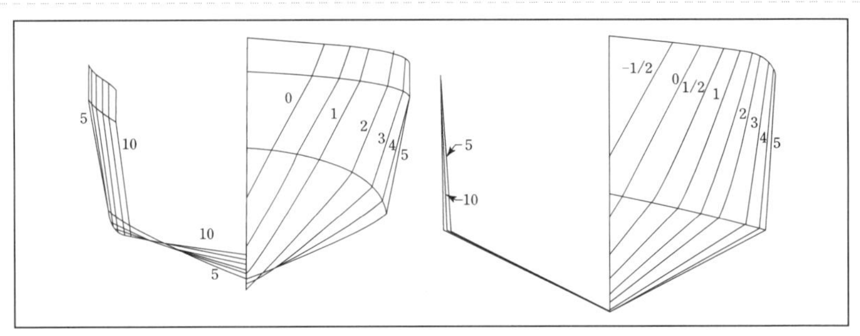

그림 6-11 반활주선형

이루어진 형상을 가지며, 길이-배수량 비의 범위는 6~7이 적절하다. 평수에서는 전활주선이 저항 측면에서 차인을 가진 반활주선보다 우수하지만, 파랑 중에서는 반활주선의 내항성능이 전활주선보다 우수한 것으로 알려져 있다. 현재 활약하고 있는 소형 고속정 중에는 반활주선이 많은 편이다.

반활주선에 대한 저항성능을 추정할 수 있는 저항추정 계열도표(series chart)에는 Taylor 계열도표, Yamagata 계열도표 및 KND 계열도표 등이 있다. 그 중에서 Taylor 계열도표는 순양함 158척의 선형에 대한 모형시험을 통해 얻어졌으며 주형비척계수 C_P, B/T 및 ∇/L^3의 변화에 따라 주어진 속장비 $V/\sqrt{L}$에서 잉여저항계수 C_R을 추정할 수 있도록 주어졌다. 최근에 개발된 KND 계열도표는 체계적으로 얻어진 19척의 계열 선형에 대한 모형시험을 통하여 작성되었으며[5], 그 주요 계열변수는 C_P, B/T, ∇/L^3 및 LCB이다.

2) (전)활주선

F_∇ 가 4.0 이상의 선형이며, 동압에 의한 양력으로 선체 중량의 50% 이상을 지지하면서 선저 끝의 일부만 수면에 닿은 상태에서 활주한다(그림 6-12, 6-13). 길이-배수량 비는 잔잔한 바다에서 운항하는 선박은 4~5, 거친 바다에서 운항되는 선박은 6~7이 적절하다. 반활주선에 비해 내항성능이 좋지 않아서 최근에는 이를 향상시키기 위해 깊은 V형, 즉 선저

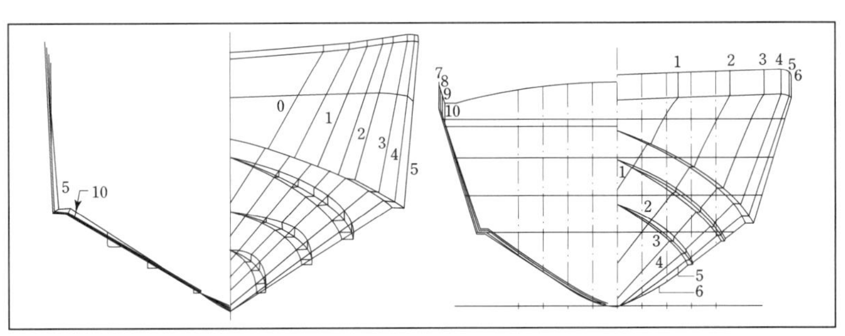

그림 6-12 전활주선형

그림 6-13 전활주선형

경사를 크게 하며, 또 L/B를 크게 하고 있다. 또한 현재 활약하고 있는 고속선 중에서 선호도가 꽤 높은 것으로 알려져 있다.

활주선의 경식차인형은 소형 고속정에 주로 채택되고 있으며, 고속선형 중에서는 고속화가 가장 유리하다. 또한 경식차인형의 활주선에 대한 저항성능을 추정할 수 있는 다양한 저항성능 추정 계열도표가 있고, **그림 6-14**와 같이 주요요목과 선형계수를 이용하여 초기 저항성능을 간단히 추정할 수도 있다.

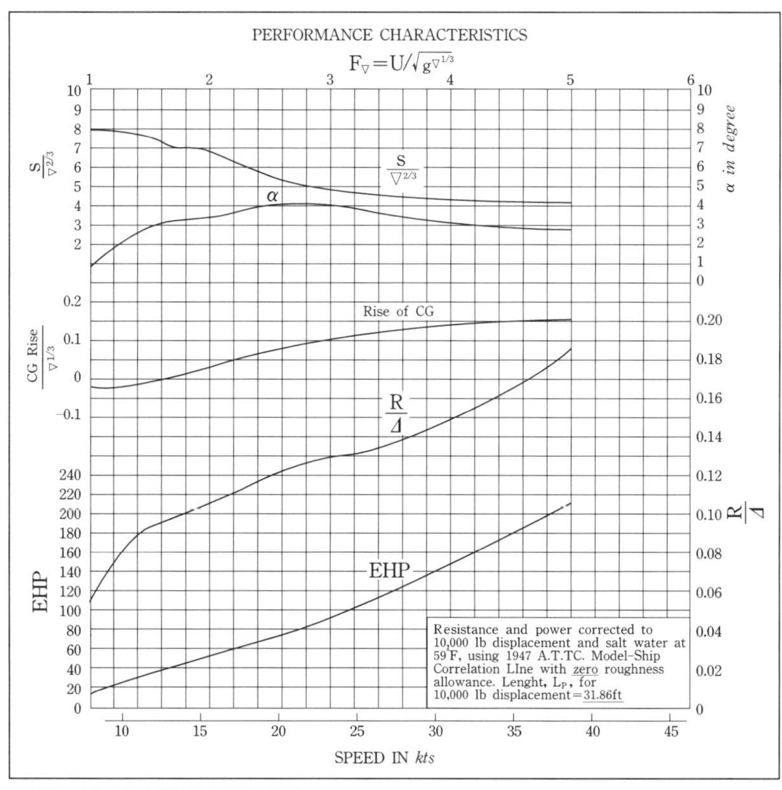

그림 6-14 활주선의 유효동력 추정

6_5_ 공기정역학적 지지방식

_ 공기정역학적 지지방식은 선체저면에서 공기를 분사하여 선체를 떠오르게 하여 전진하는 방식으로서 분사된 공기에 의하여 선체가 지지되는 방식이다. 이러한 방식의 선형으로는 공기부양선과 표면효과선이 있다. 공기부양선은 선체 바닥면으로 공기를 분사하고 그 주위에 고무스커트(flexible skirt)를 부착하여 공기가 빠져나가지 못하도록 하여 선체를 지지하는 방식의 선형이다. 표면효과선은 쌍동선과 비슷한 형태의 선체형상을 가지며 선저에 분사된 공기를 좌우방향으로는 선체인 고정측벽(rigid side wall)으로, 전후방향으로는 고무스커트로 막아서 선체를 지지하는 방식의 선형이다. 공기부양선은 일반적으로 공기 중에서 공력프로펠러를 이용하여 추진력을 얻고, 표면효과선은 물분사나 수중프로펠러를 이용하여 추진한다.

6_5_1_ 공기부양선

공기부양선은 추진장치와는 별도로 송풍기(fan) 같은 기관 및 장치를 이용하여 선체의 저면에 공기를 불어넣어서 선체와 바닥면 사이, 즉 고무스커트로 둘러싸인 공기부양실(air cushion chamber) 내부에 형성된 공기압력으로 선체를 지지하는 방식의 선형이다(그림 6-15, 6-16). 공기부양선이라는 명칭 외에도 Hovercraft Development 사의 상품명인 호버크래프트(hovercraft)로 부르기도 한다.

그림 6-15 공기부양선

공기부양선은 공력프로펠러(air propeller)를 공기 중에서 회전시켜 추력을 얻기 때문에 공기 중의 소음은 상당히 크지만 수중소음이 작고 수중 구조물이 없어서 수중충격에 강할 뿐만 아니라 수륙양용의 임무를 수행할 수 있다. 따라서 소해정이나 고속 상륙정 또는 얼음 위를 다니는 특수임무 등에 적용할 수 있다.

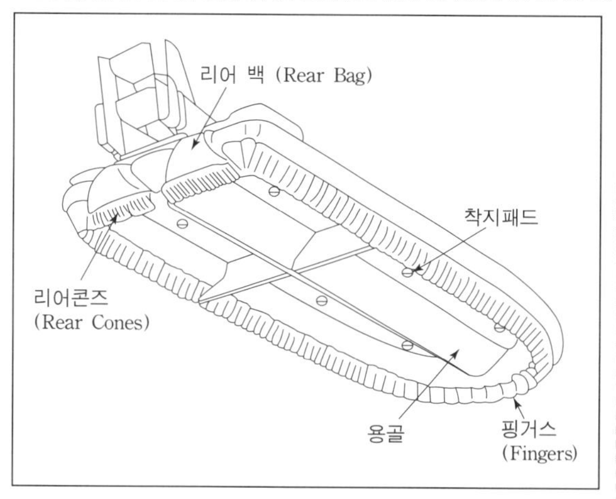

그림 6-16 공기부양선의 개략도

공기부양선은 부양하는 방식에 따라 크게 두 가지로 나뉜다. 저면에서 뿜어나오는 공기를 스커트 등으로 막아서 새지 않도록 하는 충만실(plenum chamber)형과, 바닥의 바깥쪽에서 안쪽으로 압축공기를 뿜어서 공기가 새지 않도록 하는 환상분사(annular jet)형이 있다. 공기부양선이라는 개념의 선박에 대한 최초의 기록은 1716년 스웨덴의 과학자이자 철학자인 E. Swedenborg가 남겼다. 그의 개념은 비록 실현되지 않았고 선박도 만들어지지 않았지만 Swedenborg는 이러한 개념의 선박을 실현하기 위해서는 그 당시의 가능한 동력원(인력)보다 더 강력한 동력원이 필요함을 간파하였다. 1870년대 중반 영국의 기술자 Sir J. Thornycraft는 공기부양효과에 대한 연구목적으로 몇 개의 모형선을 만들었으며 그에 대한 특허도 출원하였지만 내연기관이 아직 발명되기 전이었기 때문에 그의 연구 역시 실패하였다. 그러나 이를 기점으로 미국과 유럽의 기술자들은 이와 같은 개념이 적용된 선박을 실현하기 위하여 많은 노력을 기울이게 되었다. 1950년대 초반 영국의 발명가 C. Cockerell은 공기윤활(air lubrication)에 관심을 가지면서 이를 보다 확장시킨 공기부양선 실험을 시작하였으며, 1955년에 그는 'Neither an airplane, nor a boat, nor a wheeled land craft(비행기도 아니고 보트도 아니며, 더욱이 바퀴도 없는 육상 운송체)' 에 대한 특허를 얻게 되었다. 그는 1956년 조선업자로 하여금 2*ft* 크기의 견본을 만들도록 하여 군관계자 앞에서 시연을 펼쳤지만 관심을 끄는 데에는 실패하였다. 그러나 이에 굴하지 않고 1959년 상업용으로 1인승 호버크래프트를 제작하여 영국해협을 건너는 데 성공하였으며, 1962년 영국에서 최초의 상업적인 여객운송을 시작하게 되었다. 그 후 영국의 도버해협 횡단의 명물로 이용되던 공기부양선이 2000년 10월을 마지막으로 사라지면서 상업적인 이용은 점차 줄어드는 추세이다. 그러나 레저와 군사용으로 아직도 그 명맥이 유지되고 있다.

공기부양선은 물과의 접촉에 의한 마찰저항과 조파저항을 거의 받지 않거나 받더라도 매우 적기 때문에 일반 선박에 비하여 4~5배, 수중익선에 비하여 2~3배 정도의 고속이 가능하여, 크기와 형태에 따라 다르지만 비교적 평온한 수면에서는 30~50kts 속력을 낼 수 있다. 한편 건조 및 정비에 관하여 장소에 제약이 없고, 항만에 특별한 설비 없이 보통의 해변에서도 발착할 수 있다. 또 갑판 면적이 넓어 육지와 도서간 항로뿐만 아니라 관광용과 고속화물 수송용으로 이용할 수 있고 군용으로도 장래성이 크다.

파도가 심한 경우에는 수표면이 고르지 않아 공기가 빠져나가면서 부양실 내부의 압력이 감소하여 선체가 지지되기 어렵기 때문에 내항성능이 취약하다. 육상에서 운항하는 경우 기존 도로의 노폭을 조절하는 문제와 소음, 먼지 등의 문제가 남아 있고, 선가가 비싸다는 문제점이 있다. 또한 선체의 대부분이 수면 부근에 있으므로 파도에 의한 영향을 많이 받으며, 양력 지지방식보다는 대형화가 용이하나 1000~1500톤을 한계로 보고 있다.

6_5_2_ 표면효과선

표면효과선은 쌍동선의 형상을 가진 선체를 고정측벽으로 하고 앞쪽과 뒤쪽을 스커트를 이용하여 막은 다음, 그 안에 공기를 불어넣어 생성된 공기압으로 선체를 부양시켜 추진하는 선박으로, 기본적으로는 공기부양 방식과 유사하다(**그림 6-17**).

표면효과선을 보다 정확히 표현하자면 공기부양선과 쌍동선의 복합형으로, 일반 선형에 비해 30~40%까지 동력절감이 가능한 에너지절약 선형이다. 표면효과선은 선체 중량의 85~90%를 팬(fan)에 의해 생성된 공기정역학적 양력으로 지지하며, 이로 인해 양쪽 측벽

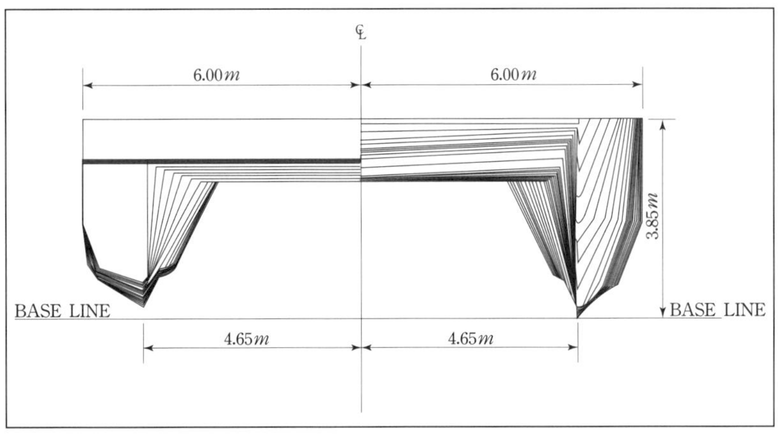

그림 6-17 일반적인 표면효과선 선형

의 침수표면적을 크게 감소시킨다. 즉 표면효과선은 공기부양층(air cushion) 위에서 활주하기 때문에 동일한 크기의 단동선 또는 쌍동선에 비해 마찰저항이 감소한다(**그림 6-18**).

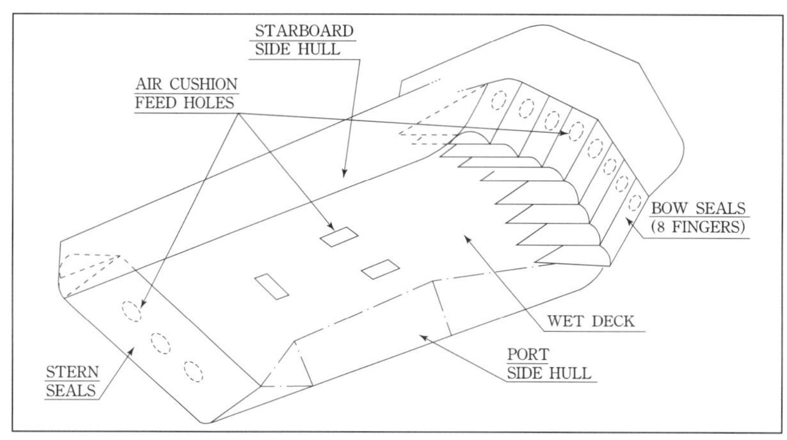

그림 6-18 일반적인 표면효과선의 개략도

따라서 표면효과선은 공기부양이 없는 선체만의 상태와 공기에 의해 선체가 완전히 부양된 상태로 구분해서 저항성능을 추정하여야 하며, 공기부양이 전혀 없는 상태에서는 선체의 저항성분이 $Fn=0.6$인 반활주선과 매우 비슷하다.

공기부양선은 대체로 공력프로펠러를 이용한 추진력의 제한 때문에 대형선의 개발이 어렵고 큰 파랑 중에서 조종성능 및 내항성능이 저하된다. 따라서 이러한 단점을 개선하기 위해 1960년대부터 미국에서 표면효과선이 군사용으로 연구, 개발되었는데, 표면효과선은 주로 물분사(water jet)와 같은 수중추진기를 이용한다. 또한 표면효과선은 공기에 의한 부양효율이 공기부양선보다 우수하며, 공기부양실의 공기압력 제어에 의한 내항성 향상에도 실효성이 있어 고속 대형선 분야에서 유리하다. 공기부양선은 수륙양용인 데 반해 표면효과선은 수중에서만 운항하는 것도 다른 점이라고 할 수 있다.

1960년대 이후 연안여객선과 소형 고속정, 기뢰부설함 같은 다양한 선박에 대해 표면효과선을 응용하는 연구가 활발하게 진행되었다. 우리나라에서는 삼성, 세모가 표면효과선의 여객선을 건조한 경험이 있으며, 프랑스의 Agnes 200, 이탈리아의 SES 500, 노르웨이의 CIRR 120P 등 각국에서 표면효과선 개발이 이루어지고 있다(**그림 6-19**).

표면효과선은 공기부양선에 비하여 부양에 필요한 공기가 적어 부양동력의 효율이 높고 내항성능이 우수하여, 같은 적재량과 동력을 가진 쌍동선과 비교할 때 40~50kts의 속도영역에서 10kts 정도 속력을 더 얻을 수 있다는 장점이 있다.

그림 6-19 표면효과선형 함정

그러나 파고가 3m 이상인 경우 연안여객선 크기의 배로서는 내항성이 취약하고, 공기부양선에 비해 고정측벽이 구성하는 선체와 부가물의 저항이 추가된다. 또 공기부양실에 Helmholtz형(Helmholtz type) 공진현상이 발생하는데 공진 진동수는 통상 낮지만, 예를 들어 200톤급 30m 길이의 표면효과선에서는 해양파의 파장이 10m일 경우에 공명이 일어날 수 있다는 문제점이 있다. 선수 및 선미의 씰(seal)의 내구성도 문제인데, 선미 씰이 1600운항시간, 선수 씰은 900~2000운항시간 정도밖에 견딜 수 없기 때문에 씰의 교환을 위해 입거시켜야 하며, 이에 따른 비용과 운휴일의 증가 등으로 유지비가 상승하는 단점이 있다.

6_6_ 복합선형

복합선형은 부력, 동역학적 양력 및 공기부양을 혼합해서 사용하는 것으로서 다양한 설계 선형이 제안되었으나 실제로 건조된 배는 그렇게 많지 않다. **그림 6-20**에 나타낸 Jewell의 삼각형(Jewell' s triangle)은 세 가지 부양방식, 즉 부력, 동역학적 양력 및 공기부양의 양력을 3개의 극점으로 잡고 이들을 적절히 조합함으로써 여러 가지 새로운 종류의 복합선형을 만들어낼 수 있음을 보여준다.

즉 Jewell의 삼각형에서, 보통의 배수량형선은 (10, 0, 0), 수중익선은 (0, 10, 0), 공기부양선은 (0, 0, 10)으로 각각 표시된다. 예를 들어 부력 70%와 수중익 양력 30%로 지지되는 소수선면단동선(SWASH; Small Waterplane Area Single Hull)은 (7, 3, 0)인 복합선형이며, 부력과 수중익 양력이 각각 50%인 수중익-소수선면단동선(HYSWASH; HYdrofoil Small

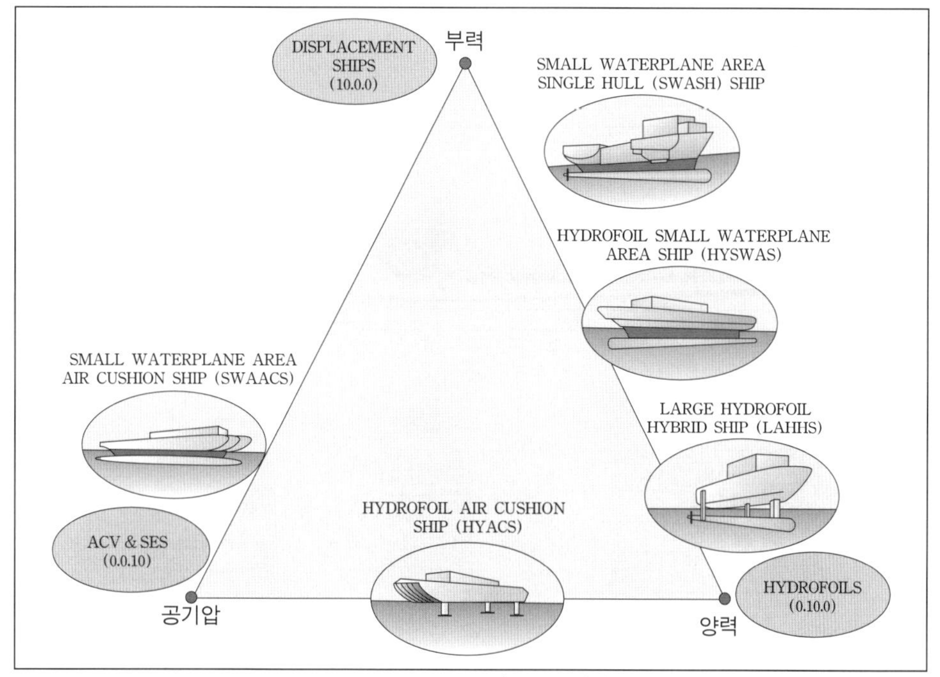

그림 6-20 배의 지지방식과 복합선형(Jewell의 삼각형)

그림 6-21 1994년 TSL 실험선

Waterplane Area Single Hull)은 (5, 5, 0)으로 나타낼 수 있다.

이하에서는 일본에서 개발된 TSL에 대하여 소개한다(그림 6-21, 6-22). TSL은 속력 약 50kts 이상, 적재중량 1000톤 이상, 항속거리 500해리 이상의 수송체로서 내항성능 확보를 개발목표로 삼은 신형 초고속선으로, 주기관은 90,000PS의 가스터빈이고, 선가는 100~150억 엔, 그리고 해상상태 6에서도 항해가 가능하다.

1989년 7월 일본 운수성이 중심이 되어 대형 조선소 7개사에 의해 TSL 기술연구조합이 설립되었고, 이를 모체로 TSL의 기초적 연구개발, 설계기술이 확립되었다. 1989년을 1차 년도로 하여 5년간의 연구개발이 시작되었는데, 연구개발 3년째인 1991년도에는 70m급(A형)과 16m급(F형) 2척의 실험선 건조에 착수하여 1994년 실험선을 시험하였다.

그 중 A형의 실험선은 다소 개조되어 현재 시즈오카현 소속의 방재선으로 활동하고 있다(그림 6-22). TSL을 현재의 화물선과 비교하면 해수를 공기 중에 분사해서 전진하는 물분사체계를 사용하기 때문에 종래의 프로펠러를 이용하는 선박에 비해 추진력이 크게 향상되었다. 또 호버크래프트처럼 공기를 아래방향으로 분사하고, 수중익을 선저에 부착하고 있어 항해 시 받는 물의 저항이 대단히 작다. 따라서 기존 선박에서는 24kts 정도가 경제성

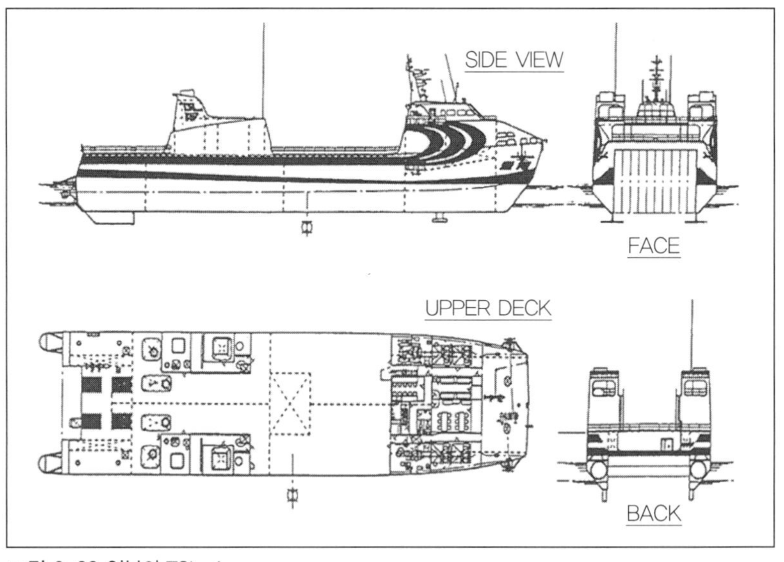

그림 6-22 일본의 TSL-A

관점에서 고속화의 한계로 인식되고 있음에 비해 TSL은 50kts 전후의 속력을 무리 없이 낼 수 있는 것으로 알려져 있다.

TSL은 수면 아래의 선체 부분이 적을 뿐만 아니라 특수 센서에 의해 선체 균형을 감지하고 그 자료를 컴퓨터가 판단하여 최적의 균형을 유지함으로써 항해 시 파도의 영향을 최소로 억제할 수 있어 안정된 운항으로 황천 시에도 항해가 가능하다.

TSL이 실용화되면 항공기와 화물선의 중간 형태로서 수송수단의 다양화를 도모할 수 있는데, 일본에서는 최근 대도시권의 물류비용 상승 등으로 국내의 중 · 장거리 화물 수송, 일본 및 동남아의 국제화물 수송에 TSL을 이용할 것을 상정하고 있다.

6_7_ 위그선

위그선이란 항공기가 지면 혹은 해면 위를 낮게 비행할 때 발생하는 양력의 증가와 항력의 감소로 양항비가 급격히 증가하는 점을 이용하여, 경제적으로 시속 100~500km의 속도범위에서 해면 위를 낮게 비행하는 선박을 뜻한다(**그림 6-23**).

위그선 개발 역사는 70여 년이나 되지만 1980년대 말 구소련 공산체제가 무너지면서 러시아에서 개발된 위그선(러시아어로 Ekranoplan)이 서방세계에 알려졌고, 차세대 초고속 해상 수송수단으로 재조명되고 있다. 러시아에서 개발된 위그선들은 모두가 군사용이었고, 냉전체제가 무너진 후 러시아는 물론 서방세계에서는 이들의 민수 및 상업적 이용으로의 전환을 모색하고 있으며, 이미 몇 척의 민수용 소형 위그선들이 개발되었다. 최근에는 우리나라에서도 국책사업의 일환으로 상업용 위그선을 개발하고 있다.

그림 6-23 위그선

✤ 연습문제

1. 본문에서 언급한 바와 같이 소수선면선의 전체저항을 나타내는 6개 성분들의 저항치를 구하는 방법을 각각 조사하시오.
2. 쌍동선에 대한 저항성분 요소들을 구체적으로 구분하고, 속도에 따라 전체저항을 구하는 방법을 서술하시오.
3. 초기설계 단계에서 활주선의 저항성능을 간단히 추정할 수 있는 계열도표들을 조사하고, 각 도표의 특성을 간단히 설명하시오.
4. 본문에서 언급한 고속선 선형들에 대하여 속도증가에 따른 저항성능의 변화를 간단하면서도 구체적으로 비교하시오.

✤ 참고문헌

[1] Report of the High Speed Marine Vehicle Panel, 16th ITTC, 1981, 18th ITTC 1987 and 19th ITTC, 1990.

[2] Jussi L. et al., 1995, Superslender monohull with outriggers, FAST' 95.

[3] 강국진 외, 2000, 2500톤급 삼동선의 저항추진 특성, 2000년 춘계 대한조선학회.

[4] 전호환 외, 1993, 소수선면 쌍동선의 저항추진 특성, 1993년 하계강습회, 대한조선학회.

[5] 이춘주, 2003, 반활주형 선형에 대한 선형계열화 및 저항계수 추정 연구, 충남대학교 박사학위논문.

✤ 추천문헌

[1] 구종도, 1997, **함정공학특론**, 해군사관학교.

[2] 신명수, 1993, 각종 고속선의 저항추진성능, 1993년 하계강습회, 대한조선학회.

07

추진 서론

서정천
교수
서울대학교

■

7_1_ 역사

7_1_1_ 초창기 추진장치

배가 일정한 속도로 움직이면 물과 공기로부터 저항을 받으며, 이 저항은 추진장치가 공급하는 추진력과 평형을 이룬다. 추진동력에 따라서 추진방식을 분류하면, 인력추진, 풍력추진, 기계력추진으로 나눌 수 있다. 풍력추진을 제외하고 배를 움직이는 추진력은 배의 진행방향과는 반대방향으로 유체를 가속시킴으로써 발생하는 그 반작용으로 얻어진다.

인류 역사의 초기에는 뗏목, 통나무배의 추진력이 사람이 젓는 노(oar)에 의하여 제공되었다. 그 후 18세기까지는 돛단배와 목조범선처럼 돛(sail)에 작용하는 풍력이 배를 추진하는 역할을 맡았고, 19세기 이후에야 화물선과 여객선에서 분사 추진장치(jet propulsor)와 외륜(paddle wheel) 등의 추진장치가 사용되기 시작하였다.

분사 추진장치는 기계력을 이용한 최초의 추진장치로서 지금의 물분사 추진장치(water jet propulsor)와 작동원리가 같으며, 1661년 영국에서 Toogood과 Hayes가 특허를 얻었던 것으로, 원동기(prime-mover)와 펌프(pump)를 연결하여 물분사를 만들어 추력을 얻는 장치이다. 즉 물을 펌프로 빨아들여 선미 쪽으로 높은 속도로 분사하고 그 반작용으로 추력을 얻는 것이다. 그러나 이러한 분사 추진장치는 그 당시 선박이 얻을 수 있는 속도범위에서는 다른 방식의 추진장치보다 효율이 떨어졌으므로 특수선박에만 이용되었다.

최초로 상업적인 성공을 거둔 외륜선은 1807년 Robert Fulton이 건조하였는데, 뉴욕의 허드슨강에서 여객운송에 쓰였던 Clermont호는 강의 흐름을 거슬러 평균시속 5마일의 속도를 기록하였다. 이후 1850년경까지는 외륜을 장착한 증기선의 전성기였으며, 증기원동기를 보조장치로 가지고 있던 미국의 320톤 범장선 Savannah호는 대서양을 횡단한 최초의 외륜 증기선이었고, 뒤를 이어 많은 선박이 비슷한 방법으로 건조되었다.

통상 외륜은 현측에 장착되어 현측외륜선(sidewheeler)이 주종을 이루고 있었는데, 미국의 미시시피강을 비롯한 여러 하천에서 운항하던 선박들은 선미에 외륜을 장착하였다. 이러한 선박은 선미외륜선(sternwheeler)이라고 부르는데, 강이나 잔잔한 물에서 운항하는 유람선이나 예인선으로서는 쓸모가 있었다. 왜냐하면 장착된 선박의 흘수변화가 크지 않고, 커다란 프로펠러를 사용하기에는 수심이 얕았기 때문이다.

7_1_2_ 기술 변천과정

오늘날과 같은 나선형 프로펠러(screw propeller)가 등장하기까지의 중요한 기술 변천과정을 살펴본다.

1) 1850년대 전후의 아일랜드 기근, 유럽 각국의 정치적 혁명, 미국의 서부개척에 따라 1848년부터 유럽인들의 미국이민이 늘어났고, 이처럼 대서양 여객수송이 증가하는 상황에서 우편사업의 잉여금을 지원받아 많은 증기선이 건조되었다. 한편 1869년 수에즈(Suez)운하가 개통되면서 증기선만 통과가 허용되자, 유럽에서 아프리카대륙을 돌아서 인도, 중국으로 가던 범선들이 증기선으로 대체되기 시작하였다.

2) 미국의 독립전쟁 이후 영국은 미국이 전통적인 해운시장인 대서양항로에 진입하는 것을 꺼리고 있었고, 이에 미국 선주들은 아편, 비단 등의 상품 수송을 위해 중국항로를 주목하였다. 프랑스혁명과 나폴레옹전쟁에서 효용성을 보인 클리퍼(clipper)를 활용하게 되었고, 1840년대에 이르러 일반 범선과는 차별화된 클리퍼에 대한 설계개념을 정립하였다. 일찍부터 부정기 범선의 불리한 점을 극복하고자 했던 미국은 1818년 정기선 운항을 시도하였고 이후 수요 팽창에 따라 많은 정기선 운항회사가 생겼는데, 해운업 전반에 새로운 자극제로 작용하였다. 이와 같은 상황에서 악천후에도 정기적으로 운항할 수 있는 증기선에 대한 요구는 점차 커질 수밖에 없었다.

3) 당시에 사용되던 현측외륜선들은 대양항해에는 부적합한 면이 많았다. 배의 배수량 변화에 기인하는 흘수 변화에 따라 외륜이 물에 잠기는 깊이가 크게 변화하였으며, 선박의 횡동요 시에는 외륜이 물 밖으로 나오게 되므로 항로유지가 곤란하였고, 거친 바다에서는 외륜의 파손 또한 감수해야 했다. 또한 외륜이 상당히 저속으로 회전하기 때문에 크고 무거운 기관을 사용해야 했는데, 추진장치로서 효율은 높았으나 보수 유지 등의 운영상 어려움이 많았다. 현측외륜선은 조종성능이 우수한 편이었으나 다른 추진장치를 사용하더라도 비슷한 조종성능을 얻을 수 있었으므로 외륜의 대체는 필연적이었다.

터빈을 사용하여 물을 빨아들이고 관이나 노즐을 통하여 물을 분사하는 장치인 물분사 추진장치가 고안되기도 하였으나, 결국 나선형 프로펠러가 등장하였다. Ericsson과 Smith

는 각각 1836년과 1837년에 5척의 선박에 프로펠러를 시범적으로 적용하였으나, 실선 적용상 많은 문제점을 보였으므로 후속실험이 요망되었다. 나선형 프로펠러는 외륜과는 달리 고속회전을 요구하였으며 따라서 고속구동을 위한 장치가 필요하였다. 또한 고속회전은 진동 문제를 야기하였고, 목선으로서는 이러한 문제의 해결이 어려워 결국 철선으로의 변화를 가속시켰으며, 여객실은 선미에서 중앙부로 옮겨졌다. 다양한 형태의 프로펠러를 개발하여 실선에서 발생하는 진동 문제를 해결하려는 노력이 1850년대까지 이루어졌다.

1850년대 초기 영국 해군이 프로펠러를 채택하기 시작하자, 정기운항 증기선에서도 프로펠러가 점차 사용되기 시작하였다. 나선형 프로펠러에 대한 신뢰가 점차 커지면서 프로펠러를 장착한 배의 보험료도 4%에서 1.25%로 감소하였다. 정기선 운항회사인 Inman Line은 1850년에 나선형 프로펠러를 택하였으며, 나선형 프로펠러가 현측외륜을 대체하는 추진방식이 될 수 있다는 것이 입증되자 외륜선의 수는 급속히 줄어들었다.

7_1_3_ 나선형 프로펠러의 등장

나선형 프로펠러는 외륜에 비하여 많은 장점을 가지고 있다. 즉 운항 중 흘수가 변화되어도 추력에 미치는 영향이 거의 없고, 거친 해상상태나 충돌 등으로부터도 잘 보호되며, 선박의 폭을 크게 해야 할 필요도 없다. 뿐만 아니라 외륜보다 빠른 속도로 회전하도록 만들어져 있으므로 효율이 좋았고, 따라서 작고 가벼운 기관을 사용할 수 있었다. 특히 대양을 항해하는 선박은 외륜 대신 나선형 프로펠러를 장착하게 되었는데, 1843년에 진수되었고, 나선형 프로펠러를 장착한 기선 Great Britain호●는 1845년에 동종의 배로서는 최초로 대서양을 횡단하였으며 나선형 프로펠러와 관련된 실질적인 실험대상이 되었다.

● Great Britain호: 설계자 I. K. Brunel, 진수 1843년, 길이 322ft (98.1m), 폭 50.5ft (15.4m), 깊이 32.5ft(9.9m), 배수량 3618톤, 철선, 돛/프로펠러 장착, 첫 항해 1845년.
2차례 항해 후 1846년 프로펠러 날개수를 6개에서 4개로 바꾸고, 돛을 6개에서 5개로 줄였다. 프로펠러의 설계와 평가는 W. Froude에 의하여 이루어졌다 [1].

이때부터 나선형 프로펠러는 선박 추진장치에서 왕좌를 차지하게 되었는데, 특히 나선형 프로펠러는 어려운 운항조건에서 보다 큰 추력을 내는 데 적합하다는 것이 입증되었다. 특정한 선형이나 운항조건에 따라 여러 가지 형식의 추진장치가 쓰이기는 했지만 프로펠러는 선박 추진장치에서 경쟁상대가 없었다.

1850년대 이전에도 지금의 나선형 프로펠러와 유사한 형태가 소개된 바 있다[2]. Robert Hooke은 1683년 프로펠러와 비슷한 형태로서 직사각형 날개판을 회전하는 수평축에 경사지게 고정함으로써 풍차(windmill)효과를 이용하여 유속을 계측하는 기구를 발명하였다. 이를 개선한 기구가 1752년 베르누이에 의해 소개되었으며, 비슷한 시기에 프랑스 수학자 Paucton은 Archimedes의 나사형(Archimedes' screw) 기구를 제안하였다. 1785년 영국의 J. Bramah는 프로펠러를 선미에 장착할 것을 제안하였다. 그는 수선면 아래로 선체를 관통하여 수평 회전축에 의하여 구동되며 날개수가 적은 프로펠러를 제안하였으나, 실선에 적용된 적은 없었다. 1803년 E. Shorter는 Bramah의 고안을 일부 바꾸어 구동축이 수면 위의 선체를 지나도록 하였다. 평수 중에서 시속 1.5마일을 기록하였으나 더 이상 적용되지는 않았다. 1804년 미국의 육군대령 J. Stevens는 Shorter의 제안을 수용하여 25*ft* 선박에 증기기관을 장착하고 날개수가 4개인 프로펠러로 시속 4마일의 순항속도(간혹 시속 8마일)를 얻었다.

1824년 프랑스의 M. Dollman은 상반회전 프로펠러(contra-rotating propeller)의 개념을 제시하였다. 이 프로펠러는 날개수가 2개인 풍차가 반대방향으로 회전하는 형태를 취하였다. 1828년에는 Ressel에 의해 설계된 나선형 프로펠러를 장착한 길이 60*ft*의 배가 Trieste에서 6*kts*의 속력을 내는 데 성공하였으나, 이러한 성공이 Trieste 조선소의 기술자나 선주들에 의하여 계승되지 못하였다.

1836년 그 당시 영국에 거주하던 스웨덴 육군장교인 J. Ericsson은 베르누이가 제안한 형태와 유사한 상반회전 프로펠러를 설계하여 특허를 출원하였다. 스팬이 짧고 폭이 넓은 8개의 날개를 나선형으로 배열하였으며 날개끝(blade tip)은 가는 스트랩(strap)으로 연결시켰다. 먼저 3*ft* 모형에서 성공적인 결과를 얻은 후, 45*ft* 선박 Franscis B. Ogden에 직경이 5*ft* 2*in*인 프로펠러를 장착하여 템스강에서 수행한 시운전에서 시속 10마일이 가능하다는 것을 보였으나, 현장에 참석한 해군 당국자는 시운전 결과를 기대에 미치지 못한 것으로 생각하였다. 그 후 미국으로 건너간 Ericsson은 1843년 미국 해군함정 Princeton호를 위해 첫 번째 나선형 프로펠러를 설계하였다.

1837년 훗날 기사 작위를 받은 영국 농부 F. P. Smith는 6마력 기관의 6톤 선박에 Archimedes의 나사형 프로펠러를 장착하여 평균시속 7마일을 기록하였다. 이 성과에 고무된 영국 해군은 1839년 건조된 길이 125*ft*, 배수량 237톤, 기관 45마력의 Archimedes호에 직경 5*ft* 9*in*, 길이 약 5*ft*인 Archimedes의 나사형 프로펠러를 장착하였다.

1840년의 선박경주에서 인상적인 결과를 보여준 Archimedes호는 Brunel에게 임대되어 몇 가지의 다른 프로펠러를 장착, 시운전을 실시하였는데, 이 결과에 근거하여 Great Britain호의 나선형 프로펠러가 설계되었다. 이후 1900년대 초까지 초창기의 나선형 프로펠러에 대하여 많은 특허와 개발이 이루어졌다. 영국 해군에서는 1840년대에 나선형 프로펠러를 채택하였으나, 대양 상선에서는 1850년대까지도 외륜 추진장치를 선호하여 그 대체가 늦은 편이었다.

결론적으로 1850년대 전후의 사회, 문화, 산업기술 변천의 다각적인 요인이 그 당시 해운업의 발달과 맞물렸고, 조선기술의 복합적인 발전과정, 특히 1780~1900년에 걸친 증기선의 범선 대체와 더불어 나선형 프로펠러가 등장하였다고 볼 수 있다[3].

7_2_ 프로펠러에 대한 차원해석

7_2_1 동력과 추진효율

추진방식에서 대부분의 선종에 이용되는 가장 보편적인 동력기관은 디젤기관(Diesel engine)이며, 증기터빈(steam turbine), 가스터빈(gas turbine), 원자력기관(nuclear engine) 등의 기관, 또는 발전기와 전동기로 이루어지는 전기구동장치를 이용하기도 한다. LNG선은 증기터빈, 전기구동, 군함은 증기터빈, 가스터빈, 원자력기관; 여객선은 증기터빈, 가스터빈, 전기구동; 잠수함은 원자력 등을 주로 사용하고 있다. 가스터빈과 증기터빈의 구성요소를 **그림 7-1**과 **7-2**에 각각 나타냈으며, 기계구동의 추진체계와 전기구동체계의 배열 차이점을 **그림 7-3**에 나타냈다. 특히 군함에서는 무기체계의 통제 및 운용을 포함시킨 통합 전기구동체계를 택하고 있다. 기관과 프로펠러 사이 축계의 일반 배치를 **그림 7-4**에 나타냈다. 나선형 프로펠러를 대별하여 단순형과 복합형, 일체형과 조립형, 고정피치와 가변피치, 우회전

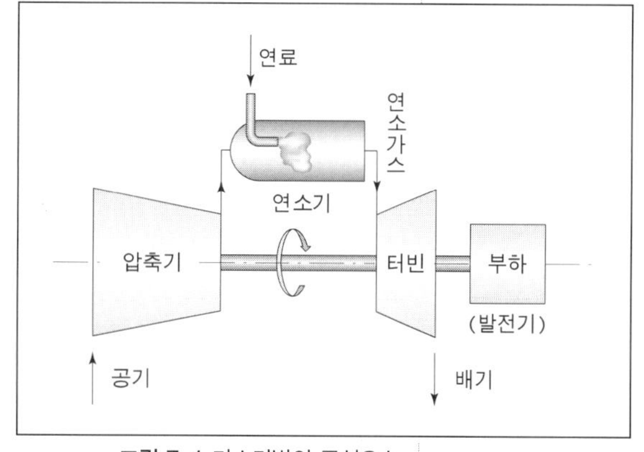

그림 7-1 가스터빈의 구성요소

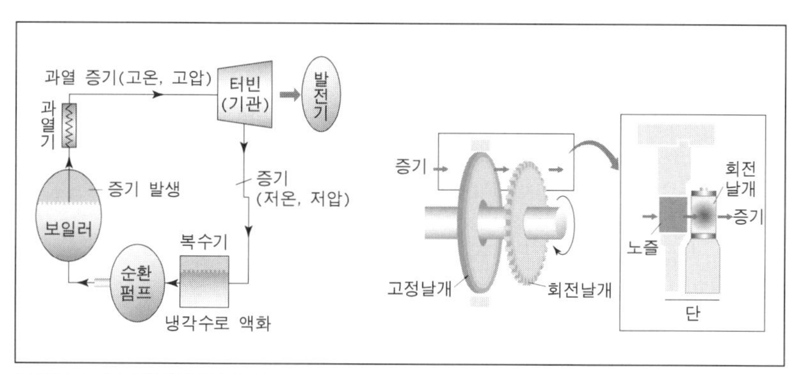

그림 7-2 증기터빈의 구성요소

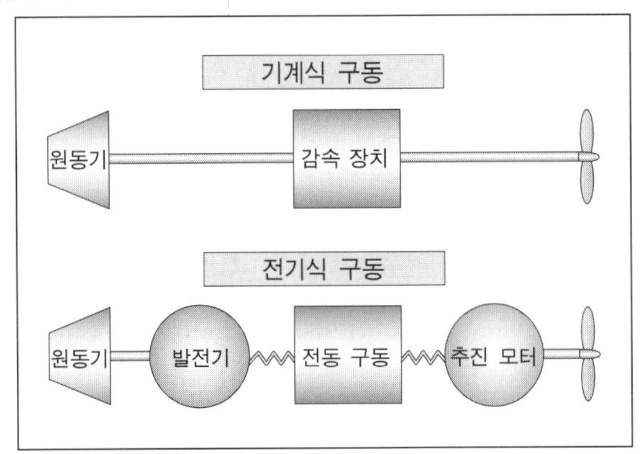

그림 7-3 기계식과 전기식 구동 추진체계의 비교

과 좌회전, 단축과 다축, 단일재와 복합재 등으로 분류할 수 있다.

일반 추진장치 및 특수 추진장치의 종류와 특징에 대해서는 제10장과 11장에서 각각 상세히 기술하기로 한다.

여러 가지 형태를 가진 박용기관의 출력을 정확히 측정하는 것은 매우 어렵기 때문에 일정한 기준과 측정방법을 정하지 않는다. 기관에서 발생하는 동력은 도시동력(indicated power), 제동동력(brake power), 축동력(shaft power), 전달동력(delivered power), 추진동력(thrust power), 유효동력(effective power)의 과정을 거치는 것으로 볼 수 있으며, 축계배치와 각 동력들 사이의 관계를 **그림 7-4**에 나타냈다.

일반적으로 왕복동 증기기관은 도시동력(P_I), 내연기관은 도시동력 또는 제동동력(P_B), 터빈은 축동력(P_S)으로 기관의 크기를 평가한다. 동력의 단위로는 마력(horsepower, hp)이 예전부터 사용되어 왔으며, 영국계 마력은 $1hp = 550ft \cdot lb/s = 76kg중 \cdot m/s = 745.7W$, 미터

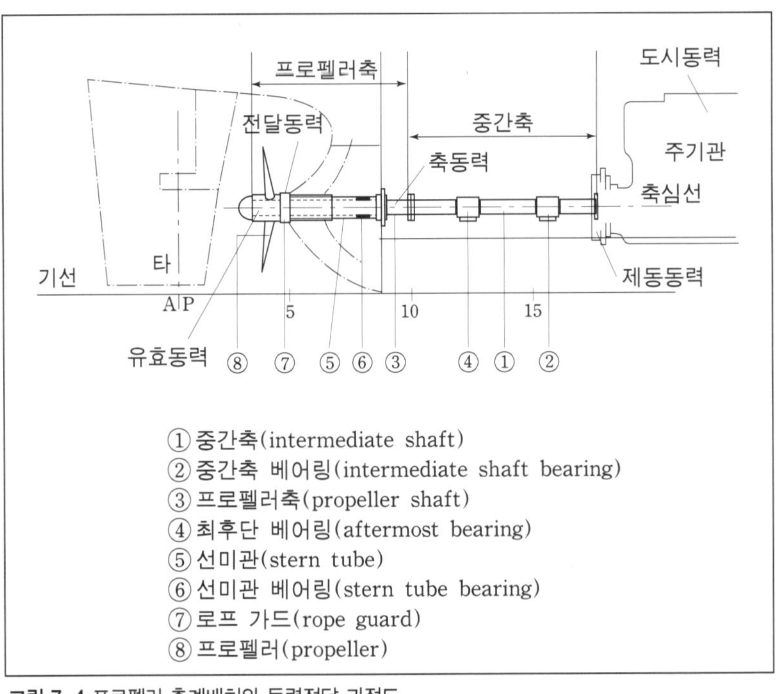

그림 7-4 프로펠러 축계배치와 동력전달 과정도

계 마력은 $1ps=75kg$중$\cdot m/s=736.7W$이고, ps는 Pferde Starke의 약자로 마력의 독일어 표기이다.

선박동력에 관하여 [4]에 기술된 내용을 요약하면 다음과 같다.

도시동력 P_I는 피스톤의 행정(stroke) 길이에 걸쳐 실린더 속의 증기나 기체의 압력을 연속적으로 기록하는 기구(지압기)에 의해 측정된다. 즉 지압기를 사용하여 얻어진 지압선도로부터 평균 유효압력 p_M을 얻으며, 상사점과 하사점으로부터 P_I를 다음과 같이 얻는다.

$$P_I=p_M LAn \tag{1}$$

여기서 L은 피스톤의 행정, A는 피스톤의 유효 면적, n은 초당 연소 횟수이다. 모든 실린더에 대한 P_I 값들을 이와 같이 각각 계산하여 합하면 기관 전체의 P_I가 얻어진다.

제동동력 P_B는 크랭크축에 기계력, 수력, 또는 전기력에 의한 제동기를 붙여서 측정한 출력이다. P_B는 공장 시운전에 의해 다음과 같이 측정된다.

$$P_B=2\pi nQ_B \tag{2}$$

여기서 Q_B는 제동 토크, n은 초당 회전수이다. 프로펠러 설계점에서 기관출력을 선정하는 개념을 **그림 7-5**에 도시하였다.

축동력 P_S는 축을 통하여 프로펠러로 전달되는 동력이다. 이것은 배 안에서 가능한 한 프로펠러에 가까운 곳에 비틂동력계(torsion meter)를 붙여서 측정한다. 이 기구를 사용하면

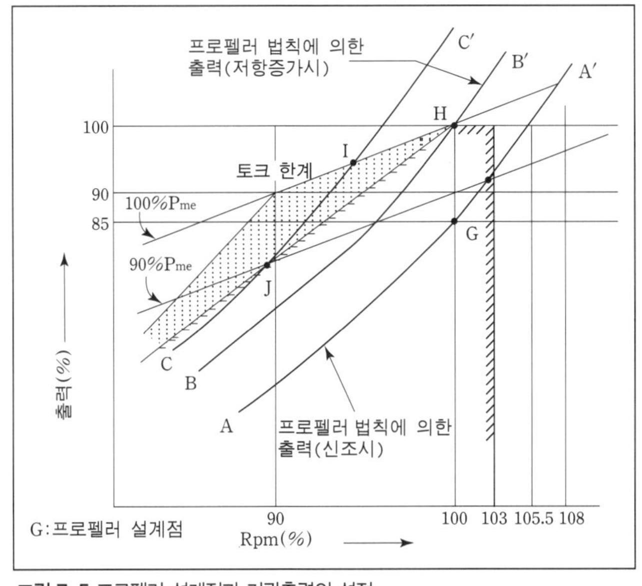

그림 7-5 프로펠러 설계점과 기관출력의 설정

두 단면 사이의 비틂각이 얻어지는데, 이 비틂각은 전달되는 토크에 비례한다. 정확한 결과가 필요한 경우, 비틂동력계를 설치할 축 길이를 측정하여 알고 있는 토크를 걸어 비틂각을 측정함으로써 캘리브레이션상수(calibration constant) $K=QL_S/\theta$를 결정하는 것이 일반적이다. 이 경우에는 측정된 비틂각과 초당 회전수로부터 P_S를 다음과 같이 직접 계산할 수 있다.

$$P_S=K2\pi n\theta/L_S \tag{3}$$

비틂동력계를 설치한 부분과 선미관 사이의 선미관 베어링과 그 밖의 베어링에서 약간의 동력 손실이 있으므로, 실제로 프로펠러에 전달되는 동력, 전달동력 P_D는 비틂동력계에 의해 측정된 값보다 조금 작아진다. P_D는 프로펠러의 회전수를 n, 프로펠러에 전달된 토크를 Q라고 하면 다음과 같이 주어진다.

$$P_D=2\pi nQ \tag{4}$$

프로펠러가 추력 T를 전달하면서 물속을 상대속도, 즉 전진속도 V_A로 진행한다면, 추진동력 P_T는 다음과 같다.

$$P_T=TV_A \tag{5}$$

한편 유효동력 P_E는 배가 받는 저항을 R, 배의 속도를 V라고 하면, 다음과 같다.

$$P_E=RV \tag{6}$$

상기 동력 사이의 도식적인 관계를 **그림 7-6**에 나타냈다.

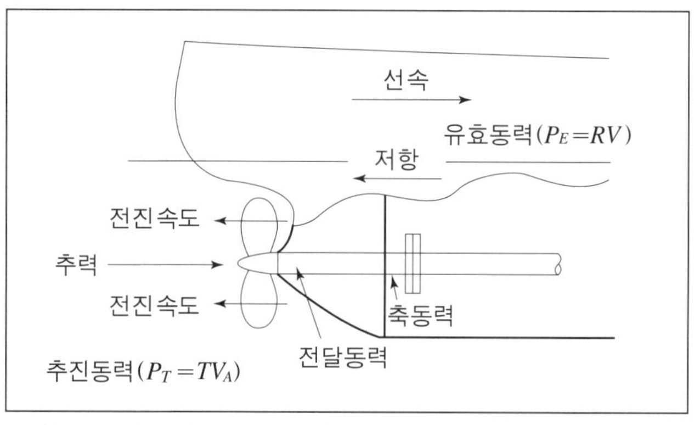

그림 7-6 동력, 추력, 선체저항의 관계

일반적으로 기관의 운전효율은 그 기관으로부터 얻어진 유효한 일 또는 동력과, 그 운전에 소비된 일 또는 동력의 비로 정의된다. 배의 경우에 기관으로부터 얻어지는 유효한 동력은 배를 어떤 속도로 움직이기 위하여 물의 저항력을 극복하는 데 사용되는 동력이므로 바로 P_E이다. 한편 여러 가지 기관이 생성해 내는 동력을 일률적으로 정의한다는 것은 간단한 일이 아니다. 왕복동 기관의 경우에는 실린더에서 발생되는 동력, 즉 P_I를 사용하므로, 종합추진효율(overall propulsive efficiency) η_P는 비 P_E/P_I이다. 터빈의 경우에는 기어장치의 바로 뒤쪽 축에 전달되는 축동력 P_S를 사용하여, 종합추진효율은 비 P_E/P_S가 된다.

기계적인 효율, 기어손실 및 축에서의 전달손실은 모두 기관의 형식과 일반배치에 따라 배마다 다를 뿐만 아니라, 같은 배에서도 기관을 운전할 때의 부하상태에 따라 변하므로 선체-프로펠러 결합체의 수동역학적 효율을 위에서 논의한 종합추진효율로 보기는 곤란하다. 수동역학적 의미를 가지는 효율은 유효하게 사용된 동력 P_E와 실제로 프로펠러에 전달된 동력, 즉 P_D의 비로 볼 수 있으며, 이 비를 준추진효율(quasi-propulsive efficiency) η_D로 정의한다.

$$\eta_D = P_E/P_D \tag{7}$$

축동력 P_S는 기어장치와 추력블럭(thrust block) 뒤의 축에 전달되는 동력이므로, P_S와 P_D의 차이는 축 베어링과 선미관에서의 동력손실을 나타낸다. 비율 P_D/P_S는 축전달효율 η_S로 정의되며, 따라서 터빈을 장착한 배의 종합추진효율 η_P는 다음과 같이 쓸 수 있다.

$$\eta_P = P_E/P_S = (P_E/P_D)(P_D/P_S) = \eta_D \eta_S \tag{8}$$

축전달 손실은 기관의 위치에 따라 달라지는데 기관이 선미에 있는 배에서는 약 2%로 잡고, 기관이 중앙에 있는 배에서는 약 3%로 잡는 것이 일반적이지만 그 근거는 명확하지 않다. 비틂동력계에 의해 측정된 동력을 사용할 경우에는 동력계를 장치한 축의 위치에 따라 그 결과가 달라진다. 그러므로 실제로 프로펠러에 전달되는 동력을 얻기 위해서는 환경이 허용하는 한 선미관에 가장 가까운 부분에 동력계를 설치하여야 한다. 경우에 따라서는 η_S를 1.0으로 가정하기도 한다.

특정한 배에 설치해야 할 터빈이나 디젤기관, 왕복동 증기기관의 제동동력, 도시동력은 기어장치의 효율, 기계적인 효율 및 부하조건에 대한 적당한 자료로부터 추정할 수 있다.

7_2_2_ 단독특성에 대한 차원해석

프로펠러의 성능에 대한 정보는 대부분 단독상태의 모형프로펠러 실험으로부터 얻는다. 9장에서 기술되는 바와 같이 프로펠러 단독상태(open water)라 함은 대상 선체의 뒤에 장착된 프로펠러를 실험하는 것이 아니고 선체 없이 프로펠러만 실험하는 것을 뜻하며, 이와 같은 실험을 프로펠러 단독시험(propeller open water test)이라고 한다(**그림 7-7**). 이 실험은 예인수조에서 프로펠러 구동장치와 계측장치를 탑재한 작은 보트(boat)를 예인차에 연결하고, 이 보트의 앞쪽으로 길게 설치된 회전 구동축 끝에 모형프로펠러를 연결하여 수행한다.

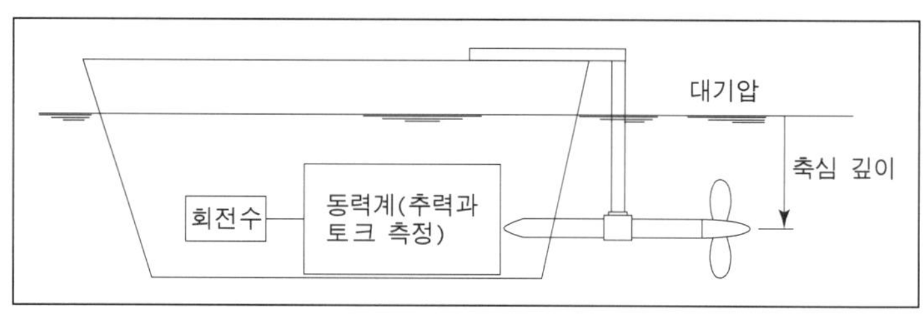

그림 7-7 프로펠러 단독특성(POW) 시험도

프로펠러를 회전시키면서 예인차를 일정한 속도로 움직이면 프로펠러가 교란되지 않은 물속으로 전진하므로, 유입류의 속도가 프로펠러원판 전체에 걸쳐 균일하다고 볼 수 있다. 이러한 실험에서는 실험장치의 계측 범위 내에서 프로펠러 회전수와 예인차의 전진속도 한도 내에서 프로펠러의 추력과 토크를 측정한다.

프로펠러에 대해서도 저항에 대해서와 같이, 차원해석(dimensional analysis)을 적용함으로써 모형선과 실선 사이의 상사법칙을 찾을 수 있다. 단독상태의 프로펠러 추력 T_h●는 다음 변수들에 의해 결정된다고 가정할 수 있다.

● 이 절을 제외한 다른 곳에서는 추력을 T로 표기하나, 여기서는 시간의 차원과 구분하기 위해 T_h를 사용한다.

$$T_h=f_0(\rho,\ D,\ V_A,\ g,\ n,\ p,\ \mu) \qquad (9)$$

여기서 ρ는 유체의 밀도, D는 프로펠러의 직경, V_A는 프로펠러의 전진속도, g는 중력가속도, n은 프로펠러 회전수(number of revolutions), p는 프로펠러 위치에서의 유체압력, μ는 유체의 동점성계수(dynamic viscosity)이다. 1.2절에서와 마찬가지로 질량 M, 길이 L, 시간 T의 기본 차원을 도입하고, 좌변 T_h의 차원이 MLT^{-2}이므로, 우변의 물리량 중 ρ, D, V_A를 사용하여 무차원화하기로 하면 식 (9)를 다음과 같이 바꾸어 쓸 수 있다.

$$C_T = \frac{T_h}{(\rho V_A^2/2)D^2} = f_1(g,\ n,\ p,\ \mu;\ \rho,\ V_A,\ D) \tag{10}$$

식(10)의 좌변은 무차원량이므로 우변 또한 무차원량의 함수로 주어져야 하는데, g, n, p, μ의 차원이 각각 LT^{-2}, T^{-1}, $ML^{-1}T^{-2}$, $ML^{-1}T^{-1}$이므로 ρ, D, V_A를 사용하여 무차원량으로 바꾸어 쓰면 결국 다음 식을 얻는다.

$$\frac{T_h}{(\rho V_A^2/2)D^2} = f_2\left(\frac{gD}{V_A^2},\ \frac{nD}{V_A},\ \frac{p}{\rho V_A^2/2},\ \frac{\nu}{V_A D}\right) \tag{11}$$

여기서 $\nu = \mu/\rho$로 운동학적 점성계수(kinematic viscosity)이다. 또한 프로펠러원판의 면적 $A_0 = \pi D^2/4$이 D^2에 비례하므로 식 (11) 좌변의 분모는 원판에 작용하는 정체압에 기인하는 힘에 비례하는 양임에 유의한다. 또 식 (11)에 의하면 크기는 다르지만 기하학적으로 상사한 두 프로펠러에 대하여, 이 식 우변의 모든 무차원량들이 같을 경우에는 그 두 프로펠러에서의 흐름의 모양이 상사하고, 좌변의 값도 서로 같다. 모형과 실물에 대한 양들을 각각 하첨자 M과 S로 구별하고,축척비(scale ratio) s를 다음과 같이 정의한다.

$$D_M/D_S = s \tag{12}$$

모형프로펠러가 Froude의 대응속도(corresponding speed)로 달린다면 다음이 성립하므로,

$$V_{AM}/V_{AS} = \sqrt{s} \tag{13}$$

식 (11) 우변의 첫 번째 항이 모형과 실물에 대하여 서로 같다는 조건은 모형과 실물프로펠러의 전진속도가 Froude의 비교법칙을 따라야 함을 알 수 있다.

식 (11) 우변의 두 번째 항은 전진비(advance ratio, 또는 전진계수) $J = V_A/nD$의 역수인데, 모형과 실물프로펠러에서 전진비가 같기 위해서는 식 (13)이 만족되는 경우, 프로펠러의 회전수에 대해 다음이 성립해야 한다.

$$n_M/n_S = (D_S/D_M)(V_{AM}/V_{AS}) = s^{-1+\frac{1}{2}} = s^{-1/2} \tag{14}$$

$s < 1$이므로, 이 식에 따르면 모형프로펠러는 실물보다 더 빨리 회전해야 함을 알 수 있다. 한편 전진비가 같다는 것은 프로펠러에 입사하는 유동이 운동학적으로 상사하다는 뜻이며, 마찰저항의 차이를 제외하면 동일 전진비에서의 추력계수 및 토크계수는 동일하다.

모형프로펠러를 예인수조에서 실험하는 경우에는 저항시험의 경우와 마찬가지로, 대

기압을 낮출 수 없기 때문에 식 (11) 우변의 세 번째 항은 모형과 실물프로펠러에 대하여 같지 않다. 그러나 프로펠러의 추력은 날개에 작용하는 압력의 절대값이 아닌 압력의 차이에 기인하는 것이므로 공동이 일어나지 않는 한, 추력은 대기압의 영향을 크게 받지 않는다.

식 (11) 우변의 마지막 항은 Rn의 역수이며 만일 모형과 실선의 Fn가 동일하다면 이 항은 같을 수 없다. Rn는 프로펠러의 날개에 작용하는 마찰저항과 관계가 있는데 마찰저항의 크기는 그렇게 크지 않으므로, 일차적으로는 점성의 영향을 무시할 수 있다. 그러나 모형선의 크기와 측정장치가 허용하는 한도 내에서 모형프로펠러를 가능한 한 크게 만듦으로써 그 날개 주위의 흐름이 층류가 되는 것을 피하고, Rn가 다른 것에 기인하는 척도효과(scale effect)를 최소화할 수 있다.

그러므로 위에서 논의한 바와 같은 조건들을 만족시키면서 실물과 모형의 Fn와 전진비 J를 같게 하면, 다음의 관계가 성립한다고 볼 수 있다.

$$T_h \propto D^2 V_A^2 \tag{15}$$

따라서 식 (12), (13)으로부터 다음을 얻는다.

$$T_{hS}/T_{hM} = (D^2_S/D^2_M)(V_{AS}^2/V_{AM}^2) = s^{-3} \tag{16}$$

한편 식 (5)에서 정의한 바와 같이 추진동력 $P_T = T_h V_A$이므로 다음 관계를 얻으며,

$$P_{TS}/P_{TM} = (T_{hS}/T_{hM})(V_{AS}/V_{AM}) = s^{3.5} \tag{17}$$

프로펠러에 전달된 토크 Q에 대해서는 다음 결과를 얻는다.

$$Q_S/Q_M = (P_{TS}/n_S)(n_M/P_{TM}) = s^{-3.5} s^{-0.5} = s^{-4} \tag{18}$$

모형시험 결과를 정리할 때 전진비를 가로축으로 잡고, 식 (10)으로 정의된 C_T와 다음과 같이 정의된 C_Q를 도시하면,

$$C_Q = \frac{Q}{(\rho V_A^2/2) D^3} \tag{19}$$

그 결과는 실물프로펠러에도 그대로 적용할 수 있다. 이 방법은 실제 사용되고 있기는 하지만 배가 움직이지 않는 경우, 또는 배를 끄는 예인선의 경우처럼 $V_A = 0$일 때는 C_T와 C_Q의 값이 ∞가 된다는 문제점이 있다. 이런 문제를 해결하기 위해 J가 모형과 실물에서 동일한

점에 착안하여, 식 (10)과 (19) 우변 분모의 V_A를 nD로 대체하고 1/2을 생략하면 위와 같은 문제점이 없는 새로운 무차원계수들인 추력계수(thrust coefficient) K_T와 토크계수(torque coefficient) K_Q를 다음과 같이 얻는다.

$$K_T = T_h/\rho n^2 D^4 \tag{20}$$

$$K_Q = Q/\rho n^2 D^5 \tag{21}$$

또 이들을 이용하여 프로펠러효율(propeller efficiency) η_0를 다음과 같이 얻을 수 있다.

$$\eta_0 = P_T/P_D = (T_h V_A)/(2\pi n Q) = (J/2\pi)(K_T/K_Q) \tag{22}$$

여기서 K_T, K_Q, η_0는 모두 J의 함수임에 유의한다.

그림 7-8은 전형적인 프로펠러의 단독시험으로부터 얻어진 곡선들을 보여준다. 이 그림에 따르면 프로펠러는 J의 값이 대략 1.15일 때 그 효율이 최대값을 가지며, K_T의 값이 영인 $J=1.4$에서 효율 또한 영이 되는 것을 알 수 있다.

실험조건에 따라 날개단면 주위의 유동에 대한 Rn를 높이기 위하여 Fn를 동일하게 유지하지 못하는 경우가 있다. 이러한 경우에는 전진속도는 일정하게 유지하고 회전수를 변화시키거나, 반대로 회전수를 일정하게 유지하고 전진속도를 변화시킴으로써 필요한 범위에서 전진비를 변화시킨다. 이때 프로펠러가 물속에 충분히 잠겨 있어서 표면에 파도가 일어나지 않는다면, Fn가 동일하지 않더라도 중대한 영향을 끼치지는 않을 것이다.

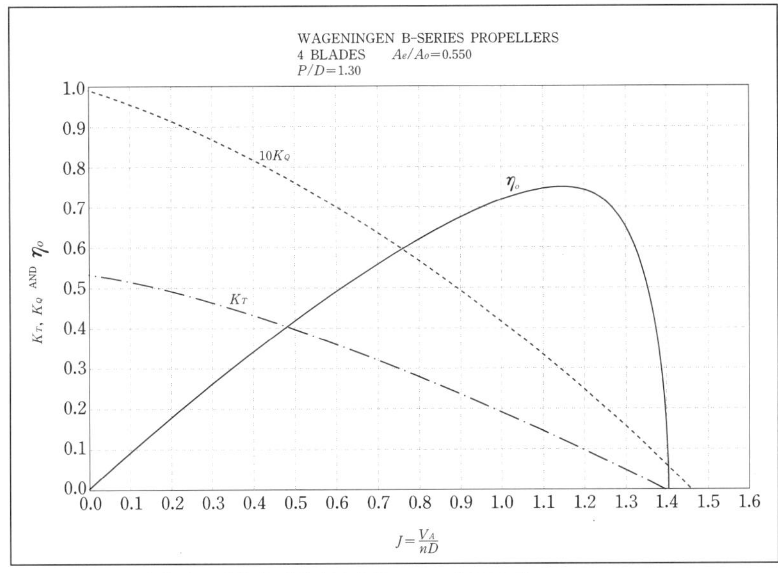

그림 7-8 프로펠러 단독시험의 전형적인 추력, 토크, 효율 곡선

7_3_ 양력의 기전

7_3_1_ 일반

비행체를 만들기 위한 가장 기본적인 지식 중의 하나는 공기 중에 떠서 운동하는 물체가 자신의 무게를 지지할 수 있는 힘, 즉 양력을 어떻게 받을 수 있게 할 것인가에 대한 것이었다. 먼저 경사평판에 작용하는 양력을 정량적으로 이해하기 위해 이론 및 실험적인 노력이 이루어졌는데, 그 중에서도 풍동을 본격적으로 처음 사용하기 시작한 Phillips는 1885년 경사평판을 비롯한 2차원 형상인 날개단면(airfoil)에 대한 계통적인 실험을 수행하였다. 또 이런 계통적인 실험에 근거하여 양력발생과 관련된 이론들이 제안되기 시작하였는데, Lanchester는 1894년 양력과 순환(circulation)의 관계, 유기항력(induced drag)에 대한 개념 및 이론을 발표하여 많은 사람들에게 커다란 영향을 미침으로써 이후의 유체역학, 특히 공기동역학(aerodynamics)의 발전에 크게 공헌하였다[5].

인류 최초로 동력장치를 이용하여 비행물체를 장시간 비행시킨 기록은 1903년 Wright 형제(Wilber와 Orville), 그리고 날개단면에 대한 양력발생의 기본적 기전에 대한 설명은 1902년 Kutta와 1906년 Joukowski에 의해 각각 이루어졌다. 또 일반적인 형태의 2차원 날개단면에 작용하는 양력, 그리고 3차원 형상인 날개가 받는 양력 및 유기항력에 대한 결정적인 결과는 Prandtl에 의해 적어도 1922년까지는 얻어졌다. 따라서 1920년대 초까지는 2차원 날개단면 및 3차원 날개에 작용하는 양력에 대한 기본적인 사항은 거의 알려졌다.

양력의 발생 자체는 유체의 점성에 기인하지만, 양력에 대한 대부분의 이론은 유체의 점성을 무시하고도 얻어질 수 있다. 18세기의 Euler 이후 지속적으로 발전해 왔던 비점성, 비압축성 유체, 즉 이상유체에 대한 고전적인 수동역학(hydrodynamics)의 이론은 물체가 받는 양력을 설명하는 데 결정적인 역할을 하였다.

이하에서는 양력발생의 기전에 대해 생각하기로 하는데, 먼저 유체입자의 회전운동 성분과 관련하여 와도(vorticity)와 순환(circulation)의 개념에 대해 고려한다. 논의의 편의상, 유동이 $xy-$평면에서 일어나는 2차원 평면유동임을 가정하면 다음과 같이 와도 ω를 정의할 수 있다.

$$\omega = \frac{\partial u}{\partial y} - \frac{\partial v}{\partial x} \tag{23}$$

유체입자를 각속도 Ω인 고체 원판으로 간주할 때, 이와 같이 정의된 와도는 각속도의 2배, 즉 $\omega = 2\Omega$임을 보일 수 있다[6]. 와도는 위 식처럼 유동장의 모든 점에 대해 정의될 수 있으므로 유체입자의 회전운동 성분에 대한 국부적인 성질을 나타냄에 유의한다.

한편 순환 Γ는 유동장 내부에 정의된 폐경로(closed path) C에 대해 유체입자의 속도의 접선방향 성분 u_T의 선적분(line integral)으로 다음과 같이 정의된다.

$$\Gamma = \oint_C u_T ds \tag{24}$$

여기서 선적분은 반시계방향으로 계산된다. 순환은 폐경로에 대한 선적분으로 정의되므로 유동장의 회전운동 성분에 대한 국부적(local)인 성질이라기보다는 포괄적(global)인 성질을 나타내며, 와도와는 Stokes 정리(Stokes' theorem)를 사용하여 다음과 같은 관계를 가짐을 보일 수 있다.

$$\Gamma = \oint_C u_T ds = \iint_S \omega_n ds = \omega A_S \tag{25}$$

여기서 S는 폐경로 C를 경계로 하는 임의의 곡면이며, ω_n은 S에 대해 법선방향의 와도 성분이고, 위 식의 마지막 등호는 2차원 유동에 대해 $\omega_n = \omega =$ 상수임을 가정하여 얻었으며, A_S는 S의 면적이다. 이 식에 따르면 A_S를 대단히 작게 취하면 결국 유체입자의 와도 또는 각속도와 순환은 서로 비례함을 알 수 있다.

다음으로는 **그림 7-9**에 나타낸 것과 같은 2차원 점와동(point vortex)의 유동에 대해 알아본다. 점와동에 기인하는 유동장은 다음 식에 의해 주어질 수 있는데,

$$v = c/r \tag{26}$$

여기서 v는 원주방향(circumferential direction) 속도의 크기이고 r은 중심 O로부터 생각하는 점까지의 거리이며, c는 상수이다. 이 유동은

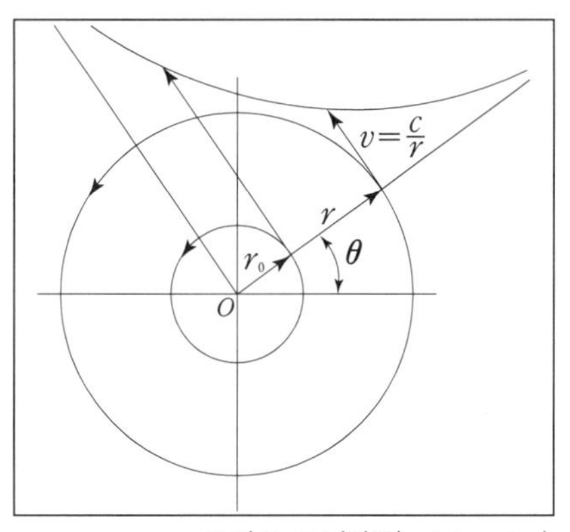

그림 7-9 점와동(point vortex)

원주방향의 속도만 가지며, 속도의 크기는 원점에서의 거리에 반비례하여 감소한다. 점와동에 기인하는 유동장은 원주방향의 속도성분만 가지고 있으므로, 원점에 중심을 둔 모든 원은 유선으로 볼 수 있다. 따라서 반경 r_0의 원인 유선을 원기둥(circular cylinder)으로 대체하고, 유체가 그 원기둥 주위를 돌고 있는 유동장으로 생각할 수도 있다. 반경 r_0가 극히 작을 경우에는, 원점을 포함하는 매우 작은 영역만 제외하면 원점을 중심으로 회전하는 유동을 상정할 수 있는데, 이와 같은 유동은 양력 문제의 수학적 모형에 대단히 유용하게 쓰인다.

날개 또는 날개단면이 균일유동(uniform flow) 중에 있을 때 발생하는 양력을 고려하기 전에, 원기둥이 속도 V_0인 균일유동 중에 있는 경우를 먼저 생각하기로 한다. 이 경우에는 **그림 7-10**에 나타낸 바와 같이 유선이 상하대칭이고, 따라서 원기둥은 상하방향으로 힘을 받지 않으며, 원기둥에 작용하는 상하방향의 힘, 즉 양력은 영이다.

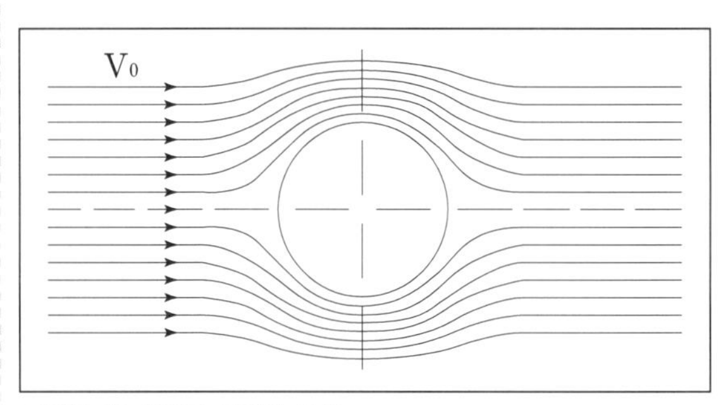

그림 7-10 원기둥 주위의 유선

그러나 원점에 점와동을 추가한 원기둥 주위의 유동을 생각하면, **그림 7-11**에 나타낸 바와 같이 상하방향의 대칭성은 더 이상 유지되지 않는다. 점 E와 점 F가 원점으로부터 같은 거리에 있다고 하면, 점 E에서는 속도가 (V_0+v)로 증가되고, 점 F에서는 (V_0-v)로 감소된다. 여기서 v는 원점에 위치한 점와동에 기인하는 속도이다. 이와 같은 비대칭적인 속도분포는 또한 비대칭적인 압력분포를 초래하고, 점 F에서의 압력은 점 E에서의 압력보다 커지며, 결과적으로 원기둥은 상하방향의 힘, 즉 양력을 받는다. 이와 같은 유동은 균일유동 중에서 회전하는 원기둥 주위의 유동과 대단히 유사하며, 이와 같이 회전하는 물체에 유동의 수직방향으로 힘이 작용하는 현상을 Magnus효과(Magnus effect)라고 한다. Flettner의 회전원기둥(Flettner' s rotor)선은 이와 같은 현상을 이용하여 돛 대신 회전원기둥을 사용하여 추진하는 배를 뜻한다.

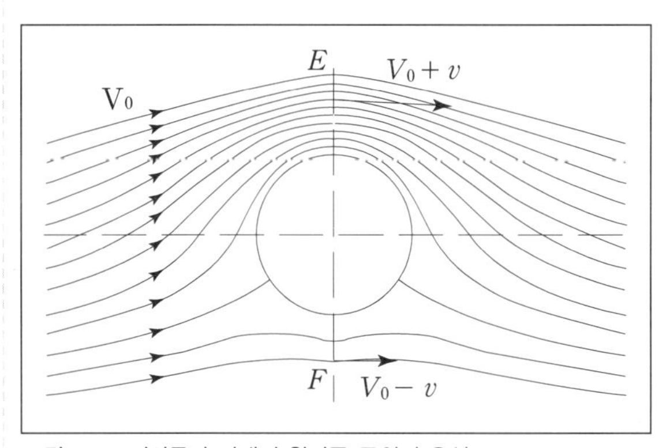

그림 7-11 점와동이 더해진 원기둥 주위의 유선

점와동과 순환의 관계를 고려하기 위해 다음을 생각한다. **그림 7-9**에서 원점에 중심을 두고 반경이 r_0인 원에 대해 순환을 계산하면, 식 (24)로부터 다음 결과를 얻는다.

$$\Gamma=\oint_C u_T ds=\int_0^{2\pi}\frac{c}{r_0}r_0 d\theta=2\pi c \tag{27}$$

여기서 식 (26)에 의해 $u_T=c/r_0$, 그리고 $ds=r_0 d\theta$임을 이용하였다. 식 (27)에 따르면 점와동에 대한 순환의 크기는 순환이 계산된 원의 반경과 무관한 상수값을 가지며, 따라서 점와동의 세기를 나타내는 상수 c 대신 $\Gamma/2\pi$를 쓸 수 있으므로 식 (26)은 다음과 같이 다시 쓸 수 있다.

$$v=\Gamma/2\pi r \tag{28}$$

한편 선적분의 성질에 따르면 위에서 사용하였던 폐곡선인 원 대신 원점을 포함하는 어떠한 폐곡선에 대한 순환도 같은 값을 가지며, 또한 원점을 포함하지 않는 폐곡선에 대한 순환의 값은 영임을 나타낼 수 있다. 식 (27)에 따르면 순환은 점와동의 세기를 나타내는 척도로 사용할 수 있으며, 식 (25)에 따르면 순환은 유체의 회전운동 성분, 즉 각속도 또는 와도와 비례관계에 있음에 유의한다.

그림 7-11에 나타낸 바와 같이 균일유동 속에 놓인 원기둥에 점와동이 더해진 경우에는 원기둥에 상하방향의 힘, 즉 양력 L이 작용하며, 이 힘은 Kutta-Joukowski 정리(Kutta-Joukowski theorem)에 따라 다음과 같이 주어진다(연습문제 9 참조).

$$L=\rho V\Gamma \tag{29}$$

여기서 ρ는 유체의 밀도, V는 균일유동의 속도, Γ는 물체 주위의 폐곡선에 대해 계산된 순환, 또는 물체에 더해진 점와동의 순환이다. Kutta-Joukowski 정리는 물체의 형상에 따라 결정되는 인자를 순환 Γ로만 나타내므로, 많은 경우 물체의 형상과 관계없이 물체 주위에 발생하는 순환만 알면 사용할 수 있어 실용성이 매우 높은 정리이다.

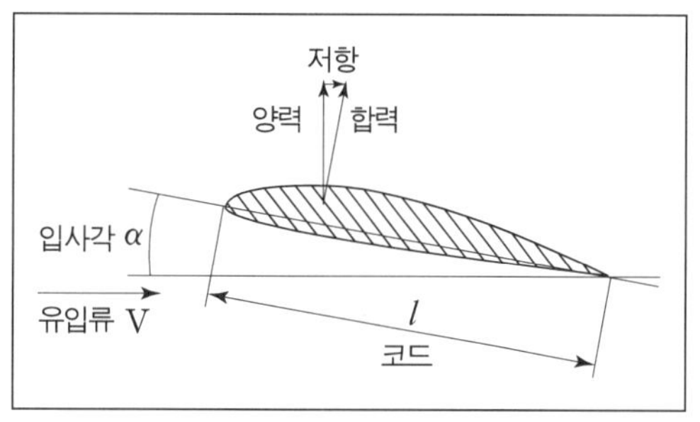

그림 7-12 날개단면에 작용하는 힘의 성분

그림 7-12는 날개단면에 입사각 α로 유입되는 속도 V의 유동에서 양력

은 유입류에 직각되게 발생하며, 점성으로 인한 저항(또는 항력)은 유입류에 평행하게 발생하고, 항력은 양력에 비해 작은 크기임을 보여주고 있다. 일반적으로 날개단면의 앞날은 둥근 형상을 가져 실속(stall) 발생이 쉽지 않고, 뒷날은 날카로운 형상을 가져 이곳에서 유체가 부드럽게 떨어져 나간다는 소위 Kutta 조건에 적합한 형상을 가지고 있다.

날개단면 주위의 실제유동의 경우, 뒷날에서의 유선은 날개표면을 따라 매끄러운 접선방향으로 날개단면으로부터 떨어져 나간다. 그러나 이상유체의 비순환 유동(non-circulatory flow)에 있어서는 일반적으로 뒤 정체점이 뒷날의 앞쪽에서 나타난다. 유동이 시작된 후, 초기 순간부터 아주 짧은 시간 동안은 이상유체의 비회전성 포텐셜유동이 형성된다고 볼 수 있는데, 따라서 이때 날개단면의 뒷날을 지나는 유선은 대단히 큰 곡률을 갖게 된다(**그림 7-13**). 실제유동에서는 시간이 지남에 따라 점성의 영향으로 뒷날 박리가 일어나며 와유동(vortical flow)이 발생하게 된다. 시간이 좀 더 지나면 이 와유동은 보다 후방으로 움직이고 날개단면의 표면상에 경계층이 발달되며, 날개단면의 윗면과 아랫면에서 형성된 경계층 내의 회전성 와유동은, 뒷날 부근에서 만나 뒷날로부터 매끄러운 유선을 이루며 날개단면으로부터 떨어져 나간다(**그림 7-14**). 실제유동의 이러한 현상을 점와동(point vortex)을 도입하여 표현함으로써 포텐셜유동으로 실제유동을 해석할 수 있다. 점와동의 세기는 위에 나타낸 바와 같이 순환으로 정의되며, 이와 같은 근사적인 해석방법은 Kutta와 Joukowski가 각자 독립적으로 제안하였는데, 물체 주위의 순환 크기는 뒷날에서 유선이 날개단면의 접선방향으로 매끄럽게 떨어져나간다는 조건에 따라 결정된다. 이 조건은 Kutta를 기념하는 뜻에서 Kutta 조건(Kutta condition)으로 부르며, 뒷날이 정체점이 되고 뒷날에서 와도(vorticity)가 0이 된다는 조건과 동일하다.

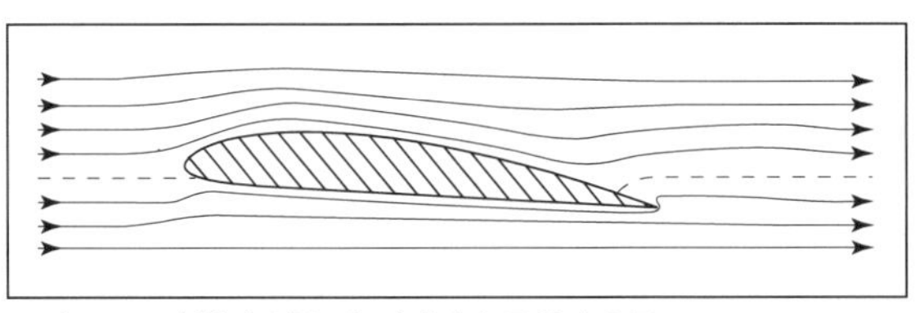

그림 7-13 순환이 없을 때 날개단면 주위의 유동

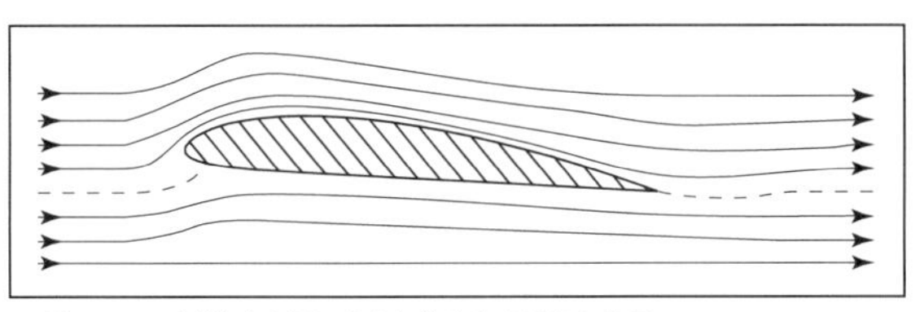

그림 7-14 순환이 있을 때 날개단면 주위의 유동

7.3.2 날개단면의 양력과 항력

날개단면이 유입류(또는 입사류)에 대하여 어떠한 각도를 가지도록 놓여 있는 경우에는, **그림 7-12**에 나타낸 것과 같이 그 단면에 작용하는 힘을 입사류에 수직한 성분과 평행한 성분, 즉 양력 L과 항력 D로 분해할 수 있다. 날개단면의 앞면(face)과 입사류 사이의 각은 입사각 α라고 부르며, 양력과 항력은 보통 다음과 같은 무차원계수(dimensionless coefficient)로 나타낸다.

$$C_L = \frac{L}{(\rho V^2/2)c}, \quad C_D = \frac{D}{(\rho V^2/2)c} \tag{30}$$

여기서 V는 입사류의 속도, c는 날개단면의 코드이며 C_L은 양력계수, C_D는 항력계수라고 한다.

경사평판에 대해서 Kutta 조건을 적용하면 다음을 얻을 수 있는데[5],

$$\Gamma = cV\pi\sin\alpha \tag{31}$$

Kutta-Joukowski 정리(Kutta-Joukowski theorem)에 따르면 순환유동(circulatory flow)의 경우, 날개단면은 식(29)로 주어지는 양력을 받으므로 양력계수는 다음과 같다.

$$C_L = 2\pi\sin\alpha \tag{32}$$

이 식은 α가 작은 경우 $\sin\alpha \simeq \alpha$이 성립하므로, 다음과 같이 근사된다.

$$C_L = 2\pi\alpha \tag{33}$$

이 결과는 다음 절에서 다룰 2차원 박익이론에 의해 얻어진 결과와 일치한다[식 (52)와 그 아래의 설명 참조].

양력 발생기구로서 날개단면의 효율은 양항비(lift-drag ratio, L/D)에 따라 결정되며, 양력과 항력에 관한 기본자료들은 모형실험에서 얻어진다. 모형실험은 스팬이 길고 단면이 동일한 날개를 균일한 흐름 중에 입사각을 가지도록 놓은 상태에서 수행된다. 이와 같은 방법으로 측정된 양력과 항력은 무한한 스팬 길이를 가지는 2차원 경우의 값으로 생각할 수 있다. 스팬과 코드의 비를 종횡비(aspect ratio, AR)라고 부르는데, 만일 이 비가 매우 크다면 그와 같은 날개를 지나는 흐름은 2차원적이며, 스팬방향으로의 양력분포는 거의 균일할 것이다. 한편 스팬이 유한한 경우에는 날개의 양끝에서 일정한 크기의 환류(spilling), 즉 압력이 큰 쪽(보통 face인 아랫면)으로부터 압력이 작은 쪽(보통 back인 윗면)으로 유동이 발생하므로 양끝에서의 양력은 0이 된다.

두께가 얇은 대칭형 날개단면에 대한 실험결과들로부터 다음과 같은 결과를 얻는다.

1) 입사각이 작으면 양력계수 C_L은 입사각 α에 비례한다.

이 특성은 이론 결과인 식 (33)과 일치한다.

2) α가 어떤 값을 넘어서면 양력계수는 α에 비례하지 않는다.

이는 점성의 영향이 점차 커지기 때문이다.

3) 항력계수 C_D는 입사각이 작으면 거의 일정하다.

C_D는 입사각이 작은 구간에서는 비교적 작은 일정한 값을 유지하지만, 유동박리가 발생하여 양력계수가 감소하기 시작하면 급격히 증가한다. 항력은 마찰항력과 압력항력 성분으로 나눌 수 있는데, 입사각이 작을 때는 압력항력 성분이 마찰항력 성분에 비하여 무시할 만하나, 입사각이 증가하여 날개단면의 뒷면(back)에 박리가 발생하면 압력항력이 급격히 증가한다.

4) 양항비는 작은 입사각에서 최대가 된다.

따라서 날개단면의 효율을 크게 하기 위해서는 설계 입사각이 작아야 한다.

날개단면의 특성 중 표면 압력분포는 매우 중요하며, **그림 7-15**는 그 대표적인 경향을 보여준다. 단면 앞면에서의 압력은 균일유동 중에서의 압력보다 높으며, 앞날 매우 가까운 곳에서 최대가 된다. 또 뒷면 위에서의 압력은 균일유동 중의 압력보다 낮으며, 앞날에서 약간 떨어진 곳에 뚜렷한 봉우리를 가진다. 단면에서 발생되는 양력은 앞면과 뒷면에 작용하는 압력차이의 적분으로 얻어지며, 앞면에서의 압력증가보다 뒷면에서의 압력감소가 양력에 더 크게 기여함에 유의한다.

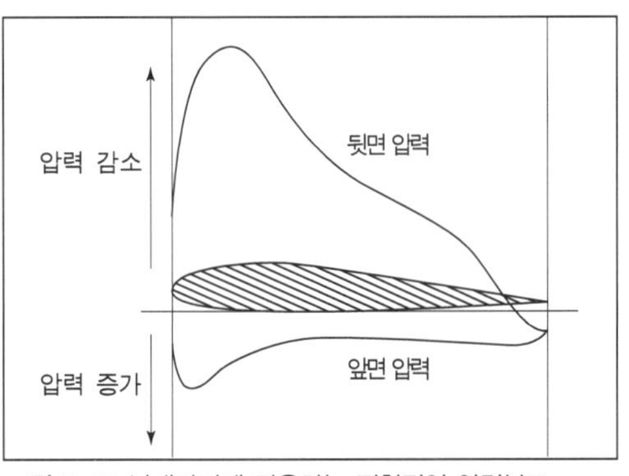

그림 7-15 날개단면에 작용하는 전형적인 압력분포

7_3_3_ 2차원 박익이론

수중익, 타, 프로펠러 날개, 요트 돛, 그리고 용골(keel) 등은 모두 양력 발생기구에 속한다. 일반적으로 이들은 양력을 발생시키도록 얇은 유선형 형상을 하고 있다. 수중익(hydrofoil)과 공중익(airfoil)은 그 성격에 있어서는 유사하나 물과 공기의 밀도 차이 때문에 작용하는 힘의 크기에는 커다란 차이가 있다. 먼저 와동에 대한 기본적인 지식을 간단히 살펴본다. 일반적으로 양력의 문제를 해석하기 위해 와동(vortex) 또는 와도(vorticity)의 분포를 사용하면 압력차에 의한 양력을 효과적으로 표현할 수 있으며 그 정확도 또한 매우 높다.

유체 중에 놓인 물체를 용출점(source)과 흡입점(sink)으로 대체하여 표현하듯 날개의 경우 압력면과 흡입면의 압력차이를 와도의 분포로 표현할 수 있다. 먼저 가장 간단하게 날개를 하나의 점와동으로 치환하여 생각하면 **그림 7-16**과 같이 나타낼 수 있다. 실제로 날개가 양력을 가지는 원리는 흡입면(뒷면)의 유체속도는 빨라지고 압력면(앞면)의 유체속도는 느려지므로, 베르누이 원리에 의해 흡입면의 압력은 떨어지고 반대로 압력면에서는 압력이 커지는 것에 기인하여 양력이 발생하게 되는데, 이와 같은 현상은 점와동으로도 간명하게 표현될 수 있다. 그러나 하나의 점와동만으로 표현하면 날개에 가까워질수록 유체의 속도 및 압력장에 대한 정확도가 떨어지므로 날개 주위의 유동해석을 위해서는 **그림 7-17**과 같이 선와

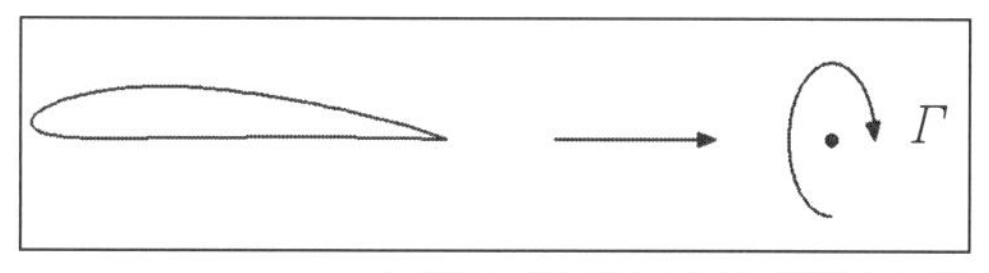

그림 7-16 점와동으로 치환된 날개

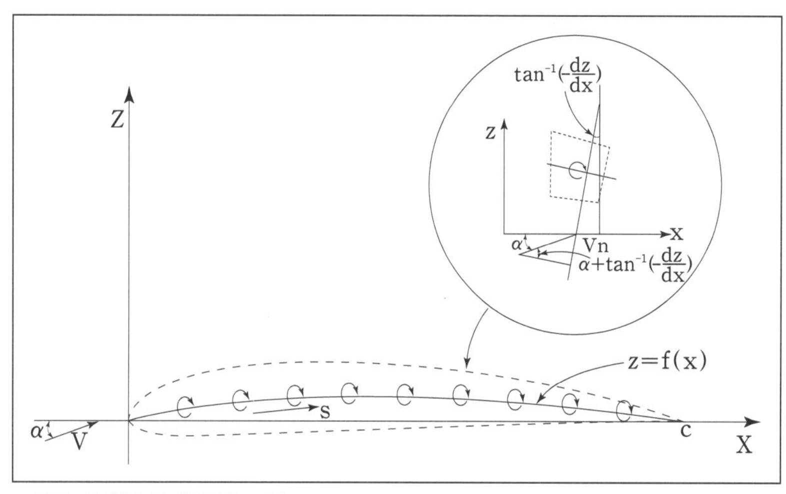

그림 7-17 얇은 날개단면의 표현

동(line vortex)을 분포할 필요가 있다. 그러나 실제 수치해석에서는 후술하는 바와 같이 이 산와동의 1/4-3/4 분포법을 사용한다.

그림 7-17에 나타낸 바와 같이 얇은 날개단면(또는 2차원 박익) 주위의 유동은 세기가 $\gamma(s)$인 선와동(line vortex)으로 표현한다. 날개의 두께가 매우 얇은 경우를 고려한다면 캠버선에 와동이 분포된 것으로 근사할 수 있다. 이와 같은 근사에 의해 2차원 박익이론(thin foil theory)이 성립하며, 3차원 날개 및 프로펠러 이론의 기초가 된다.

그림 7-17에서처럼 날개의 캠버선 $z=f(x)$를 따라서 와동(vortex)이 분포되어 있을 때, 캠버선이 유선이 되도록 하기 위해서는 다음과 같이 캠버선에 수직한 속도성분은 영이 되어야 한다.

$$V_n+w_n(s)=0 \tag{34}$$

여기서 V_n은 유입유동의 캠버선에 대한 법선방향 성분이며, $w_n(s)$은 앞날에서부터 캠버선을 따라 뒷날까지 분포된 선와동에 기인하는 유기속도의 캠버선에 대한 법선방향 성분이다. 식 (34) 좌변의 첫 번째 항은 **그림 7-17**에 나타낸 것처럼 다음과 같이 쓸 수 있고,

$$V_n=V\sin[\alpha-\tan^{-1}(dz/dx)] \tag{35}$$

이 식은 입사각 α, 캠버선의 기울기 dz/dx가 작은 경우에는 다음과 같이 근사할 수 있다.

$$V_n=V(\alpha-dz/dx) \tag{36}$$

식 (34) 좌변 두 번째 항의 계산을 위해서는, 캠버선의 기울기가 작다면 **그림 7-18**에서처럼 캠버선에 분포된 와동을 코드선에 분포된 것으로 근사할 수 있다. 이와 같은 근사를 사용하는 경우에는 $w_n(s)$ 대신 $w_n(x)$를 얻으면 된다. 한편 순환의 세기가 Γ인 점와동으로부터 거리 r인 곳에 유기된 속도 v는 식 (28)에 의해 주어지므로, 코드 C 상에 분포되어 있으며

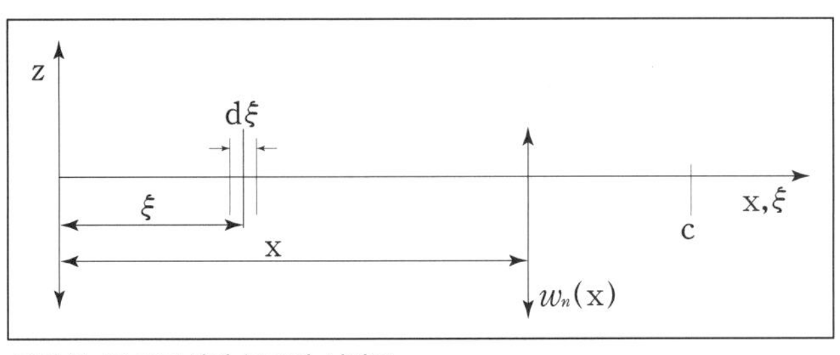

그림 7-18 코드선에 분포된 선와동

세기가 $\gamma(\xi)$인 선와동에 의해 유기된 법선방향 유속 $w_n(x)$는 다음과 같다.

$$w_n(x) = -\frac{1}{2\pi}\int_0^c \frac{\gamma(\xi)d\xi}{x-\xi} \tag{37}$$

여기서 우변의 $-$부호는 순환의 양의 방향을 시계방향으로 잡은 것에 기인한다. 식 (36), (37)을 식 (34)에 대입하여 다음을 얻는다.

$$\frac{1}{2\pi}\int_0^c \frac{\gamma(\xi)d\xi}{x-\xi} = V\left(\alpha - \frac{dz}{dx}\right) \tag{38}$$

이 식은 입사각이 α이며 영이 아닌 캠버를 갖는 얇은 날개단면의 순환 또는 와도 $\gamma(\xi)$를 미지함수로 하는 적분방정식(integral equation)이다. 이 방정식의 일반해를 구하기 위해서는 Glauert에 의해 고안된 다음과 같은 치환을 도입한다.

$$\xi = (c/2)(1-\cos\theta),\ x = (c/2)(1-\cos\theta_0) \tag{39}$$

식 (38)에 위의 치환을 대입하고 정리하면 다음을 얻는다.

$$\frac{1}{2\pi}\int_0^\pi \frac{\gamma(\theta)\sin\theta\, d\theta}{\cos\theta - \cos\theta_0} = V\left(\alpha - \frac{dz}{dx}\right) \tag{40}$$

7.3.1절에서 논의한 바와 같이 날개단면의 순환은 Kutta 조건에 의해 결정되는데, Kutta 조건은 뒷날에서의 유동이 부드럽게 떨어져 나가야 함을 뜻한다. 이 조건은 날개단면 상에서 유체속도는 접선방향 성분만 가지며, 따라서 Kutta 조건은 뒷날에서의 앞면과 뒷면 상에서의 접선방향 속도성분이 같아야 함을 뜻하는데, 이는 바로 뒷날에서의 순환의 세기가 영이 됨을 뜻한다.

뒷날은 식 (39)에서 $\theta = \pi$에 상응하므로, 위에서 논의한 Kutta 조건은 $\gamma(\pi) = 0$으로 쓸 수 있고, 이를 고려하여 미지함수인 $\gamma(\theta)$를 다음과 같은 Fourier sin급수(Fourier sine series)로 가정한다.

$$\gamma(\theta) = 2V\left(A_0 \cot\frac{\theta}{2} + \sum_{n=1}^{\infty} A_n \sin n\theta\right) \tag{41}$$

이 식에 따르면 날개단면의 앞날에서는 γ의 값이 무한히 큰 값을 가지며, 뒷날에서는 Kutta 조건에 따라 영의 값을 가진다. 식 (41)을 식 (40)에 대입하면 다음을 얻는데,

$$\frac{1}{\pi}\int_0^{\pi}\frac{\sin\theta}{\cos\theta-\cos\theta_0}\left(A_0\cot\frac{\theta}{2}+\sum_{n=1}^{\infty}A_n\sin n\theta\right)d\theta=\alpha-\frac{dz}{dx} \tag{42}$$

삼각함수의 성질을 이용하여 이 식의 좌변을 정리하면 다음과 같이 다시 쓸 수 있으며,

$$LHS=\frac{1}{\pi}\int_0^{\pi}\left[A_0\,(1+\cos\theta)+\frac{1}{2}\sum_{n=1}^{\infty}A_n\{\cos(n-1)\theta-\cos(n+1)\theta\}\right]$$
$$\frac{d\theta}{\cos\theta-\cos\theta_0} \tag{43}$$

또 다음과 같은 적분공식을 이용하기로 하고(연습문제 10),

$$I_n=\frac{1}{\pi}\int_0^{\pi}\frac{\cos n\theta}{\cos\theta-\cos\theta_0}d\theta=\frac{\sin n\theta_0}{\sin\theta_0},\ \ n=0,1,2,3,\cdots \tag{44}$$

삼각함수의 성질을 이용하면 다음 결과를 얻는다.

$$LHS=A_0(I_0+I_1)+\frac{1}{2}\sum_{n=1}^{\infty}A_n(I_{n-1}-I_{n+1})=A_0-\sum_{n=1}^{\infty}A_n\cos n\theta_0 \tag{45}$$

식 (45)를 식 (42)에 대입하여 정리하면 다음을 얻는데,

$$\frac{dz}{dx}=\alpha-A_0+\sum_{n=1}^{\infty}A_n\cos n\theta_0 \tag{46}$$

이 식은 dz/dx의 Fourier cos급수(Fourier cosine series)이므로, A_0, A_n을 각각 다음과 같이 얻을 수 있다.

$$A_0=\alpha-\frac{1}{\pi}\int_0^{\pi}\frac{dz}{dx}\,d\theta_0=\alpha-a \tag{47}$$

$$A_n=\frac{2}{\pi}\int_0^{\pi}\frac{dz}{dx}\cos n\theta_0\,d\theta_0,\ \ n=1,2,3,\cdots \tag{48}$$

식 (47)에 따르면 A_0는 입사각 α와 캠버선 기울기의 평균치인 a의 차이이다. 캠버가 영인 대칭형 날개단면에 대해서는 $a=0$이므로, $A_0=\alpha$이고 그 외의 모든 계수는 영임에 유의한다. 캠버선의 기울기인 dz/dx가 주어지면 식 (47), (48)로부터 A_0, A_n을 얻을 수 있고, 그 결과를 식 (41)에 대입하면 선와동의 순환 또는 와도분포를 얻을 수 있다.

한편 날개단면 주위의 순환 Γ는 $\gamma(\xi)$를 적분하여 구할 수 있으므로 다음과 같으며,

$$\Gamma=\int_0^c \gamma(\xi)d\xi=\frac{c}{2}\int_0^\pi \gamma(\theta)\sin\theta\, d\theta \tag{49}$$

이 식에 식 (41)을 대입하면 다음 결과를 얻는다.

$$\Gamma=cV\int_0^\pi (A_0+A_1\sin^2\theta)d\theta=cV\pi\left(A_0+\frac{A_1}{2}\right) \tag{50}$$

위의 계산에서 삼각함수의 적분에 관한 직교성(orthogonality)을 이용하였다(연습문제 11). 이 식에 따르면 날개단면 주위의 순환은 A_0와 A_1만 알면 구할 수 있다. 날개단면 주위의 순환을 Kutta-Joukowski 정리 $L=\rho V\Gamma$에 대입하여 양력을 구하면 다음과 같다.

$$L=\rho\pi cV^2\left(A_0+\frac{A_1}{2}\right) \tag{51}$$

날개단면의 양력계수는 식 (30)과 같이 정의되므로, 식 (30)에 식 (51)을 대입하여 다음 결과를 얻는다.

$$C_L=2\pi\left(A_0+\frac{A_1}{2}\right) \tag{52}$$

이 식에 따르면 양력계수는 유입류의 α, 캠버선 기울기의 평균치 a 및 1차 Fourier 계수 A_1만의 함수이며, 특히 경사평판과 캠버가 없는 대칭형 날개단면에 대해서는 $a=A_1=0$이므로, 식 (33)에서 얻은 바와 같이 $C_L=2\pi\alpha(L=\rho\pi cV^2\alpha,\ \Gamma=cV\pi\alpha)$를 얻는다.

한편 2차원 박익이론에서는 선와동으로 날개를 모사하여 해를 구하지만, 최근 컴퓨터

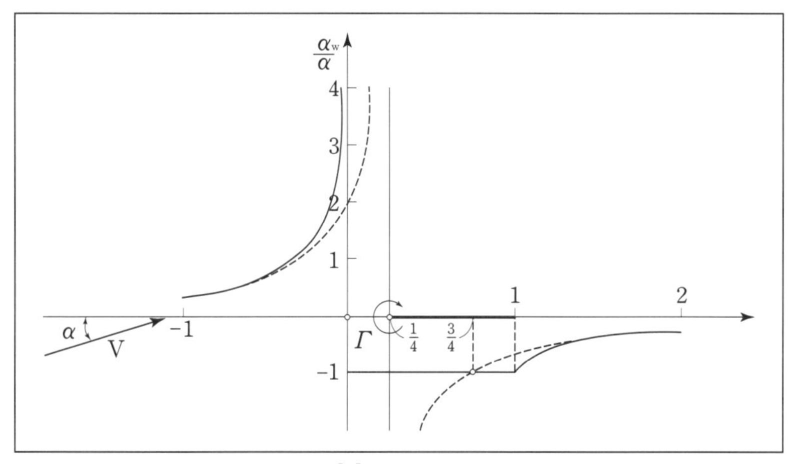

그림 7-19 이산와동의 1/4-3/4 분포법[7]

를 사용하는 수치해석법에서는 날개단면을 선와동 대신 여러 개의 점와동으로 이산화하는 방법을 널리 사용하며, 이와 같은 방법을 보통 이산와동(discrete vortex)의 1/4–3/4 분포법이라고 한다. 이 명칭은 **그림 7-19**에 나타낸 바와 같이 일정한 세기를 가지는 선와동에 의한 하향유동(downwash, 그림에서 실선)과, 와동분포의 세기를 모두 더한 순환을 가지는 점와동을 1/4 코드에 위치시켰을 때 제어점(control point)인 3/4 코드에 유기된 하향유동(그림에서 점선)이 같은 사실에 근거한다. 연속적으로 분포된 선와동 대신 **그림 7-19**에 나타낸 바와 같은 이산와동의 1/4–3/4 분포법을 이용하면 날개 주위의 유동을 보다 짧은 시간에 해석할 수 있다. 실제로 이산와동의 1/4–3/4 분포법을 날개단면에 적용할 경우 균일분할(uniform spacing) 또는 코사인분할(cosine spacing)을 모두 사용할 수 있으며, 좋은 수렴도를 보여주고 있어 엄밀해(exact solution)와도 잘 일치함을 보일 수 있다[8].

식 (41)과 같이 와도의 세기를 구하면 날개단면에서의 압력분포를 구할 수 있다. 와도의 세기는 상하면에서의 접선방향의 유속차이를 나타내며, 흡입면에서의 유속은 유입유속에 와도 세기의 반을 더하고, 압력면에서의 유속은 유입유속에 와도 세기의 반을 빼서 얻을 수 있으므로 다음 결과를 얻는다(**그림 7-20, 연습문제 12**).

$$V_u = U + u = U + \gamma/2,$$
$$V_l = U - u = U - \gamma/2 \tag{53}$$

여기서 V_u와 V_l은 각각 윗면과 아랫면에서의 속도를 뜻한다. 윗면과 아랫면에서의 압력차 Δp에 대해 베르누이 방정식을 사용하고 식 (53)을 이용하여 다음 결과를 얻는다.

$$\Delta p = p_l - p_u = \rho(V_u^2 - V_l^2)/2 = \rho U \gamma \tag{54}$$

이 식에 따르면 압력차는 와도에 비례함을 알 수 있다(**그림 7-21**).

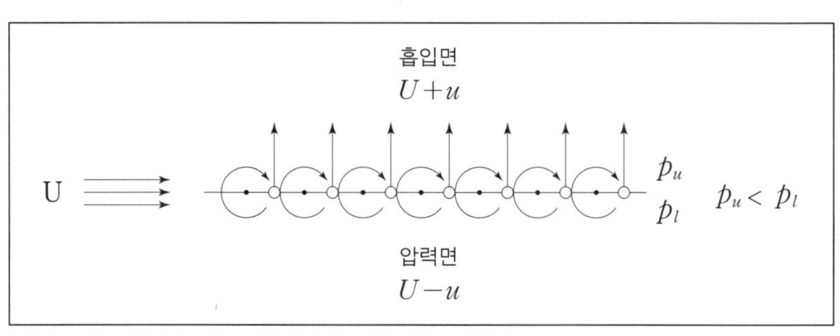

그림 7-20 이산와동에 의한 흡입면과 압력면의 압력차이

한편 선와동에서의 접선방향 유속은 $u(x, \pm 0) = \pm\gamma/2$로 주어지므로, 얇은 날개단면의 앞날에서 접선방향 유속은 무한히 큰 값을 가지나, 이를 두께가 유한한 날개단면 상에서의 유속으로 변환하기 위해서는 두께의 영향을 고려해야 한다. 두께가 고려된 날개단면 상에서의 유속은 Riegel[9]이 등각사상(conformal mapping)을 사용하여 해석적으로 밝힌 바와 같이 두께가 없는 선와동 상에서의 유속과 다음과 같은 관계를 가진다(그림 7-22).

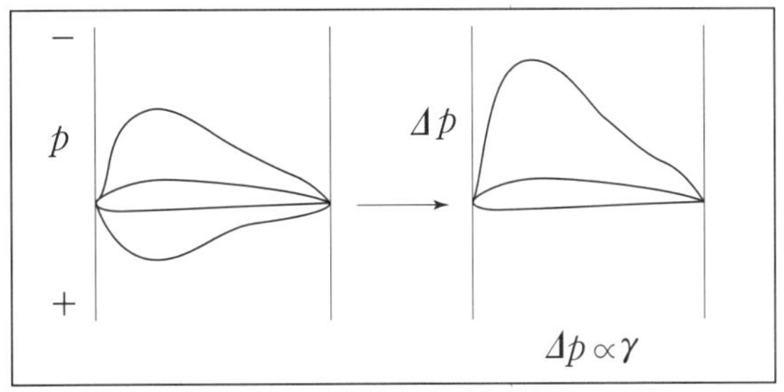

그림 7-21 와도에 비례하는 압력차

$$u_T(x)ds = u(x, \pm 0)dx,\ ds = \sqrt{dx^2 + dz^2} \tag{55}$$

$$u_T = u(\pm 0)/\sqrt{1 + (dz/dx)^2} \tag{56}$$

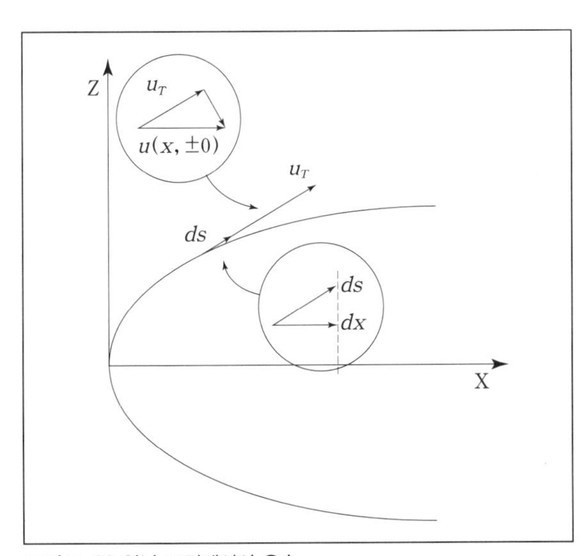

그림 7-22 앞날 표면에서의 유속

최근에는 날개표면에 점와동 또는 쌍극점(dipole)을 분포하는 패널법을 사용하고 있는데, 이러한 경우에는 날개단면 상에서의 유속분포를 구하기 위해 날개두께의 영향을 별도로 고려할 필요가 없다.

이 절에서 논의한 이론과 관련된 보다 상세한 사항은 Newman[10] 또는 Isay[11]를 참고하기 바란다.

✤ 연습문제

1. 기계식 구동 추진체계와 비교하여 전기식 구동 추진체계의 장점을 열거하시오.
2. 선박의 추진체계는 주기관, 감속기어, 회전축 및 베어링, 프로펠러의 요소들로 구성된다. 동력이 이 요소들을 통해 전달될 때 차례로 얻어지는 P_B, P_S, P_D, P_T, P_E를 요소의 위치와 연관하여 그림으로 표현하시오.
3. 모형시험으로부터 배가 선속 20kts에서 유효동력 25,000ps이 소요되는 것으로 추정되었다. 추진효율을 75%로 가정하는 경우에 요구되는 축동력을 구하시오.
4. C_T와 K_T 사이 및 C_Q와 K_Q 사이에 각각 다음 관계가 성립함을 보이시오.

$$C_T = 2K_T/J^2, \ C_Q = 2K_Q/J^2$$

5. 입 · 출력 동력 사이의 비율로 정의되는 효율 관계식을 사용하여, 프로펠러 단독효율이 다음과 같이 표시됨을 보이시오.

$$\eta_0 = (J/2\pi)(K_T/K_Q)$$

6. 선속 20kts, 반류비가 0.3, 프로펠러 1분당 회전수 90, 프로펠러 추력이 2400kN, 토크가 3000kNm일 때, 프로펠러 효율을 구하시오.
7. 선속 20kts에서 선박의 전체저항이 2500kN이고, 추진효율이 60%일 때, 축동력을 산정하시오.
8. 7.3.2절에서 설명한 뒷날에서의 앞면과 뒷면 상에서의 접선방향 속도성분이 같다는 Kutta 조건은 뾰족한(cusp) 뒷날에 대한 것이다. 만일 뒷날이 뾰족하지 않고 일정반경 $(=\varepsilon)$을 가졌다면 Kutta 조건은 어떠해야 할지 기술하시오.
9. 속도 V인 균일유동 중에 놓인 원기둥의 원점에 순환 Γ인 점와동을 더했을 때, 원기둥에 작용하는 압력을 구하고, 압력의 상하방향 성분을 적분하여 원기둥에 작용하는 양력을 구하시오. 얻어진 결과를 Kutta-Joukowski 정리와 비교하여 설명하시오.
10. 본문의 식 (44)를 증명하시오.

$$I_n = \frac{1}{\pi}\int_0^{\pi} \frac{\cos n\theta}{\cos\theta - \cos\theta_0} d\theta = \frac{\sin n\theta_0}{\sin\theta_0}, \ n=1, 2, 3, \cdots \tag{44}$$

11. 다음과 같은 삼각함수의 적분에 관한 직교성을 증명하시오.

$$\int_0^{\pi} \sin m\theta \sin n\theta d\theta = 0, \quad m \neq n \tag{E1}$$

여기서 m과 n은 정수이다.

12. 유입유속이 U일 때, 와도의 세기가 γ, 길이가 Δs인 와도분포의 한 부분에 대해 순환 Γ의 정의와 $\Gamma = \gamma \Delta s$를 이용하여 다음을 보이시오.
    1) 와도의 세기는 상하면에서의 접선방향의 유속차이를 나타낸다, 즉 $\gamma = U_u - U_l$임을 보이시오. 여기서 U_u는 윗면, U_l은 아랫면에 각각 유도된 와도에 기인하는 접선방향 속도이다.
    2) 흡입면에서의 유속 $U + U_u$는 유입유속에 와도 세기의 반을 더하고, 압력면에서의 유속 $U + U_l$은 유입유속에 와도 세기의 반을 빼서 얻는다. 즉 $U_u = -U_l = \gamma/2$임을 보이시오.

13. Prandtl에 의한 단순 양력선이론(simple lifting line theory)에서는 3차원 날개에서의 양력계수는 다음 식으로 주어진다.

$$C_L / C_{L\infty} = \Lambda / (\Lambda + 2) \tag{E2}$$

여기서 $C_{L\infty}$는 2차원 날개단면의 양력계수이다. 한편 Krienes[12]에 의한 확장 양력선이론(extended lifting line theory)에 따르면 다음 결과를 얻는다.

$$C_L / C_{L\infty} = \Lambda / (\sqrt{\Lambda^2 + 4} + 2) \tag{E3}$$

종횡비가 0.25~8일 때 식 (E2), (E3)에 의한 결과를 도시하여 비교하고, 또 그 차이의 원인을 물리적으로 설명하시오.

참고문헌

[1] 김은찬, 2005, 대한조선학회지 42권 1호, 60쪽.

[2] Carlton, J. S., 1994, **Marine propellers and propulsion**, Butterworth-

Heinemann.

[3] Geels, F. W., 2001, Technological transitions as evolutionary reconfiguration processes: A multi-level perspective and a case-study, Nelson and Winter Conference, June 12~15, 2001, Aalborg, Denmark.

[4] 임상전 역, 1969, **기본조선학**, 대한교과서주식회사.

[5] 이승준, 1999, **역사로 배우는 유체역학**, 인터비전.

[6] Abbott, I. H. & von Doenhoff, A. E. 1945, **Theory of wing sections**, Dover Publications, pp. 37~38.

[7] Schlichting, H. & Trockenbrodt, E., 1960, **Aerodynamik des Flugzeugs**, Band I, Springer-Verlag, Berlin.

[8] Kerwin, J. E., 1994, **Hydrofoils and propellers**, MIT lecture notes, pp. 52~55.

[9] Riegels, F., 1948, Das Umströmungsproblem bei inkompressiblen Potentialströmungen (Problems in incompressible potential flow), pp. 373~376.

[10] Newman, J. N., 1977, **Marine hydrodynamics**, MIT Press.

[11] Isay, W. H., 1972, Incompressible Strömungen, Vorlesungsmanuskript, Hamburg, pp. 10~32.

[12] Krienes, K., 1941, The Elliptic wing based on the potential theory, NACA TM-971.

추천문헌

[1] Scholz, N., 1965, **Aerodynamik der Schaufelgitter**(Aerodynamics in cascade), pp. 157~173.

08

프로펠러 기하학 및 이론

송인행
박사
삼성중공업

■

8_1_ 나선형 프로펠러의 기하학

8_1_1_ 날개단면의 형상 정의

날개단면의 기하학적인 특성을 **그림 8-1**에 나타냈다. 앞날(leading edge)과 뒷날(trailing edge)을 잇는 직선을 코드선, 두 끝점 사이의 직선 거리를 날개단면의 코드길이(chord length) 또는 간단히 코드(chord)라고 하고 통상 c로 표기한다. 두께의 이등분되는 점을 연결한 곡선을 평균선 또는 캠버선(camber line)이라 하고, 이 평균선과 코드선 사이의 최대거리를 캠버(camber)라고 한다. 평균선에 수직한 직선을 따라서 잰 단면의 앞면(face)과 뒷면(back) 사이의 거리를 두께(thickness)라고 하고, 날개단면의 받음각, 또는 유동의 입사각은 코드선과 유입류의 유동방향 또는 상대적인 물체의 운동방향과의 사이각으로 정의한다.

선박용 프로펠러는 날개의 앞면(face)이라 불리는 표면이 뒤를 향하고 있는데, 배를 앞으로 움직이기 위해 프로펠러를 회전시키면 그 표면 위의 압력이 증가한다. 이때 앞쪽을 향하는 표면을 날개의 뒷면(back)이라고 한다.

현재 가장 많이 활용되고 있는 단면은 NACA(National Advisory Committee for Aeronautics; NASA의 전신)에서 1930년대에 계통적으로 시험된 단면계열로 개발된 단면으로, 보통 4자리 숫자로 표시한다. 예를 들어 'NACA2418' 단면의 첫 번째 숫자 2는 캠버가 코드길이의 2%

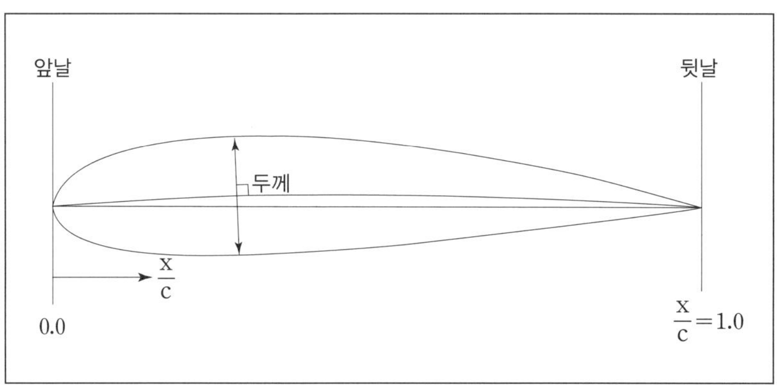

그림 8-1 날개단면의 형상 정의

임을, 두 번째 숫자 4는 캠버가 앞날로부터 40% 코드에 위치함을, 나머지 숫자 18은 최대두께(maximum thickness)가 코드의 18%임을 뜻한다. 이와 같은 4자리 단면의 경우, 최대두께의 위치는 앞날로부터 코드의 30%인 곳에 있다.

8_1_2 나선형 프로펠러의 기하학적 특성

선박 추진기 중에서 일반적으로 높은 추력을 발생시키고 효율이 높은 것으로 나선형 프로펠러(screw propeller)를 들 수 있다. 여기에서는 나선형 프로펠러의 형상 및 기본적인 용어의 정의를 살펴보기로 한다.

1) 직경(diameter, D): 프로펠러가 1회전했을 때 날개끝(tip)이 그리는 원의 지름. 지름의 반은 반경(radius, R)이다. 프로펠러의 직경은 원하는 추력을 발생하고 추진효율이 최대가 되도록 결정되어야 하나, 제한조건으로 경하상태나 선박의 전후동요 중에 공기흡입 등의 영향을 피하도록 적절한 날개끝심도(tip submergence)가 확보되도록 한다.

2) 피치(pitch, P): 프로펠러가 1회전했을 때 각 반경 위치에서의 날개단면이 축방향으로 전진하는 거리. 각 반경에서의 피치값이 일정한 경우 일정피치(constant pitch), 반경에 따라 변할 경우 변동피치(variable pitch)라고 한다. 피치를 무차원화하여 피치비(pitch ratio) P/D를 정의한다(그림 8-2).

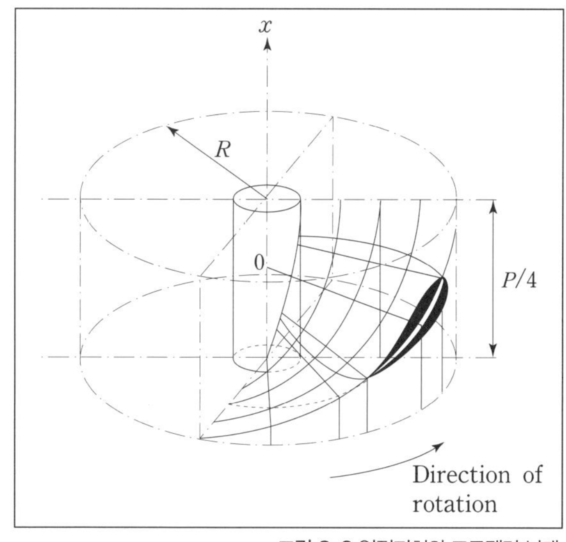

그림 8-2 일정피치의 프로펠러 날개

3) 피치각(pitch angle, ϕ): 반경 r 위치에서의 피치를 각으로 표시하고, 피치각 또는 기하학적 피치각(geometric pitch angle)이라고 한다.

4) 프로펠러 기준선(propeller reference line): 프로펠러형상의 기준이 되는 직선으로 프로펠러축심과 직각되게 정한다. 보통 연직상방 위치로 정하며, 이 선을 축 주위로 1회전하여 프로펠러평면(propeller plane)을 얻는다(그림 8-3).

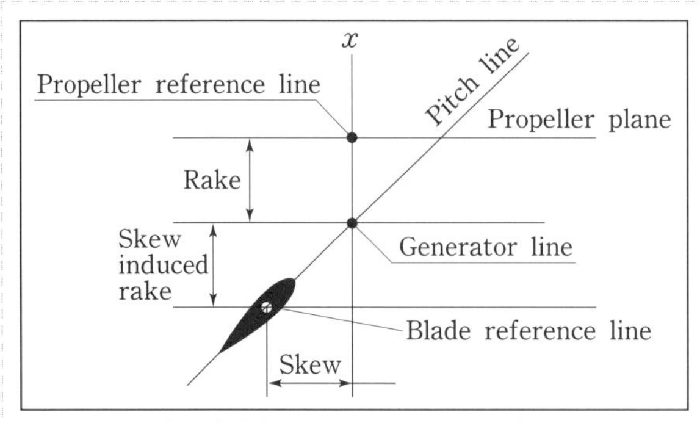

그림 8-3 특정 반경에서의 프로펠러 날개 관련 정의

5) 제작 기준선(generator line): 프로펠러 제작의 기준이 되는 선. 프로펠러 기준선과 축심으로 이루어지는 연직평면과 각 단면의 코-꼬리선(nose-tail line)이 만나는 선. 프로펠러 기준선과는 보통 레이크만큼 차이가 있으며, 대개 직선이다(**그림 8-3**).

6) 레이크(rake, x_G): 각 반경 위치에서 프로펠러 기준선에서 제작 기준선까지의 축방향 직선거리. 하류방향을 양(+)으로 잡으며, 제작 기준선이 직선인 경우에는 레이크가 선형적으로 변화하게 되는데, 이때에는 프로펠러 기준선과 레이크 직선 사이의 각을 레이크각으로 부르기도 하며, 대표적으로 날개끝에서의 거리를 뜻한다.

7) 프로펠러 날개단면(propeller blade section): 프로펠러의 날개를 프로펠러축심과 동심축을 갖는 반경 r의 원통으로 잘랐을 때, 각 반경 위치에서의 단면, 날개단면은 빠른 유속 때문에 음(−)의 압력을 갖는 흡입면(suction side) 또는 뒷면(back)과, 낮은 유속으로 인해 양(+)의 압력을 갖는 압력면(pressure side) 또는 앞면(face)으로 이루어진다. 흡입면이 원호이고 압력면이 직선으로 표현되는 간단한 단면을 원호형 단면(ogival section)이라고 하며, 제작의 용이성으로 예전에는 많이 사용되었다. 최근에는 단면형상이 항공 날개단면(airfoil section) 형상을 갖는 프로펠러가 많이 사용되고 있으며, 대표적으로 네덜란드의 B계열 단면, 일본의 MAU 단면, 미국의 NACA 단면, 그리고 최근에 개발된 우리나라의 KH40 단면이 있다. 날개단면 코드의 최대값을 직경으로 나눈 비는 날개폭비(blade width ratio)라고 하며 계열자료를 이용할 때 필요한 양이다.

8) 앞날(leading edge), 뒷날(trailing edge): 프로펠러가 전진할 때 물을 먼저 가르는 날개단면의 끝을 앞날, 그 반대쪽을 뒷날이라고 한다. 앞날과 뒷날을 이은 선이 코드선이다.

9) 날개윤곽선(blade outline, blade contour): 날개의 앞날과 뒷날을 날개끝에서 연결하여 날개윤곽을 나타내는 선. 날개윤곽의 종류로는 투영윤곽(projected contour)과 확장윤곽(expanded contour), 전개윤곽(developed contour)이 있다. 투영윤곽은 프로펠러를 축방향으로 프로펠러평면에 투영했을 때 날개윤곽의 자취를 말하고, 확장윤곽은 각 단면 위치에 있는 날개단면을 평면 위에 펼쳐서 배열한 도형의 윤곽을 말하며, 전개윤곽에 대해서는 다음 절에서 설명한다(**그림 8-5 참조**). 확장윤곽비 또는 확장면적비(expanded area ratio)는 확장윤

곽 도형의 면적 A_E와 프로펠러원판의 면적 $A_0(=\pi D^2/4)$의 비로 프로펠러 추진력, 공동 특성, 날개표면의 점성저항의 크기를 지배하는 중요 인자가 된다.

10) 날개단면 기준점(blade section reference point): 날개단면의 기준이 되는 점. 날개단면 코드의 중앙점(mid-chord point)을 주로 날개단면 기준점으로 잡는다. 날개단면 기준선은 각 반경에서의 날개단면 기준점을 연결한 선이다.

11) 스큐(skew, θ_m): 날개단면 기준점이 프로펠러 기준선 또는 제작 기준선과 프로펠러 축심으로 이루어지는 평면과 이루는 각 변위. 프로펠러의 정면도에는 스큐의 크기가 그대로 나타나며 회전방향과 반대를 양으로 잡는다(**그림 8-3**).

12) 허브(hub, boss): 프로펠러 날개를 프로펠러축에 연결해 주는 부분. 이 허브의 프로펠러평면 위치에서의 최대직경을 허브직경이라고 한다. 허브직경 d_H와 프로펠러직경 D의 비를 허브비(hub ratio) d_H/D라고 한다. 프로펠러 날개와 허브의 결합방식으로는 허브와 날개가 동시에 주조되는 일체형(solid type)이 주류를 이루며, 운항 중 날개의 피치를 변화시키는 가변피치 프로펠러(controllable pitch propeller, CPP)의 경우에는 날개와 허브 부분이 따로 제작, 조립되는 조립형(build-up type)이다.

13) 날개두께(blade thickness): 날개단면의 두께. 각 반경위치에서의 날개단면의 최대두께 t_O와 직경 D와의 비로 날개두께비(blade thickness ratio) t_O/D를 정의한다. 날개두께는 허브 쪽으로 갈수록 두꺼워지며, 그 두께를 프로펠러축심까지 연장했을 때 축심에서의 가상적인 두께와 직경과의 비로 축심날개두께비(blade thickness ratio at shaft center) t_{max}/D를 정의하여 두께의 대표값으로 사용하기도 한다. 직경이 일정한 경우 두께가 클수록 효율이 감소하므로 강도가 허용하는 한 얇게 하는 것이 좋다.

14) 캠버(camber): 날개단면에서 흡입면과 압력면의 중점을 이은 평균선 또는 캠버선과 코드선 사이의 거리이다. 흡입면과 압력면은 이 캠버선과 직각되도록 두께의 반만큼 상하로 떨어진 점들을 이은 선으로 정의된다. 날개단면에서의 최대캠버를 f_O로 표시한다.

8_1_3_ 나선의 기하학과 프로펠러 도면

이 절에서는 먼저 원형나선(circular helix) 운동을 하는 점의 궤적을 수학적으로 나타내고 원형나선의 곡률반경(radius of curvature)을 구하기로 한다. **그림 8-4**에서와 같이 x축은 회전축 OO'과 일치하며 yz평면은 회전축에 수직한 우수좌표계를 사용한다.

궤적의 반경은 r, x축에 대한 회전 각속도는 ω, x축을 따른 점의 속력은 u라고 하면 점의 위치벡터 $\underline{x}$는 다음과 같다.

$$\underline{x}(t)=(ut,\ r\cos\omega t,\ r\sin\omega t) \tag{1}$$

그림 8-4에 나타낸 바와 같이 기준선이 연직상방 위치에 온 순간부터 각 θ와 시간 t를 측정하기로 한다면, $\theta=\omega t$이다. 피치 P는 기준선이 완전히 한 번, 즉 2π 회전하는 사이에 x축을 따라 점이 움직인 거리이므로, 단위시간당 ω만큼 회전하며, u만큼 직진하는 것을 고려하여 다음 관계를 얻는다.

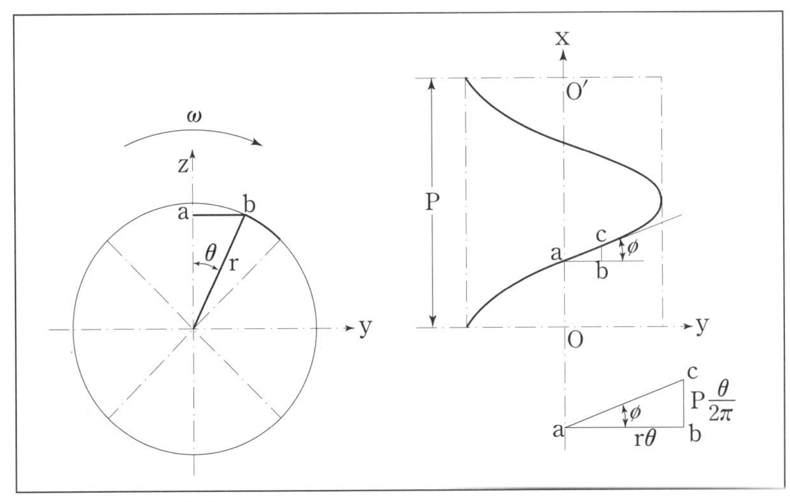

그림 8-4 나선의 기하학

$$P=2\pi u/\omega,\ u=P\omega/2\pi \tag{2}$$

시간 t 동안 원주를 따라 점이 움직인 거리는 $r\omega t$, x축을 따라 움직인 거리는 $P\omega t/2\pi$이므로 피치각 ϕ에 대해 다음을 얻는다.

$$\tan\phi=P/2\pi r=u/r\omega \tag{3}$$

한편 곡률반경 r_c는 점의 속도벡터의 크기 $\dot{s}$과 접선방향 단위벡터 $\hat{e}_t$의 시간에 대한 변화율의 비로 정의되는데[1], 먼저 점의 속도벡터의 크기 $\dot{s}$은 다음과 같다.

$$\dot{s}=|d\underline{x}/dt|=\sqrt{u^2+r^2\omega^2} \tag{4}$$

접선방향 단위벡터 $\hat{e}_t$는 다음과 같이 얻을 수 있고,

$$\hat{e}_t = \dot{s}^{-1}(d\underline{x}/dt) = \dot{s}^{-1}(u,\ -r\omega\sin\omega t,\ r\omega\cos\omega t) \tag{5}$$

또 고정된 r에서 $\dot{s}$은 상수임을 고려하여 $\hat{e}_t$의 시간에 대한 변화율을 다음과 같이 얻는다.

$$d\hat{e}_t/dt = \dot{s}^{-1}(0,\ -r\omega^2\cos\omega t,\ -r\omega^2\sin\omega t) \tag{6}$$

식 (4), (5), (6)으로부터 나선의 곡률반경 r_c를 다음과 같이 얻는다.

$$r_c \equiv \dot{s}/|d\hat{e}_t/dt| = \dot{s}/(r\omega^2/\dot{s}) = r\dot{s}^2/(r^2\omega^2) = r/\cos^2\phi \tag{7}$$

여기서 마지막 등호는 위의 식 (3)을 사용하여 얻었다.

프로펠러의 설계도는 **그림 8-5**에 나타낸 바와 같이 대개 4개 부분, 즉 (a) 측면도, (b) 확장된 날개윤곽선과 단면형상, (c) 피치분포도, (d) 정면도로 이루어진다.

(a) 측면도는 중심선을 지나는 세로 연직면에 투영된 날개의 측면도와 프로펠러 제작 기준선의 전후방향 경사인 레이크, 그리고 날개끝과 뿌리(root) 사이 날개단면의 최대두께의 변화를 나타내는 가상적인 선을 포함한다.

(b) 확장날개윤곽선(expanded blade outline)과 중심축으로부터 일정한 거리에 있는 4개 반경 위치에서의 단면형상을 보여준다. 각 단면형상은 피치면이 기선(base)에 평행하도록 작성하지만, 단면형상의 두께는 중심축에 평행하게 측정한다. 각 단면의 앞날, 뒷날과 그 사이 여러 점에서의 두께, 또한 앞날과 뒷날에서의 반경들, 그 밖에 필요한 치수들을 쉽게

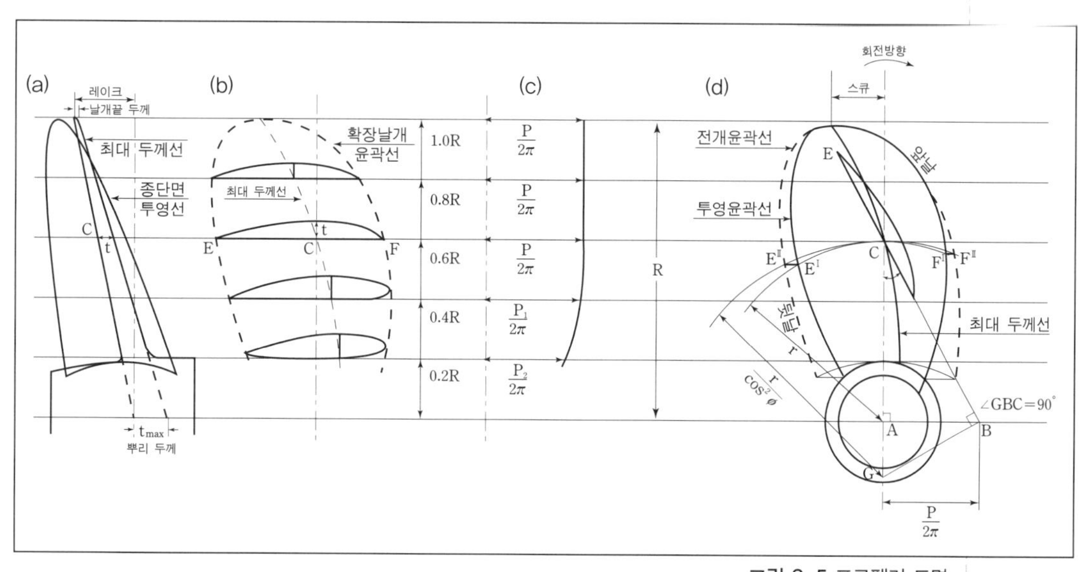

그림 8-5 프로펠러 도면
(a) 측면도 (b) 확장날개윤곽선 (c) 피치분포도 (d) 정면도

알 수 있도록 작성한다. 또 각 단면에서 최대두께에 상응하는 위치를 연결하여 얻은 최대두께선(line of maximum thickness)을 포함한다.

(c) 피치분포도는 중심축으로부터 반경에 따른 피치의 변화를 보여준다. 그림에서는 피치가 날개끝 부분에서 일정하다가 뿌리 쪽으로 갈수록 감소하고 있는데, 이와 같은 경향은 단추진기선(single propeller ship)의 프로펠러에서 전형적이다.

(d) 정면도에는 날개의 투영윤곽선(projected outline)과 전개윤곽선(developed outline), 그리고 최대두께선과 스큐를 나타낸다. 투영윤곽선은 각 단면의 앞날과 뒷날을 프로펠러평면에 투영시켜 얻으며, 전개윤곽선은 각 반경 위치에서 앞날과 뒷날을 각 반경에서의 나선호(helical arc) 상에 작도하여 얻는다. 나선호를 얻기 위해서는 먼저 나선의 곡률반경을 얻어야 하는데 다음과 같이 얻는다. 예를 들어 점 C에 상응하는 나선의 곡률반경을 구하기 위해서는 $\overline{AB}=P/2\pi$로 잡는다. 그러면 $\overline{AC}=r$이므로 $\angle ACB=\phi$이며, 따라서 $\overline{BG}$가 $\overline{BC}$에 수직하도록 점 G를 취하면 $\overline{BC}=r/\cos\phi$이며, 결국 $\overline{CG}=r/\cos^2\phi$를 얻는다. 식 (7)에 따르면 $\overline{CG}$는 점 C에 상응하는 나선의 곡률반경이다.

8_1_4 프로펠러 날개의 기하학

앞에서 정의한 프로펠러 고정 직교 좌표계와 원통 좌표계를 사용하여 프로펠러 날개의 표면을 정의한다. 프로펠러 날개는 통상 반경 위치 r인 원통면에서의 단면 자료의 집합으로 정의된다. 먼저 스큐 $\theta_m(r)$는 각 반경 위치에서 날개단면 코드길이의 중앙점의 위치에 따라 얻어지는 각 θ로 정의된다. 또한 날개단면의 코-꼬리선(nose-tail line)을 지나는 나선이 xy-평면과 교차하는 자취를 제작 기준선이라고 하고, 프로펠러평면, 즉 yz-평면으로부터 이 제작 기준선까지의 축방향 거리를 레이크 $x_G(r)$로 정의한다. 각 반경 위

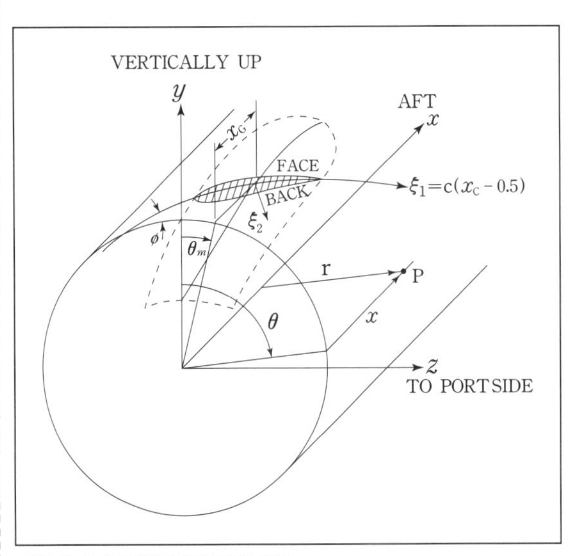

그림 8-6 프로펠러 좌표계와 기하

치에서 코-꼬리선을 지나는 나선의 피치각 $\phi(r)$을 알면 프로펠러 날개의 앞날과 뒷날의 좌표, 즉 각 반경에서의 날개윤곽선의 좌표는 다음과 같이 표현된다(**그림 8-6**).

$$(x_{l,t}, y_{l,t}, z_{l,t}) = (x_G + r\theta_m \tan\phi \mp (c/2)\sin\phi,\ r\cos\theta_{l,t},\ r\sin\theta_{l,t}) \tag{8}$$

$$\theta_{l,t} = \theta_m \mp (c/2r)\cos\phi \tag{9}$$

여기서 $c(r)$은 각 반경 위치에서의 날개단면의 코드길이이고, 하첨자 l, t는 각각 날개단면의 앞날과 뒷날을 의미하며, $\mp$는 각각 앞날과 뒷날에 대한 계산을 뜻한다. 통상 날개단면의 오프셋(offset)은 코드길이로 무차원화된 좌표 s를 사용하는데, 날개단면의 앞날에서 0이고 뒷날에서 1이 되도록 한다.

날개단면의 캠버분포 및 두께분포를 각각 $f(s)$, $t(s)$라 표현하면 그림 8-1에서 보듯이 캠버분포 $f(s)$는 코드선에 수직하게 정의되며, 두께분포 $t(s)$는 캠버선에 수직하도록 정의된다. 반경 r에서 날개 표면의 직교 좌표계 및 원통 좌표계에서의 위치는 각 반경 위치에서의 스큐 θ_m, 레이크 x_G, 코드길이 c, 캠버 및 두께의 값을 이용하여 식 (8), (9)에 따라 3차원 공간에서 정확하게 표현할 수 있다.

기준 날개 이외의 다른 날개 표면의 좌표는 다음과 같은 날개 지시각을 써서 나타낼 수 있다.

$$\delta_k = 2\pi(k-1)/Z,\quad k=1, \cdots, Z \tag{10}$$

여기서 Z는 프로펠러 날개수이고 k는 날개 지시수이다. 날개 지시수 k는 $xy-$평면을 통과하는 날개 순서를 따라 정의한다. 제 $k-$번째 날개 표면의 일반적인 좌표는 다음과 같다.

$$(x^{\pm}, y^{\pm}, z^{\pm}) = (x_G + r\theta_m \tan\phi + c\left(s-\frac{1}{2}\right)\sin\phi - f\cos\psi \mp \frac{t}{2}\cos\psi,\ r\cos\theta^{\pm},\ r\sin\theta^{\pm}) \tag{11}$$

$$\theta^{\pm} = \theta_m + c\left(s-\frac{1}{2}\right)\frac{\cos\phi}{r} + f\,\frac{\cos\psi}{r} \pm \frac{t\sin\psi}{2r} + \delta_k \tag{12}$$

여기서 상첨자 $\pm$는 각각 날개의 흡입면과 압력면을 의미하며, ψ는 캠버면의 $yz-$평면에 대한 경사각이다.

8_2_ 프로펠러 작용에 대한 근사이론

_ 이 절에서는 프로펠러 작용에 대한 근사 이론인 운동량이론(momentum theory)과 날개요소이론(blade element theory)에 대해 고찰한다. 프로펠러는 프로펠러평면에 유입되는 유체를 가속시켜 뒤쪽으로 보내며 이에 따른 반작용으로 추력을 얻는 장치이다. 따라서 뒤쪽으로 가속되는 유체의 운동량을 알면 프로펠러가 발생하는 추력을 추정할 수 있다.

운동량이론에서는 프로펠러가 어떠한 기전에 의해 유체를 가속시키는가에 대한 고려는 차치하고, 프로펠러를 단순한 작동원판(actuator disk)으로 간주하여 프로펠러를 통과하는 유체의 압력이 순간적으로 증가한다고 가정한다.

날개요소이론에서는 프로펠러 날개를 원통면으로 잘라 얻어지는 단면들을 반경방향으로 더하여 날개의 작용을 이해하며, 각 단면에서 얻어지는 양력과 항력을 추력과 토크의 성분으로 나누어 반경방향에 대해 적분함으로써 프로펠러의 추력과 토크를 얻는다.

두 이론 모두 근사 이론으로서의 한계를 가지고 있지만 프로펠러의 효율에 대한 기초적인 정보를 제공하고 있으며, 이들의 한계점을 극복한 순환이론(circulation theory)에 대해서는 다음 절에서 알아보기로 한다.

8_2_1_ 프로펠러 작용에 대한 운동량이론

운동량이론은 Rankine(1865)[2]에 의해 시작되었다. 유체의 점성은 무시하며, 밀도는 일정하고, 프로펠러가 무한유체 중에 있다고 가정한다. 또 프로펠러를 통과하는 유체는 원판 전체에 걸쳐 균일하게 가속되며, 압력은 순간적으로 증가한다고 가정한다.

위의 가정에 따라 **그림 8-7**에 나타낸 바와 같이 면적이 A_0인 작동원판이 속도 V_A의 균일유동 중에 놓여 있다고 하고, 원판에서 거리가 상당히 떨어진 상류는 하첨자 1, 원판은 0, 하류는 2를 사용하여 나타내기로 한다. 원판의 경계를 흐르는 유선을 이어 얻어지는 유관(stream tube)을 생각하고 이에 대해 질량보존의 법칙을 적용하면 다음을 얻는다.

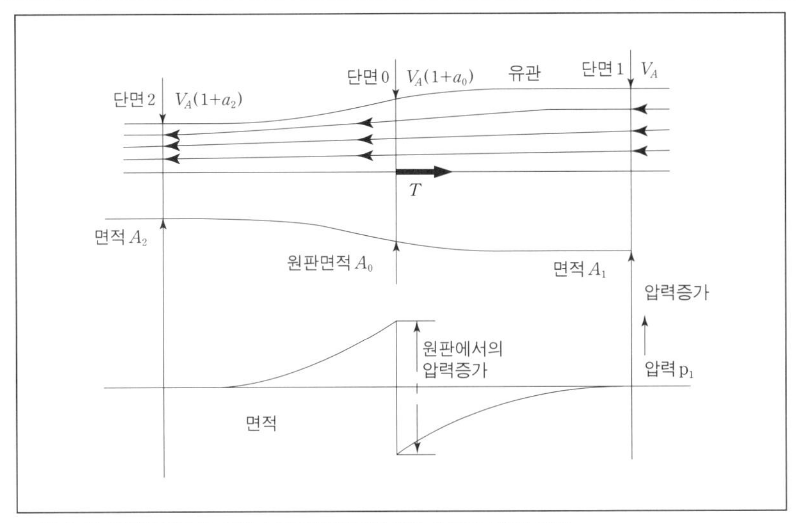

그림 8-7 운동량이론에 의한 프로펠러원판에서의 속도와 압력 변화

$$
\begin{aligned}
\dot{V} &= V_A A_1 = V_A(1+a_0)A_0 \\
&= V_A(1+a_2)A_2
\end{aligned}
\tag{13}
$$

여기서 $\dot{V}$은 체적유량으로 상수이고, a_0는 축유입계수(axial inflow factor)로 작동원판에서 증가한 속도비이며, a_2는 단면 2에서의 증가된 속도비를 각각 뜻한다. 베르누이 방정식의 적용과 관련해서 주의할 점은 작동원판에서 압력이 갑자기 증가한 것으로 가정하기 때문에 단면 1과 단면 2에 대해 동일한 상수를 가지는 잘 알려진 형태의 방정식을 사용할 수 없다는 점이다.

한편 운동량원리에 따르면 단면 1과 단면 2에서의 운동량 차이는 작동원판에 작용하는 추력 T와 같아야 하므로 다음을 얻는다.

$$
T = \rho \dot{V} V_A a_2 = \rho A_0 V_A^2 (1+a_0) a_2 \tag{14}
$$

여기서 마지막 등식은 식 (13)의 두 번째 등식을 이용하여 얻었다. 또한 일-에너지원리에 따르면 단위시간당 유관을 통과하는 유체의 운동에너지 증가량, 즉 단면 2와 1에서의 운동에너지의 차이는 작동원판이 단위시간당 유체에 대해 한 일과 같아야 하므로 다음을 얻는다.

$$
(1/2)\rho \dot{V} V_A^2 \{(1+a_2)^2 - 1\} = (1/2)\rho \dot{V} V_A^2 a_2 (a_2+2) = T V_A (1+a_0) \tag{15}
$$

이 식의 마지막 부분에 식 (14)를 대입하여 T를 소거하고 정리하면 다음 결과를 얻는다.

$$a_2 = 2a_0 \quad (16)$$

다시 말하면 작동원판에 이르기까지의 속도 증가량은 전체 증가량의 반에 해당한다는 결과를 얻으며, 단면 2에서 증가된 속도비 a_2는 슬립비(slip ratio)라고 하는데 일반적으로 s로 나타낸다. 이제 관련된 물리량 중 a_0 또는 s가 유일한 미지량이므로 프로펠러의 이상적 효율, 추력부하계수 등을 축유입계수 또는 슬립비의 함수로 다음과 같이 얻을 수 있다. 먼저 프로펠러의 이상적 효율(ideal efficiency) η_I는 단위시간당 얻어진 일을 해 주어야 하는 일로 나누어 얻을 수 있으므로 다음과 같다.

$$\eta_I = (TV_A)/\{TV_A(1+a_0)\} = (1+a_0)^{-1} = 2/(2+s) \quad (17)$$

또 추력부하계수(thrust loading coefficient) C_T를 다음과 같이 정의하면,

$$C_T = T/(\rho V_A^2/2)A_0 \quad (18)$$

식 (14), (13)을 차례로 대입하여 다음 결과를 얻는다.

$$C_T = 2s\left(1+\frac{s}{2}\right) \quad (19)$$

이 식은 슬립비 s에 대한 2차 방정식으로 볼 수 있으며, 근의 공식을 사용하고 슬립비가 양이라는 조건으로부터 $s = -1+\sqrt{C_T+1}$을 얻고, 이를 식 (17)에 대입하여 이상적 효율을 추력부하계수로 나타낸 다음 결과를 얻는다.

$$\eta_I = 2/(1+\sqrt{C_T+1}) \quad (20)$$

표 8-1에 몇 가지 C_T 값에 대한 이상적 효율의 값을 나타냈는데, C_T가 작을수록 η_I는 증가하며, C_T가 영일 때 η_I가 최대값인 1이 됨을 알 수 있다. 따라서 기타 조건이 동일하다면 C_T가 작을수록, 즉 원판의 면적, 다시 말하면 프로펠러의 직경을 크게 할수록 효율은 증가한다. 이러한 결과는 프로펠러 설계에서 가장 기본적인 사실로 간주된다.

운동량이론의 한계는 프로펠러 날개의 형상에 대하여 그 어떤 정보도 주지 못한다는

C_T	0	1	2	3	4	8
η_I	1.0	0.827	0.732	0.667	0.618	0.5

표 8-1 이상적 효율과 추력부하계수 사이의 관계

점이다. 이와 같은 한계를 극복하기 위해서는 결국 프로펠러 단면의 특성을 고려한 이론을 도입해야 할 것이며, 이와 같은 이론에 대해서는 다음 절에서 알아보기로 한다.

한편 위에서 얻은 결과는 배의 전진속도가 매우 작거나 또는 정지상태에 있을 때의 프로펠러의 성능을 비교할 때에도 매우 편리하게 사용된다. 먼저 V_A가 매우 작은 경우에는 식 (18)로부터 $C_T \gg 1$이므로, 식 (20)으로부터 다음과 같은 근사식을 얻을 수 있다.

$$\eta_I \simeq 2/\sqrt{C_T} \tag{21}$$

한편 유효동력 P_E는 단위시간당 얻어진 일 TV_A를 효율 η로 나누어 얻을 수 있는데, $\eta = \alpha\eta_I (0 < \alpha < 1)$로 쓸 수 있으므로 다음을 얻는다.

$$P_E = TV_A/\eta \simeq TV_A\sqrt{C_T}/2\alpha \tag{22}$$

여기에 식 (18)을 대입하여 V_A를 소거하고 정리하면 결국 다음 결과를 얻는다.

$$(T/P_E)\sqrt{T/\rho A_0} \simeq \sqrt{2}\alpha \tag{23}$$

α의 값은 안벽에서의 계류시운전에 의해 쉽게 결정할 수 있으며, 여러 가지 프로펠러에 대해 정지상태에서의 효율에 대한 척도로서 편리하게 사용할 수 있다.

8_2_2_ 프로펠러에 대한 날개요소이론

앞 절에서처럼 프로펠러를 작동원판으로 근사하면 부분적으로 유용한 결과도 얻을 수 있지만 프로펠러 날개의 각 단면에 대한 정보는 전혀 얻을 수 없다. 여기서는 7.3절에서 살펴본 바와 같이 2차원 날개단면의 양력 발생기전과 관련된 결과를 이용하여 근사 이론을 얻기로 한다.

프로펠러의 날개를 원통면으로 잘라 얻어지는 날개단면에 대해서는 7.3절에서 얻은 결과들을 사용할 수 있으므로, 각 단면에 대해 추력과 토크를 얻으면 이를 반경방향으로 적분하여 날개에 작용하는 추력과 토크를 구할 수 있고, 이들로부터 프로펠러의 효율을 얻을 수 있다. 한편 각 날개단면에서의 양력계수는 식 (7.33)으로, 또 항력계수는 **그림 8-8**에 나타낸 바와 같이 각 단면에 입사하는 유동의 상대적 입사각만의 함수로 주어지므로, 각 단면에서의 양력계수와 항력계수를 구할 때에는 유동의 상대적 입사각이 매우 중요한 인자이다.

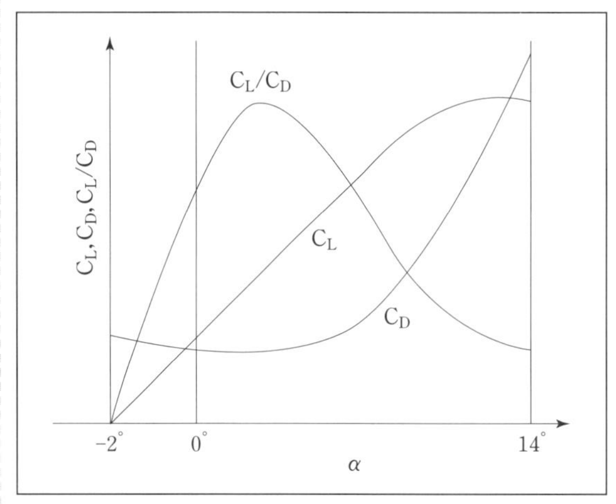

그림 8-8 날개단면의 양력계수와 항력계수

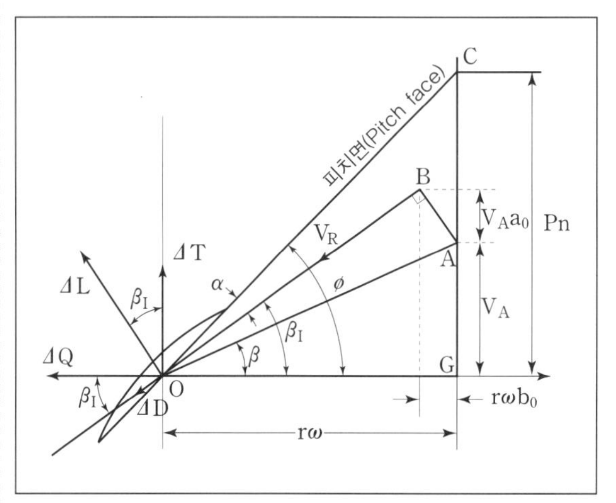

그림 8-9 날개단면의 속도 선도

기하학적인 입사각과 실제 프로펠러의 단면에 입사하는 유동의 상대적인 입사각 사이에는 적지 않은 차이가 있으며, 날개단면에 입사하는 유동의 상대적인 속도성분을 **그림 8-9**에 나타냈다. 생각하는 단면에서의 피치각 ϕ는 식 (3)에 의해 주어지며, 속도 선도에서는 $\overline{CG}=Pn$인 점 C에 의해 결정된다. 그러나 실제 프로펠러가 단위시간당 전진하는 거리 V_A는 Pn보다 약간 작은 값을 가지는데, 그 차이를 슬립(slip)이라고 하고 참슬립비(real slip ratio) s_R은 다음과 같이 정의한다.

$$s_R=(Pn-V_A)/Pn=1-V_A/Pn \qquad (24)$$

속도 선도에서 점 A는 이와 같이 슬립을 고려하여 얻어지며, $\angle AOG=\beta$에 대해서는 다음 결과를 얻는다.

$$\tan\beta=V_A/r\omega \qquad (25)$$

만약 프로펠러의 존재 때문에 프로펠러로 유입되는 유동에 변화가 없다면 생각하는 단면에서의 입사각은 $\angle COA=\phi-\beta$가 될 것이다. 그러나 앞 절의 운동량이론에서 얻은 것과 같이 프로펠러평면에서의 유속은 상류인 단면 1에서의 속도보다 어느 정도 큰 값을 가지며, 또한 프로펠러평면에서의 유체의 각속도는 프로펠러의 각속도보다 약간 작은 값을 가진다.

이들을 속도 선도에 표시하면 축방향 속도는 $V_A(1+a_0)$, 원주방향 속도는 $r\omega(1-b_0)$가 되어 점 B를 얻으며, $\angle BOG=\beta_I$에 대해서는 다음 결과를 얻는다.

$$\tan\beta_I=V_A(1+a_0)/r\omega(1-b_0) \tag{26}$$

여기서 a_0는 축유입계수로 앞 절에서 정의된 바 있으며, b_0는 회전유입계수(rotational inflow factor)이다. 결국 생각하는 단면에 대한 유동의 실제적인 입사각 α는 다음과 같으며

$$\angle COB=\alpha=\phi-\beta_I \tag{27}$$

이에 상응하는 날개단면의 양력계수 C_L과 항력계수 C_D를 얻을 수 있고, 날개단면의 반경방향 길이를 Δr이라고 하면 식 (7.30)으로부터 양력 ΔL과 항력 ΔD는 다음과 같다.

$$\Delta L=(\rho V_R^2/2)cC_L\Delta r,\ \ \Delta D=(\rho V_R^2/2)cC_D\Delta r \tag{28}$$

여기서 V_R은 단면에 입사하는 유동의 상대속도이며 다음과 같이 쓸 수 있고,

$$V_R=V_A(1+a_0)/\sin\beta_I \tag{29}$$

따라서 양력과 항력에 기인하는 추력 ΔT와 토크 ΔQ는 각각 다음과 같다.

$$\Delta T=\Delta L\cos\beta_I-\Delta D\sin\beta_I,\ \Delta Q=(\Delta L\sin\beta_I+\Delta D\cos\beta_I)r \tag{30}$$

여기서 $\tan\gamma=C_D/C_L=\Delta D/\Delta L$을 도입하면 식 (30)은 다음과 같이 다시 쓸 수 있다.

$$\Delta T=\Delta L\cos(\beta_I+\gamma)/\cos\gamma,\ \Delta Q=r\Delta L\sin(\beta_I+\gamma)/\cos\gamma \tag{31}$$

이 식에 식 (28), (29)를 차례로 대입하여 최종적으로 다음 결과를 얻는다.

$$\frac{\Delta T}{\Delta r}=\frac{1}{2}\rho V_A^2(1+a_0)^2cC_L\frac{\cos(\beta_I+\gamma)}{\sin^2\beta_I\cos\gamma},$$
$$\frac{\Delta Q}{\Delta r}=\frac{1}{2}\rho V_A^2(1+a_0)^2cC_Lr\frac{\sin(\beta_I+\gamma)}{\sin^2\beta_I\cos\gamma} \tag{32}$$

이들을 r의 함수로 나타낸 전형적인 예를 **그림 8-10**에 나타냈으며, 이와 같은 곡선을 날개 부하곡선이라고 한다. 날개 부하곡선을 r에 대해 적분하면 하나의 날개에 작용하는 추력 T

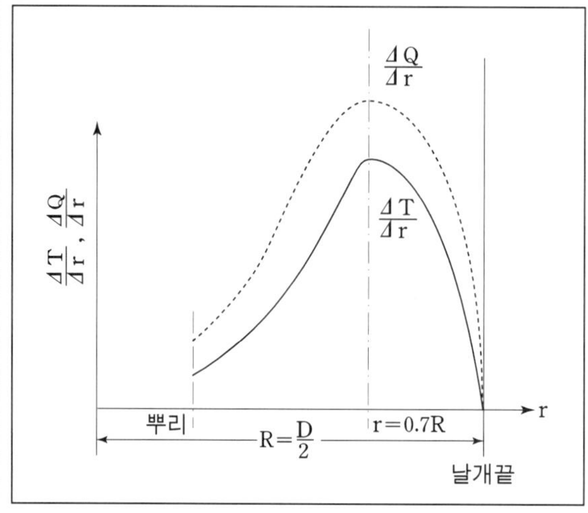

그림 8-10 날개 부하곡선

와 토크 Q를 얻을 수 있는데, **그림 8-10**은 추력과 토크의 대부분이 날개의 바깥쪽에서 발생되며, 부하곡선의 최대값은 $r=0.7R$ 부근에 있음을 보여준다.

부하곡선으로부터 T, Q를 얻으면 프로펠러의 효율은 다음과 같이 얻을 수 있다.

$$\eta=TV_A/Q\omega=TV_A/2\pi nQ \tag{33}$$

여기서 n은 초당 회전수이다. 위에서 얻은 날개요소이론의 결과를 사용하여 프로펠러의 효율을 추정하기 위해서는 각 단면에서의 a_0, b_0, C_L, γ 등의 값을 알아야 하는데, C_L, γ는 날개단면에 대한 실험자료로부터 얻을 수 있으나 a_0, b_0에 대해서는 경험적인 가정을 도입하지 않는 한, 합리적인 결과를 얻기 힘들다.

a_0, b_0는 보다 정밀한 이론에서 유기속도(induced velocity)라고 하는 양들과 관계가 있으며, 다음 절에서 다룰 순환이론에서는 이들을 합리적으로 구할 수 있다.

8_3_ 프로펠러에 대한 순환이론

8_3_1_ 날개에 대한 순환이론

오늘날의 이론적 프로펠러 설계법은 F. W. Lanchester가 1907년에 발표한 저서, 『공중비행(Aerial Flight)』에서 제안한 와동이론(vortex theory)에 기초를 두고 있다. 와동이론에서는 물체에 작용하는 양력을 Kutta-Joukowski 정리(7.3.1절 참조)를 이용하여 구하므로, 물체의 형상과 관계없이 물체를 순환유동을 동반하는 와동선(vortex filament) 또는 양력선(lifting line)으로 간주한다. 양력선은 일반적으로 물체의 길이와 같은 길이를 가지며, 물체의 끝에서 하류방향으로 유체와 같이 흘러가는 와동을 수반한다. 예를 들면 비행기나 프로펠러의 날개끝(tip)에서는 날개끝와류(tip vortex)로 불리는 와류가 하류로 흘러간다. 날개가 받는 양력은 윗면에서의 압력강하와 아랫면에서의 압력상승의 결과로 발생하므로 날개의 아래에서 위로 압력구배가 형성되고, 따라서 유동은 아래로부터 위로 날개끝을 넘어 흐르고자 한다. 이와 같은 유동은 날개가 양력을 받는 동안 지속적으로 만들어짐으로써 날개 뒤에 날개끝와류를 만들게 된다.

그림 8-11은 말발굽와동(horseshoe vortex)이라고 하는, 일정한 순환을 가지는 와동선의 예를 나타낸 것이다. 여기서 균일유동에 수직한 부분인 BB는 구속와동(bound vortex), 평행한 부분인 BW는 자유와동(free vortex)이라고 한다. 이와 같은 명칭은 말발굽와동뿐만 아니라 일반적인 와동계에 대해서도 마찬가지로 사용하는데, BB는 날개 등의 양력체(lifting body)를 대체하고 있어 움직이지 않는 부분을 나타내고, BW는 날개끝와류와 같이 유체처럼 흐르는 와동을 나타내고 있는 점에 기인한다.

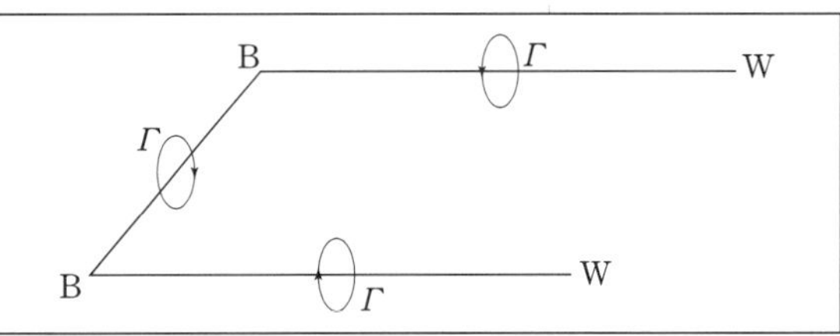

그림 8-11 일정한 순환을 가지는 말발굽와동

실제 날개 주변에서 생기는 순환은 통상 스팬의 중앙에서 최대가 되고, 날개끝에서는 영이 된다. 와동에 대한 기본법칙을 적용하면, 구속와동 BB 주위의 순환이 **그림 8-12**에 나타낸 것처럼 $\Gamma=f(x)$

와 같이 연속적으로 변화하는 경우, 날개끝와류만 발생하는 것이 아니라 BB의 뒷날 전체에 걸쳐 와동면(vortex sheet)이 발생하여 하류로 흘러간다는 것과, 와동면 안에 있는 각 점에서 와동의 세기는 그 점과 같은 x-좌표를 가지는 BB 상에서의 순환의 변화율, 즉 df/dx와 같음을 보일 수 있다[3].

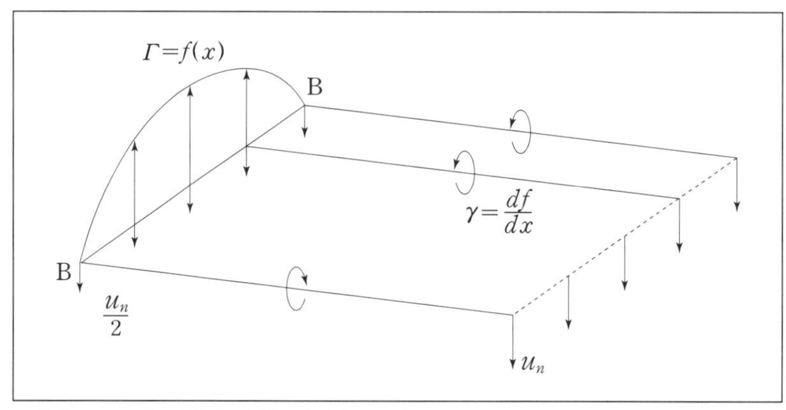

그림 8-12 변하는 순환을 가지는 날개의 와동계

날개를 와동계로 대체하는 경우 구속와동은 입사류에 영향을 미치지 않지만, 날개 뒤로 무한히 긴 길이를 가지는 자유와동은 입사류의 방향을 변화시키는 역할을 한다. 다음 절에서 다루겠지만 길이가 무한히 긴 날개 뒤의 자유와동은 날개의 앞날 부분에 하향유동(downwash)을 유기한다. Prandtl[4]은 $f(x)$가 타원의 상반부처럼 변화하는 경우 하향유동의 크기는 BB 위의 모든 점에서 일정한 값을 가지고, BB로부터 하류의 무한한 지점까지 이르는 선 위에서 유기된 하향유동의 크기는 연속적으로 변화하며, 무한 하류에서 그 크기가 u_n이라면, BB에서는 $u_n/2$임을 증명했다. 이와 같은 사실은 전자기역학에서 잘 알려진 Biot-Savart의 법칙(law of Biot-Savart)을 와동에 적용하여 엄밀하게 증명할 수 있으며 이에 대해서는 다음 절에서 논의하기로 한다.

Prandtl & Betz[5]는 전진하는 프로펠러에 대해서도 위의 날개에 대해 얻은 결론들이 그대로 성립한다는 것을 증명했다. 이 경우의 와동면은 나선면이고, 유기속도는 이 나선면에 수직하게 발생하며, 프로펠러원판에서의 유기속도는 $u_n/2$, 즉 프로펠러의 뒤쪽으로 멀리 떨어진 곳에서의 속도의 반이다.

Betz[5]가 얻은 프로펠러 설계에 매우 유용한 정리에 따르면 설계자들이 원하는 최대의 프로펠러 효율을 얻기 위해서는, 모든 날개요소에 입사하는 유동의 속도가 동일하도록 만들어 주어야 하는데, 이는 날개의 부하곡선이 타원의 상반부와 같아야 함을 뜻한다.

이상에서 살펴본 바와 같이, 순환이론을 응용하면 2절에서 설명한 바 있는 단순한 날개 요소이론을 사용할 때 얻기 곤란했던 유기속도 $u_n/2$을 계산할 수 있고, 따라서 축방향과 회전방향의 유입계수 a_0와 b_0를 계산할 수 있다.

8_3_2_ 와동선에 의한 유기속도

그림 8-13에 나타낸 바와 같이 세기가 Γ인 요소 와동선 $d\underline{s}$에 의해 점 P에 유기된 속도 $d\underline{V}$는 Biot-Savart의 법칙에 의해 다음과 같이 주어진다.

$$d\underline{V} = (\Gamma/4\pi)(d\underline{s} \times \underline{r})/r^3 \tag{34}$$

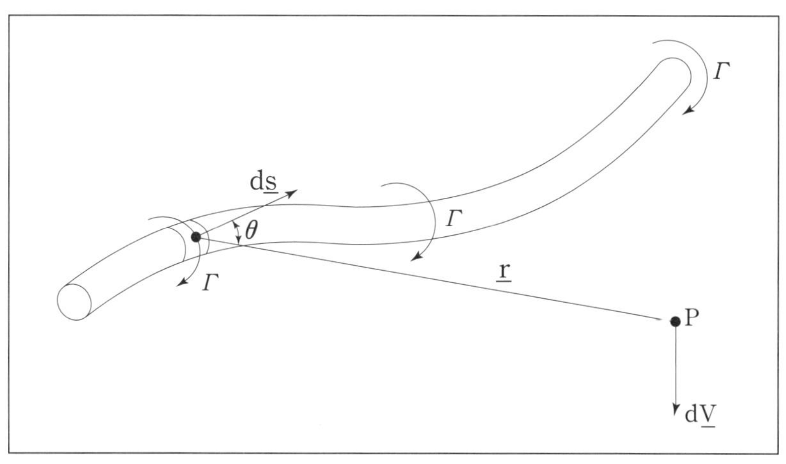

그림 8-13 와동선(vortex filament)에 대한 Biot-Savart의 법칙

이 식을 이용하여 **그림 8-14**에 나타낸 바와 같은 세기가 Γ, 길이가 l인 선와동(line vortex)에 의해 점 P에 유기된 속도 $\underline{V}_P$를 구한다. 식 (34)로부터 $d\underline{s}$와 $\underline{r}$의 사이각을 θ라고 하고, $d\underline{V}$의 방향은 지면에 수직한 방향임을 고려하여 다음을 얻으므로,

$$dV = (\Gamma/4\pi)(\sin\theta/r^2)ds \tag{35}$$

따라서 V_P를 다음과 같이 얻는다.

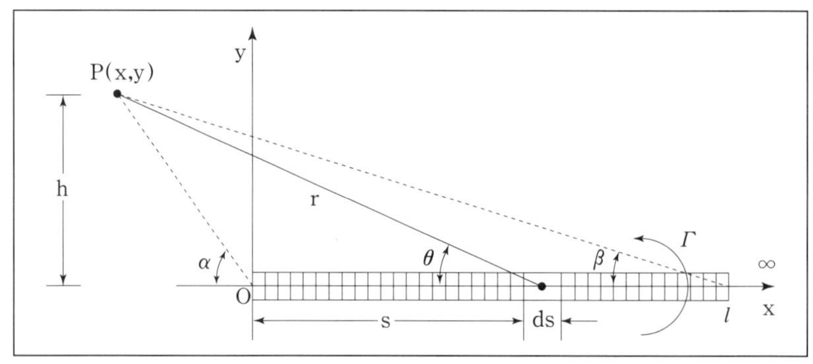

그림 8-14 선와동(line vortex)에 의한 유기속도(Biot-Savart의 법칙)

$$V_P = \frac{\Gamma}{4\pi}\int_0^l \frac{\sin\theta ds}{r^2} \tag{36}$$

한편 $s=h(\cot\theta-\cot\alpha)$이므로 $ds=-(h/\sin^2\theta)d\theta$이고, 또 $\sin\theta=h/r$이므로 위의 식으로부터 다음을 얻는다.

$$V_P = -\frac{\Gamma}{4\pi}\int_{\theta=\alpha}^{\theta=\beta}\frac{hd\theta}{r^2\sin\theta} = -\frac{\Gamma}{4\pi h}\int_{\theta=\alpha}^{\theta=\beta}\sin\theta d\theta = \frac{\Gamma}{4\pi h}(\cos\beta-\cos\alpha) \tag{37}$$

구속와동의 위치에 유기된 하향속도는 $\alpha=\pi/2$, $\beta=0$에 상응하므로 유기속도의 크기는 $\Gamma/4\pi h$이고, 무한 하류에 유기된 속도는 $\alpha=\pi$, $\beta=0$에 상응하므로 속도 크기는 $\Gamma/2\pi h$이며, 따라서 앞 절에서 얻었던 것과 같은 결과를 얻는다.

8.3.3 프로펠러 양력선이론 및 양력면이론

7.3.3절에서 논의한 바와 같이 날개단면 주위의 유체를 비점성 유체, 그리고 유체유동을 비회전성 유동이라고 가정하면, 양력 문제는 적분방정식으로 주어지는 순환의 분포를 해석학적으로 풀어 구할 수 있다. 프로펠러 날개의 한 반경에서의 단면은 전술한 날개단면(airfoil) 모양을 가지며, 이를 해석적 관점에서는 일정한 순환을 갖는 점와동(point vortex)으로 근사할 수 있다. 이러한 근사적 개념을 사용하면 프로펠러 날개의 허브에서 날개끝까지를 연속적인 분포를 가지는 선와동(line vortex)으로 근사할 수 있고, 이와 같은 근사에 근거한 이론을 양력선이론이라고 한다(**그림 8-15, 8-16**). **그림 8-10**에서 볼 수 있듯이 반경방향의 추력과 토크분포는 허브에서 거의 영에 가깝고 $0.6R$과 $0.7R$ 근처에서 최대값을 가지며 날

개끝에서 다시 영이 된다. 추력 및 토크의 크기는 주로 양력에 의하여 결정되고 또 양력은 순환에 의해 결정되므로, 결국 순환의 반경방향 분포 또한 이와 유사하다.

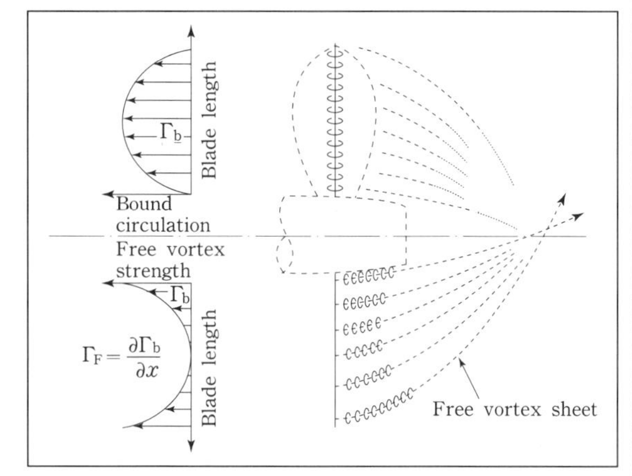

그림 8-15 프로펠러 날개 및 후류의 양력선 모형

한편 Kelvin정리(Kelvin theorem)에 따르면 순환은 유체 중에서 소멸될 수 없으므로(연습문제 3), 양력선(lifting line)의 순환이 반경방향으로 변화한다는 것은 양력선의 각 점에서 하류방향으로 순환유동이 떨어져 나감을 뜻하며, 프로펠러에서는 양력선을 구속와동, 떨어져 나간 순환유동을 자유와동, 또는 후류와동이라고 한다. 구속와동과 자유와동의 개략적 형상을 **그림 8-15, 8-16**에 나타냈다.

그림에 나타낸 바와 같이 양력선이론에서는 프로펠러의 반경방향 요소를 하나의 구속와동으로 근사하는 데 반하여, 양력면이론에서는 여러 개의 구속와동분포로 근사하여 프로펠러 날개를 양력면(lifting surface)으로 근사한다. 고전적인 양력면이론으로는 Giesing & Smith[6]의 이론이 있다.

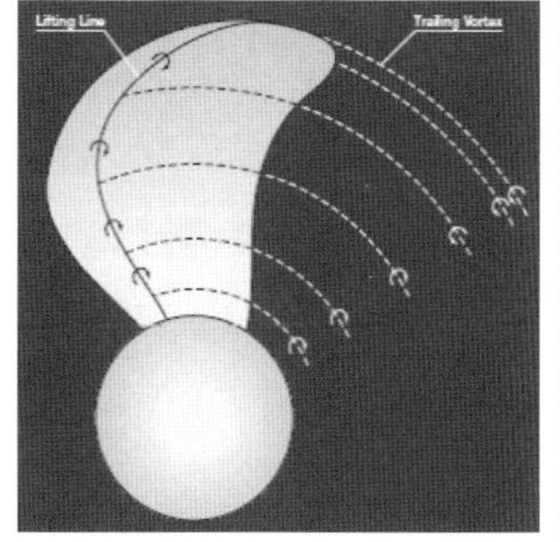

그림 8-16 프로펠러 양력선 모형

프로펠러 설계에서 어려우면서도 매우 중요한 자유와동 및 날개에 의한 유기속도를 구하는 방법으로는 Lerbs의 유기인자법(induction factor method), 이산 특이점분포법(discrete singularity distribution method)이 있다. 유기인자법은 자유와동이 수축되거나 스큐 또는 레이크가 있는 프로펠러에서는 사용할 수 없다는 결점이 있으나, 이산 특이점분포법은 프로펠러 날개의 기하학적 형상에 적합하도록 특이점분포를 이산화시킴으로써 스큐 및 레이크의 영향을 잘 표현할 수 있으며, 자유와동이 경험적 자료에 부합하도록 후류 모형(wake model)을 조절할

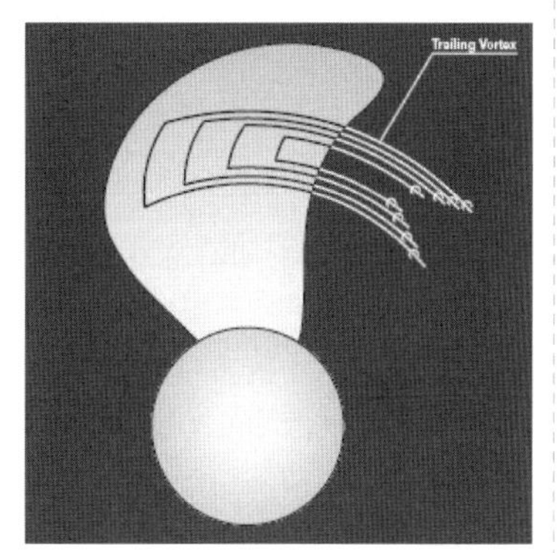

그림 8-17 프로펠러 양력면 모형

수 있기 때문에 과부하 프로펠러의 성능 추정에도 사용할 수 있다.

Lerbs[7]는 양력선이론에 기초한 프로펠러 해석기법을 제시하였다. 그는 프로펠러 날개를 하나의 구속와동과 여러 개의 자유와동분포로 표현하였고, 각 반경별로 피치와 캠버분포에서 추력뿐만 아니라 공동 측면에서도 최적 조합을 얻을 수 있도록 하였으며, 예전의 양력선이론과는 달리 반류분포의 영향을 반영하였다.

본격적인 양력면이론에 의한 프로펠러 설계법은 Kerwin & Lee[8]에 의해 개발되어 보다 복잡한 형상의 프로펠러에 대해서도 정확한 설계를 수행할 수 있게 되었다. 양력면이론은 말발굽와동과 와동에 의해 유기되는 속도를 Biot-Savart의 법칙에 의해 얻음으로써 유도되거나, 속도포텐셜에 대한 Green의 제 2정리(Green's 2nd theorem)로부터 유도된다. 프로펠러 날개 표면 주위의 유동은 프로펠러 주위에 생성된 순환의 영향을 나타내는 점와동과, 날개 두께의 영향을 보여주는 용출점(source)의 연속적 분포로 나타낼 수 있다. 수치계산을 위하여 이러한 연속적인 분포를 **그림 8-17**에 나타낸 바와 같이 이산화된 격자 모양으로 근사할 수 있다. 서로 연결되어 있는 와동계에 순환보존법칙을 적용하고, 프로펠러 날개의 뒷날 및 하류로 방출되는 후류와동에 대한 경계조건을 적용하면, 프로펠러 날개와 후류(wake)를 표현하는 와동격자계가 완성된다. 이렇게 분포된 와동계로 프로펠러 날개의 캠버면에서 유체가 날개 표면을 침투할 수 없다는 조건, 즉 유동의 접선조건(flow tangency condition)을 적용하여 와동계의 세기에 대한 적분방정식을 얻는다. 후류면의 기하학적 형상은 실험자료에 근거한 Greeley & Kerwin[9]의 후류모형을 널리 사용하고 있다.

프로펠러에 고정된 좌표계에서 캠버면에 수직인 법선방향의 단위벡터 $\hat{n}$과 유동의 속도 $\underline{V}$는 다음과 같은 유동의 접선조건을 만족해야 한다.

$$\hat{n} \cdot \underline{V} = 0 \tag{38}$$

여기서 속도 $\underline{V}$의 계산에 가장 중요한 요소는 와동계와 날개로 유입되는 입사류의 속도(유효반류 및 프로펠러 회전속도)이다. 연속적인 와동분포를 고려하면 식 (38)로부터 적분방정식을 얻게 되나, 이산화된 와동분포에 대해서는 선형 연립방정식을 얻는다. 와동계에 의해 유기되는 속도를 계산하기 위하여 잘 알려진 Biot-Savart의 법칙을 사용하며, 캠버면의 제어점(control point)에서 위의 경계조건을 만족시킨다. 이와 같은 방법으로 얻어진 연립방정식을 풀어서 와동의 세기, 즉 와도를 구한다.

비정상 프로펠러 문제의 해석을 위해서는 시간영역에서 프로펠러를 일정한 간격으로 회전시켜가며 해석하는 방법과, 진동수 영역에서 유입유동, 특이함수 등을 모두 Fourier 변환(Fourier transform)하여 해석하는 방법이 있으나, 두 방법이 수치해석 상의 장단점을 가질 뿐 원칙적으로는 동일한 결과를 준다. 연립방정식의 해석으로 와동의 세기가 공간 및 시간의 함수로 결정되면 Biot-Savart의 법칙에 의해 프로펠러 날개 표면에서의 속도분포를 계산할 수 있고, 베르누이 방정식이나 Kutta-Joukowski 및 Lagally 정리(Lagally theorem, 연습문제 4)에 의해 프로펠러에 작용하는 힘 및 모멘트를 구할 수 있다.

✤ 연습문제

1. 날개단면 NACA0020의 두께 분포는 다음과 같이 주어진다.

$$t(x)/c=\pm[0.2969\sqrt{x/c}-0.126x/c-0.3537(x/c)^2 +0.2843(x/c)^3-0.1015(x/c)^4] \quad \text{(E1)}$$

   여기서 c는 코드를, x는 앞날에서부터의 거리를, t는 x 위치에서의 두께를 각각 나타낸다. 날개단면의 형상을 도시하고, 앞날반경계수, $c_{rl}=(\rho_l/c)(t_{max}/c)^{-2}$를 구하시오. 여기서 ρ_l은 앞날의 곡률반경, t_{max}는 최대두께를 각각 뜻한다.

2. 변동피치를 갖는 프로펠러의 평균 피치 P_m는 아래와 같다. 이를 설명하시오.

$$P_m=\left\{\int_{r_H/R}^{1.0} Pxdx\right\}/\left\{\int_{r_H/R}^{1.0} xdx\right\} \quad \text{(E2)}$$

3. 순환은 유체 중에서 소멸될 수 없다는 Kelvin 정리를 증명하시오.
4. 이상유체의 균일유동 중에 놓여 있는 특이점에 대한 Lagally 정리를 증명하시오.
5. 직경이 8.8m이며 날개단면은 NACA66(a=0.8 평균선)의 분포를 따르는 컨테이너선 프로펠러의 일반적인 날개 정보가 다음과 같다. $r/R=0.7$인 곳에서의 3차원 날개 좌표를 구하시오.

r/R	피치(mm)	레이크(mm)	스큐(°)	코드(mm)	캠버(mm)	최대두께(mm)
0.7	9040.2	−207.3	−5.6	3012.3	42.2	146.1

6. 양력선이론과 양력면이론의 주요한 차이를 설명하고, 실제 프로펠러 성능해석상 두 이론을 적용하는 데 있어 한계가 무엇인지 정리하시오.

✤ 참고문헌

[1] 이승준, 2010, **역사로 배우는 공학수학**, GS인터비전.

[2] Rankine, W. J. M., 1865, On the mechanical principles of the action of propellers, Trans. INA, Vol. 6.

[3] Newman, J. N., 1977, **Marine hydrodynamics**, MIT Press.

[4] Prandtl, L. 1923, Application of modern hydrodynamics to aeronautics, NACA Report 116.

[5] Prandtl, L. & Betz, A., 1927, Vier Abhandlungen zur Hydrodynamik und Aerodynamik, Göttingen.

[6] Giesing, J. P. & Smith, A. M. O., 1967, Potential flow about two-dimensional hydrofoils, Journal of Fluid Mech. Vol. 28.

[7] Lerbs, H. W., 1952, Moderately loaded propellers with a finite number of blades and an arbitrary distribution of circulation, SNAME Trans. Vol. 60.

[8] Kerwin, J. E. & Lee, C.-S., 1978, Prediction of steady and unstaedy marine propeller performance by numerical lifting-surface theory, SNAME Trans. Vol. 86, pp. 218~253.

[9] Greeley, D. S. & Kerwin, J. E., 1982, Numerical methods for propeller design and analysis in steady flow, SNAME Trans. Vol. 90, pp. 415~453.

✤ 추천문헌

[1] Carlton, J. S., 1994, **Marine propeller and propulsion**, Butterworth-Heinemann Ltd.

09

추진시험

유성선
박사
삼성중공업
■
송인행
박사
삼성중공업
■

9_1_ 개요

_ 4장에서 언급한 모형시험은 정수 중에서 일정한 속도로 달리는 배에 작용하는 저항을 추정하기 위한 시험이었다. 한편 배의 추진성능은 선형과 더불어 프로펠러의 성능, 그리고 선박과 프로펠러의 상호작용에 의해 결정되므로, 대부분의 수조에서는 저항성능을 추정하기 위한 예인시험과 더불어 프로펠러의 단독적인 성능을 계측하는 프로펠러 단독시험, 그리고 프로펠러를 모형선에 장착하고 자항시험을 수행할 수 있는 설비를 갖추고 있다. 이 설비들은 하나의 목적, 즉 요구되는 배수량을 가진 배가 요구되는 속도로 달릴 수 있도록 하기 위해 유기적으로 운영된다. 따라서 4장과 9장은 이 책에서는 대학에서의 교육과정을 고려하여 분리, 작성되었지만 내용적으로는 매우 밀접하게 연관되어 있음에 유의한다.

이 장에서는 프로펠러의 단독시험, 자항시험, 선체-추진기 상호작용, 공동시험에 대해 차례로 기술할 것이며, 이 절에서는 먼저 모형프로펠러의 선정, 가공, 시험설비들에 대해 간략히 설명한다.

1) 모형프로펠러의 선정과 Rn의 영향

프로펠러의 크기는 모형선 크기, 계측기 용량, Rn의 영향을 고려해 결정한다. 프로펠러가 작아지면 프로펠러 단독시험에서나 선미 자항시험 시에 층류 상태에서 작동하게 되어 올바른 시험결과를 얻을 수 없으므로, 이에 대한 면밀한 분석과 주의가 요구된다. 일반적으로 프로펠러 가공설비는 지름 300～350mm인 프로펠러를 가공할 수 있도록 계획된다.

모형프로펠러를 정밀하게 제작하고, 모형시험 시 추진력과 토크를 정확히 계측하며, 또 Rn가 너무 작은 것에 기인하는 척도효과를 막기 위해서 모형프로펠러는 적절한 크기여야 한다. 실선의 프로펠러 날개는 난류 마찰저항과 Rn의 영향을 받는 양력을 받는데, 모형선의 반류 속에서 작동되는 모형프로펠러는 층류 속에 놓일 가능성이 매우 크다. 모형프로펠러의 직경은 최소 15cm 이상 되어야 하고, 22.5cm에서 30cm 사이의 값을 가지도록 하는 것이 좋은데, 이는 둘 이상의 대직경 프로펠러를 사용하는 선박에서 모형선의 길이가 10m 이상 되어야 함을 뜻한다. 1975년 ITTC 추진기분과에서는 프로펠러 단독시험 시 코드길이에 근거한 Rn가 4×10^6 이상 되어야 하며, 프로펠러 날개의 앞 부분에 난류촉진장치를 부착하면 3×10^5 이상 되어야 함을 제안하였다. 대부분의 시험수조에서 Rn를 4×10^6보다 크게 하기는 어려우므로 난류촉진장치를 많이 사용하고, 자항시험 시 모형선 뒤의 난류 속에서는 최소 Rn가 훨씬 더 작으므로, 통상 프로펠러에 난류촉진장치를 사용하지 않는다.

자항시험용 모형프로펠러는 설계모형을 사용하는 경우와 이미 보유 중인 프로펠러 중 시험목적에 부합되는 재고프로펠러(stock propeller)를 사용하는 경우가 있다. 일반적으로 1차 선형을 개발하는 단계에서는 프로펠러가 결정되지 않은 것이 상례이므로, 유사한 제원을 갖는 재고프로펠러로 자항시험을 실시하며, 만족할 만한 성능을 나타내는 선형이 개발되면, 얻어진 재고프로펠러의 성능특성과 프로펠러 위치에서의 반류분포를 계측하여, 선형의 특성에 부합하는 프로펠러를 설계하고 프로펠러 단독시험과 자항시험을 실시한다.

2) 시험계측체계

프로펠러 단독시험용 동력계는 회전수를 조정하는 보조전동기(servomotor)와 상하 이동장치, 프로펠러의 추진력과 토크를 계측하는 2분력 검력계로 구성되어 있다. 검력계의 용량이 모형프로펠러의 크기를 결정하는 중요한 인자 중의 하나이며, 용량이 작을 경우에는 낮은 Rn에서 시험을 수행해야 할 수도 있으므로 용량 결정에 신중을 기해야 한다.

자항용 동력계는 프로펠러의 추진력과 토크를 계측하는 2분력 검력계, 회전수를 조정하는 보조전동기 등 프로펠러 단독시험용 동력계와 유사한 체계로 구성된다. 하지만 모형선 내부에 설치하게 되므로 단독시험용과는 다르게 분리형으로 구성된다. 선미부 축계를 유도하는 선미관(stern tube)과 축, 검력계와 보조전동기 등을 연결시켜 주는 각종 연결부(joint)들로 구성된다. 그러므로 자항용 동력계는 축계를 정밀하게 배열하고 연결 부위에 유격이 없도록 세밀하게 설치해야 한다.

최근에는 타와 추진기를 결합시킨 Azipod(11.5절 참조), 전방위 추진기(azimuth thruster), 물분사 추진체계(water jet propulsion system) 등 새로운 추진체계가 다양하게 출현하고 있다. 이러한 추진체계의 성능을 파악하고 관련 기술을 개발하기 위해서는 수치해석 기법뿐만 아니라 새로운 추진체계에 대한 시험기법 및 해석기법의 개발이 필수적이다. 시험기법 개발을 위해서 선행되어야 할 사항이 바로 시험계측제어 체계의 개발이다. 이는 시험장비의 개발이 시험법 개발의 한 축임을 뜻하며 시험계측제어 기술이 시험기술의 중요한 일부로 간주되어 개발되어야 함을 뜻한다.

9_2_ 프로펠러 단독시험

선박의 프로펠러는 선미에 위치하기 때문에 선체에 의해 교란된 불균일 유동장 내에서 작동하며, 이로 인해 비정상(unsteady) 추력이 발생한다. 프로펠러에 유입되는 유동은 선체의 형상에 따라 민감하게 변화하므로, 동일한 프로펠러라 하더라도 선형이 달라지면 추력의 크기도 달라진다. 따라서 프로펠러만의 특성을 정확히 파악하기 위해서는 선체의 영향이 없는 균일한 유동 내에서 프로펠러의 기본성능을 얻어야 한다.

교란되지 않은 균일한 유동 내에서 프로펠러의 성능을 파악하는 시험을 프로펠러 단독시험(propeller open water test)이라고 하며, 시험을 통해서 얻어진 성능을 프로펠러 단독성능이라고 한다. 프로펠러 단독시험 결과는 보통 전진계수 $J=V_A/nD$의 변화에 따른 추력계수 $K_T=T/\rho n^2D^4$과 토크계수 $K_Q=Q/\rho n^2D^5$로 정리되며, 프로펠러 설계 시 기본자료로 사용된다.

프로펠러 단독시험은 축계가 앞으로 길게 설치되어 균일류를 재현할 수 있도록 제작된 프로펠러 단독시험 장비를 사용하여 수행되며, 이와 같은 장비를 **그림 9-1**에 나타냈다.

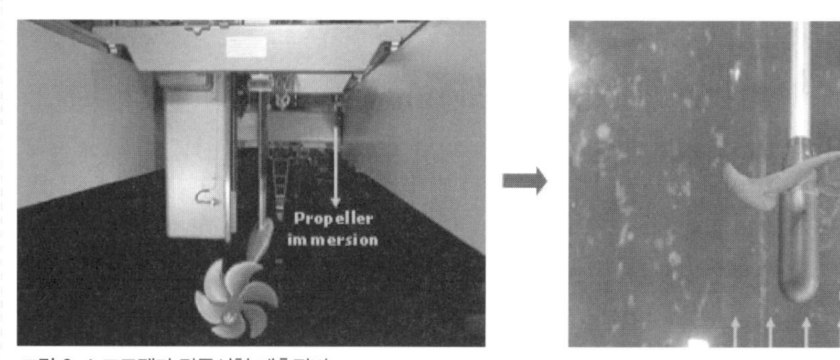

그림 9-1 프로펠러 단독시험 계측장비

모형프로펠러는 프로펠러 단독시험 장비의 수평축에 맞추어 위치시키고 축의 깊이는 수표면의 영향을 받지 않도록 충분히 깊이 잠기게(프로펠러 직경의 약 1.5배) 하는 것을 표준으로 한다. 그러나 축 경사가 큰 경사축 프로펠러의 경우에는 실제 프로펠러축의 경사와 같도록 경사지게 하며, 부분노출 프로펠러에 대해서는 축의 깊이를 실제와 동일하게 해 주어야 한다.

모형프로펠러와 실선프로펠러 주위의 유동이 역학적으로 상사(mechanically similar)하기 위해서는 7.2.2절에서 알아본 바와 같이 다음 세 가지 상사법칙이 만족되어야 한다.

1) 기하학적 상사(geometrical similitude)

모형프로펠러와 실선프로펠러가 기하학적으로 상사한 형상을 가져야 하는데, 현실적으로는 모형의 뒷날에서의 두께를 축척에 맞도록 얇게 만들기가 매우 어렵다.

2) 운동학적 상사(kinematic similitude)

모형프로펠러와 실선프로펠러에서 프로펠러의 축방향 유입류의 속도 V_A와 원주방향 프로펠러의 회전속도 πnD가 동일한 비를 가져야 하며, 따라서 전진계수 $J=V_A/nD$가 동일해야 한다.

한편 추진시험 결과의 해석 시 단독상태와 자항상태에 대한 운동학적 상사를 만족시켜야 할 필요가 생기는데, 이 경우에는 자항상태와 단독상태의 추력이 일치하도록(추력일치법) 자항상태의 유효반류비(effective wake fraction) w를 결정하며, w는 다음과 같이 정의한다[식 (4.25) 참조].

$$w=(V-V_A)/V=1-(V_A/V) \tag{1}$$

여기서 V는 배의 속도이다. 한편 추력일치법 대신 토크일치법을 사용할 수도 있으나, 모형프로펠러의 토크는 추력과는 달리 모형프로펠러의 조도(roughness), Rn 등에 상대적으로 민감하기 때문에 실제로는 잘 사용하지 않는다.

3) 동역학적 상사(dynamic similitude)

모형프로펠러와 실선프로펠러에 대한 Fn와 Rn가 같도록 해야 한다. 프로펠러에서의 $Fn=\pi nD/\sqrt{gD}$라고 볼 수 있으므로, 모형과 실선프로펠러의 Fn를 같게 해 주기 위해서는 다음 관계를 만족시켜야 한다.

$$n_M=n_S\sqrt{D_S/D_M}=n_S/\sqrt{s} \tag{2}$$

여기서 s는 축척비이다. 한편 배의 저항과 관련하여 모형선과 실선의 Fn가 같기 위해서는 다음을 만족해야 한다.

$$V_M=V_S\sqrt{s} \tag{3}$$

식 (2), (3)을 전진계수에 대입하면 다음을 얻으므로,

$$(V_A/nD)_M = V_{AS}\sqrt{s}\,(\sqrt{s}/n_S)(sD_S)^{-1} = (V_A/nD)_S \tag{4}$$

결국 $J_M = J_S$이며 모형과 실선 프로펠러의 Fn가 같으면, 운동학적 상사도 만족된다.

다음으로 프로펠러에 대한 Rn는 다음과 같다고 할 수 있다.

$$Rn = l_{0.7R} V_R / \nu \tag{5}$$

여기서 $l_{0.7R}$은 $0.7R$에서의 코드길이, V_R은 $0.7R$에서의 원주방향 속도와 전진속도 V_A를 합성해서 얻어지는 다음과 같은 값이다.

$$V_R = \sqrt{(0.7\pi nD)^2 + V_A^{\,2}} \tag{6}$$

운동학적 상사를 만족한다면 V_R은 nD에 비례하고 또 식 (2)를 만족하므로, 모형과 실선 프로펠러에 대한 Rn에 대해 다음 결과를 얻는다.

$$(l_{0.7R}V_R/\nu)_M \propto (l_{0.7R}nD/\nu)_M = l_{0.7RS}\,s\,(n_S/\sqrt{s})(sD_S)/\nu_S = s^{1.5}(l_{0.7R}nD/\nu)_S \tag{7}$$

이 식에 따르면 운동학적 상사가 만족되는 경우, 모형과 실선 프로펠러에 대한 Rn는 다를 수밖에 없다. 다행히 Rn는 프로펠러의 날개에 작용하는 마찰저항과 관계가 있으며, 이 저항은 날개에 작용하는 힘 중에서 크게 중요한 성분은 아니므로, 모형시험 시에는 Fn를 같게 하여 시험을 수행한다. 단 가능한 한 모형시험 시의 Rn를 크게 해 줌으로써, 다시 말하면 모형의 크기와 회전수를 크게 함으로써 프로펠러 날개에 걸친 흐름이 층류가 되는 것을

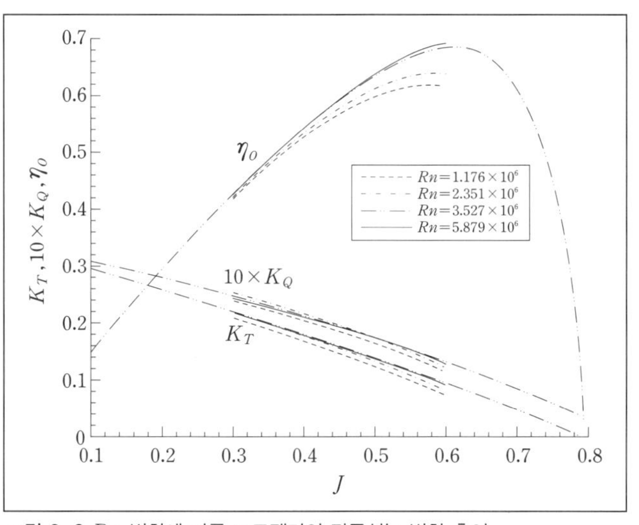

그림 9-2 Rn 변화에 따른 프로펠러의 단독성능 변화 추이

피하며, Rn에 지배되는 저항이 가능한 작아지도록 한다.

그림 9-2는 Rn를 변화시키면서 프로펠러 단독시험을 수행하여 얻은 결과를 도시한 것이다. 1.176×10^6부터 5.879×10^6까지의 몇 Rn에 대하여 전진계수 J의 함수로 추력계수 K_T, 토크계수 K_Q, 프로펠러 단독효율(propeller open water efficiency) η_0의 변화를 표시하고 있는데, Rn가 3.527×10^6 이상인 경우에 프로펠러 단독성능이 거의 동일하게 나타나며, 그 이하에서는 상당히 다른 경향을 보여주고 있다.

프로펠러 단독시험으로부터 얻은 계측결과를 사용하여 실선프로펠러의 추력계수와 토크계수를 구하는 방법은 여러 가지가 있지만, 일반적으로 잘 알려진 ITTC 1978 방법은 다음과 같다.

$$K_{TS}=K_{TM}-\delta K_T \quad (8)$$

$$K_{QS}=K_{QM}-\delta K_Q \quad (9)$$

여기서 δK_T와 δK_Q는 다음 식으로 주어진다.

$$\delta K_T=-0.3\delta C_D(P/D)(cZ/D) \quad (10)$$

$$\delta K_Q=-0.25\delta C_D(cZ/D) \quad (11)$$

여기서 프로펠러 항력계수의 차이 $\delta C_D=\ C_{DM}-C_{DS}$이고, P/D는 피치비, c는 코드길이이며, 모형과 실선 프로펠러 항력계수 C_{DM}과 C_{DS}는 각각 다음 식으로 주어진다.

$$C_{DM}=2(1+2t/c)\{(0.044/Rn_{co}^{\ 1/6})-(5/Rn_{co}^{\ 2/3})\} \quad (12)$$

$$C_{DS}=2(1+2t/c)\{1.89+1.62\log(c/k_p)\}^{-2.5} \quad (13)$$

여기서 t는 최대두께, Rn_{co}는 $0.75R$에서의 국부 Rn, 날개의 조도 k_p는 $30\times10^{-6}m$로 한다. 프로펠러 단독시험에서 Rn_{co}는 2×10^5보다 크게 하는 것을 권고하고 있으며, 작을 경우에는 층류효과가 크게 나타나 시험결과의 신뢰성이 감소한다는 사실이 많은 실험적 연구에서 나타나고 있다.

그림 9-3은 모형과 실선의 4익 프로펠러에 대해서 전진계수가 변화함에 따른 추력계수와 토크계수, 단독효율의 변화 추이를 도시한 것이다.

보통 프로펠러의 단독성능시험은 전진계수 및 추력계수가 양(+)이고, 프로펠러 추력이 양(+)인 범위에서 수행됨으로써 전진방향의 단독성능을 알 수 있다. 그러나 선박의 후진 및 프로펠러 역회전 시의 성능을 알고자 할 때는 보다 넓은 영역에서의 단독성능 시험결

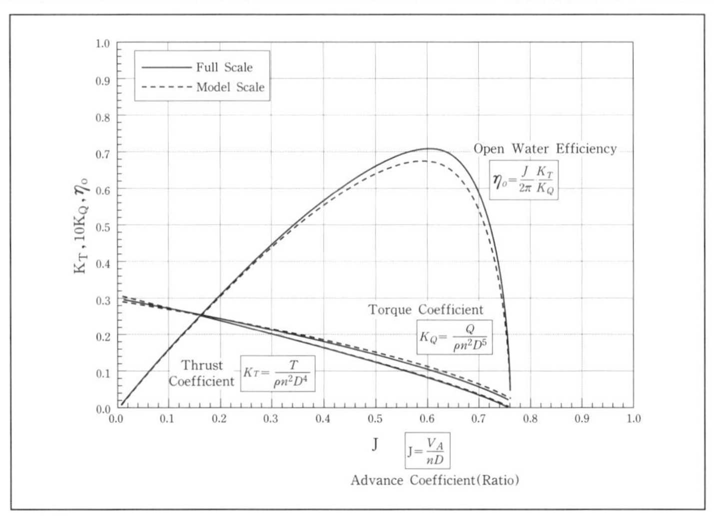

그림 9-3 프로펠러의 단독성능

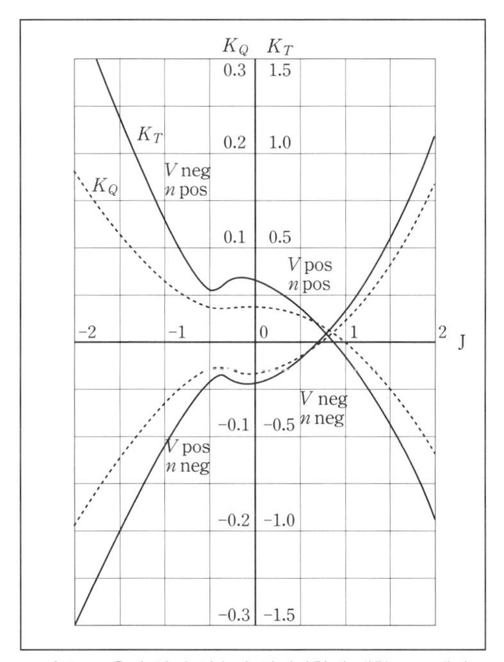

그림 9-4 음과 양의 선속과 회전방향에 대한 프로펠러 단독특성(P/D=0.8)[1]

과가 필요하다. **그림 9-4**는 음과 양의 선속과 회전방향에 대한 프로펠러의 단독특성을 보여주고 있다. 여기서 제1 및 제2 사분면에서의 추력계수는 제3 및 제4 사분면에서의 추력계수보다 큰 것을 알 수 있는데, 이는 역회전 시 유입류가 프로펠러 뒷날로 유입되어 캠버가 음이 되며, 프로펠러의 둥근 앞날에 기인하여 프로펠러 주위에 생성된 순환이 작아진 때문이다. 한편 토크계수는 큰 차이를 보이지 않는다.

9_3_ 선체와 프로펠러 상호작용

_ 프로펠러 단독시험을 수행하면 프로펠러만의 특성은 상세히 파악할 수 있으며, 자항시험에서는 프로펠러가 선미 후류에 위치하여 작동하게 된다. 따라서 프로펠러로 유입되는 유동은 선체와 프로펠러 자체의 존재 때문에 균일유동과는 매우 다른 유동이 됨으로써 자항시험에서의 프로펠러는 단독시험에서의 추진특성과는 다른 양상을 보인다.

반류에 대해서는 4.4.6절, 4.4.7절, 5.4.3절에서, 그리고 추력감소비에 대해서는 5.4.4절에서 이미 논한 바 있다. 이하에서는 다음 절에서 설명할 자항시험에 앞서, 선체와 프로펠러의 상호작용과 관련된 각종 물리량들에 대해 살펴보고자 한다.

9_3_1 상대회전효율

프로펠러가 선미에 위치하여 작동하는 경우에는 선체 때문에 유동이 교란되므로 프로펠러에 유입되는 유동은 불균일하게 형성되며, 균일한 유동장에서 프로펠러 단독으로 회전하는 경우와는 추력과 토크의 특성이 다르다.

정지해 있는 유체 중에서 속도 V_A로 전진하는 프로펠러의 단독효율 η_0는 다음과 같다.

$$\eta_0 = TV_A / 2\pi n Q_0 \tag{14}$$

Q_0는 단독시험에서 프로펠러가 회전수 n으로 회전하면서 추력 T를 발생시킬 때 계측된 토크이다. 자항시험 시 프로펠러가 전진속도 V_A, 회전수 n에서 발생하는 추력 T가 단독시험에서 얻은 값과 같다고 가정하면, 이때 프로펠러에 작용하는 토크 Q는 단독시험에서의 토크와는 달라지므로, 이 프로펠러의 선미효율(efficiency behind the hull) η_B는 다음과 같이 정의할 수 있다.

$$\eta_B = TV_A / 2\pi n Q \tag{15}$$

단독시험과 자항시험에서의 프로펠러효율은 위에서 본 바와 같이 달라지는데, 다음과 같이 선미효율과 단독효율의 비를 상대회전효율(relative rotative efficiency) η_R이라고 정의한다.

$$\eta_R = \eta_B / \eta_0 = Q_0 / Q \tag{16}$$

η_R은 단추진기선에서는 1.0~1.1, 쌍추진기에서는 0.95~1.0이며, 고속선의 경우에는 1.0에 매우 가까운 값을 가진다.

9_3_2_ 저항증가와 추력감소

자항시험 시, 프로펠러의 작동에 의해 선미부 유속이 증가함에 따라 모형선의 예인시험에서 얻는 저항보다 큰 저항을 받게 되는 것에 대해서는 5.4.4절에서 설명한 바 있다. 자항시험에서 계측된 추력 T와 저항시험에서 계측된 저항 R_T를 사용하여 저항증가비(resistance augment fraction) a를 다음과 같이 정의할 수 있다.

$$a = (T - R_T)/R_T = T/R_T - 1 \tag{17}$$

이를 추력에 대해 정리하면 다음을 얻는다.

$$T = (1 + a) R_T \tag{18}$$

여기서 $(1+a)$는 저항증가계수(resistance augment factor)라고 한다.

위에서 설명한 바와 같이 자항시험에서 얻는 추력(=저항)은 명백히 저항시험에서 얻는 저항보다 큰 값을 가지므로 저항이 증가한 것이 사실이다. 하지만 역사적으로 조선공학자들은 이와 같은 상황을 프로펠러가 발생시키는 추력이 감소했다고 잘못 간주해 왔으며, 식 (5.10)과 같이 추력감소비 t를 도입하여 사용하였다.

$$t = \frac{T - R_T}{T} = 1 - \frac{R_T}{T} \tag{5.10}$$

실제의 자항시험에서는 모형선에 타와 그 밖의 선미부가물을 붙이는 것이 보통이며, 이에 따라 t의 해석에 약간의 문제점이 생긴다. 즉 R_T는 부가물이 없는 알몸저항을 뜻하는 것이 보통이지만, T는 증가된 저항 $R_T(1+a)$뿐만 아니라, 타와 그 밖의 부가물의 저항까지 포함한 양이다. 추력감소비에 관해 발표된 자료들을 바르게 사용하려면 그 수치들이 얻어진 모형조건들을 정확히 알아야 할 것이다.

9_3_3_ 선각효율

7.2.1절에서 설명한 바와 같이 추진동력은 식 (7.5)의 $P_T=TV_A$, 유효동력은 식 (7.6)의 $P_E=RV$로 각각 주어지며, 선각효율(hull efficiency) η_H는 P_E와 P_T의 비로 다음과 같이 정의한다.

$$\eta_H=P_E/P_T=R_TV/TV_A \tag{19}$$

여기서 R_T는 저항시험에서 계측된 전체저항이며, T는 자항시험에서 계측된 추력임에 다시 한 번 유의한다. 한편 추력감소비에 대한 식 (5.10)으로부터 $1-t=R_T/T$를 얻고, 또 반류비에 대한 식 (4.25)로부터 $1-w=V_A/V$를 얻으므로, 식 (19)는 다음과 같이 다시 쓸 수 있다.

$$\eta_H=(1-t)/(1-w) \tag{20}$$

9_3_4_ 준추진효율

7.2.1절에서 각종 동력과 추진효율에 대해 설명한 바 있으므로, 여기서는 준추진효율(quasi-propulsive efficiency) η_D의 성분 분해에 대해 설명한다. η_D는 식 (7.7)에서 다음과 같이 정의하였다.

$$\eta_D=P_E/P_D \tag{7.7}$$

식 (7.6) $P_E=R_TV$, 식 (7.5) $P_T=TV_A$, 식 (7.4) $P_D=2\pi nQ$를 이용하면 위의 식은 다음과 같이 다시 쓸 수 있다.

$$\eta_D=P_E/P_D=(P_E/P_T)(P_T/P_D)=(R_TV/TV_A)(TV_A/2\pi nQ) \tag{21}$$

여기서 Q는 물론 자항시험에서의 프로펠러 토크이다. 식 (14), (16), (20)을 식 (21)에 대입하여 다음 결과를 얻는다.

$$\eta_D = \frac{R_T V}{T V_A} \frac{T V_A}{2\pi n Q} = \frac{R_T V}{T V_A} \frac{T V_A}{2\pi n Q_0} \frac{Q_0}{Q}$$

$$= \frac{R_T V}{T V_A} \eta_0 \eta_R = \frac{(1-t)}{(1-w)} \eta_0 \eta_R = \eta_H \eta_0 \eta_R \quad (22)$$

이 식에 따르면 η_D는 선각효율, 프로펠러 단독효율, 상대회전효율의 곱으로 주어진다. 프로펠러 설계 시에 추진효율을 향상시키고자 할 경우, 어떤 방법으로 그와 같은 목적을 달성할 것인가를 결정할 때 이 식은 큰 도움이 된다. 마지막으로 반류비 w의 값은 선미 점성유동의 영향을 크게 받기 때문에 모형선과 실선에서의 값이 다를 수 있다는 점을 지적해 둔다.

9_4_ 자항시험

9_4_1_ 자항시험법

추진효율의 모든 성분들에 관한 정보는 모형시험, 즉 저항시험, 프로펠러 단독시험, 그리고 자항시험으로부터 얻어진다. 자항시험(self-propulsion test)은 모형선에 모형프로펠러를 장착하여 배를 정속으로 예인하는 시험이다. 자항시험을 위해서는 저항시험 계측체계 외에도 프로펠러를 회전시킬 수 있는 전동기와 축계, 그리고 회전수, 추력과 토크를 계측할 수 있는 자항검력계가 함께 준비되어야 한다.

그림 9-5는 자항시험을 위한 모형선, 모형프로펠러 및 계측체계를 보여주고 있다. 자항시험 시 계측이 필요한 물리량은 수온, 모형선 예인속도, 자항상태에서의 저항, 프로펠러 회전수, 추력 및 토크이다. 프로펠러는 선내에 장치된 전동기에 의해 구동되며, 추력, 토크 및 회전수를 기록하는 동력계가 프로펠러축과 연결된다. 모형선은 저항시험에서와 마찬가지로 예인전차 위의 저항동력계와 연결된다. 모형선은 저항시험과 동일하게 전후동요, 상하동요, 횡동요 및 종동요가 구속되지 않은 상태에서 예인전차에 의해 실선에 대응되는 속도로 달리게 되며, 모형선 저항과 프로펠러 추력의 차이가 동력계에 기록된다. 이 차이는 모형선의 예인속도와 프로펠러 회전수의 관계에 따라 양이 될 수도, 음이 될 수도 있다. 자항시험 시, 일반적으로 횡동요는 모형선의 대칭성 때문에 거의 나타나지 않으며, 상하동요와 종동요는 실험 중 계측하여 운항 중 자세변화에 대한 참고자료로 활용한다.

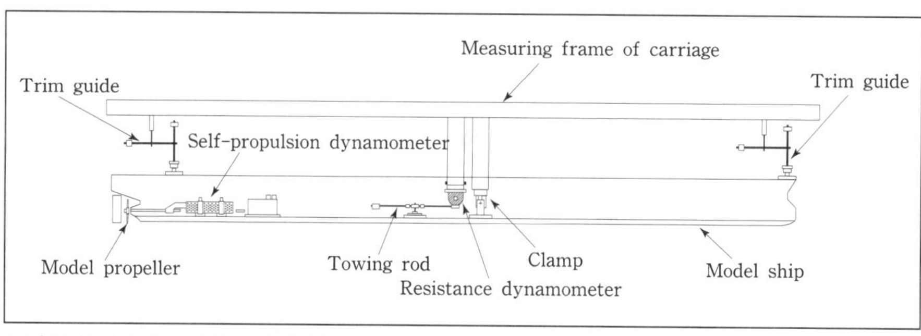

그림 9-5 자항시험을 위한 시험계측체계

자항시험은 실선과 동일한 Fn에서 수행하므로 조파저항계수는 동일하다고 할 수 있으나, Rn는 실선의 경우보다 매우 작아 모형선에서의 선미 경계층은 실선보다 상대적으로 두껍게 형성되므로 저항이 크게 작용한다. 따라서 자항시험에서는 이와 같은 이유로 발생되는 실선과 모형선의 저항 차이를 표면마찰보정(skin friction correction, SFC, 실험계측값은 F_D로 표기)으로 정의하고, 프로펠러가 실선에서의 부하조건과 동일하게 작동되도록 고려하여 시험한다. 표면마찰보정 F_D는 각 수조가 사용하는 마찰저항 공식, 시험법 및 2차원 또는 3차원 해석법에 따라서 다소 다르며, 2차원 해석법을 적용하는 경우의 대표적인 형태는 다음과 같다.

$$F_D=(\rho_M V_M^2/2)S_M\{C_{FM}-(C_{FS}+C_A)\} \tag{23}$$

여기서 ρ_M은 수조의 물의 밀도, V_M은 모형선의 속도, S_M은 모형선의 침수표면적이다. C_{FM}은 모형선의 마찰저항계수, C_{FS}는 실선의 마찰저항계수, 그리고 C_A는 선형의 표면거칠기에 따른 마찰저항 수정계수로서, 2차원 해석법을 적용하는 경우에는 모형선-실선 상관계수로 표현되며, ITTC의 표준시험법인 3차원 외삽법인 경우에는 δC_F로 표현하고 모형선-실선 상관관계는 주로 표면거칠기의 변화에 의한 것으로 가정하여 C_A를 대체하여 적용한다. 자항시험에서는 실선저항에 맞추어 $F_D/\{(\rho_M V_M^2/2)S_M\}$의 부하계수를 뺀 상태에서 시험을 수행한다.

주어진 Fn에 대한 모형선 결과를 실선으로 확장하는 3차원 외삽법에 따르면 전체저항계수는 아래와 같이 쓸 수 있다.

$$C_{TS}=C_{TM}-(1+k)(C_{FOM}-C_{FOS})+C_A \tag{24}$$

여기서 k는 형상계수, C_A는 모형선-실선 상관수정계수이다. C_A를 제외하면, C_{TM}은 C_{TS}보다 등가평판의 마찰계수 수정값 $(C_{FOM}-C_{FOS})$에 $(1+k)$를 곱한 양만큼 크다. 따라서 모형프로펠러가 모형선의 저항을 극복하면서 자항한다면, 실선프로펠러보다 추력부하계수가 더 높은 상태에서 작동할 것이며, 이 추가적인 부하 때문에 효율은 더 작아질 것이다. 이와 같은 차이를 보상하기 위하여 자항시험에서는 다음 두 가지 방법을 사용한다.

첫 번째 방법은, 저항계수의 차이 $(1+k)(C_{FOM}-C_{FOS})$ (2차원 외삽법에서는 $k=0$)를 모형선에 대한 저항으로 환산하여, 모형선이 그와 같은 크기의 부가예인력을 공급받을 수 있도록 한다. 자항시험에서 저항동력계의 값이 영이 되도록 프로펠러 회전수를 조절하면, 모형프로펠러는 실선프로펠러와 같은 추력부하계수에서 작동할 것이다(**그림 9-6**). 이와 같은 방법은 C_A가 영인 경우에는 적절하지만, 통상 C_A는 영이 아니므로 부가예인력은

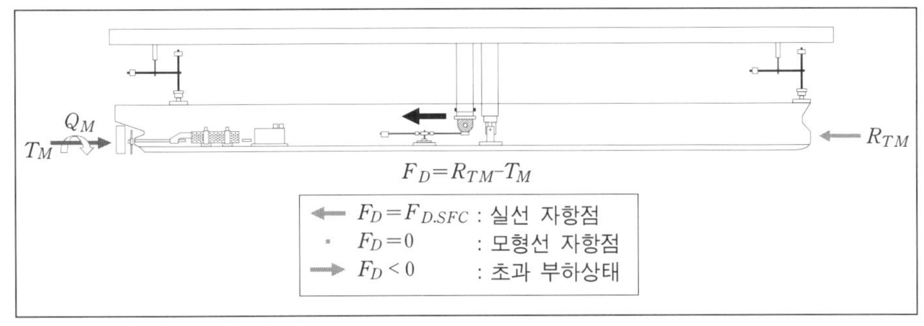

그림 9-6 자항시험 시 작용하는 힘

$(1+k)(C_{FOM}-C_{FOS})-C_A$에 상응하는 양이 된다. 이 방법은 간단하기는 하지만 k, C_A와 관련된 불확실성이 있다는 단점이 있다.

두 번째 방법은, 한 Fn에 대해 몇 개의 프로펠러의 회전수에 대해 시험하는데, 이때 회전수들은 자항점을 포함하는 범위가 되도록 결정한다. 저항동력계는 모형선이 정해진 속도를 유지하는 데 필요한 양(+) 또는 음(−)의 예인력을 보완하는 데 사용되며, 각 실험에서 추력과 보완된 저항의 차이를 얻고 이 차이를 프로펠러 회전수에 대한 함수로 나타내면, 주어진 속도에서 모형선의 자항점을 정확히 결정할 수 있다. 이 방법은 현재 많은 시험수조에서 사용되고 있는데, 그 이유는 외삽법 또는 C_A 값에 상관없이 프로펠러 부하가 추진시험 결과에 미치는 영향을 알 수 있기 때문이다. 전자계측장비의 발전과 더불어 시간소요가 적은 시험법을 개발하여 사용하고 있는데, 통상 회전수의 범위를 결정하는 자항점은 시험 자료집으로부터 경험식을 사용하여 추정하고, 정해진 속도에서 자항점 근처의 회전수 몇 개에 대해 자항시험을 수행한 뒤, 내삽법을 이용하여 자항점에서의 물리량을 결정한다(**그림 9-7**).

자항시험의 결과를 얻으면 유효반류비, 추력감소비 등을 얻을 수 있다. 유효반류는 **그림 9-8**에 나타낸 바와 같이 추력동일성(thrust identity) 또는 토크동일성(torque identity)을 가정하는 두 경우에 대해 그 값을 얻을 수 있다. 모형선 자항시험에서 측정된 추력, 토크, 프로

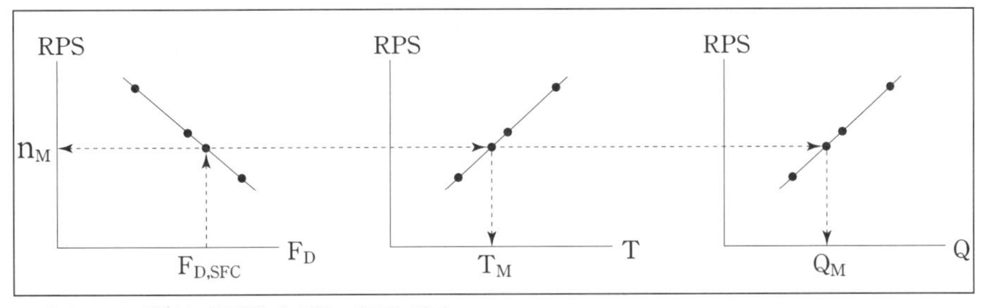

그림 9-7 3-회전수 변화법에 의한 자항점 결정

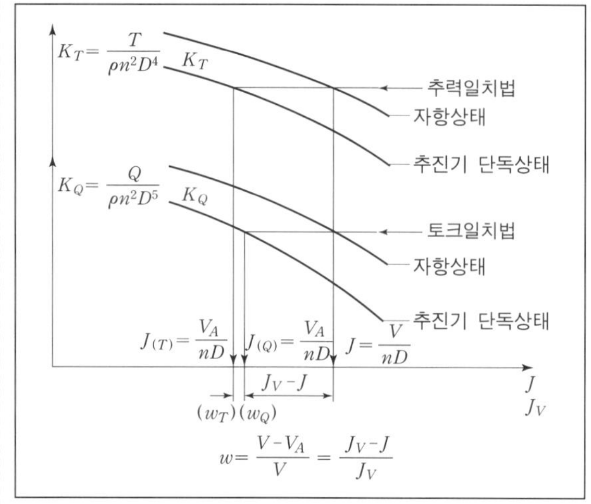

그림 9-8 추력일치법과 토크일치법에 의한 유효반류의 결정

펠러 회전수를 사용하여 K_T와 K_Q를 얻고, 이 값들을 프로펠러 단독특성 곡선과 비교하여, 각 방법에 상응하는 전진계수 $J=V_A/nD$, 또는 다음과 같이 정의되는 참슬립비(real slip ratio) s_R을 얻는다.

$$s_R = 1 - V_A/nD \quad (25)$$

추력감소비 t는 식 (5.10) $t=(T-R)/T$로부터 얻을 수 있으며, 여기서 저항 R은 예인시험에서 얻은 모형선의 전체저항, 추력 T는 같은 조건의 모형선을 추진하는 데 필요한 추력을 사용한다.

9_4_2_ ITTC 표준 성능 추정법

예인수조 모형시험은 세계의 많은 수조들이 자신들이 정한 고유의 시험법과 해석법에 따라 모형시험을 수행하고 분석해 왔으므로 그 연구결과들을 비교하기 쉽지 않았다. 수조 환경, 모형선 제작특성, 시험계측체계, 전차의 종류 등 시험 구성요소들이 서로 다르며, 시험 방법과 해석에 사용하는 마찰저항공식, 실선의 저항추정법, 모형선-실선 상관계수 등도 기관마다 다른 방법을 채택하는 경우가 대부분이다. 특히 시운전 결과와 모형시험 결과의 비교연구를 통하여 얻어지는 모형선-실선 상관계수는 기관의 시험특성을 포함하고 있으므로 연구기관마다 다르다.

ITTC는 이러한 문제점을 인식하고 1969년 추진분과위원회에서 타당한 물리적 근거를 갖는 성능 추정의 공통적인 방법을 정하도록 권고하였으며, 이에 따라 단추진기선에 대한 성능 추정법(performance prediction method)이 정해졌다. 표준 성능 추정법은 모형선의 저항, 추진시험을 통해서 실선 추진기의 회전수, 전달마력을 결정할 수 있도록 한 것으로서 일반적으로 통용되는 3차원 외삽법, 즉 형상저항계수를 도입하여 실선의 저항과 추진 성능을 추정하는데, 저항추정법은 4.3.6절에서 설명한 바와 같다. 아래에서는 실선의 프로펠러 회전수 n과 전달동력 P_D를 추정하는 방법에 대해 설명한다.

자항시험에서 계측된 추력 T와 토크 Q로부터 K_{TM}과 K_{QM}을 구하면, 앞 절에서 설명한 바와 같이 K_{TM}으로부터 프로펠러 단독특성을 사용하여 $J_{TM}=V_{AM}/n_M D_M$, K_{QTM}을 알 수 있으므로, 다음 식을 사용하여 모형선 반류비 w_{TM}을 얻는다.

$$w_{TM}=1-V_{AM}/V_M=1-J_{TM}D_M n_M/V_M \tag{26}$$

또 다음 식을 사용하여 상대회전효율을 구할 수 있으며,

$$\eta_R=K_{QM}/K_{QTM} \tag{27}$$

추력감소비 t는 다음 식으로부터 얻는다.

$$t=(T+F_D-R_C)/T \tag{28}$$

여기서 F_D는 식 (23)으로 주어진 표면마찰보정이며, R_C는 저항시험과 자항시험을 실시할 때의 온도차를 보정해 준 저항으로 다음과 같다.

$$R_C=R_{TM}\{(1+k)\times C_{FMC}+C_R)\}/\{(1+k)\times C_{FM}+C_R\} \tag{29}$$

여기서 C_{FMC}는 자항시험 시의 온도에서의 마찰저항계수이다.

실선프로펠러의 추력계수 K_{TS}와 토크계수 K_{QS}는 모형프로펠러의 결과로부터 식 (8), (9)를 사용하여 얻을 수 있으며, 실선에서의 반류비는 다음과 같다.

$$w_{TS}=(t+0.04)+(w_{TM}-t-0.04)(C_{VS}/C_{VM}) \tag{30}$$

여기서 w_{TM}은 식 (26), t는 식 (28)에 의해 주어지며, C_V는 점성저항계수로서 다음과 같이 구한다.

$$C_{VS}=(1+k)C_{FS}+C_A \tag{31}$$

$$C_{VM}=(1+k)C_{FM} \tag{32}$$

여기서 C_F는 ITTC 1957 곡선에 따른 마찰저항계수이다. 이렇게 얻어진 w_{TS}가 w_{TM}보다 큰 경우에는 w_{TM}과 같다고 간주한다. 식 (30) 우변의 0.04는 타의 영향을 나타내며, 선체 중앙에 타를 하나만 가지는 쌍추진기선의 경우는 무시한다.

실선프로펠러에 대해 K_T/J^2을 다음 식을 사용하여 얻을 수 있다.

$$\frac{K_T}{J^2}=\frac{T}{\rho n^2 D^4}\frac{n^2D^2}{V_A{}^2}=\frac{R}{1-t}\frac{1}{\rho D^2 V_A{}^2}=\frac{C_{TS}}{1-t}\frac{S}{2D^2}\frac{V^2}{V_A{}^2}$$

$$=\frac{S}{2D^2}\frac{C_{TS}}{(1-t)(1-w_{TS})^2} \tag{33}$$

여기서 C_{TS}는 식 (4.20), t는 식 (28), w_{TS}는 식 (30)에서 구한 값을 사용하며, S는 실선의 침수표면적, D는 실선프로펠러의 직경이다. 이렇게 구한 K_T/J^2 값을 사용하여 실선의 프로펠러 특성곡선으로부터 실선의 J_{TS}와 K_{QTS}를 알 수 있고, 다음의 값들을 계산할 수 있다.

1) 회전수

$$n_S=(1-w_{TS})V_S/J_{TS}D \tag{34}$$

2) 전달동력

$$P_{DS}=2\pi\rho D^5 n_S{}^3 K_{QTS}/\eta_R \tag{35}$$

3) 프로펠러 추력

$$T_S=(K_T/J^2)J_{TS}{}^2\rho D^4 n_S{}^2 \tag{36}$$

4) 프로펠러 토크

$$Q_S=(K_{QTS}/\eta_R)\rho D^5 n_S{}^2 \tag{37}$$

5) 유효동력

$$P_E=C_{TS}(\rho V_S{}^3/2)S \tag{38}$$

6) 준추진효율

$$\eta_D=P_E/P_{DS} \tag{39}$$

7) 선각효율(hull efficiency)

$$\eta_H=(1-t)/(1-w_{TS}) \tag{40}$$

그림 9-9는 저항추진시험을 수행하여 얻은 시험결과로부터, ITTC 1957 마찰저항 공식을 사용하고 ITTC 1978의 표준 해석방법인 3차원 외삽법과, ITTC 1957 이후 주로 사용된 2차원 외삽법에 의거한 전체 추정과정을 일목요연하게 비교 정리한 것이다.

수조의 모형시험 및 성능 추정에 의해 얻어진 실선의 저항추진 성능과 실제 시운전을 통해 구한 실선의 저항추진 성능은 보통 약간의 차이를 보인다. 성능 추정과 시운전 사이의 상관관계 역시 중요한 과제인데, ITTC는 이와 관련하여 두 가지 방법을 제안하고 있다. 첫 번째 방법은, 회전수 수정계수 C_N과 동력 수정계수 C_P를 사용해 시운전 시의 회전수와 전달동력를 예측하는 다음과 같은 방법이다.

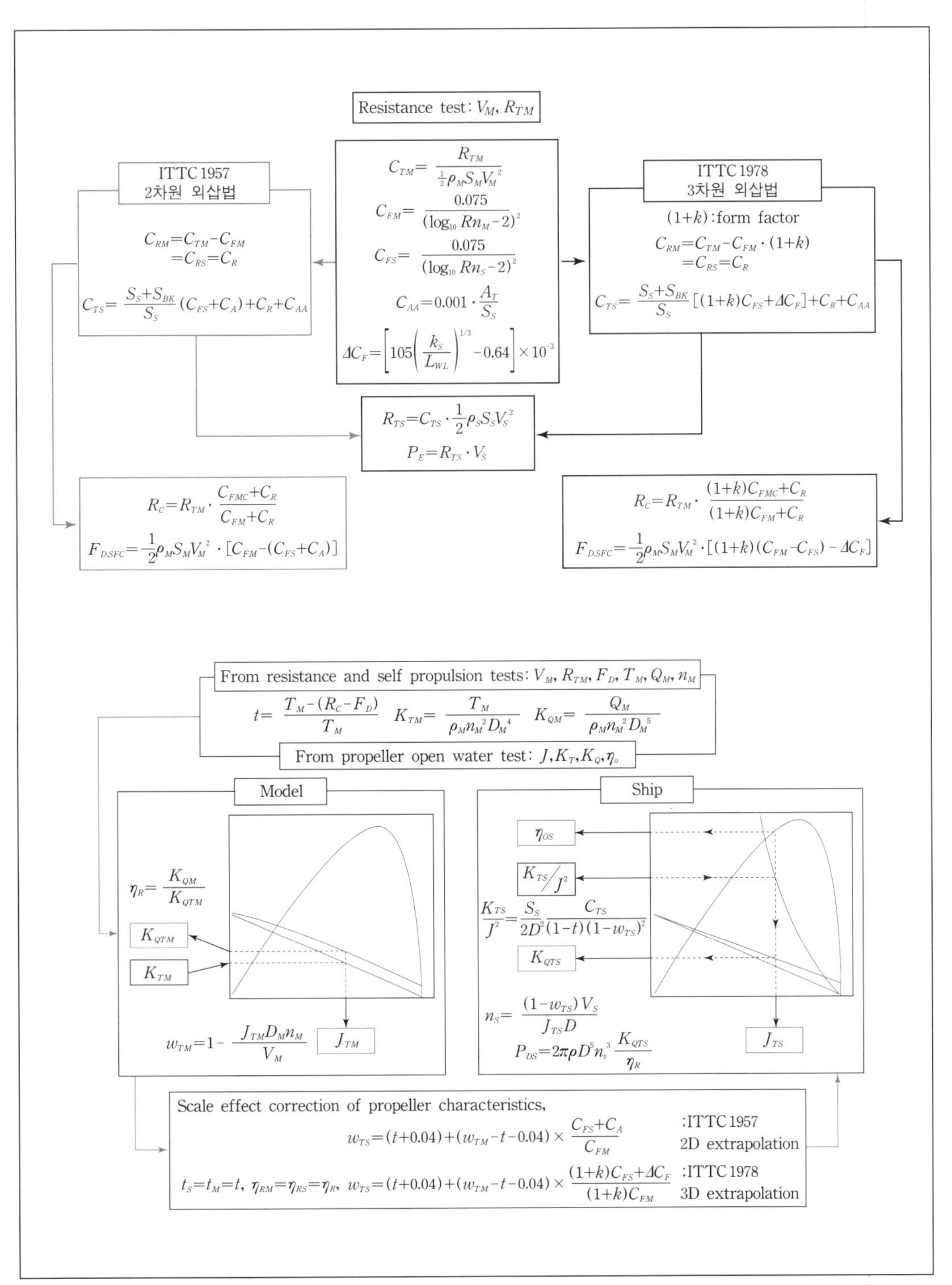

그림 9-9 ITTC 표준해석법에 따른 저항추진시험 해석절차

$$n_T = C_N n_S \tag{41}$$

$$P_{DT} = C_P P_{DS} \tag{42}$$

여기서 하첨자 T는 시운전에 대한 값임을 뜻한다. C_N과 C_P의 값은 각 수조에서 추정한 결과와 실제 시운전 결과에 대한 상관관계를 면밀히 비교 연구하여 결정할 수 있으며, 시험수조, 시운전 방법 등에 따라 차이가 있을 수 있다. ITTC의 표준 성능 추정법이 발표된 이후 많은 기관이 3차원 해석법을 적용하고 있으며, 지금까지 발표된 자료를 보면 기관별뿐만 아니라, 선종에 따라서도 C_N과 C_P가 달라지는 경향이 있다. 적합한 상관관계 자료가 없는 경우에는 C_N과 C_P의 값은 1로 한다.

두 번째 방법은, 아래와 같이 식 (33)에 마찰저항 수정계수 δC_{FC}와 반류비 수정계수 δw_C를 사용하는 방법이다.

$$\frac{K_T}{J^2} = \frac{S}{2D^2} \frac{C_{TS} + \delta C_{FC}}{(1-t)(1-w_{TS}+\delta w_C)^2} \tag{43}$$

이 K_T/J^2 값을 사용하여 실선의 프로펠러 특성곡선으로부터 J_{TS}와 K_{QTS}를 구하고, 식 (34)와 (35) 대신 다음 식을 사용해 시운전에 대한 프로펠러의 회전수와 전달동력을 얻는다.

$$n_T = (1-w_{TS}+\delta w_C) V_S / J_{TS} D \tag{44}$$

$$P_{DT} = 2\pi \rho D^5 n_T^3 K_{QTS} / \eta_{RM} \tag{45}$$

δC_{FC}와 δw_C의 값은 각 예인수조에서 상관관계에 대한 연구를 통해 결정되며, 만약 자료가 없는 경우에는 0으로 간주한다.

2차원 외삽법을 사용하는 기관에서는 C_P의 개념보다 시운전 결과의 분석을 통하여 실선의 저항계수에 모형선-실선 상관계수 C_A를 추가해 주거나, 마찰저항에 수정계수를 포함시켜 실선의 유효동력 P_E를 보정해 주는 방법을 사용하고 있다. 이 경우 자항점도 약간 달라지므로 추진성능에 대한 보정도 함께 이루어지게 된다. 회전수의 보정에는 C_N을 동일하게 사용하는 것이 일반적이다. 미 해군의 경우에도 2차원 외삽법을 사용하고 있으며[2], 또한 동력여유계수(power margin factor)를 도입하여 예상되는 동력에 설계여유를 추가한다. 이 동력여유계수는 타당성 검토단계나 기본설계 시에는 1.10에서 최종설계 계약 시에는 1.04까지 달라진다. 이 동력여유계수는 유효동력 P_E, 또는 C_{TS}에 적용되며, 설계 시의 불확실성을 고려하기 위한 것으로 운항동력여유(service power allowance)와는 전혀 다르다.

이 밖에 C_N, C_P를 사용하면서도 실선의 저항을 수정하는 C_A를 함께 사용하는 기관이 있는가 하면, 선박의 종류에 따라서 2차원 외삽법 또는 3차원 외삽법을 선별적으로 사용하는 기관도 있다. 실선의 저항추진 성능을 정확히 파악하기 위해서는 기관별로 시험방법과 시운전 방법, 결과에 대해 일관성 있고 면밀한 상호분석을 통해 적합한 모형선-실선 상관 관계를 추출해 내려는 노력이 필요하다.

9_5_ 공동시험

9_5_1_ 공동현상

공동(cavitation)은 유동장 내부의 속도가 어떤 값보다 커지고, 따라서 압력이 증기압보다 낮아져 물이 기화하는 데 따른 현상이다. 프로펠러는 양력을 발생시키기 위해 뒷면(back)에서 속도가 꽤 커지는 영역을 가지므로 추력부하(thrust loading)가 큰 프로펠러를 장착한 경우에는 항상 공동 발생 우려가 있다. 일단 공동이 발생하면 프로펠러의 추력이 감소하고, 날개의 침식(erosion), 파괴가 일어날 수 있으며, 매우 광범위한 진동수의 압력 변화를 유발하므로 선미부의 진동과 소음도 심각한 문제가 될 수 있다.

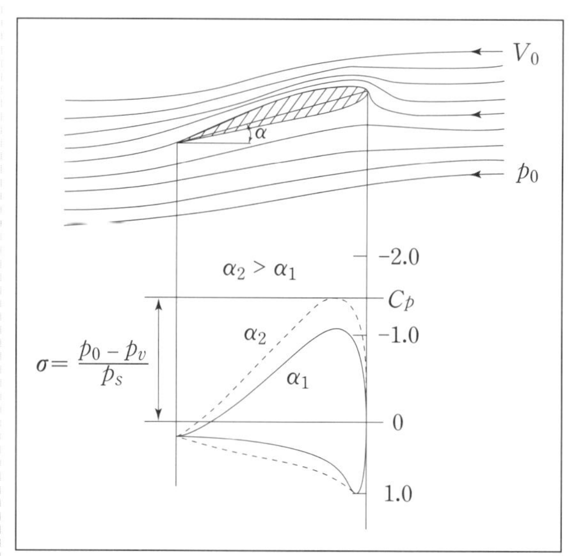

그림 9-10 날개단면 주위의 흐름과 압력

공동 발생의 기전을 이해하기 위해 그림 9-10에 나타낸 것과 같은 2차원 날개단면 주위의 비점성, 비회전성 정상유동(inviscid irrotational steady flow)을 생각할 수 있다. 물체보다 매우 앞쪽의 한 단면을 하첨자 0을 사용하여 나타내면 베르누이 방정식으로부터 다음 식을 얻는다.

$$p/\rho + V^2/2 = p_0/\rho + V_0^2/2 \tag{46}$$

여기서 p는 수동역학적 압력이다. 날개단면의 앞날 부근에서 유체의 속도는 영이 되므로, 그 점의 압력으로부터 p_0를 빼서 얻어지는 상대 수동역학적 압력 또는 상대동압(relative hydrodynamic pressure) p_r은 바로 정체압(stagnation pressure) p_s가 되어 다음과 같이 쓸 수 있다.

$$p_r = p - p_0 = \rho V_0^2/2 = p_s \tag{47}$$

식 (46)의 우변은 일정하므로 잘 알려진 바와 같이 속도가 커지면 압력은 감소하고, 만약 압력이 증기압 p_v와 같아지면 물은 인장력을 견딜 수 없으므로 기화하며 공동이 발생한다. 그러므로 공동 발생의 기준은 다음과 같다.

$$p_r \leq p_v - p_0 \tag{48}$$

다시 말하면 상대동압이 증기압에서 p_0를 뺀 값과 같거나 작아지면 공동이 발생한다. 예를 들어 14℃에서 $p_v = 1.70kPa$이며, 날개단면이 수면 아래 $h = 5m$ 되는 곳에 있다고 하고, 대기압 $p_a = 101.4kPa$로 하면, $p_0 = p_a + \rho gh = 150.4kPa$이므로 $p_r \leq -148.7kPa$을 얻으며, 이는 $V_0 = 10m/s$일 때, 유속 $V \geqq \sqrt{397.4} \simeq 20m/s$에 상응한다는 결과를 얻는다. 다시 말하면 유속이 $20m/s$, 즉 입사류 속도의 2배 이상 되는 곳에서 공동이 발생할 것임을 알려주고 있다. 일반적으로 공동 발생의 조건은 식 (48)을 $-p_s$로 나눈 다음 식을 사용한다.

$$-p_r/p_s \geq (p_0 - p_v)/p_s = \sigma \tag{49}$$

여기서 σ는 공동수(cavitation number)라고 부르며, 위에서 생각한 예에서는 $\sigma \simeq 3.0$의 값을 가진다.

상대동압 p_r을 정체압 p_s로 나눈 값은 압력계수(pressure coefficient) C_p라고 부르며, 식 (47)에 나타낸 상대동압의 정의와 식 (46)으로부터 다음 결과를 얻는다.

$$C_p = p_r/p_s = (p - p_0)/(\rho V_0^2/2) = 1 - (V/V_0)^2 \tag{50}$$

이 식에 따르면 C_p는 항상 1보다 클 수 없으며, 또 날개단면 상의 어떤 점에서의 V가 V_0보다 클 때 C_p는 음의 값을 가진다. 식 (49), (50)으로부터 $|C_p| \geqq \sigma$를 공동 발생 조건으로 볼 수 있다(**그림 9-10**).

프로펠러의 중심선이 수면으로부터 아래쪽으로 거리가 h 되는 곳에 있고, 중심선으로부터 반경방향으로 거리가 r 떨어진 곳에 위치한 프로펠러 날개단면의 경우, 공동 발생의 위험이 가장 큰 상황은 날개가 위쪽 연직 위치에 왔을 때이므로 기준이 되는 압력 p_0는 다음과 같이 잡을 수 있다.

$$p_0 = p_a + \rho gh - \rho gr \tag{51}$$

프로펠러의 각속도가 ω이면, 프로펠러 날개단면을 지나는 유체의 상대속도 V_r에 대해서는 다음 식이 성립한다고 볼 수 있으므로,

$$V_r^2 = V_A^2 + \omega^2 r^2 \tag{52}$$

국부공동수(local cavitation number) σ_L은 다음과 같다.

$$\sigma_L = (p_a + \rho gh - \rho gr - p_v) / \{\rho (V_A^2 + \omega^2 r^2)/2\} \tag{53}$$

이 경우에 대한 공동 발생 조건은 따라서 다음과 같이 쓸 수 있다.

$$|C_p| \geqq \sigma_L \tag{54}$$

이 식에 따르면 프로펠러 날개에서 공동이 발생하는 것을 방지하기 위해서는 $|C_p|$의 최대값이 국부공동수 σ_L보다 커지지 않도록 해야 하며, 따라서 주어진 추력을 발생시킴에 있어 가능한 한 $|C_p|$ 분포를 균일하게 해야 함을 알 수 있다.

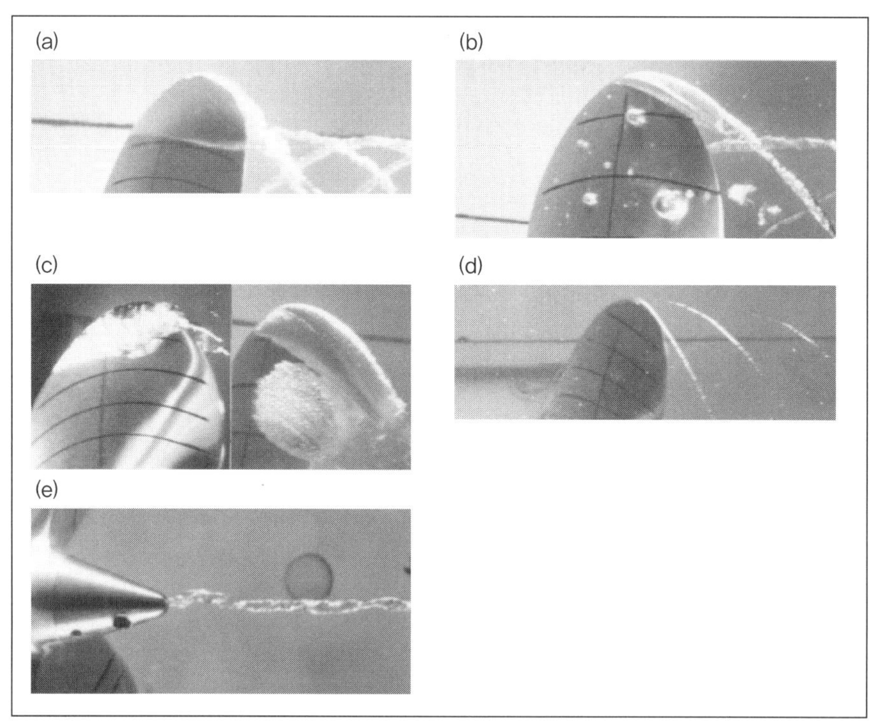

그림 9-11 프로펠러 공동의 여러 형태
(a) 박판공동 (b) 기포공동 (c) 구름공동 (d) 날개끝와류 공동 (e) 허브와류 공동

프로펠러 주위의 유동에서 일단 공동이 발생하면 그 형상에 따라 **그림 9-11**에 보인 바와 같이 다섯 가지로 분류할 수 있다. 박판(sheet)공동은 대개 뒷면 앞날에서 시작되어 뒷면의 상당 부분을 덮는 형태로 발생하며, 반류 중에서는 비교적 불안정한 형상을 가진다. 기포(bubble)공동은 다양한 크기의 기포 형태로 코드의 중간 정도에서 발생하며, 빠르게 수축 · 팽창하는 특성이 있다. 구름(cloud)공동은 박판공동이 보다 진전된 형태인데, 박리유동과 더불어 발생하며 구름처럼 매우 작은 기포들이 다량 형성된다. 날개끝와류 공동은 8.3.1절에서 설명한 바와 같은 이유로 날개끝와류가 형성될 때, 그 중심에서의 속도가 매우 커짐으로써 발생하는 공동이다. 한편 허브와류(hub vortex)공동은 수렴형의 허브에서 주로 발생하며 각 날개의 뿌리 부근에 형성된 와류가 서로 합해지면서 발생한다.

9_5_2_ 모형프로펠러의 공동시험

7.2.2절에서는 모형프로펠러의 단독시험에 적용할 상사법칙을 결정하기 위해서 차원해석을 사용하였으며 식 (7.11)에서는 추력계수를 다음과 같은 형태로 얻었다.

$$\frac{T}{(\rho V_A^2/2)D^2} = f\left(\frac{gD}{V_A^2}, \frac{nD}{V_A}, \frac{p}{\rho V_A^2/2}, \frac{\nu}{V_A D}\right) \tag{55}$$

기하학적으로 상사하며 크기가 다른 두 개의 프로펠러에 대하여, 이 식 우변의 매개변수들의 값이 모두 같다면, 역학적 상사(mechanical similitude)가 보장되어 추력계수도 같은 값을 가진다. 7장의 논의에서 밝혀진 바에 따르면, 모형프로펠러와 실선프로펠러에 대하여 식 (55) 우변의 첫 번째 항과 두 번째 항이 서로 같아야 한다는 조건은 두 프로펠러에 대한 Fn가 같고, 동시에 전진계수의 값이 같다는 것을 뜻한다. 네 번째 항은 Rn가 같아야 함을 뜻하며, 모형과 실선의 Fn를 같게 하면 동시에 Rn도 같게 할 수 없다는 점은 이미 설명한 바 있다. 한편 공동이 발생하는 프로펠러에 대한 실험을 고려할 때는 모형과 실물에서 세 번째 항의 값이 같도록 해야 하며, 이는 식 (49)에 따르면 공동수를 같게 해 주어야 함을 뜻한다.

모형프로펠러의 공동시험은 일반적으로 모형프로펠러와 실선프로펠러에 대해 Fn, 전진계수, 공동수가 같도록 수행하며, 특히 공동수가 같게 하기 위해서는 압력을 조절할 수 있는 시험설비, 즉 공동수조(cavitation tunnel)가 필요하다. 최초의 공동수조는 1897년 Parsons에 의해 Turbinia호에서 발생한 추력저하 문제를 해결하기 위하여 만들어졌으며,

당시 관측부 단면 크기는 $0.152m \times 0.152m$의 소형으로, 이 수조 내의 압력을 조절하기 위해 수면 위의 공기를 빼거나 물을 가열할 수 있도록 하였다. 이후 점차 공동수조의 관측부 단면이 증가하고 많은 종류의 공동수조가 건설되어 공동에 관한 많은 기본적인 사실들이 알려지게 되었다. 대부분의 소형 공동수조에서는 모형선의 3차원 반류 대신에 황동망을 이용한 축방향 반류의 재현으로 대체하여 공동시험에 임한다. 경우에 따라서는 선미모형선의 일부에 황동망을 붙여 3차원 반류를 유사하게 재현하기도 한다.

20세기 후반에 건설된 독일 HSVA의 HYKAT, 미국 DTMB의 LCC, 프랑스 DCN의 GTH, 그리고 국내 삼성중공업의 SCAT(**그림 9-12**), MOERI의 LCT 등 대형 공동수조에는 모형선을 설치할 수 있도록 넓은 관측부를 가지고 있어, 예인수조 시험을 끝낸 실제 모형선을 프로펠러 및 타와 함께 설치하여 실험에 사용하고 있다. 이렇게 모형선을 투입하여 3차원 반류를 재현할 수 있는 대형 공동수조에서는 프로펠러 공동에 의한 고차 변동압력 성분이 실선에서와 유사한 경향을 갖는 등 공동시험의 정도가 특히 높은 것으로 알려져 있다. 또한 고속선의 타 공동시험도 선체반류의 영향을 정확히 반영할 수 있어 정도가 높으며, 공동에 의한 소음계측에서도 신뢰도가 높은 것으로 알려져 있다. 공동은 저진동수 영역의 압력변동뿐 아니라 고진동수 영역의 소음도 유발한다. 특히 군함에서는 공동에 의한 소음 발생 시 적함에게 자기 위치를 알려줄 뿐 아니라, 소나(sonar)의 성능도 현저히 저하되기 때문에 공동 발생 초기속도를 정확히 예측하는 것이 매우 중요하다. 이와 같은 용도의 대형 공동수조는 전동기에 의한 소음의 차폐를 비롯하여 고속유동에서도 자체 소음이 발생하지 않도록 많은 주의를 기울여야 한다.

모형프로펠러와 실선프로펠러의 공동수를 같게 할 수 있는 또 다른 방법은 예인수조나

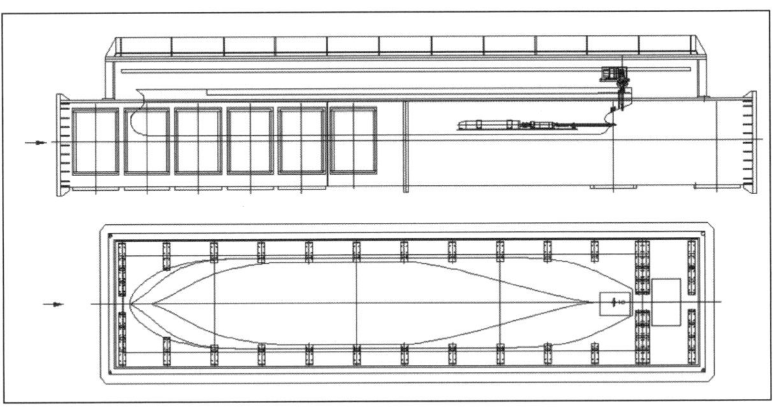

그림 9-12 대형 공동수조의 관측부 모습(SCAT)

회류수조(circulating water channel)에서의 공기압을 변화시킬 수 있도록 하는 것이며, 이와 같은 가변압력 예인수조는 MARIN●이 유일하게 소유하고 있다. 길이 240m, 폭 18m, 깊이 8m인 이 수조는 수조 내의 기압을 약 4kPa까지 낮출 수 있고, 따라서 지붕은 100kPa의 압력 차이를 견딜 수 있도록 건조되었다.

● MARIN (MAritime Research Institute of Netherlands)은 이전의 NSMB (Netherlands Ship Model Basin)로, 네덜란드 Wageningen 소재의 선박시험수조임.

Newton & Rader[3]는 $J-\sigma$ 선도를 사용하여 공동시험이 수행된 모형선의 프로펠러가 공동 발생과 관련하여 어떤 상황에 있는지 알 수 있도록 하였다. **그림 9-13**은 그들의 결과를 보여주고 있는데, 공동이 발생하지 않는 영역을 선도 상에 표시하여 프로펠러의 전체적인 공동성능을 쉽게 알 수 있도록 하였다.

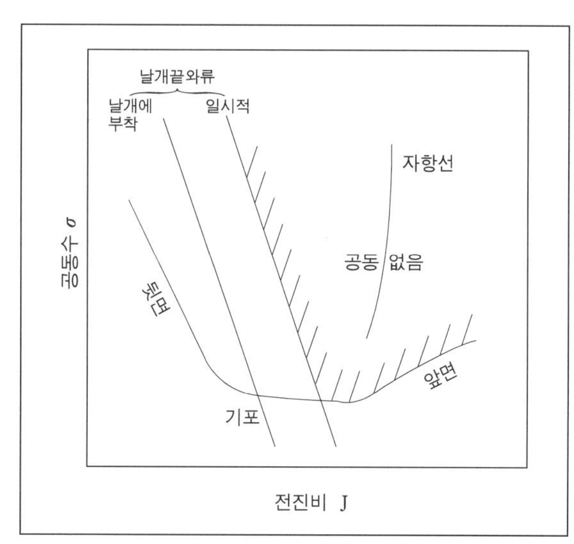

그림 9-13 공동현상의 추이

9_5_3_ 공동의 영향과 예방기준

이 절에서는 먼저 공동이 발생하면 어떤 영향이 있는지에 대해 살펴보고, 그 예방기준에 대해 알아본다. 프로펠러 날개 주위에 공동이 발생하면 해당 날개단면에서 발생되는 양력이 감소할 것이며, 따라서 전체적으로는 프로펠러의 추력이 감소된다. **그림 9-14**에는 여러 공동수에 대해 계측한 날개단면 상의 압력분포를 나타냈다. 입사각이 5°일 때, 공동수가 4보다 작아지면 공동 발생에 의해 압력분포가 크게 변화하며, 공동수가 작아짐에 따라 뒷면에서의 압력 크기가 전반적으로 상당히 감소하고, 따라서 전체적으로 양력계수가 감소할 것임을 알 수 있다. **그림 9-15**에는 여러 공동수에서 입사각 α에 따른 C_L, C_D의 변화를 나타냈다. 공동수가 작아지면 입사각의 증가에 따라 양력계수가 선형적으로 증가하지 않고, 실속각(angle of stall)보다 훨씬 작은 각도에서 그 최대치를 가진 후 감소하는 것을 확인할 수 있으며, 공동수가 작아질수록 그 최대치도 감소하는 것을 알 수 있다. 여기서 C_L, C_D는 식 (7.30)으로 정의한 바와 같다.

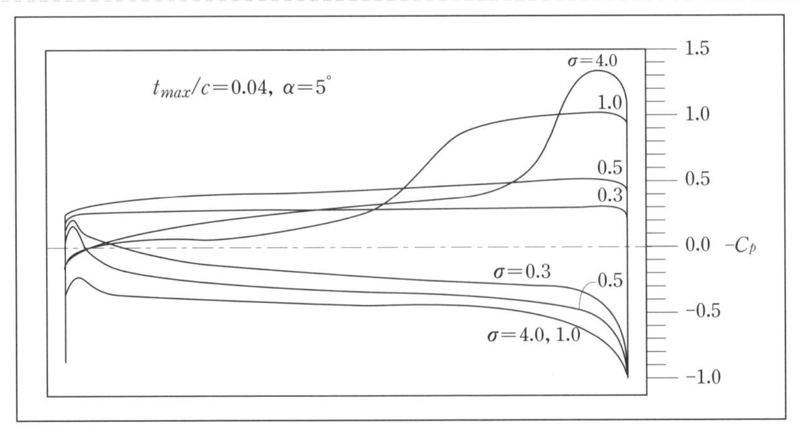

그림 9-14 여러 공동수에 대해 측정된 날개단면 상의 압력분포

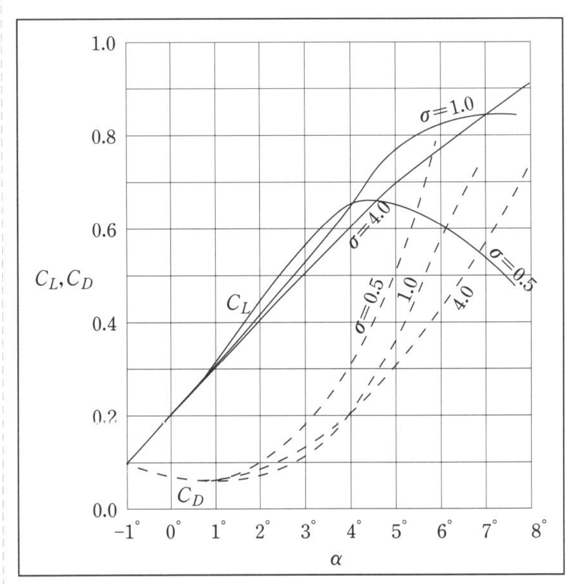

그림 9-15 여러 공동수에서 입사각 α에 따른 C_L, C_D의 값

이와 같은 양력계수의 감소는 결국 프로펠러의 추력감소로 이어지며, **그림 9-16**에 여러 공동수에서 전진비 J의 함수로 나타낸 Wageningen B5-75 프로펠러의 K_T, K_Q와 η_0를 나타냈다. 단 여기서 공동수는 $\sigma=(p_0-p_v)/(\rho n^2 D^2/2)$이다. 여기서도 공동수가 4 보다 작아지면 J의 값이 작을 때, 다시 말하면 프로펠러 날개단면의 입사각이 클 때 프로펠러의 효율이 상당히 감소하는 것을 확인할 수 있다. 이와 같은 감소는 물론 공동수의 감소에 따라 토크계수도 감소하지만 상대적으로 추력계수의 감소가 더 큰 것에 따른 현상이다.

한편 일단 공동이 발생하면, 특히 기포 형태의 공동은 유체를 따라 흐르다 압력이 높은 곳에 이르면 내폭(implosion)을 일으킨다. 내폭은 외폭(explosion), 즉 일반적인 폭발의 반대 현상으로, 기포 내의 압력이 주변보다 작아 기포가 점점 작아져 없어지는 현상인데, 매우 작은 기포가 없어질 때 그 기포로 유입되는 분류(jet)가 발생하며 이들에 의해 프로펠러 표면은 매우 큰 응력을 받게 된다. 이에 따른 프로펠러 표면의 침식(erosion)은 강도의 측면에서 심각한 문제를 일으킬 수 있으며, **그림 9-17**은 침식이 생긴 프로펠러 표면을, **그림 9-18**은 집중적으로 반복된 공동의 내폭에 의해 프로펠러 날개의 앞날이 잘려나간 것을 각각 보여주고 있다. 만약 앞날에서 발생한 공동의 기포들이 뒷날 부근에서 집중적으로 내폭하는 경우에는 **그림 9-19**와 같이 프로펠러 뒷날이 휘는 손상을 입을 수도 있다. 수중익선이나 고속선에서는 프로펠러뿐 아니라 타, 수중익, 수중지주에서도 공동에 의한 각종 피해가 발생할 수 있으며, 타 공동(rudder cavitation)에 대해서는 다음 절에서 다루기로 한다. 프로펠러의 부식(corrosion)은 화학적인 이유로 발생하는 현상이지만 공동에 의한 침식을 더욱 크게 하는 경향이 있으므로, 부식을 방지하는 노력은 곧 공동에 의한 피해를 줄이는 방법이기도 하다.

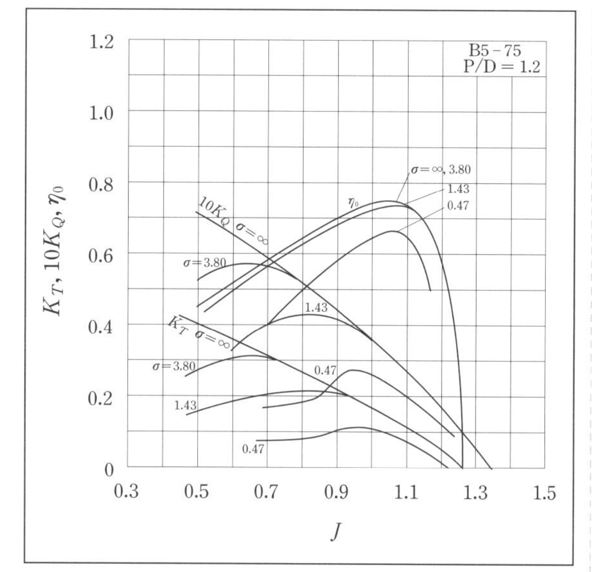

그림 9-16 여러 공동수에서 전진비 J의 함수로 나타낸 Wageningen B5-75 프로펠러의 K_T, K_Q, η_0

공동이 발생하면 선미부 진동과 소음이 크게 증가하는 것이 상례인데, 이는 공동의 발생과 소멸에 따라 상당한 크기의 압력장 변화가 발생하기 때문이다. 진동은 저진동수, 소음은 고진동수의 압력장에 따라 유기되며, 따라서 공동이 생기지 않는 최대속도는 특히 함정의 경우에는 매우 중요한 성능인자로 간주된다.

프로펠러 설계가 다 이루어진 후에는 모형시험이나 수치해석을 통하여 공동 발생 여부

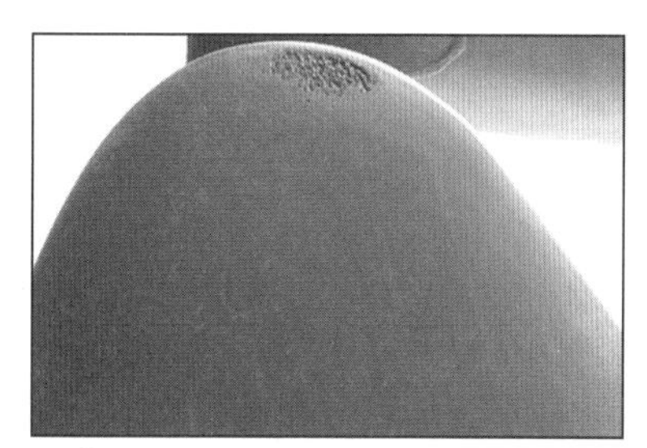

그림 9-17 프로펠러 날개의 공동침식(cavitation erosion)

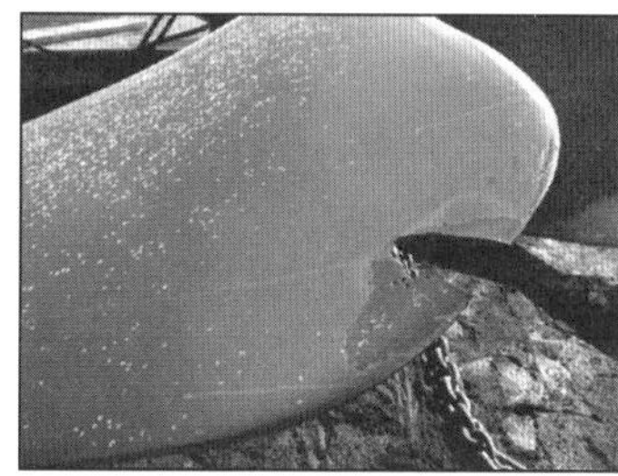

그림 9-18 과도한 침식으로 떨어져나간 날개의 앞날

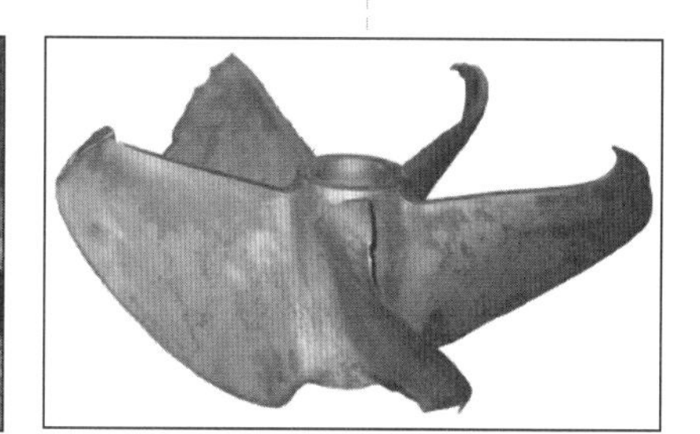

그림 9-19 공동으로 휜 프로펠러 날개의 뒷날

를 판정할 수 있으나, 중요한 것은 초기설계 단계에서 공동이 발생하지 않는 기본적인 매개 변수들의 범위를 알아야 한다는 점이다. 물론 이 같은 요구를 완벽하게 만족시키는 예방기준은 생각하기 힘들며, 이하에서는 비교적 실용적인 두 가지 예방기준에 대해 설명하기로 한다.

첫 번째는 Burrill 도표(Burrill chart)를 이용하는 방법으로 이는 Burrill[4] 등의 연구결과에 근거한 것이다(10.3.2절 참조). **그림 9-20**에 Burrill 도표를 나타냈는데, 이 도표에는 3개의 점선 곡선과 5개의 실선 곡선이 있다. 점선 곡선은 초기의 연구결과, 실선 곡선은 후기의 연구결과에 근거한 것으로, 5개의 실선 곡선은 각각 정해진 %의 뒷면 공동에 상응하며, 이 중 5%에 상응하는 곡선은 상선에 대한 점선 곡선과 거의 일치하는 결과를 주고 있음을 알 수 있다. 다시 말하면 뒷면에서 5%의 공동은 일반 상선의 경우 허용할 만하다는 것으로, 설계 대상선의 프로펠러에 대해 공동수 $\sigma_{0.7R}$와 평균추력부하계수(mean thrust loading coefficient) τ_c를 계산하여 얻어진 결과가 5% 곡선의 오른쪽에 위치하면 공동에 대해 비교적 안전하다고 본다. 여기서 공동수 $\sigma_{0.7R}$과, τ_c는 각각 다음과 같이 정의되는데,

$$\sigma_{0.7R} = \frac{p_a - p_v + \rho g h}{\rho V_r^2/2} = \frac{p_a - p_v + \rho g h}{\rho\{V_A^2 + (0.7\pi n D)^2\}/2} \simeq \frac{188.2 + 19.62h}{V_A^2 + 4.836 n^2 D^2} \tag{56}$$

$$\tau_c = T/(\rho V_r^2/2) A_P \tag{57}$$

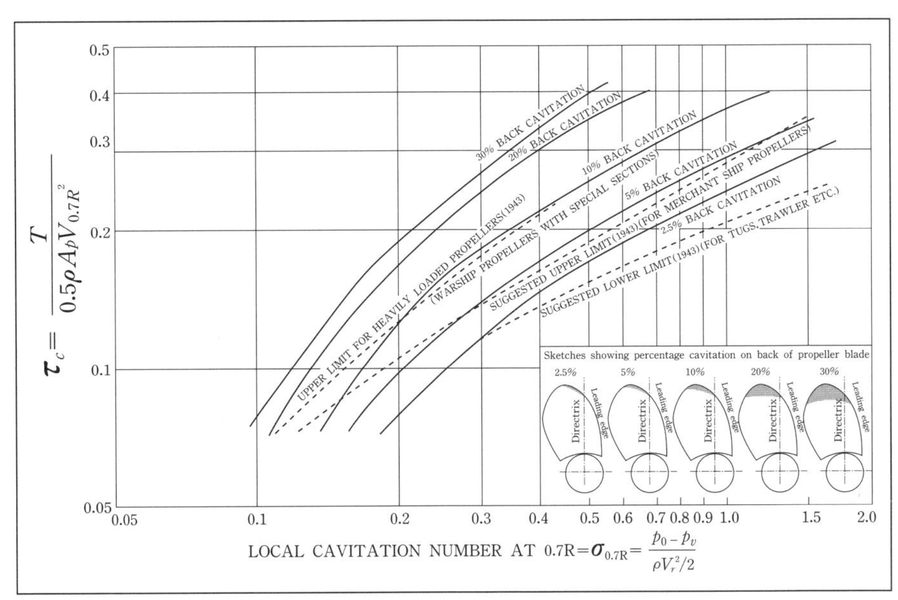

그림 9-20 Burrill 공동도표

단, 추력은 다음과 같이 P_E와 P_D로부터 구하며,

$$T = P_E/(1-t)V = P_D\eta_D/(1-t)V \tag{58}$$

날개의 투영면적 A_P는 전개면적 A_D와 Taylor의 근사식을 이용하여 다음과 같이 구한다.

$$A_P/A_D = 1.067 - 0.229P/D \tag{59}$$

Burrill 도표에 의한 결과는 반류의 영향이나 피치, 캠버 등과 같은 프로펠러의 기하학적 형상이 반영되지 않은 것이므로 사용할 때 주의를 요한다.

두 번째는 프로펠러 공동에 의한 변동압력 허용기준을 사용하는 방법으로 실선 계측자료를 바탕으로 한 DnV의 통계적 해석방법인데[5], 이 방법은 Holtrop[6], Leenaars & Forbes[7], Holden[8] 등의 연구결과에 기초하고 있다. 초기설계 단계에서는 반경방향 피치비분포가 일정하고, 확장면적비 $A_E/A_O = 0.6 \sim 0.8$ 정도이며, 스큐도 20° 이하인 일반적인 프로펠러를 대상으로 하여 선체 표면력 추정을 한다. 공동현상이 발생하는 경우, 수면 아래 선체 표면의 임의의 점에서 공동에 의한 날개진동수의 변동압력 진폭, Δp_c는 다음 식으로 주어진다.

$$\Delta p_c = \frac{N^2D^2}{160}\frac{V(w_{tmax}-w_e)}{\sqrt{h+1.04}}\left(\frac{R}{d}\right)^{\kappa_c} \tag{60}$$

여기서 N은 프로펠러의 분당 회전수, d는 프로펠러 상방 $0.9R$의 위치에서부터 선체 표면 임의의 점까지의 거리, w_{tmax}는 반류 최대치, w_e는 유효반류(모형선의 값은 실선 유효반류 추정을 위해 0.7을 곱함)이며, κ_c는 다음과 같다.

$$\kappa_c = \begin{cases} 1.7 - 0.7d/R, & d/R \leq 1 \\ 1, & d/R > 1 \end{cases} \tag{61}$$

식 (60)에 의한 압력과 계측치 사이의 표준편차는 약 30%이다.

공동현상이 발생하지 않을 경우, 일반적인 프로펠러에 의해 유기되는 날개진동수의 변동압력, Δp_0는 다음 식으로 주어진다.

$$\Delta p_0 = (N^2D^2/70)Z^{-1.5}(R/d)^{\kappa_O} \tag{62}$$

여기서 κ_O는 다음과 같다.

$$\kappa_O = \begin{cases} 1.8 + 0.4d/R, & d/R \leq 2 \\ 2.6, & d/R > 2 \end{cases} \tag{63}$$

식 (62)의 표준편차는 25~30%이다. 위의 식 (60), (62)로부터 접수선체 표면의 국부에 작용하는 날개진동수의 변동압력 진폭 Δp_z는 다음과 같이 얻는다.

$$\Delta p_z = \sqrt{\Delta p_c^2 + \Delta p_o^2} \tag{64}$$

이 식에 의해 추정된 값들이 선미돌출부(after peak area)에서의 균열파손 확률과 비교된 예가 **그림 9-21**에 나타나 있다. 이 그림은 DnV에서 피로파괴현상을 보인 20척의 선박에 대하여 모형시험에서 실선진동 계측시험까지 수행한 결과로, 선미부의 피로손상 위험확률을 프로펠러로부터의 기진력 수준과 대비하여 나타낸 것이다. 이 그림에 의하면 날개진동수 변동압력의 진폭 Δp_z가 $10kPa$에 이르면 약 60%의 선박이 피로파괴현상을 보이고, 최대 $8kPa$의 변동압력이면 약 40%의 선박이 피로파괴현상을 보임을 알 수 있다. 이로부터 DnV는 $8kPa$을 날개진동수 변동압력의 허용가능 진폭으로 추천하고 있다. 여기서 Δp_{TOT}는 1차, 2차, 3차 프로펠러 날개진동수에 대한 변동압력 성분의 제곱합에 대한 제곱근을 의미하며 $(=\sqrt{p_1^2+p_2^2+p_3^2})$, $16kPa$를 허용가능 진폭으로 추천하고 있다. 한편 Δp_z는 각각의 프로펠러 날개진동수에 대한 변동압력 성분을 의미한다.

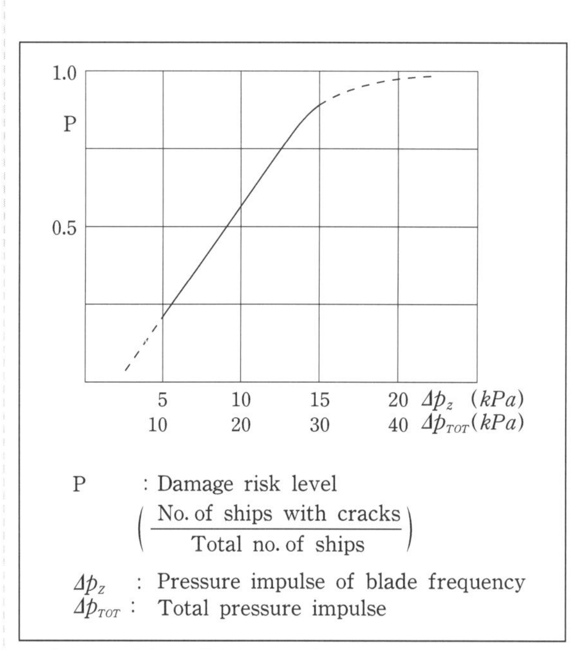

그림 9-21 선미구조에서의 균열파손 확률로 본 날개진동수 변동압력 진폭 및 전체변동압력

9_5_4_ 타 공동시험

프로펠러 뒤에 놓인 타(rudder)는 저속에서도 프로펠러 후류에 의해 높은 타력을 발생

한다. 그러나 타는 프로펠러에 의해 유기된 속도장 내에서 작동하며 항로유지를 위해 타각을 자주 바꿔야 하므로 큰 타각으로 장시간 운항할 경우, 타 표면에 공동(cavitation)이 발생할 가능성이 크다. 타에서의 공동은 주로 프로펠러에 의한 유기속도에 의해 발생되며, 특히 원주방향 유기속도 성분은 타 단면에서의 입사각을 증가시킨다. P를 정상연속정격(NCR) 동력이라고 하면, 프로펠러에 의한 유기속도는 대략 동력밀도, 즉 $P/\pi R^2$에 따라 증가하기 때문에 타 공동은 $P/\pi R^2$이 $800kW/m^2$보다 크고, 또 배의 속도가 $23kts$ 이상에서 발생 가능한 것으로 보고 있다[9]. 이러한 동력밀도에 해당하는 선종은 대부분 고속컨테이너선 및 여객페리를 포함하는 고속여객선이다.

선박 운항 중, 항로를 유지하기 위해서는 타각을 영이 아닌 값으로 고정시키는데, 이 타각을 항로유지타각(course-keeping rudder angle)이라고 하며 선종, 항로, 해상상태에 따라 다르다. 기존에는 약 $\pm 4°$로 알려졌으나, 실제 운항 중에 계측한 결과인 **그림 9-22**에 따르면 약 $\pm 4°$를 기준으로 $\pm 3°$ 변화하는 것으로 나타났다. 모든 선박에서 이와 같은 타각변동을 보이는 것은 아니지만 타 공동 방지 차원에서는 약간 큰 타각을 고려하는 것이 좋다. 타의 주된 기능은 선박을 조종하기 위한 선회력을 발생시키는 것이며, 선회력은 특정 타각에서의 압력면과 흡입면 사이의 압력차를 적분하여 얻어진다. 그러나 선속이 빠르고 프로펠러의 부하가 과다한 경우에는 주위 압력이 낮아져 공동이 발생할 가능성이 크다. 선박 선회 시에는 타각이 크므로 공동을 피할 수 없으나, 보통 지속시간이 짧기 때문에 침식 위험성은 거의 없는 것으로 알려져 있다. 침식은 공동의 시작점이 아닌 공동의 붕괴점 또는 구름공동의 재부착(reattachment) 점에서 발생하나, 타 침식의 발생 부위는 이보다 넓은 것으로 보인다. 이것은 프로펠러에 의한 유기속도가 계속 변하기 때문에 공동현상이 계속 변화하며, 이에 따라 공동의 형상도 지속적으로 바뀌어 상대적으로 침식 발생 가능성이 높아지기 때문인 것으로 보인다.

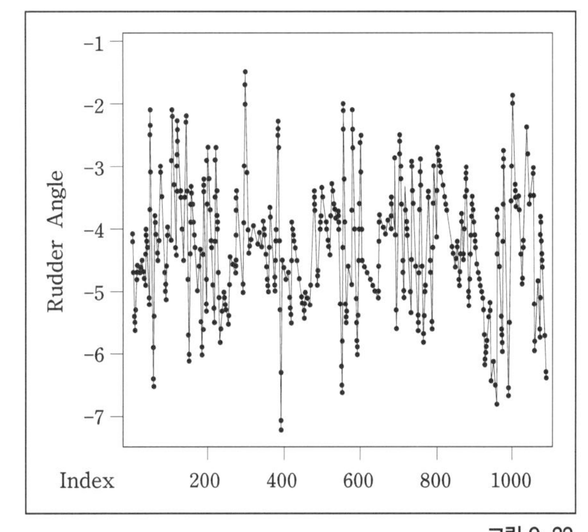

그림 9-22
운항 중인 대형 컨테이너선의 타각 변화(북태평양 코스, 18분간)

타 표면의 공동 내에 포함되어 있는 작은 공동기포의 붕

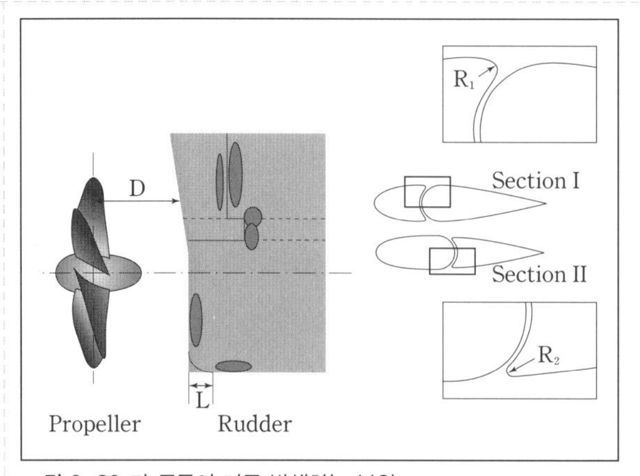

그림 9-23 타 공동이 자주 발생하는 부위

괴 시, 표면에 강한 충격을 주게 되고 이런 충격이 표면에 작은 흠을 만들며, 그것이 지속적으로 쌓이면서 침식을 유발한다. 타 침식은 보통 혼타의 경우 혼과 타날개 사이의 간극(gap) 부분과 타날개의 바닥(sole) 부분에서 가장 심각하며, 공동수가 작아질수록 타날개의 앞날 부분, 프로펠러 날개끝와류 및 허브와류 공동 이 붕괴될 수 있는 와류 후류 부분에도 침식 발생이 보고되고 있다(그림 9-23). 국내에서 타 침식은 1990년 이후 대형 컨테이너선, 여객페리선 등의 타에서 보고되었으며 이후 발생원인 및 대처방안에 대해 많은 연구가 이루어졌다.

타 공동시험은 프로펠러 공동시험과 동일하게 추력계수와 공동수를 맞추어 수행되나, 공동수 산정 시 타에서 발생할 공동의 위치에 따라 수정역학적 깊이가 고려될 수 있다. 타 공동시험에서 가장 중요한 것은 타각의 최대값인데, 타 공동시험이 도입될 초창기에는 대부분 최대타각을 약 ±6°로 하였으나, 시운전 및 실선 경험이 증가하면서 점차 약 ±8°로 높이는 경향이 있다. 이는 타 침식을 보다 안전하게 방지하려는 의도로 볼 수 있다. 그림 9-24는 타각이 과도하게 큰 경우에 대한 타 공동시험 예를 나타냈다. 날개 하부의 앞날 부위에서 공동이 과다하게 발생하는 것을 볼 수 있으나, 날개 하부의 바닥 부분에는 공동이 보이지 않고 보다 하류에서 날개끝와류 공동이 보인다.

그림 9-24 타 공동시험 예

국내의 관련연구로는 타 단면의 변경으로 타 침식을 감소시킨 사례[10]와, 타 간극공동의 발생원리 및 제어기법에 대한 연구가 있다[11]. 전자는 기존의 타 단면인 NACA0021 단면을 NACA63-21 단면으로 변경하여 타 공동을 감소시킨 예

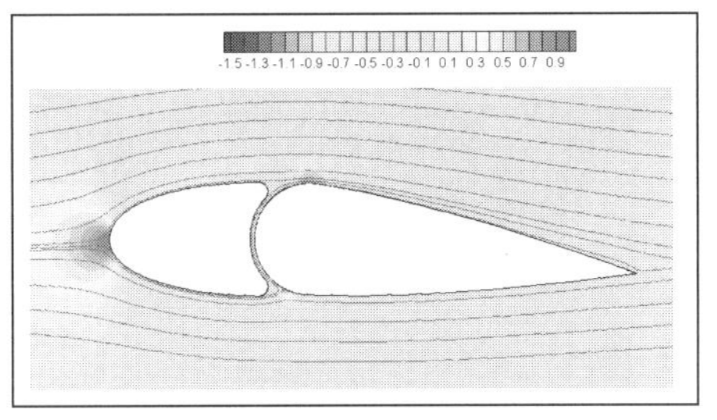

그림 9-25 타 날개의 각도에 따른 유선변화

이며, 후자는 2차원 간극 주위의 유동장을 RANS 해석하여 간극 주위의 유선 및 압력 분포를 추정하고, 이를 바탕으로 간극형상의 변화, 간극 사이의 반원봉(half-round bar)이 간극공동에 미치는 영향 등을 조사하였다. **그림 9-25**에 나타낸 바와 같이 타를 부분적으로 회전시켜 캠버가 만들어진 경우에는 압력면에서 흡입면으로 간극유동이 발생하게 된다. 이때 압력면으로 작용하는 혼 부분의 뒷날 부분과 흡입면으로 작용하는 타날개의 앞날 부근에서 압력강하가 발생한다.

그림 9-26에는 대형 컨테이너선 타에서 발생하는 타 공동의 개략도를 나타냈다. 타각이 우현 8°일 때 좌현 쪽에서 간극공동이 발생하며, 타날개의 하부 앞날에도 기포공동이 발생하는 모습을 볼 수 있다. 타 공동 조건은 프로펠러 공동시험에서와 동일하게 정압은 프로펠러 연직상방의 0.7 반경을 기준으로 하였다. 여기서는 혼과 타날개 사이에서 간극공동이 발생하지 않음을 볼 수 있다. **그림 9-27(a)**에서는 실선에서의 타 공동으로 인한 침식을 나타냈는데, 타날개의 하부 앞날 및 바닥 부분에 페인트가 약간 벗겨졌고, 간극 부분에 침식이 많이 발생한 것을 볼 수 있다. **그림 9-27(b)**에서는 핀틀 부위의 심각한 간극공동을, **그림 9-27(c)**에서는 점성유동 해석에 의한 공동추정을 각각 나타냈다. 수치계산에서는 간극공동보다 타날개의 앞날공동 발생이 심한 것으로 나타나고 있다. 그러나 간극공동은 점성의 영향을 받기 때문에 실선에서는 간극유동이 증가하게 되며, 간극공동의 발생이 증가하는 경향이 있기

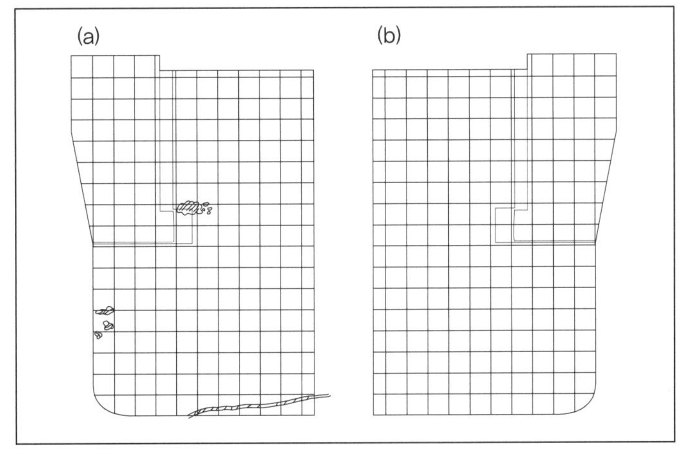

그림 9-26 타각 우현 8°에서의 공동 개략도
(a) 좌현 (b) 우현

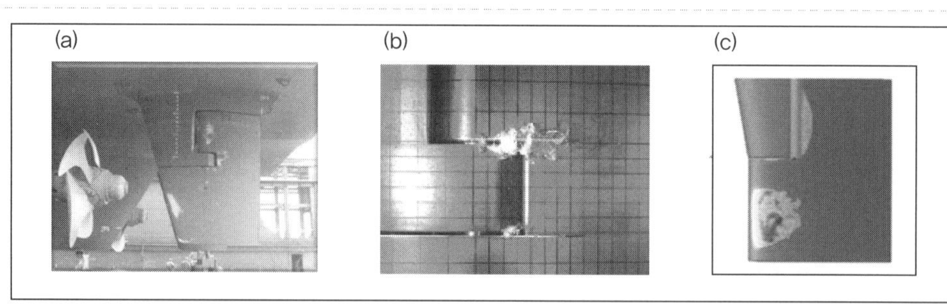

그림 9-27 타 공동 관련자료
(a) 타 침식 발생 예 (b) 타 공동 모형시험 (c) 타 공동 이론추정

때문에 Rn를 증가시켜 계산한다.

프로펠러 와류에 의한 공동을 감소시키기 위해서는 프로펠러-타 간의 거리를 적절히 확보하여 프로펠러 공동이 붕괴된 뒤쪽에 타가 배치되도록 한다. 또 프로펠러의 허브를 확산형(diverging type)으로 하여 허브와류 공동 의 발생을 억제하고, 프로펠러 날개끝 부분의 부하를 감소시켜 날개끝와류 공동 을 약화시키도록 주의하여야 한다. 한편 타날개 하부 앞날의 바닥 부위에서의 공동을 감소시키기 위해서는 **그림 9-23**에 나타낸 바와 같이 날개 하부의 바닥 부위가 적정한 반경을 가지도록 하여 이곳에서의 와류 세기를 감소시켜야 한다. 한편 간극공동을 감소시키기 위해서는 **그림 9-23**에 나타낸 바와 같이 혼의 반경인 R_1, R_2의 반경 선정에도 세심한 배려를 해야 한다[12]. 그러나 타 침식이 동형선에서도 제작 시의 표면거칠기, 항로 또는 운전자에 따라 다르게 나타나기 때문에 타형상 변화에만 의존하는 타 침식제어는 어느 정도 한계가 있다. 따라서 실제로는 타 침식에 대한 대처방안으로 SUS 강판 또는 특수도료를 사용하는 방법도 널리 사용되고 있다.

연습문제

1. 공동 발생의 척도효과와 관계된 것으로 유체 속에 함유되어 있는 핵(nuclei)을 들 수 있다. 이에 대한 영향은 대체로 핵을 주입, 제어할 수 있는 시설이 제한되어 있기 때문에 최근에야 활발한 연구가 진행되고 있지만 아직 모형–실척 상관관계(model-full scale correlation)를 확인하는 수준으로, 핵에 의한 척도효과는 정립되지 않은 상태이다. 그러나 대체로 기존 실험에서 공동 발생의 반복재현성이 낮은 경향, 실선 공동에 비해 지나치게 많은 불안정(unstable) 공동의 발생, 실선과는 다른 공동의 초기 발생(특히 날개끝와류 공동 의 초기 발생) 등에서 간과되었던 요소가 핵의 영향으로 보고되고 있다. 공동수조 내에 핵을 주입하는 방법 외에도 모형시험 시 비교적 간단하게 핵을 만들 수 있는 두 가지 예를 드시오.
2. 날개끝와류 공동 은 선체에 고차의 변동압력을 야기할 뿐만 아니라 공동이 붕괴될 때 발생하는 소음 때문에 고속선뿐 아니라 상선에서도 주요한 연구과제이다. 날개끝와류 공동을 이해하기 위해서는 우선 날개끝와류의 구조를 파악해야 하는데, McCormick[13]은 3차원 날개에 대한 체계적인 실험을 통하여 날개끝와류의 중심부(core) 반경 r_c와 중심부 내의 압력계수 $C_{P_{min}}$은 각각 다음과 같이 Rn의 함수로 주어진다는 사실을 밝혔다(McCormick 's Law).

$$r_c \sim Rn^{-n},\ C_{P_{min}} \propto Rn^{2n},\quad (n=0.175) \qquad \text{(E1)}$$

만일 MARIN의 감압수조에서 3차원 날개의 공동시험을 수행하여 입사각 5°일 때, $\sigma=2.0$에서 날개끝와류 공동 이 처음 발생했다면, 축척비가 1/10인 실선의 3차원 날개에서 같은 입사각에 대해 날개끝와류 공동 이 처음 발생할 공동수를 구하시오.
3. 선박의 저항, 프로펠러 단독시험 및 자항시험을 수행하여 다음과 같은 결과를 얻었다.

실선속도 V_S	$15.0kts$
실선저항 R_{TS}	$1700kN$
전달동력 P_D	$17,000kW$
실선반류비 w_{TS}	0.320
추력감소비 t	0.200
프로펠러 단독효율 η_0	0.650

아래의 문항에 답하시오.

1) 유효동력 P_E를 구하시오.

2) 선각효율 η_H를 구하시오

3) 상대회전효율 η_R을 구하시오,

4) 준추진효율 η_D를 구하시오.

5) 축전달효율 η_T가 0.99일 때 제동동력 P_B를 구하시오,

4. 자항 운항 중인 선박에 있어서 추진기의 작동으로 인한 저항증가와 추력감소에 대해 상술하시오. 선각효율, 프로펠러 단독효율, 준추진효율을 설명하시오.

5. **그림 9E-1**은 대형 컨테이너선 타에서 흔히 발견되는 공동에 의한 침식 부위이다 [14]. 혼과 날개 사이의 간극에서 발생하는 b, c를 제외한 a, d, e에서의 공동 발생원인, 그리고 대처방안을 기술하시오.

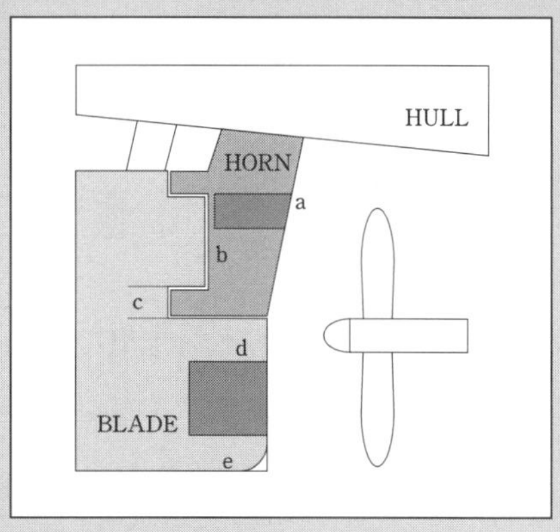

그림 9E-1

6. 프로펠러 단독시험에서 동력학적 상사를 위해서는 모형프로펠러와 실선프로펠러에 대한 Froude수와 Reynolds수를 동일하게 해야 하지만 그렇게 할 수 없는 이유를 설명하고, 이를 보완하기 위한 실험적/해석적 방법에 대해 기술하시오.

7. 프로펠러에 발생할 수 있는 공동현상의 종류에 대해 설명하고, 각 공동이 발생했을 경우 프로펠러에 미치는 영향에 대해 기술하시오.

8. 통상 일반적인 선박용 프로펠러의 전개면적비는 초기설계 단계에서부터 공동현상 위험을 피하도록 결정된다. 다음 조건의 프로펠러에 대해 Burrill 도표를 사용하여 전개면적비 변화에 따른 공동 발생 양상에 대해 설명하고, 적절한 전개면적비를 도출하시오.

- 프로펠러 직경 $D(m)=10.0$
- 전진 속도 $V_A(m/s)=16.0$
- 회전수 $N(rpm)=76.0$
- $0.7R$ 피치비 $P/D=0.7256$
- 요구 추력 $T(kN)=2770.0$
- 흘수 $d(m)=21.0$
- 축심 높이 $h_{sc}(m)=5.8$

참고문헌

[1] Tornblad, J., 1987, Marine propellers and propulsion of ships, Marine Lab. KaMeWa.

[2] Design Data Sheet 051-1(NAVSEA, 1984), Prediction of smooth-water powering performance for surface displacement ships.

[3] Newton, R. N. & Rader, H. P., 1961, Performance data of propellers for high-speed craft, Trans. INA, Vol. 103.

[4] Burrill, L. C., 1943, Developments in propeller design and manufacture for merchant ships, Schiff und Hafen, Vol. 25, pp. 415~493.

[5] DnV, 1985, Vibration control in ships.

[6] Holtrop, J., 1979, Estimation of propeller induced vibratory hull force at the design stage of ship, Proc. Symp. on Propeller Induced Ship Vibration, RINA, London, Dec..

[7] Leenaars, C. E. & Forbes, P. E., 1979, An approach to vibration problems at the design stages, Proc. Symp. on Propeller Induced Ship Vibration, RINA, London.

[8] Holden, K. O., 1980, Early design-stage approach to reducing hull surface forces due to propeller cavitation, SNAME Trans. Vol. 88, pp. 403~442.

[9] Friesch, J. & Junglewitz, A., 2005, Cavitation induced erosion on rudders, www.hansa-maritime-journal.de.

[10] 최길환, 박선종, 이세혁, 1994, 고속선의 Rudder Cavitation 고찰, 대한조선학회, 춘계학술발표회.

[11] 부경태 외, 2003, Fluent 코드를 이용한 타 단면의 점성유동 해석, 대한조선학회 논문집, 40권 4호, 30~36쪽.

[12] Park, S. H., et. al., 2007, Numerical study on horn rudder section to reduce gap cavitation, Proc. 10th Int. Symp. on PRADS.

[13] McCormick, 1962, On cavitation produced by a vortex trailing from a lifting surface, Journal of Basic Engineering 84.

[14] ITTC 24, 2005, The specialist Committee on Cavitation Erosion on Propellers and Appendages on High Powered/High Speed Ships.

10

추진기의 종류와 프로펠러 설계

김문찬
교수
부산대학교

■

10_1_ 설계법 개요

프로펠러 설계 방법은 오래전부터 계통적인 프로펠러 모형시험에 의한 자료를 이용하는 방법을 사용해 왔다. 프로펠러의 계열시험으로 얻어진 설계도표(chart)를 이용하는 설계법에서는 프로펠러원판에서의 흐름의 평균값에 맞게 프로펠러를 설계한다. 이 설계법에서는 단추진기선에서 반류가 가장 강한 날개뿌리 부분의 피치를 약간 줄이는 경우는 있지만, 그 밖에는 프로펠러원판에 걸친 반류의 변화를 전혀 고려하지 않는다. 그리고 Burrill 도표 등의 공동 허용기준에 맞추어 공동을 피하도록 충분한 날개 면적을 확보한다. 그러나 불균일한 선미반류 중에서 작동하는 프로펠러를 설계할 때 계통적인 자료에만 의존하는 것은, 선체 뒤에서의 프로펠러의 성능, 공동, 진동 및 소음 등을 모두 적절히 고려한 설계라고 보기 어렵다.

순환이론을 이용하는 설계법의 두 가지 장점은 각 반경 위치에서의 피치를 원주평균(circumferential mean) 반류에 알맞게 선택할 수 있고, 공동특성이 양호하도록 피치나 캠버 등을 고려하여 단면형상을 설계할 수 있다는 것이다.

공학적인 측면에서 순환이론을 이용하는 박용 프로펠러 설계법의 시초는 Lerbs[1]의 유기계수에 근거한 양력선 방법으로, 반경방향으로 변화하는 반류와 최적 순환분포에 사용할 수 있는 것이었다. Cox[2]는 양력면 수정계수를 도입한 양력선이론에 기초한 방법을 발표하였으며, 초기단계의 양력선이론에 의한 설계법은 이론적인 결과와 실험 지식들을 결합한 것이었다. 그는 코드방향으로 일정한 부하를 받고 이상적인 입사각에서 적용할 수 있는 날개수 3, 4, 5의 다양한 프로펠러에 대한 수정계수를 발표하였다.

Morgan 등[3]은 종합적인 양력면 수정계수를 발표하여 양력면이론에 입각한 설계법이 등장했으며, 이후 양력면이론에 입각한 많은 설계법이 제시되었다. 초기의 양력면이론들은 기본적으로 양력선이론의 확장이었으나, 점차 양력면을 이산와동격자(discrete lattice of vortex)로 표현하는 소위 와동격자법(vortex lattice method)으로 발전하였다. Kerwin & Lee[4]는 와동격자법을 사용하여 3차원 프로펠러형상을 제대로 표현하고 경계치문제를 정립하였으며 비정상 유동 및 공동 문제에까지 적용하였다. 그러나 순환이론에 입각한 프로펠러 설계는 선체 반류, 부가물, 타, 수표면 등의 복잡한 영향을 모두 고려할 수는 없으므로 여러 가지 가정하에서 이상화된 문제를 풀어야 한다.

양력면이론은 현재, 요구되는 프로펠러 부하를 얻기 위한 피치와 캠버 분포를 결정하는 중요한 수단으로 쓰이고 있으며, 단독상태의 성능을 추정하여 최적 직경을 결정하는 데에도 도움이 된다.

국내에서의 프로펠러 설계는 1980년 MOERI에서 먼저 프로펠러 설계법을 정립하였으며, 이후 각 조선소에 전수함으로써 국내 주요 조선소에서도 프로펠러 설계능력을 보유하게 되었다[5]. 현재 국내의 상선에 대한 프로펠러 설계는 괄목할 만한 성장을 보여 어느 외국 기관보다도 성능이 우수한 프로펠러 설계를 하고 있다. 한편 1980년대 초까지만 해도 대형선에 일본의 MAU 계열(MAU Series)을 이용한 설계를 부분적으로 채용하였으나[6], MAU 계열을 이용하여 설계된 프로펠러들의 공동성능 및 효율이 좋은 결과를 주지 못했기 때문에 그 후로는 NACA66 단면과 양력면이론을 이용하여 설계하는 현재의 설계법이 정착되었다. 최근에는 NACA 단면보다 우수한 새로운 단면들을 개발하여 여러 기관에서 독자적으로 사용하고 있다.

프로펠러 설계 및 성능해석을 위해 현재까지 여러 가지 방법들이 개발되어 왔다. 운동량이론에 의해 프로펠러를 작동원판으로 보고 전체의 효율 및 추력을 계산하는 방법부터 계열 프로펠러 자료를 이용한 설계, 양력선이나 양력면, 패널법을 이용한 설계, 그리고 마지막으로 Navier–Stokes 방정식(Navier-Stokes equation)을 기저로 한 CFD 방법을 이용한 설계 등이 있다. CFD 방법을 사용한 설계는 일반 프로펠러의 경우 아직 실제적으로는 적용되지 못하고 있으나 해석을 위한 도구로 사용되고 있으며[7, 8], 물분사나 점성의 영향이 많은 추진기에는 간혹 시도되고 있다. CFD 해석의 가장 큰 장점은 선체, 프로펠러 및 타를 동시에 풀 수 있어 유효반류를 정확히 고려한 해석 및 설계가 될 수 있다는 점이다. 실제로 앞에서 언급한 양력선, 양력면 및 패널법(panel method)의 경우 양력을 표현하는 데에는 거의 완벽한 방법으로, 프로펠러의 성능을 추정할 때에는 CFD 계산보다 오히려 정도가 높은 것으로 알려져 있다. 이런 이유로 네덜란드의 MARIN 연구소에서는 최근까지 양력선이론을 이용하여 프로펠러의 설계 및 해석을 수행하였다.

프로펠러 설계 및 해석에서 매우 중요한 유효반류의 경우는 포텐셜 방법만으로는 정확히 예측될 수 없으므로, Euler 코드(Euler code)를 이용한 방법[9] 등으로 보다 정확한 예측을 시도하고 있다. 최근 CFD를 이용한 선체, 프로펠러, 그리고 타를 동시에 푸는 방법으로 유효반류의 문제를 해결하는 추세(Fluent, StarCD 등)이나, 아직 계산시간의 문제 및 실험과의 상관관계 자료 부족으로 실제 설계에는 널리 적용되지 못하고 있다. 특히 공동 문제를 점성을 고려하여 정확히 풀기 위해서는 수표면 문제 못지않게 복잡한 문제가 되므로, 공동 문제를 포함한 많은 문제들을 완벽하게 풀기에는 앞으로도 상당한 시간이 소요될 것으로 보인다. 그러므로 현재까지 실용적으로 사용하고 있는 계열 프로펠러 자료(MAU, B-series)들을 이용한 초기설계와 양력면이론을 이용한 상세설계를 연결하여 프로펠러 설계코드를 패키지(package)화하여 사용하고 있으며, 국내 대형 조선소는 대부분 자체적으로 통합한 프로펠러 설계 · 해석 패키지를 사용하고 있다. 정확히 언급할 수는 없으나 일반 상선 프로펠러의 경우, 실선 혹은 모형시험의 성능을 계산에 의해 대체로 1~2% 이내에서 맞추고 있어 프로펠러의 성능해석이 선박과 관련한 유체역학적인 그 어떤 계산보다 정도 높은 추정을 한다고 할 수 있다. 이는 앞에서 언급한 바와 같이 양력이 점성의 영향을 거의 받지 않고, 와동을 이용한 간단한 양력이론이 전체적으로 성능을 잘 추정해 주는 특성이 있기 때문이다.

프로펠러 설계법에 대한 국내 도서가 거의 없어 横尾(Yokoo) 등[6], 또는 PNA와 같은 외국 도서를 주로 사용해 왔는데, 최근 『프로펠러 설계』[10]가 출간되어 이 분야를 공부하고자 하는 학생들에게 큰 도움이 되리라 생각한다. 학사과정 수준에서 공부할 수 있도록 기초적인 부분이 잘 언급되어 있으므로 여기서는 국내 조선소에서 주로 건조하는 상선 프로펠러의 설계개념에 대해 논의한다.

10_2_ 일반 나선형 프로펠러

1900년대 들어서면서 본격적으로 출범한 이후, 최고의 효율로 90% 이상의 추진기 점유율을 보이고 있는 추진기의 대명사이다. 통상 나선형 프로펠러를 줄여 프로펠러라고 부르며 크게 1개의 프로펠러만 사용하는 경우와 복합적으로 2개 이상의 프로펠러, 혹은 부가장치들과 결합하여 사용하는 복합추진기 형태가 있다. 이하에서는 단일 프로펠러에 대해 논의하며, 복합추진기는 11장에서 논의한다.

1) 고정피치 프로펠러(FPP, Fixed Pitch Propeller)

운항조건에 상관없이 고정된 피치를 사용하는 프로펠러가 고정피치 프로펠러이며, 제작비가 저렴한 반면 정상 운항조건을 벗어날 경우, 효율이 많이 떨어지고 성능 및 기관에 좋지 않은 영향을 미치지만 가장 일반적인 프로펠러라고 할 수 있다.

2) 고스큐 프로펠러(highly skewed propeller)

초기 프로펠러의 성능을 획기적으로 개선시킨 고스큐 프로펠러는 최근에는 비교적 빠른 20kts 이상의 선박에서는 보편화되었다고 할 수 있다. 진동과 소음 측면에서의 성능을 대폭 개선하면서도 속도성능은 거의 비슷하게 유지할 수 있다. 그러나 비틂 모멘트의 증가와 주물 유입의 어려움으로 강도적인 측면에서 취약하므로 유한요소 해석법 등을 사용하여 상세한 강도해석을 수행하여야 한다.

그림 10-1 고정피치 프로펠러

그림 10-2 고스큐 프로펠러

고스큐는 반류분포의 반경방향 불균일성 때문에 작용하는 변동압력의 위상이 날개의 반경방향 각 위치에서 서로 다른 값을 가지게 함으로써 날개에 작용하는 전체변동압력의 크기를 감소시킬 목적으로 도입되었다. 최근에는 반류 중 공동의 거동을 보다 안정화시키고 공동에 의한 선체변동압력을 감소시키는 효과 때문에 비교적 빠른 20kts 이상의 선박에서는 대부분 사용하고 있다. 대형 컨테이너선이나 고속선, 그리고 잠수함에서는 큰 각도의 고스큐 프로펠러를 사용한다.

3) 날개끝경사 프로펠러(tip raked propeller)

날개끝에서의 레이크값을 후류방향으로 크게 변화시킴으로써 날개끝에서의 와류형성(roll-up)을 최소화하고 날개끝의 부하를 감소시켜 고차 변동압력적인 측면에서 유리하도록 한 프로펠러이다. 특히 컨테이너선 프로펠러의 경우 매우 효과적이라 할 수 있다. 이와 비슷한 개념의 프로펠러로 Kappel 프로펠러를 들 수 있으며, 레이크분포는 날개 중간부에서 레이크가 후류방향을 향하다 날개끝에서 전류방향을 향하도록 함으로써 협착부하날개끝(CLT, Contracted Loaded Tip)과 유사한 프로펠러가 된다. 이러한 레이크를 갖도록 함으로써 날개끝 부분에서, 압력면에서 흡입면으로 흐르는 흐름을 막아 추력을 증가시키면서도 날개끝와류도 분산시키는 등 효율적으로도 이득을 보는 개념이다. 그러나 날개끝에서 공동 및 변동압력이 과다해지는 단점도 있다.

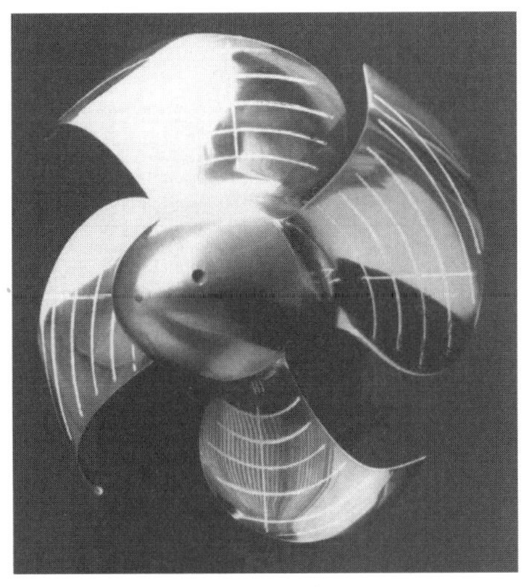

그림 10-3 날개끝경사 프로펠러

그림 10-4 Kappel 프로펠러

4) 끝판부착 프로펠러(end-plate fitted propeller)

날개끝와류자유(TVF, Tip Vortex Free) 프로펠러, 또는 협착부하날개끝 프로펠러는 날개끝 부분에 판을 부착하여 날개끝에서 발생하는 날개끝와류를 약화시킴으로써, 상대적으로 날개끝에서의 부하를 증가시킬 수 있으므로 약간의 효율을 향상시킬 수 있다. 날개끝과 날개끝판(tip plate)의 불연속면에서 공동이 발생할 수도 있어 이 부분의 설계가 중요하다. 이와 유사한 형태로 연속적인 날개형상을 가지는 Kappel 프로펠러가 있다.

5) PBCF(Propeller Boss Cap Fin)

Mitsui 조선소에서 개발한 것으로 프로펠러의 보스에 작은 프로펠러 날개를 프로펠러 날개수만큼 설치한다. 효율이 크게 개선되지는 않지만, 컨테이너선처럼 부하가 큰 경우, 허브와류를 분산시키는 효과가 있는 것으로 생각된다.

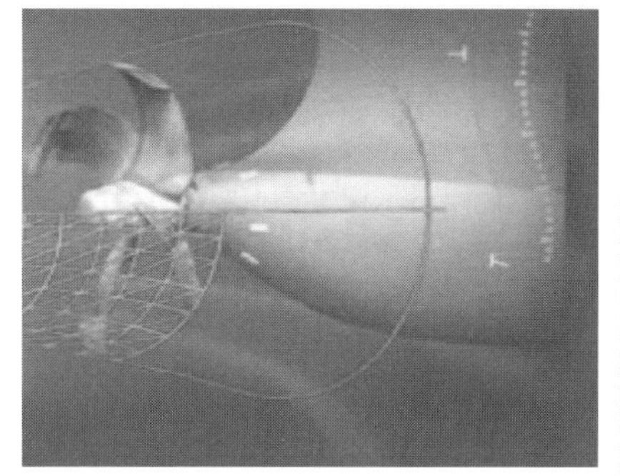

그림 10-5 협착부하날개끝 프로펠러

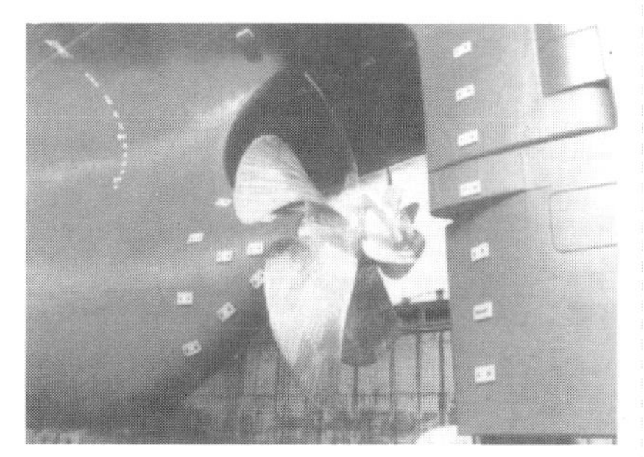

그림 10-6 PBCF

6) 고리 프로펠러(ring propeller)

고리 프로펠러는 날개를 고리와 연결하여 만든 프로펠러이다. 고리 프로펠러는 프로펠러 끝에서 발생하는 날개끝와류를 줄여줌으로써 효율향상이 있다고 하지만, 고리의 저항증대로 총 효율의 증가는 거의 없거나 오히려 일반 프로펠러의 효율보다 낮은 편이다. 이러한 프로펠러는 날개끝와류 공동 을 지연시키는 저소음 추진기로 사용 가능하며, 놀이보트 등에서 안전을 위하여 사용되기도 한다.

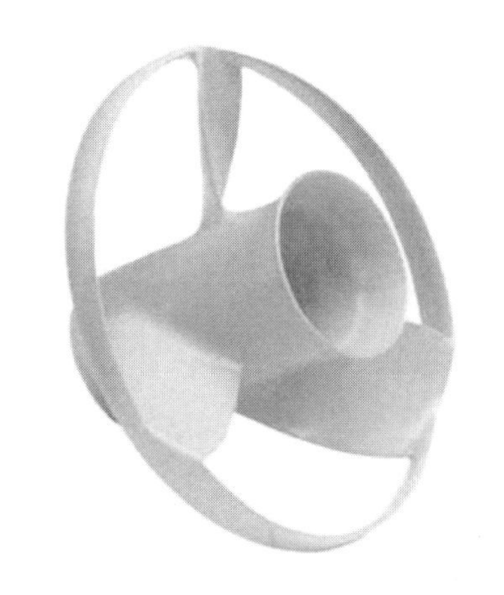

그림 10-7 고리 프로펠러

7) 가변피치 프로펠러(CPP, Controllable Pitch Propeller)

일반적으로 고정날개를 가지는 프로펠러에서는 회전수 변화를 통하여 추력 및 선속을 변화시키게 된다. 그러나 운항상태가 달라져 회전수가 변하는 경우, 별도의 변속장치를 사용하지 않으면 기관의 토크 한계 때문에 프로펠러 회전수가 일정한 값보다 커질 수 없어 효율이 크게 떨어진다. 선체 저항의 변화가 큰 트롤어선이나 선속 변화가 큰 해군함정 등에서는 다양한 운항조건에서도 성능을 유지할 수 있어야 하며, 이와 같은 요구를 만족시키기 위해 가변피치 프로펠러가 개발되었다.

가변피치 프로펠러에서는 날개 회전각도에 따라 피치비가 변화하게 되어 다양한 선속에서도 적절한 회전수를 유지할 수 있다. 가변피치 프로펠러는 허브에 유압기전에 의한 날

그림 10-8 가변피치 프로펠러

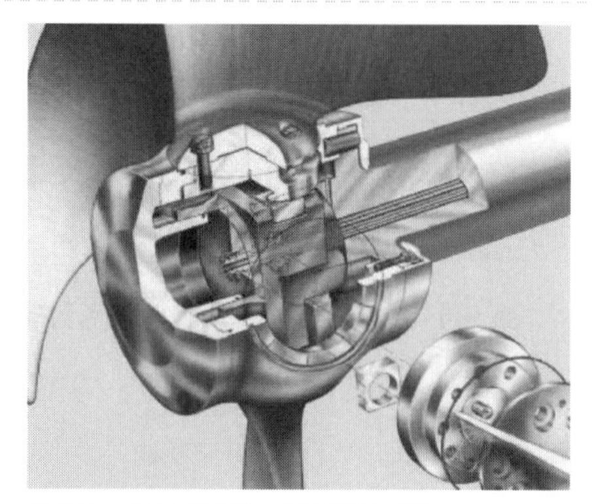
그림 10-9 가변피치 프로펠러의 개략도

개피치 조절장치가 구비되어 있어 가변피치 프로펠러의 허브는 고가이며 구조가 복잡하다. 또한 허브 직경은 고정피치 프로펠러보다 커서 효율이 다소 저하되며, 허브 근처의 날개 길이가 짧으므로 부하가 커지고 압력이 감소되어 공동이 쉽게 야기되는 단점이 있다.

가변피치 프로펠러는 프로펠러가 여러 운항조건에서 자주 사용되어야 할 때 적용한다. 특히 배를 후진시키는 경우, 고정피치 프로펠러에서는 기관 자체를 거꾸로 운전해야 하지만, 가변피치 프로펠러의 경우는 같은 운전상태에서 피치를 바꿔줌으로써 후진에 걸리는 시간을 대폭 줄일 수 있다. 요약하면 가변피치 프로펠러는 운항상태에 따라 피치를 조정할 수 있는 프로펠러로서 고정피치 프로펠러에 비해 복잡한 기계적 장치가 필요하고 이에 따라 가격도 비싸지만, 설계점 이외의 운항상태에서도 성능이 우수하고 기관에 무리가 없을 뿐만 아니라 특히 배의 정지능력이나 조종성이 우수하여 여객선이나 군함 등에 많이 사용되고 있다.

10_3_ 프로펠러 설계

_ 앞에서 언급한 바와 같이 프로펠러 설계는 계열도표를 이용한 설계, 포텐셜 코드(양력선, 양력면, 패널법) 그리고 CFD 코드를 이용한 설계가 있다. 가장 일반적으로는 초기설계 시, 계열도표 자료를 이용해 주요제원을 결정하고, 상세설계 프로그램을 이용하여 반경방향 피치 및 캠버분포를 결정한다. 주요제원의 결정에 있어서도 선체 및 주기관을 고려하여 결정할 때가 많다. 예를 들어 직경의 경우 날개끝여유(tip clearance)를 고려하여 최적 직경보다 작게 할 때가 많으며, 날개수의 경우도 효율을 최대화하는 값으로 결정하기보다는 진동 등을 고려하여 포괄적(global)으로 결정하는 경우가 대부분이다.

10_3_1_ 설계점 선정

여러 가지 관점에서 설계점이 결정될 수 있으나 통상 주기관이 결정되고, 이에 따라 프로펠러 설계점이 결정되므로 여기서는 이러한 관점에서의 설계점 선정만을 언급하기로 한다. **그림 10-10**은 주기관으로 가장 많이 쓰이는 디젤기관의 회전수와 동력 사이의 관계를 보여주는데, 그림에서 보듯이 이 기관이 작동 가능한 영역과 여러 가지 이유로 불가능한 영역이 존재한다. 예를 들어 회전수의 한계를 넘어서지 못하는 오른쪽 영역 또는 토크 한계치

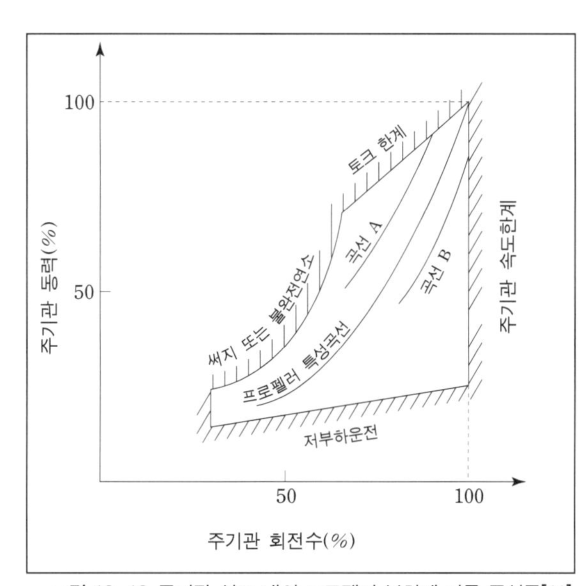

그림 10-10 주기관 선도 내의 프로펠러 부하에 따른 곡선들[11]

등이 있다. 그러므로 프로펠러의 설계는 **그림 10-10**에서 곡선 A나 곡선 B가 아닌 프로펠러 요구곡선이 되어야 최대회전수에서 최대동력을 흡수할 수 있다. 피치 등이 너무 크게 설계되어 프로펠러 부하가 클 경우 곡선 A를 따르게 되며, 그 반대의 경우는 곡선 B를 따르게 된다. 배가 건조된 직후에는 위의 논리가 타당하나 배의 수명을 25~30년으로 볼 때 그리고 선거(dock)에서 4~5년에 1회 정도 수리하는 것을 고려하면, 초기에는 프로펠러 요구곡선을 지난다 할지라도 시간이 경과함에 따라 점점 곡선 A를 따라 운항하게 될 것이다. 이는 주기관이나 프로펠러 혹은 선체의 노화효과로 인하여 저항이 증가하는 요인들이 생기기 때문이다. 이를 고려하여 **그림 10-11**에서처럼 초기에는 동력을 완전히 사용하지 못하더라도, 배의 수명에 해당하는 전체 기간을 볼 때 최적의 설계점이 될 수 있도록 설계 회전수에 여유를 준다. 통상 여유는 3~7%이며 최근에는 선주들이 여유를 크게 하는 것을 선호하고 있다. 그러나 효율의 입장에서는 프로펠러 부하가 작아지는(따라서 회전수가 커지는) 것이 불리하므로 적정한 여유를 선택하는 것이 매우 중요하다.

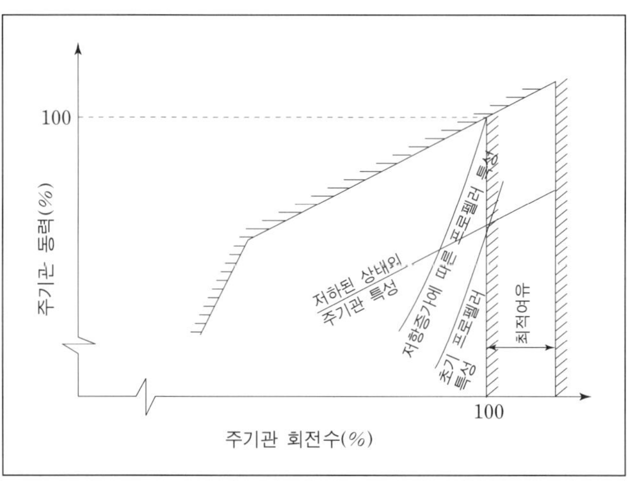

그림 10-11 프로펠러 설계점을 위한 주기관 선도[11]

10_3_2_ 주요요목 결정

계열도표를 이용한 프로펠러 설계에 들어가기에 앞서 실질적으로 프로펠러 설계를 하는 경우, 앞에서 언급한 바와 같은 여러 제약조건들을 고려하여 주요요목을 결정하는 개념을 먼저 언급하도록 한다.

1) 회전수

프로펠러의 회전수(number of revolutions)는 대부분 프로펠러 설계에 들어가기 전에 미리 정해진다. 회전수를 줄이면 최적 직경이 증가하고 날개단면에서의 유속은 감소하여 공동 발생 가능성을 줄이기 때문에 대체적으로 추진효율은 향상된다. 그러나 동시에 낮은 회전수는 상대적으로 입사각의 변화를 크게 하므로 국부적인 공동 발생의 가능성은 증가한다. 또한 날개 회전수는 날개수와 함께 선체 진동의 관점에서도 고려해야 하며, 선체, 축계, 동력장치의 고유진동수(natural frequency)와 가능한 한 차이가 크게 나도록 설계한다. 최근에는 효율의 견지에서 낮은 회전수와 큰 직경을 선호하는 경향이 있다.

2) 직경

프로펠러의 직경(diameter)은 프로펠러 효율 및 제반 성능에 가장 큰 영향을 미치므로 신중하게 결정되어야 한다. 프로펠러 직경의 선정은 프로펠러 회전수, 그리고 프로펠러 효율과 밀접한 관련이 있다. 프로펠러 회전수가 감소하면 마찰저항도 감소하며, 프로펠러 직경이 증가하면 프로펠러에 의한 유기속도가 작아져 프로펠러의 효율이 증가한다. 최적 직경은 주어진 동력, 회전수에서 최고의 효율을 갖는 직경을 말한다. 보통 초기설계 단계에서 최적 직경의 선택을 위한 약산식으로 주로 4익 프로펠러에 적용되는 다음 식이 있다.

$$D_0 = 16.07\ P_D^{\ 0.2} / N^{\ 0.6} \tag{1}$$

여기서 $P_D(ps)$는 설계점에서의 동력, N은 설계점에서의 분당 회전수이고, 5익 프로펠러에서는 식 (1)에서의 상수를 15.46, 그리고 6익 프로펠러에서는 14.85로 사용한다. 이러한 값들은 많은 프로펠러 실적자료로부터 나온 것으로, 기관동력 또는 회전수의 차이에 따른 직경의 차이를 손쉽게 파악하고 날개수 차이에 의한 직경의 차이를 파악하는 데에도 사용된다. 위 식에 따르면 고동력 · 저회전수에서는 프로펠러 직경이 커지고, 그 역 또한 성립한다. 일정한 동력 · 회전수에서는 직경이 선속의 증가에 따라 약간 감소되는 경향이 있다. 예를 들어 3kts에 대해 설계된 예인선의 프로펠러는 동일한 동력 · 회전수에서 15kts 자유 항해 시 약간 큰 직경이 된다. 그러나 여러 가지 현실적인 제한, 즉 제한된 선미형상 또는 흘수의 크기 때문에 프로펠러 직경이 최적 직경보다 작게 선정될 수도 있다. 특히 컨테이너선의 경우 프로펠러의 직경은 날개끝과 선체 사이의 공간을 충분히 확보하기 위하여 제한되며, 유조선이나 그 밖의 상선에 있어서도 경하상태에서의 수표면과 날개끝 사이의 거리를 확보하기 위하여 제한되는 경우가 많다. 그러므로 계열자료를 이용한 최적 직경을 초기에 확인하고, 이를 기준으로 실제적인 제약조건을 확인하여 결정하는 경우가 대부분이다. 경하상태에서는 공기유입이 가능하며 이로 인한 추력의 저하 및 진동 발생 등의 문제를 방지하기 위하여 최소심도비(h/R)는 1.10~1.15 이상이 되도록 프로펠러 직경을 정한다.

3) 날개수

프로펠러의 날개수(number of blades) Z는 통상 2~7개 중에서 선택된다. 날개수를 선정하는 데에는 먼저 선체나 축계와의 공진 회피를 우선적으로 고려한다. 실제 많은 선박에서 발생하는 상부구조물(superstructure) 과도진동의 80% 정도가 선루와 프로펠러 날개 진동수와의 공진에 의한 것으로 알려져 있다. 선체의 각 부분 중에서도 진동에 가장 민감한 곳은 승무원이 거주하는 갑판실(deckhouse)인데, 갑판실의 진동은 흔히 선각거더(hull girder)와 연계되어 발생하며, 이의 기진원은 프로펠러나 주기관이다. 그러나 실제의 갑판실은 보통 7~12Hz의 고유진동수를 갖고 있어 저차의 낮은 진동수를 가지는 주기관보다는 날개수×프로펠러 회전수의 진동수를 갖는 프로펠러와의 상관관계를 공진 측면에서 충분히 검토하여야 한다. 만일 상부구조물의 고유진동수와 날개수×프로펠러 회전수가 같아져 공진이 일어난다면 프로펠러의 회전수나 프로펠러 날개수를 바꾸어야 한다.

일반적으로 날개수가 적은 프로펠러가 높은 효율을 보이며 이는 접수 면적이 작기 때문이다. 그러므로 날개수가 적은 프로펠러라 할지라도 확장면적비가 커서 접수 면적이 크면 효율이 오히려 떨어질 수 있다. 날개수가 증가할 때 최적 직경과 효율은 감소한다. 날개수와 최적 직경, 효율, 그리고 진동과의 상호관계는 **그림 10-12**에 나타낸 바와 같다. 서로 다른 날개수에 대해 직경이 같으면 대체로 비슷한 효율을 가지지만, 확장면적비가 작은 경우에는 날개수가 적은 쪽이, 확장면적비가 큰 경우에는 날개수가 많은 쪽이 효율이 좋아진다. 대부분의 화물선, 여객선에는 4개의 날개수가 사용되고 있으며, 날개수 4로는 진동 위험이 있는 고동력 기관의 경우, 예를 들어 컨테이너선에서는 5나 6, 드물게 7의 날개수를 사용하기도 한다.

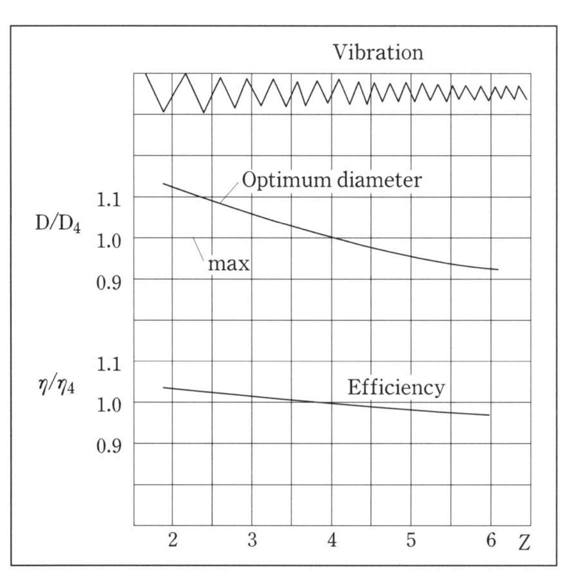

그림 10-12
프로펠러 날개수와 최적 직경, 효율 및 진동과의 상호관계[12]

최근에는 상선의 대형화,

고속화에 따라 프로펠러의 부하가 커지고 진동 문제가 심각해져 일반적으로 날개수가 늘어나는 추세이다. 초대형 컨테이너선(5000TEU 이상)의 경우 날개수 6을 채택하고 있으며 LNG선의 경우도 날개수 6을 많이 사용하고 있다.

4) 날개단면

프로펠러 설계 시 채택하고 있는 날개단면으로는 NACA66, NACA16 두께형상에 $a=0.8$ 평균선분포를 들 수 있으나, 중소형 선박에 대해 유럽에서는 B-계열, 일본에서는 MAU 계열 단면을 사용하고 있다. B-계열 및 MAU 계열의 프로펠러 날개단면은 효율 및 공동성능 측면에서 NACA 단면보다 다소 뒤떨어지기 때문에 각 프로펠러 제작사 및 조선소에서는 날개단면을 지속적으로 개량하고 있다. 한편 NACA 단면은 효율도 우수하고 공동발생 측면에서도 유리한 것으로 평가되나, 기본적으로 항공익으로 개발되었기 때문에 복잡한 선미반류에서 프로펠러가 회전할 때 각 반경 단면의 입사각 변화에 따른 공동 및 점성저항 등이 충분히 고려되었다고 보기는 힘들다.

프로펠러 날개단면에 관한 연구는 1940년대 NASA에서 광범위한 풍동시험을 통하여 일련의 NACA 계열(NACA series) 단면을 개발한 이래 주로 모형시험 자료에 의존해 왔다. 날개단면 설계를 위한 이론적 방법은 Eppler(1979)가 새로운 날개단면 개발기법을 소개하면서 획기적으로 발전하게 되었다. 이 방법에서는 날개단면 주위의 유동을 등각사상(conformal mapping)에 기초한 비선형 포텐셜유동 문제로 해석하며, 주어진 단면형상에 대한 성능해석과 주어진 압력분포에 대한 단면의 형상 도출이 가능하다. 또한 날개단면 주위의 얇은 경계층에 대해 난류 및 층류 이론을 적용함으로써 점성효과까지 고려할 수 있는 점이 Eppler 설계기법의 가장 중요한 특징이다.

한편 KRISO에서는 주어진 날개단면 형상에 대하여 여러 입사각에서 날개단면 주위의 난류유동장을 근본적으로 해석하는 유한체적법에 의한 RANS(Reynolds-averaged Navier-Stokes) 방정식의 수치해석 기법을 제안하였으며, 많은 설계-모형시험을 통하여 KH40 날개단면을 개발한 바 있다. 이 단면의 특징은 특히 입사각이 음일 때 양항비의 특성이 우수하고 공동특성이 향상되어 선박용 프로펠러에 적합한 것으로 알려져 있다[13].

5) 확장면적비

날개수와 직경이 결정되면 그 다음으로 프로펠러 효율에 영향을 많이 주는 인자가 확장면적비이다. 확장면적비가 작을수록 마찰저항이 감소하여 효율이 증가하나 실선프로펠러에서 항상 발생되는 공동이 과다하게 발생할 수도 있으므로 적절한 확장면적비의 선택이 필요하다. 프로펠러 초기설계 시 대부분 간편한 Burrill 공동도표(Burrill' s cavitation chart)를 이용하게 된다(**그림 9-21**). Burrill 공동도표는 계열 프로펠러를 이용하여 균일유동 중에서 공동수를 변화시켜 만든 도표로 정도 높은 추정을 기대하기는 어려우나 상대적인 비교 및 초기 추정에는 효과적으로 사용할 수 있다. Burrill 도표에서는 통상 공동 발생 면적을 날개 전체 면적의 5% 정도 허용하는 기준을 사용하는데, 최근 선체 후류에서의 프로펠러 공동은 저속비대선에서는 대체로 15% 정도, 컨테이너선에서는 대체로 20~30%까지 허용하는 경향이 있다. 공동 발생은 확장면적비뿐 아니라 코드분포와도 밀접한 관련이 있기 때문에 대형 컨테이너선 프로펠러에서는 날개끝 부분의 과다한 공동을 제어하기 위해, 통상 날개끝 부근에서의 부하감소와 함께 넓은 코드를 사용하고 있다.

6) 스큐

처음 나선형 프로펠러가 출현할 당시에는 스큐의 개념이 존재하지 않았으나, 프로펠러 부하가 커지고 보다 안락한 배를 원하게 됨에 따라 공동에 의한 변동압력을 분산시키는 방법에 대하여 생각하게 되었다. 즉 각 반경방향 위치에서 최대부하가 걸리는 지점을 알면 이에 따른 영향을 분산시키도록 각 단면의 중심점을 바꿀 수 있는데, 이러한 개념에서 나온 것이 스큐다.

스큐의 종류는 크게 균형스큐(balanced skew)와 편향스큐(biased skew)로 나누어 볼 수 있으며, **그림 10-26**에서 볼 수 있는 바와 같이 스큐의 경우도 날개끝에서의 스큐효과는 균형스큐가 큼을 알 수 있다.

그러나 고스큐는 역회전 시 강도 측면에서 취약하기 때문에 주의를 요한다. **그림 10-26**에서 알 수 있듯이 스큐 분포의 차이에 따라 강도적인 측면에서 약 2배 정도의 국부응력이 나타나므로 주의를 요한다. 실제로 2000년 이전에는 각 선급에서 이러한 차이를 구별하지 않아 많은 손상 사례가 있었으나 그 후 규정을 개정하여 지금은 그 차이를 두고 있다. 이 문제에 대해서는 10.3.6절의 강도 부분에서 다시 언급하도록 한다.

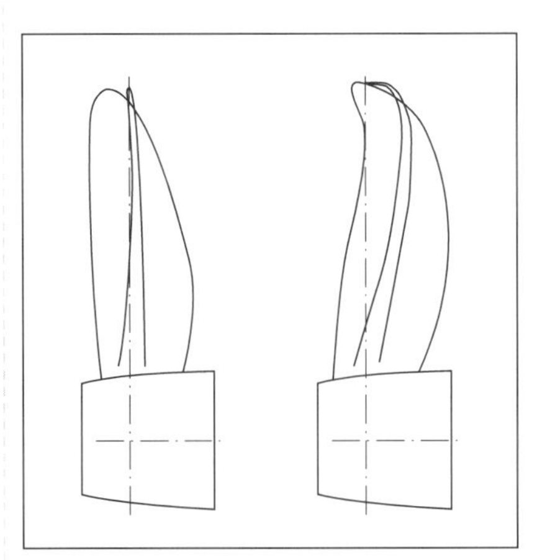

그림 10-13 날개끝 레이크의 예 (왼쪽: 보통 레이크, 오른쪽: 날개끝 레이크[14])

7) 레이크

레이크는 프로펠러에 기인하는 변동압력이 선체에 전달되는 세기를 줄이기 위하여, 즉 선체와의 거리를 크게 하기 위하여 도입된 개념이다. 그러나 앞에서 언급한 바와 같이 최근에는 프로펠러에 스큐를 대부분 적용하고 있어 별도의 레이크를 사용하는 경우는 그다지 많지 않다. 대신 날개끝 부분의 프로펠러를 프로펠러 후방으로 구부림으로써 날개끝와류의 세기를 약화시켜 날개끝와류 공동 을 감소시키며, 따라서 고차 변동압력을 분산시키기 위한 날개끝 레이크(tip rake)를 사용하는 추세다. **그림 10-13**에 나타낸 바와 같이 음의 레이크를 주어 날개끝 부근에서 최대치가 되게 하며, 최종적으로 날개끝에서는 레이크가 영이 되게 하는 개념이다. 이와 같이 설계할 경우 날개끝과 선체의 간격이 더 좁아지지 않고 날개끝의 곡면에 의해 공동이 유발하는 변동압력 또한 분산되며, 끝판(end plate)을 장착한 것 같은 효과가 있어 날개끝와류손실 및 변동압력을 줄일 수 있다.

8) 캠버와 피치

일반적으로 앞에서 언급한 제원들은 유사선에 장착하였던 프로펠러의 제원을 참고하여 결정하게 되며, 캠버와 피치의 경우도 유사 프로펠러를 참고할 수 있으나 설계점이 조금만 달라져도 영향이 크기 때문에 매우 정확히 설계해야 하는 항목이다. 또한 캠버와 피치는 속도성능과 공동에 큰 영향을 미치므로 실제 프로펠러 설계의 성패 여부가 달려 있다 해도 과언이 아니다. 그러므로 계열자료를 이용하여 평균피치를 구한 경우에도 캠버와의 연관성에 의해 평균피치가 다소 바뀔 수 있으며, 평균피치가 거의 같더라도 경우에 따라 피치를 반경방향별로 잘 설계하지 않으면 좋은 성능을 기대할 수 없다. 보통 이러한 상세설계 부분에서는 양력면이론에 의한 상세 해석코드를 사용하며, 최종적으로는 반경별 피치의 변화량뿐 아니라 피치와 캠버의 조합에 의한 각 단면별 부하분포도 중요하다.

통상 캠버와 피치, 즉 입사각의 부하 분담비율은 2차원 날개단면의 경우에는 캠버만으로 모든 부하를 담당할 때 효율이 가장 큰 것으로 알려져 있다. 그러나 프로펠러에서는 날개끝의 공동을 고려해야 하기 때문에 날개끝 부근에서는 순환분포가 앞날에서 작고 뒷날 부근에서 다소 증가하도록 설계하고, 허브 부근에서는 순환분포가 앞날에서 크고 뒷날에서 다소 감소하도록 설계하고 있다. 또한 선종에 따라 캠버와 피치의 부하 분담을 다르게 할 필요가 있는데, 일반적으로 저속비대선의 경우 컨테이너선의 경우보다 캠버를 다소 크게 설계하는 경향이 있다. 그러나 최근 동력 및 속도의 증가에 따라 특히 VLCC의 경우(프로펠러 직경 약 $10m$), 프로펠러 날개가 수면과 가까울 때와 깊은 곳에 위치할 때의 높이 차가 심하여, 침식과 같은 문제를 조심해야 할 경우에는 캠버를 약간 낮추어 주는 것이 유리하다. 즉 캠버를 크게 하면 효율 면에서는 유리하나 이 때문에 낮은 압력이 날개단면의 중앙 부위에 발생하게 되면 불안정한 공동으로 침식이 발생할 가능성이 있다.

그리고 마지막으로 프로펠러 설계 초보자들이 범하는 잘못 중의 하나가 포텐셜코드 상으로는 캠버를 크게 하면 할수록 효율이 계속 올라가기 때문에 과도한 캠버를 갖도록 설계하는 것이다. 이는 앞에서 언급한 공동 문제뿐만 아니라 박리현상 때문에 실제로는 효율이 증가하지 않을 가능성이 크다. 그러므로 날개단면의 코드방향 최적 부하분포를 잘 확인하여 적절한 캠버를 가지도록 설계해야 한다.

10_3_3_ 계열도표에 의한 설계

계열도표에 의한 초기설계는 유사선의 자료가 존재할 경우에도 검토용으로 항상 수행하게 된다. 이와 같은 계열로는 유럽에서 많이 쓰이는 B 계열(**그림 10-14, 10-15**)과 일본에서 개발한 MAU 계열이 있다. 우리나라에서는 B 계열 및 MAU 계열 모두 널리 사용되고 있으며, 국내에서도 KD 계열이라 하여 KRISO와 대우조선해양이 날개수 4인 경우에 대하여 계열 프로펠러 개발을 수행한 바 있으나 날개수의 제약 등으로 일반적으로 사용되지 못하고 있다.

계열자료에 사용하는 변수, B_{p2}는 무차원 변수가 아니며, 이는 과거의 실용적 경향에 기인한다. **그림 10-14**에서 볼 수 있는 바와 같이 마력, 직경 및 선속이 결정되면 B_{p2}를 구할 수 있고 최대효율에 상응하는 점에서의 $1/J$를 구할 수 있으며, 이를 이용하여 회전수를 구한다. 또한 이 점의 횡축 좌표값이 최적 피치비에 해당한다. 계열자료는 각각의 확장면적비를

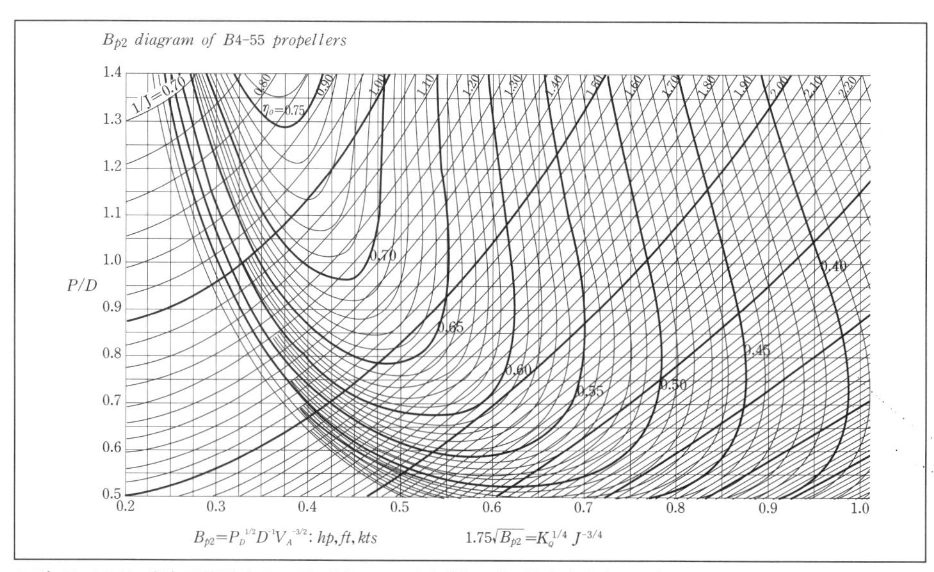

그림 10-14 B 계열 프로펠러 도표의 예(B4-55; 날개수 4개, 확장면적비 0.55)

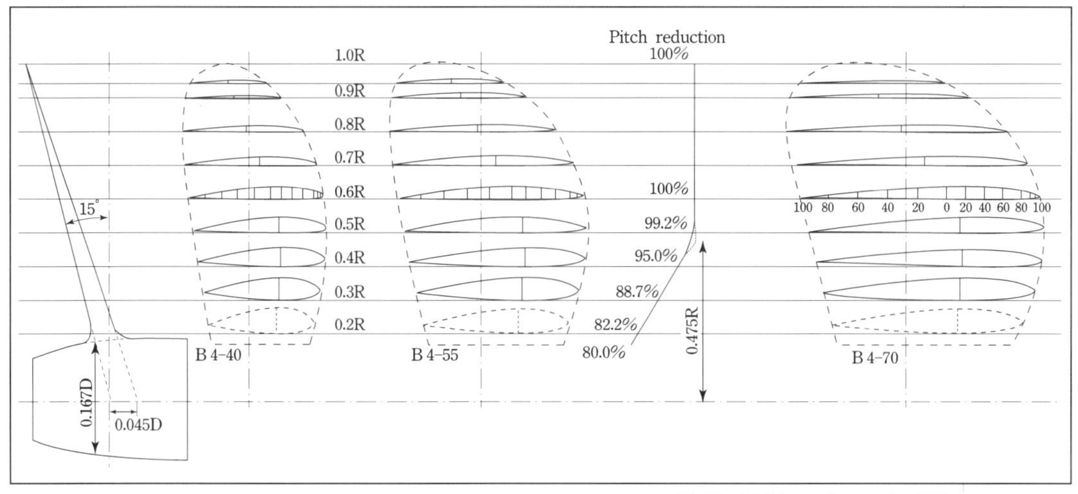

그림 10-15 Wageningen B-계열

기준으로 구성되어 있으므로 공동을 고려한 최적 확장면적비에 대하여 다시 내삽하여 각각의 값들을 구하지 않으면 안 된다. 앞에서 언급한 바와 같이 Burrill 공동도표는 정확한 추정에는 한계가 있으므로 일반적으로는 유사선에 사용한 프로펠러의 확장면적비를 기준으로 하는 경우가 많다. 설계된 프로펠러에 의해 설계마력에서 원하는 설계속도가 나오는지 확인하기 위해서는 얻어진 단독효율, 그리고 추진계수들과 선박의 유효동력이 필요한데 통상 유사선의 자료를 이용하게 되며, 없을 경우에는 Harvald 도표(Harvald chart) 등을 이용하지만 이 경우에는 정도가 많이 떨어진다. 유효동력을 추진효율로 나누어 전달동력을 계산함으로써 속도를 추정할 수 있으며 초기에 사용한 설계속도와 많이 다르면 새로운 속도에 대해 반복계산을 수행해야 한다.

10_3_4_ 순환이론코드를 이용한 설계

1) 서언

양력 발생기구인 프로펠러에 작용하는 추력의 발생 기전(mechanism)은 와동에 의해 가장 잘 표현될 수 있다. 날개단면을 하나의 점와동에 의해 표현하여 실제 양력을 정도 높게 계산할 수 있음은 주지의 사실이다. 이러한 이유로 프로펠러의 각 단면을 점와동으로 나타내고 날개를 하나의 선와동으로 나타낸 것이 양력선이론이다. 물론 코드의 길이가 길어지면 정도 높은 계산이 어려워지지만 약간의 보정으로 상당히 정도 높은 계산을 수행할 수 있다. MARIN에서는 이러한 양력선이론을 이용하여 최근까지 설계 및 해석을 수행해 왔다. 양력선이론에 의한 해석 및 설계는 양력면이론에 의한 정도 높은 코드의 개발에 의해 대체되었다. MIT를 중심으로 개발된 양력면 해석코드는 프로펠러 해석의 새로운 장을 열었다 할 만큼 높은 정도를 보여주었으며[4], 유일한 단점으로 여겨졌던 프로펠러 후류 모형이 Kerwin & Greely[15]에 의해 보완됨으로써 일반적인 상선 프로펠러의 해석 정도를 2~3% 오차범위에서 모형시험 및 시운전 결과와 일치시킬 만큼 향상된 결과를 얻게 되었다. **그림 10-16**에 Greeley 후류 모형을 개선한 비선형 후류 모형을 나타냈다. 이러한 양력면 코드를 이용하여 국내 모든 대형 조선소에서 프로펠러 설계를 하고 있으며, 현재보다 편리하고 신속한 설계를 위하여 계열 프로펠러에서부터 여러 상세설계 해석코드들을 묶어 패키지화하고 있다. 이들 패키지를 사용하여 초창기에는 2주 정도 걸리던 프로펠러 설계를 하루 만에 끝내고 있다. 현재 대형 조선소에서 사용하고 있는 예를 다음 절에 나타냈다. 포텐셜이론에 의한 해석코드 중 쌍극점(dipole)을 이용한 패널법(panel method)이 있으며, 이 방법에 근거하여 많은 해석코드들이 개발되었다[16]. 패널법 해석코드의 특징은 허브와 같은 물체의 형상을 표현하는 데에는 좋으나 양력 자체는 선와동보다 다소 정도가 떨어지는 경향이 있다. 계산시간은 상대적으로 많이 걸리면서 정도가 떨어지기 때문에 특별한 경우, 예를 들어 공동이 심각한 경우 등이 아니면 잘 사용하지 않는다.

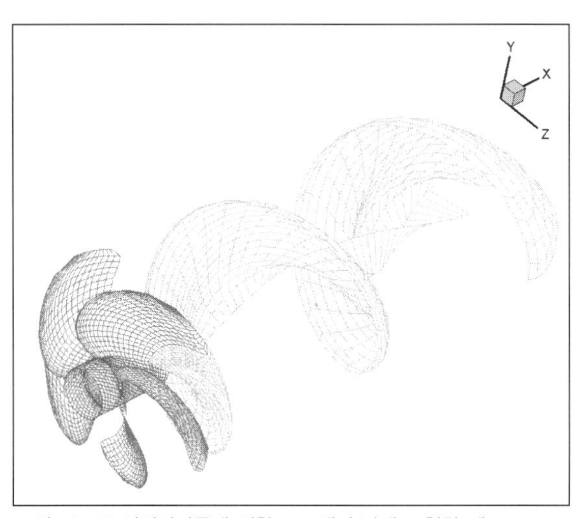

그림 10-16 양력면이론에 의한 프로펠러 날개 모형화 예

2) 양력면이론에 의한 설계

양력선이론과 달리 날개 캠버면(camber surface)을 전부 와동으로 표현하는 양력면이론에 의한 프로펠러 설계는 적용 단면에 적합한 코드방향의 하중분포를 결정할 수 있는 장점이 있다(**그림 10-17**). 예를 들어 $a=0.8$ 평균선(mean line)의 캠버를 적용할 경우 이 단면에 대한 부하분포는 이미 잘 알려져 있으므로(물론 2차원 문제에 대한 것이지만), 이와 유사한 모양이 되도록 피치와 캠버의 양을 결정하면 이상적인 설계가 될 수 있다. 그러나 날개끝에서

는 3차원 효과가 많이 나타나므로 이 부분에 대한 설계에 주의해야 한다. 앞에서 언급한 바와 같이 날개끝에서는 앞날에서의 부하를 다소 크게 설계하는 것이 실제로 효율과 공동에 무리가 없는 설계임을 설계 경험으로부터 알 수 있다. 실제로 원하는 부하분포를 얻을 수 있도록 피치와 캠버를 결정하는 설계코드가 MIT에서 개발되었으나, 해석코드에 비하여 정도가 떨어지므로 실제 설계에서는 사용하지 않고 있다.

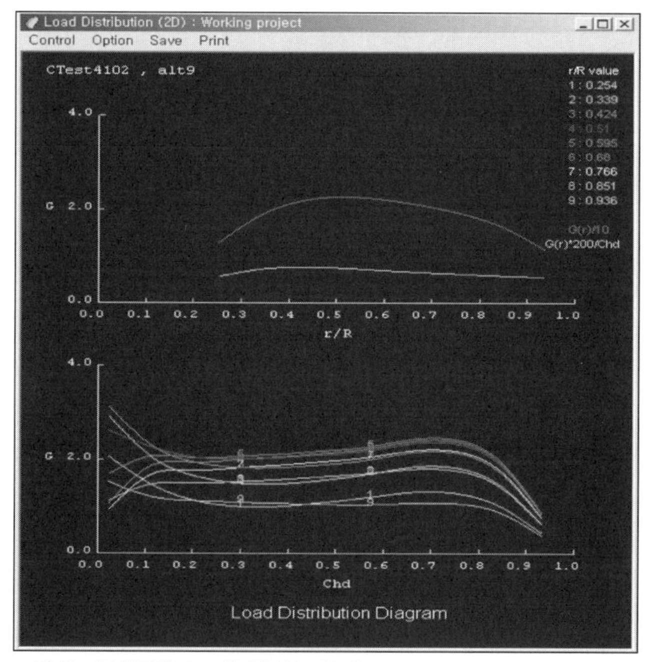

그림 10-17 반경별, 코드별 하중분포의 예

양력면이론에 의해 개발된 공동 및 변동압력 추정코드도 프로펠러 설계 시 통상 사용된다. 공동 특성을 정량적으로 정도 높게 예측할 수는 없지만, 정성적으로는 상당히 신뢰성 있는 결과를 얻고 있다. 최근에 개발된 패널법에 의한 공동 추정코드도 사용되고 있으며[16], 시간이 다소 많이 걸리는 단점을 제외하면 양력면이론보다 정도가 높은 결과를 보여주고 있다.

10_3_5_ 통합코드를 이용한 설계 예

앞에서 언급한 바와 같이 대부분의 대형 조선소에서는 계열도표에 의한 초기설계부터 실적선 자료에 의한 비교설계, 양력면이론에 의한 상세설계까지 모든 과정을 통합하여 패키지화하였다. 이와 같은 코드를 사용하면서 과거 2주일 이상 소요되던 프로펠러 설계를 2~3일 혹은 숙련된 전문가의 경우 하루 만에도 설계할 수 있게 되었다. 특히 과거에 휨대(batten)나 곡자를 이용하여 눈금을 읽어가며 반복 설계하던 것을 모니터에서 곡면의 정도를 바로 파악해 가며 손쉽게 설계할 수 있는 것이 편리하고 빨라진 점이라 할 수 있다. 물론 설계코드가 더욱 안정되면 이런 작업까지 자동화될 수 있겠지만 실제적으로 수치해석에 의해 완전히 끝낼 수 있는 수준까지 도달하려면 앞으로도 상당한 시일이 소요될 것이므로 이 정도의 수작업은 당분간 지속될 것으로 생각된다.

그림 10-18에서 볼 수 있는 것처럼 기존 자료들이 자료집화되어 언제든지 비교하거나 설계에 활용할 수 있으며, 각 배의 프로펠러들에 대한 자료도 설계 당시의 여러 가지 경우들에 대한 자료들과 비교할 수 있다. 이러한 설계체계를 윈도우 방식으로 구성해서 보다 편리하게 설계할 수 있게 했고, 각각의 모듈(module)에서 준비하거나 설계된 자료는 자동으로 다음 모듈에서 쓸 수 있도록 되어 있다. 먼저 첫 번째 열에 있는 프로젝트에서 각각의 프로젝트를 관리하고, 설계 부분에서 계열도표에 의한 설계 및 프로펠러의 기하학적 형상을 수작업으로 바꿀 수 있다. 또한 설계의 마지막 부분에서는 프로펠러형상 및 입력한 반류 등을 3차원적으로 그려볼 수 있도록 구성되어 있다. 해석의 경우는 자항시험 결과를 이용한 속도, 회전수 예측 및 가장 중요한 반경별, 코드별 하중분포에 대한 결과를 그림으로 볼 수 있으며(**그림 10-17, 10-19**), 이를 통하여 마우스로 피치와 캠버를 손쉽게 수정할 수 있다(**그림 10-20**).

그 외의 해석에 있어서 앞에서 언급한 바와 같이 공동 해석, 변동압력 해석 등을 볼 수

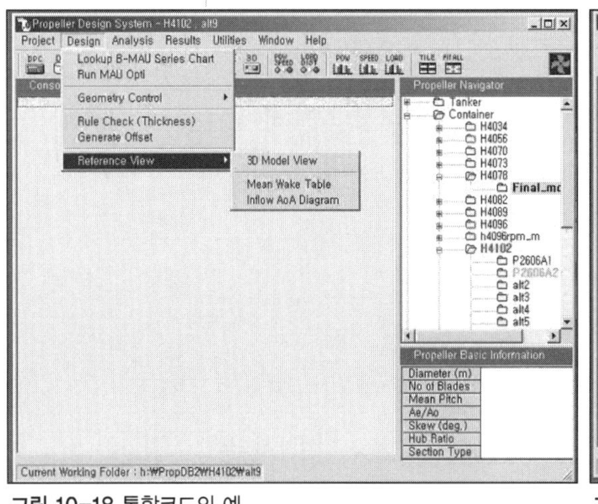

그림 10-18 통합코드의 예

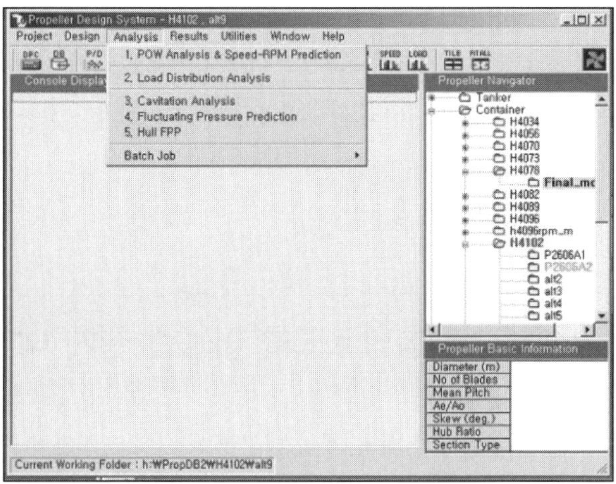

그림 10-19 해석메뉴 예

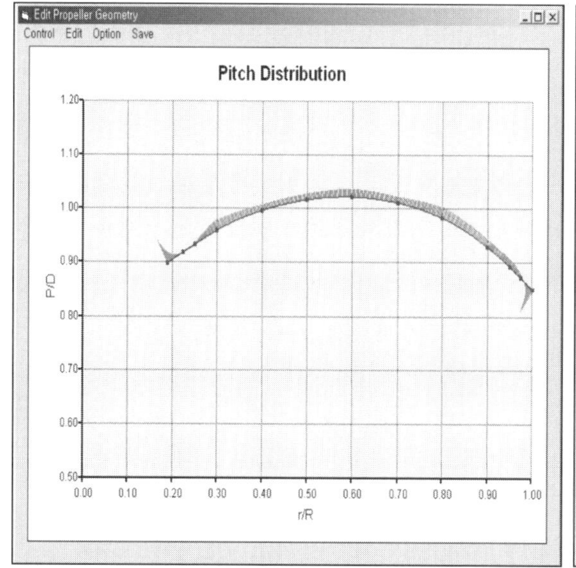

그림 10-20 피치 수정 예

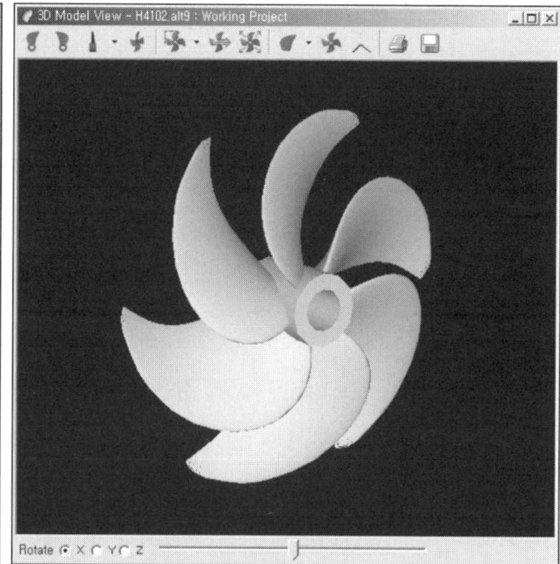

그림 10-21 프로펠러 3차원 형상화 예

있다. 설계된 프로펠러는 형상을 재확인하기 위하여 3차원으로 그려지며(**그림 10-21**), 이를 통하여 전체적으로 잘 설계되었는지 최종적으로 확인한다.

10_3_6 기타 프로펠러 설계 시 고려사항

1) 선종별 설계 주안점

프로펠러 설계 시 선종별 특성을 고려하지 않으면 좋은 설계가 될 수 없다. 현재 국내에서 많이 건조되고 있는 탱커, 살물선, LNG선, 그리고 컨테이너선에 대하여 각각의 프로펠러 설계 주안점에 대하여 정리해 보기로 한다.

먼저 탱커 및 살물선의 경우는 선체변동압력 문제는 거의 없으며 주로 경하상태에서의 침식 혹은 축진동이 문제가 된다. 10년 전만 해도 주로 설계흘수에서 시험을 수행하고 경하상태에서는 공동시험을 수행하지 않았으나 최근 주로 경하상태에서 문제가 발생되고 있어 선형설계자들이 경하상태의 공동성능에 각별한 주의를 기울이고 있는 실정이다. 이와 같은 문제가 발생되는 이유는 프로펠러 날개끝여유가 컨테이너선에 비해서는 여유가 있으나 프로펠러 직경이 마력에 비해 크며, 이에 따른 공동수의 차이가 심해 공동이 불안정한 거동을 보일 수 있기 때문이다. 또한 날개가 윗부분에 위치할 때와 아랫부분에 위치할 때의 하중 차이에 의한 불균일 모멘트가 매우 커져 축진동이 크게 발생되는 경우가 있다. 그러므로 이 문제를 해결하기 위해서는 경하상태에서의 반류분포를 보다 균일하게 해 주어야 하며, 공동의 안정화를 위해 여유 있는 확장면적비 및 캠버 부담을 줄이는 설계개념을 도입해야 한다. 또한 프로펠러 날개 침식의 경우는 앞날과 뒷날 근처의 날개 표면 기울기 등 국부적인 형상이 중요한 변수가 될 수 있다. 즉 코드방향으로 캠버의 분포나 캠버 크기 등의 영향으로 뒷날 부근에서 과도한 형상변화에 의한 압력의 급격한 변화가 침식 등의 문제를 야기할 수 있다. 다만 이런 문제는 주로 VLCC와 같은 큰 유조선이나 대략 30,000ps 이상 선박에 해당되는 문제이므로, 작은 상선에서는 지나치게 보수적으로 설계할 필요는 없다.

컨테이너선의 경우는 무엇보다도 공동에 의한 선체변동압력이 문제가 된다. 특히 최근 그 규모가 9000~10,000TEU를 넘어서고 있으며, 기관 동력도 100,000마력을 넘어서고 있다. 더구나 컨테이너선의 특성상 복원성 확보를 위해 수선 면적을 보다 넓혀야 하므로, 프로펠러와 선체의 간격을 프로펠러 직경의 35% 이상 되도록 하는 것은 현실적으로 매우 어렵다. 이러한 이유로 변동압력의 값이 날개수 1차 진동수 기준으로 10kPa이 넘어서고 있다. 과거의 기준은 6kPa이었으나 어쩔 수 없이 그 기준을 상회하게 되었으며, 이로 인한 문제를 선미부 보강으로 해결하고 있다. 현재 5000TEU 이상의 대형 컨테이너선에서는 대체로 날개수 6을 사용하고 있으며 변동압력 완화를 위하여 레이크 프로펠러를 적용하고 있다. 컨테이너선의 경우 또 다른 큰 문제는 타의 침식 문제인데, 프로펠러와 연관하여 발생되는 경우와 타 자체의 문제로 발생되는 경우가 있다. 타 자체의 문제, 즉 간극(gap) 부분이나 타 하부의 앞날 부위에서 발생되는, 공동에 의한 침식도 프로펠러와 완전히 무관하지는 않다. 주로 많이 발생되는 타 앞부분의 침식은 프로펠러 때문에 빨라진 유속에 의해 발생되는 침식과, 프로펠러 날개끝과 허브에서 발생되는 와류에 의한 침식으로 나눌 수 있다. 특히 프로펠러 입장에서는 날개끝에서 발생되는 강력한 와류에 의한 침식에 주의해야 하며, 이를 방지하기 위해서는 프로펠러의 날개끝에서 부하를 감소시키는 방향으로 설계해야 한다. 또 허브에서의 와류를 약화시키기 위해서 요즘에는 보통 확산형(diverging) 캡을 이용하여 허브와류를 분산하고 있는데 비교적 효과가 좋다.

끝으로 LNG선은 설계속도가 저속비대선과 컨테이너선의 중간 정도이나 선형의 측면에서 보면 저속비대선에 가깝다고 할 수 있다. 이러한 이유로 선속이 비교적 빠름에도 불구하고 선미형상이 급격히 변화하여 프로펠러로 유입되는 유입유동의 불균일성이 증대된다. 이 현상을 피하기 위하여 프로펠러 위쪽의 선미부를 심하게 파인 형태로 설계하는 경우가 있는데, 이런 이유로 고차항의 진동 성분이 증대될 수 있다. 극단적인 설계는 또 다른 문제를 야기할 수 있으므로 전체적인 균형을 중요하게 생각해야 한다. 요약하면 LNG선의 경우는 선미의 반류특성이 매우 중요한데, 최대한 배의 길이를 길게 확보하고 선미부에서의 화물칸 폭을 줄이는 등, 근본적인 제원의 변화가 필요할 것으로 보인다.

2) 날개단면 설계

앞에서 언급한 바와 같이 앞날의 반경은 공동의 특성에서 매우 중요한 요소이므로 설계 시 매우 중요한 인자가 된다. **그림 10-22**에서 볼 수 있는 것처럼 매끈한 단면이 나올 수 있도록 앞날 반경을 결정하여야 하며, 특히 침식 등에 큰 영향을 미치므로 너무 작은($3mm$ 이하) 앞날 반경의 경우, 단면의 오프셋(offset)을 바꾸어서라도 크게 하는 것이 유리하다. 대체적으로 VLCC의 경우 공동에 의한 침식이 주로 발생하는 위치인 $0.8R$과 $0.9R$ 부근에서 $5mm$ 정도의 앞날 반경을 추천할 수 있다.

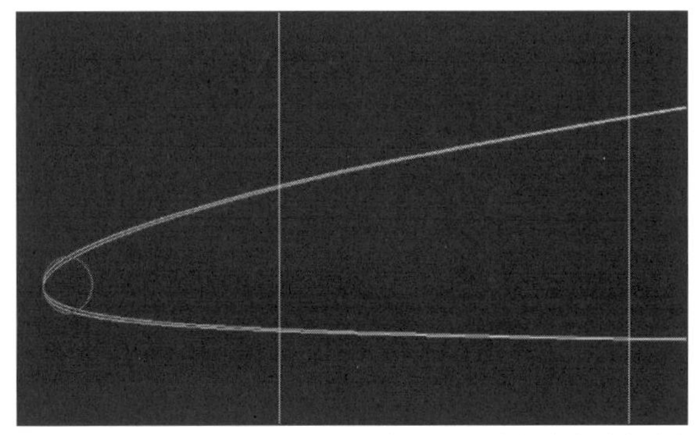

그림 10-22 앞날 반경 설계 방법

뒷날의 경우는 주로 공명(singing)과 관계된다. 뒷날이 뭉툭하면 와류가 떨어져나가고 이것이 날개 고유진동수와 맞으면 공진에 의한 공명이 발생된다. 이를 방지하기 위해 뒷날을 **그림 10-23**과 같이 처리하는데 이를 반공명날처리(anti-singing edge treatment)라고 한다. 통상 두 가지 방법이 있는데 이중베벨(double bevel) 방법(그림의 왼쪽)과 단일베벨(single bevel) 방법(오른쪽)이 있다. 공명을 확실히 방지하는 면에서는 단일베벨이 좋으나 단일베벨의 경우 뒷날의 날개 끝점이 바뀜으로써 피치가 약간 바뀌는 효과가 있다. 이로 인하여 회전수도 약간 바뀌는데, 이를 피하기 위해 양쪽을 절단(cutting)하는 이중베벨을 사용한다. 최근에는 대부분 이중베벨을 채택하여 회전수의 차이가 발생되지 않도록 하고 있다.

또한 통상 시운전 시 회전수가 맞지 않을 경우 사용하는 날절단(edge cutting)의 경우는 회전수가 설계 회전수보다 낮을 때 사용하는 방법으로 뒷날의 한쪽 부분, 즉 압력면 쪽을 일정 부분 잘라내어 뒷날 끝점을 위쪽으로 옮김으로써 회전수를 가볍게 하는 방법이다. 이것은 상당 부분 경험에 의해 잘라내지만 피치값을 계산하여 추정할 수도 있다. 반대로 회전수를 무겁게 하는 방법은 보통 사용되지 않는데, 이유는 날개를 잘라냄에 따라 면적의 감소로 부하가 감소하기 때문이다. $1 \sim 2rpm$ 정도의 작은 차이라면 시도해 볼 수도 있겠지만 최근 회전수의 여유를 많이 갖는 경향 때문에 웬만큼 가볍지 않으면 수정하지 않는 추세이다.

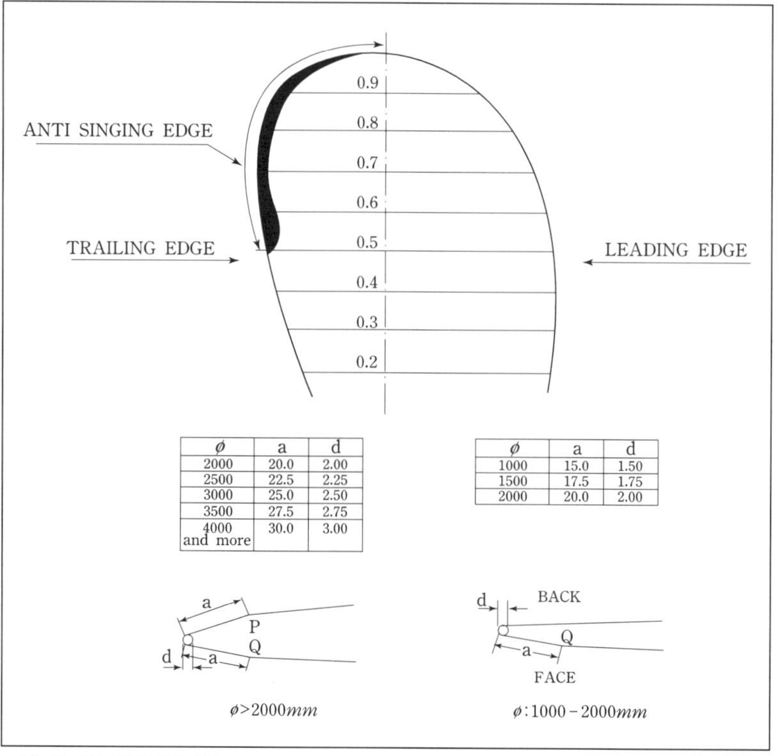

ϕ	a	d
2000	20.0	2.00
2500	22.5	2.25
3000	25.0	2.50
3500	27.5	2.75
4000 and more	30.0	3.00

ϕ	a	d
1000	15.0	1.50
1500	17.5	1.75
2000	20.0	2.00

그림 10-23 반공명처리법

3) 스큐와 강도

스큐의 각도가 점점 커짐에 따라 프로펠러 강도 문제가 중요해지고 있다. 특히 **그림 10-24**에 나타낸 바와 같이 $0.6R$ 부근의 뒷날에서 균열이 시작되어 날개가 부러지는 일이 많아지면서 유럽 선급들을 중심으로 연구가 진행되었는데, 여러 가지 이유로 인한 손상 사례가 있었으나 대체로 피로파괴(**그림 10-25**)에 의한 손상으로 결론지어졌다. 특히 **그림 10-26**에서 볼 수 있는 것처럼 같은 스큐를 가지더라도 편향스큐인지, 균형스큐인지에 따라 $0.6R$ 부근의 뒷날에서 응력 수준이 2배 이상 차이가 나타나, 기존의 선급 규정을 그대로 적용시킬 경우 균형스큐에 상당한 문제가 있는 것으로 밝혀졌다. 실제로 대부분 균형스큐를 사용하기 때문에 이러한 문제가 있었으리라 생각된다. 또 급격한 후진에 의한 약간의 손상이 계속되는 전진운항에 의한 피로파괴로 이어질 수 있음을 발견하고, 2000년 이후에 개정된 선급 규정에서는 피로강도를 고려한 부분을 첨가하고 있다.

이러한 상황을 종합하여 볼 때 선급 규정에만 의존하지 말고, 특히 균형스큐를 30° 이상 사용할 경우 FEM 등의 방법으로 상세 강도해석을 수행하여 $0.6R$ 부근의 뒷날 두께를

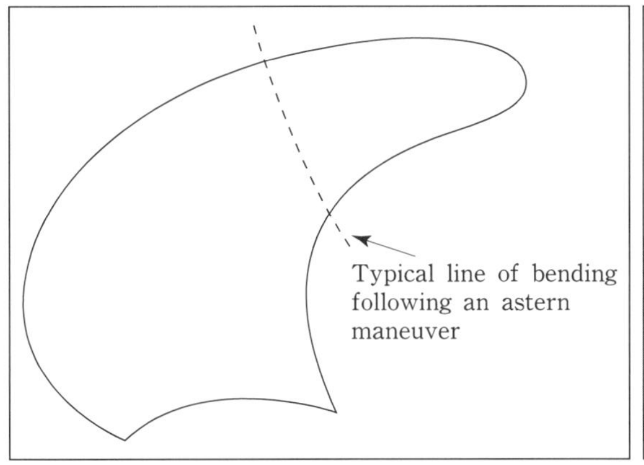

그림 10-24 후진 시 과도한 응력이 집중되는 부위

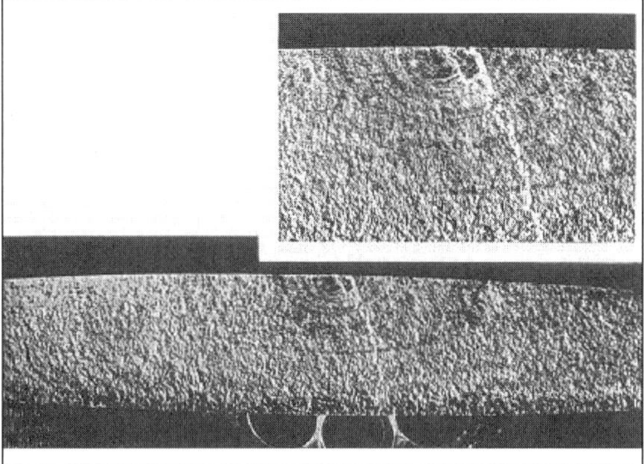

그림 10-25 피로파괴에 의한 단면 예

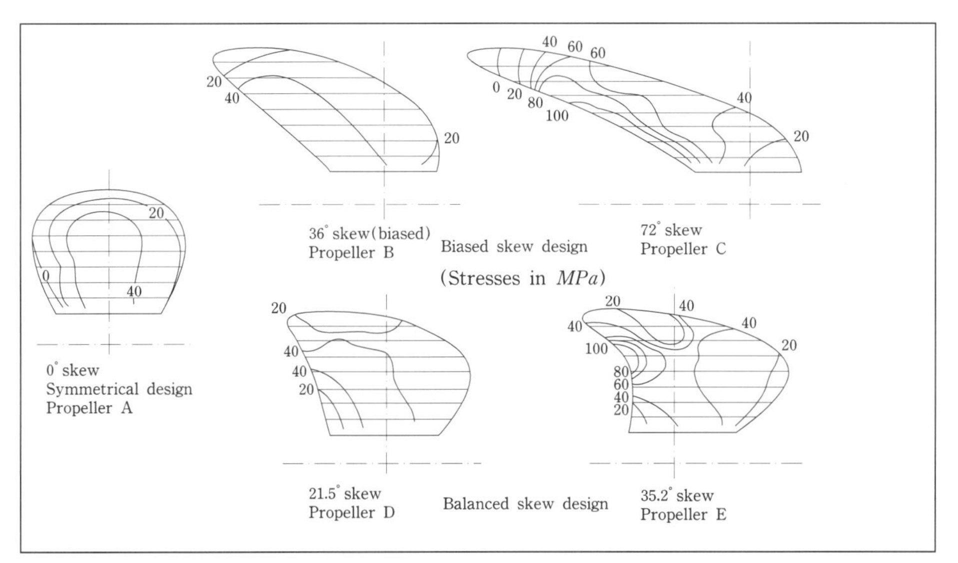

그림 10-26 편향스큐와 균형스큐의 강도계산 예

충분히 키워주어야 할 것이며 선박의 운항 시, 특히 급속후진(crash astern) 시에는 급격한 회전수 변화를 피하는 것이 매우 중요하다.

10_4_ 프로펠러 공동 및 선체변동압력 해석

프로펠러 설계 시 유사선이나 Burrill 도표를 이용하여 공동을 고려하지만 공동이 중요한 문제인 LNG선이나 대형 컨테이너선 추진기에서는 초기부터 공동을 고려해야 하므로 이론적인 공동 추정과정이 요구된다. 아직도 공동해석에 입력으로 사용되는 유효반류의 추정법이 정립되지 않은 상태이고 공동해석이 실험과 차이를 보이고 있으나, 축적된 계산값과 공동시험의 상관관계를 이용하면 상대적으로 공동의 크기 및 변동압력의 수준을 추정할 수 있을 것이다. 아래에서는 양력면이론에 의한 공동 추정과정을 간단히 살펴본다.

선미반류 중에서 작동하고 있는 프로펠러가 날개 주위의 유동에 영향을 주고, 따라서 선체 표면 또한 프로펠러 주위의 유체를 매개체로 하여 변동유동(fluctuating flow)의 영향을 받는다. 이 변동유동장에 적합한 선체 표면에서의 경계조건을 만족하도록 경계치문제를 해석하면 비정상 상태에서 선체 표면에서의 유동현상, 변동압력 등을 알 수 있으며, 이로부터 선체에 전달되는 표면력(힘과 모멘트)을 적분에 의해 얻을 수 있다.

선체 표면에 전달되는 압력에 가장 큰 영향을 주는 요인은 프로펠러 날개에 발생하는

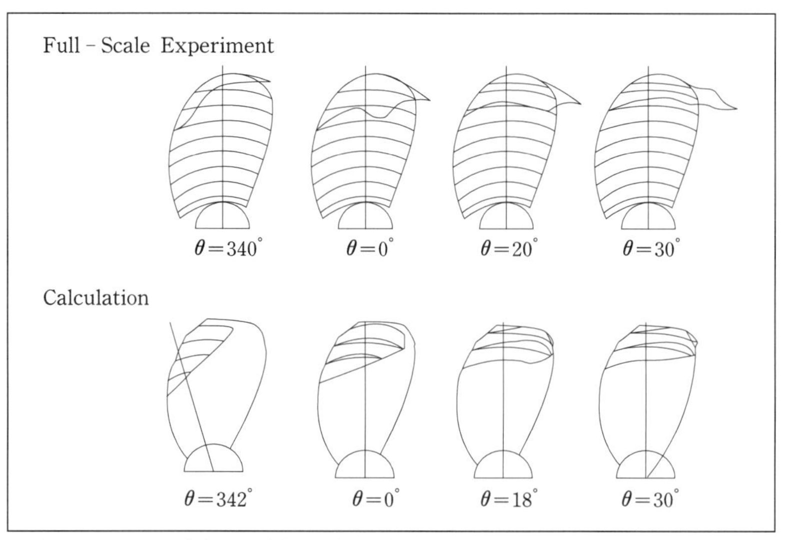

그림 10-27 공동 모양의 수치계산 및 실선 관찰과의 비교[17]

공동현상이므로, 선체 표면력의 해석을 합리적으로 수행하기 위해서는 불균일반류 중에서 작동하는 프로펠러 날개의 공동을 추정할 수 있어야 한다. 최근에는 프로펠러 앞날에서의 유동의 비선형 거동을 고려하는 연구가 이루어져 프로펠러 공동의 추정 정도를 크게 향상시켰다[17]. 또한 공동의 초생(initial inception)현상, 날개면공동 및 날개끝와류 공동에 대한 수치 모형연구가 계속되고 있어 이에 대한 결과가 주목된다.

그림 10-27은 프로펠러 공동이론에 의해 계산된 프로펠러 날개에서의 공동의 모양과, 실선시험에서 관찰된 공동을 비교, 도시한 것이다[17]. 그림에서 볼 수 있듯이 이론에 의해 추정한 공동의 범위가 날개끝 주위를 제외하면 관측된 결과와 잘 일치하고 있다. 용출점의 거동을 보이는 공동 체적의 변화율은 선체에 전달되는 변동압력 계산에서 가장 중요한 물리량으로, 이것을 이론적으로 계산할 수 있음으로써 선체 표면에 전달되는 기진력의 계산이 가능하다. **그림 10-28**에 공동 체적의 시간(그림에서는 날개의 각변위)에 대한 변화를 나타냈다.

프로펠러에 대한 경계치문제를 풀어 공동이 있는 프로펠러에서 양력은 와동으로, 날개두께 및 공동은 용출점으로 치환하여 시간과 공간좌표의 함수로 표현할 수 있으면 Biot-Savart의 법칙, 또는 잘 알려진 패널법 코드를 통해 유동장 모든 곳에서의 프로펠러 유기속도 및 속도포텐셜을 계산할 수 있다. 프로펠러에 의해 선체 표면 위의 임의의 점에 유기되는 속도포텐셜을 시간의 함수로 계산하고 Fourier 급수로 표현하면 다음과 같다.

$$\Phi_p = \sum_q \phi_q \exp(iqZt) \qquad (2)$$

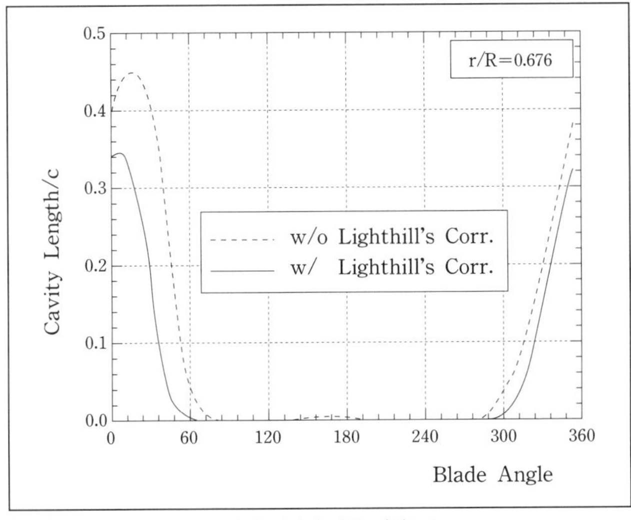

그림 10-28 공동 체적의 날개 위치에 따른 변화[17]

이 식에서 볼 수 있듯이 유기된 속도포텐셜도 날개수의 배수차 조화함수로만 표현됨을 알 수 있다.

그림 10-29는 비정상 유동 중에서 작동하고 있는 프로펠러에 의해 프로펠러평면에서 날개끝 바로 위($r/R=1.4$)의 점에 유기되는 포텐셜값을 사용하여 구한 자유공간 변동압력(free space fluctuating pressure)을 보여준다[18]. 그림은 날개수 $Z=5$인 프로펠러에 대한 계산이기 때문에 72° 구간만 보여주고 있으며, 변동압력은 $\rho V_R^2/2$로 무차원화된 값이다. 프로펠러 바로 위에 무한 크기의 평판이 놓여 있다고 가정하면 그 평판에서의 변동압력은 자유공간에서의 변동압력의 2배가 된다. 프로펠러 바로 위의 $r/R=1.4$ 위치에 놓인 무한평판의 일부분에 작용하는 변동압력을 계산하면 **그림 10-30**에서 보는 바와 같다[19]. 그림에서 프로펠러로부터 거리가 멀어질수록 거리에 반비례하여 압력의 크기가 감소함을 볼 수 있다.

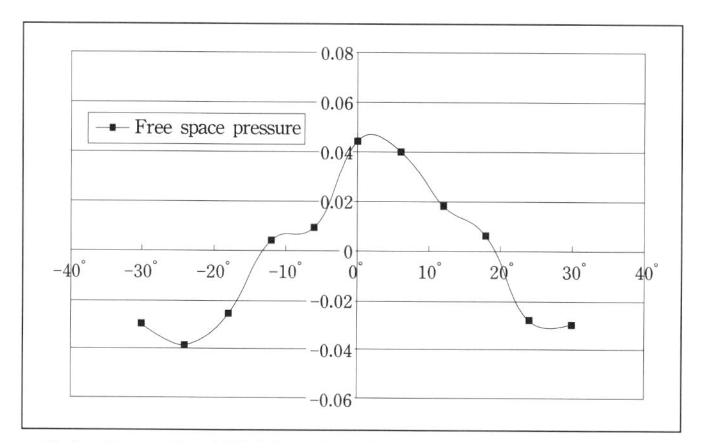

그림 10-29 프로펠러 상방에서의 자유공간 변동압력 변화[18]

선체 표면을 특이함수로 치환하고 선체 주위의 유체역학적인 속도 및 압력분포를 계산하는 방법이 Hess & Smith[20]에 의해 발표된 이래 선박 주위의 유동해석에 널리 쓰여 왔다. 프로펠러와 선체 사이의 유체역학적 상호작용은 통상적으로 모형시험에 의존하여 왔으나, 선체 표면에 전달된 기진력의 가장 큰 원인이 되는 프로펠러의 공동현상에 대한 이론적 해석이 가능해진 최근에야 이의 효과를 적절히 추정할 수 있는 계산기법 및 전산코드가 개발, 보급되었다[21].

선체 표면을 포함하는 유체역학적 경계치문제 해석을 위해서는 선체 주위의 모든 경계조건 및 수표면 경계조건을 만족시켜야 한다. 그러나 프로펠러에 의해 유기되는 유동은 프로펠러의 높은 회전속도 때문에 수표면 조건이 수표면에서의 속도포텐셜이 근사적으로 영인 조건으로 단순화되는 이점이 있다[20]. 이 조건은 수표면 위에 경상선체(mirror image hull)를 도입하고, 수면 아래 선체에 분포된 용출점과 쌍극점의 세기와 같으면서, 위상이 180° 다른 특이함수를 분포하면 자동적으로 만족된다.

선체 표면에서 만족시켜야 할 운동학적 경계조건은 유동의 비침투조건(non-penetration condition)이다. 선체 표면에 법선 쌍극점을 분포하고 비침투조건을 적용하면, 쌍극점의 세기를 미지수로 하는 적분방정식을 얻을 수 있으며, 컴퓨터를 활용한 수치해석으로 선체 표면에서의 법선 쌍극점의 분포를 구할 수 있다[21].

그림 10-31은 선미 프로펠러 주위에 작용하는 날개진동수의 변동압력에 대한 전형적인 예를 보여준다[22]. 선미형상은 트윈 스케그 형상이고 프로펠러 바로 상방에서의 변동압력 수준이 다른 곳보다 높은 것을 알 수 있으며, 최대값을 갖는 부위에서 프로펠러 반경의 2~3배만큼 멀어지면 변동압력의 크기가 크게 감소함을 알 수 있다.

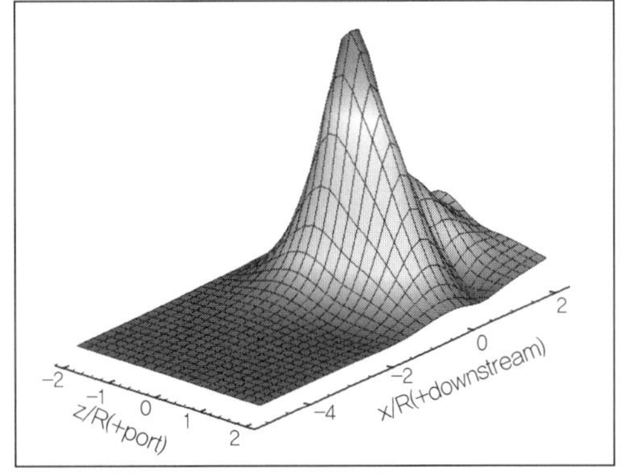

그림 10-30 불균일반류 중에서의 프로펠러에 의한 자유공간 변동압력 분포[19]

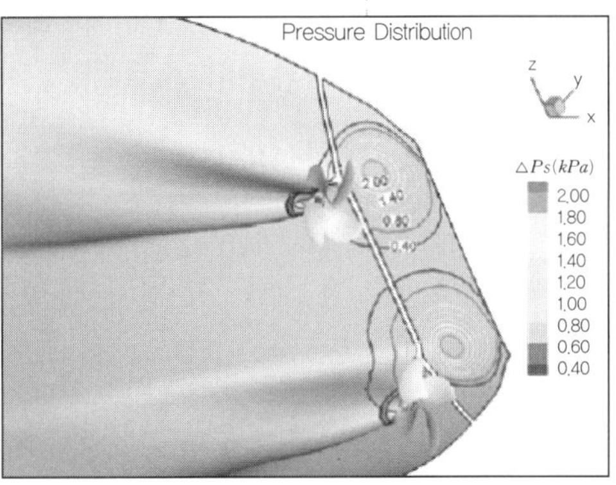

그림 10-31 선체 표면에 작용하는 변동압력 분포

10_5_ 프로펠러 공동의 제어

비정상유동에 기인하여 작용하는 선체변동압력 중에서 가장 큰 성분은 프로펠러 공동에 의한 성분이다. 이를 적절한 수준으로 유지하기 위해서는 먼저 프로펠러 직경의 날개끝 간격이 충분하도록(통상 직경의 20% 이상) 배치하여야 한다. 왜냐하면 일반적으로 변동압력은 날개끝간격에 역비례하기 때문이다. 중요한 프로펠러 간격은 프로펠러의 뒤쪽, 윗부분의 앞쪽, 그리고 위쪽이다. 타 공동이 문제가 되는 고속선형의 경우를 제외하고, 프로펠러 착탈 작업 공간을 확보할 수 있다면, 뒤쪽은 가능한 작은 것이 추진 및 타력 성능면에서 좋다. 또 최근에는 프로펠러 직경에 비해서 타의 높이가 상당히 높아져, 프로펠러의 위쪽은 프로펠러 직경의 30% 이상의 간격을 확보할 수 있는 경우가 많다. 그러나 선체변동압력이 중요한 선박에서는 다소의 간격 확대 등으로는 대처할 수 없으며 오히려 선미선도와 반류분포, 또는 프로펠러의 공동성능 개선 등에 의한 근본적인 개선책으로 대처하여야 한다.

프로펠러 기진력의 견지에서 보면 선미반류의 분포는 프로펠러축에 대하여 최대한 동심원형상에 가까운 것이 바람직하다. 이와 같은 반류를 얻기 위해서는 선미형상이 가능하면 U형 선미에 가까워야 하며, 최근에 많이 쓰이는 구상선미(bulbous stern)에 가깝게 하는 것이 좋다. 또한 선미의 유동을 안정시키기 위해서는 수선이 갑작스럽게 마감되어 수선의 끝이 뭉툭하지 않게 하고, 수선각이 너무 크지 않도록 하여야 한다. 이러한 선미 수선각 및 선미형상은 추력감소비와도 관계가 깊어, 일반적으로 프로펠러 공동성능이 양호한 선미선형은 선체저항 및 추진효율도 우수하다고 알려져 있다.

반류분포를 평가하는 기준으로는 (a) 프로펠러평면의 12시방향 날개끝 부근에서의 국소 최대 반류비, (b) 프로펠러평면 전체에 대해 평균한 평균반류, (c) 최대 반류가 발생하는 원주방향 폭 및 (d) 프로펠러평면에서 공동수로 정의되는 반류변화의 폭 등이 있다(상세한 내용은 [23] 참조).

선미선형과 선미반류분포의 평가방법은 아직까지 이론적 접근이 쉽지 않으므로 나름대로 정리된 자료를 이용하는 것이 좋다. BSRA는 상당히 많은 선박에 대하여 해상 시운전 중에 선체 표면에서의 압력, 진동 계측을 수행하고, 그 결과를 해석하여 **표 10-1**과 같은 반

(a)	$w_{\max}<0.75$ or $w_{\max}<C_B$, where $w_{\max}$=max. wake measured inside the angular interval θ_B $\left(\theta_B=10^\circ+\dfrac{360^\circ}{Z}\right)$ and for $0.4R<r<1.15R$ around top dead center C_B=block coefficient, Z=number of blades
(b)	$w_{\max}<1.7\ \overline{w_{0.7R}}$ ($\overline{w_{0.7R}}$= mean wake at $0.7R$)
(c)	$\Delta\alpha_w>\dfrac{360^\circ}{Z}+10^\circ$ where $\Delta\alpha_w$=breadth of wake peak (그림 10-32)
(d)	$\sigma_n=\dfrac{9.903+h_p}{0.051(\pi nD)^2}>\dfrac{\Delta w}{1-\overline{w}}$ (그림 10-32) In the hatched zone of Fig. 10-32 r must be between $0.7R$ and $1.15R$: $\dfrac{1}{r/R}\times\left\lvert\dfrac{(dw/d\theta)}{(1-w)}\right\rvert<1.0$

표 10-1 BSRA의 반류분포 평가표

류분포 평가기준을 발표하였으며[24], 이는 BV에서도 사용하고 있다

반류분포의 개선은 선미형상을 개선하는 수동적인 방법과 능동적인 방법으로 나눌 수 있다. 기존 선미선형의 변형이 불가능할 경우 또는 일단 선박이 진수된 후에 진동 문제가 발생하면 부가물 부착에 의하여 반류분포를 조절하는 능동적인 방법을 생각할 수 있다.

선미반류는 12시 방향에서 최대치가 나타나므로 이 부분을 집중적으로 가속시킴으로써 프로펠러평면에서 볼 때 대체로 균일한 분포가 되도록 하는 장비가 필요한데, 선미에 부착되는 터널핀(tunnel fin) 등이 대표적이다. 그림 10-33은 선미에 설치하는 핀의 예를 보여준다. 이와 같은 장비의 설계 및 설치는 선미 유선에 대한 조사를 수행한 후에야 가능한데, 잘못하면 예상치 않던 유동 유기 진동문제가 새로 발생할 우려가 높으며, 저항의 증가로 선속

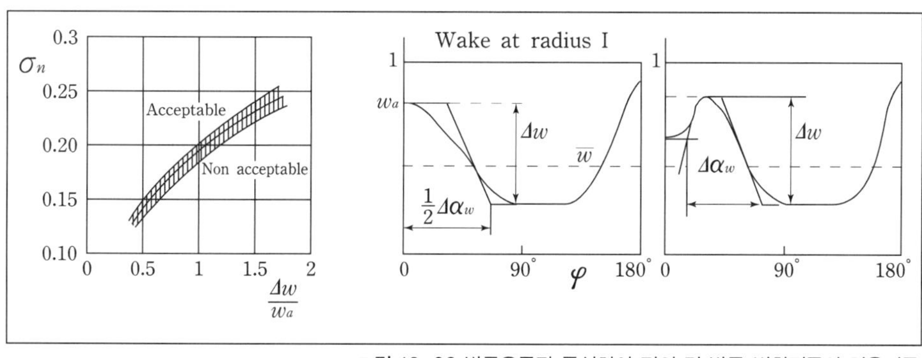

그림 10-32 반류유동장 특성치의 정의 및 반류 변화진폭의 허용기준

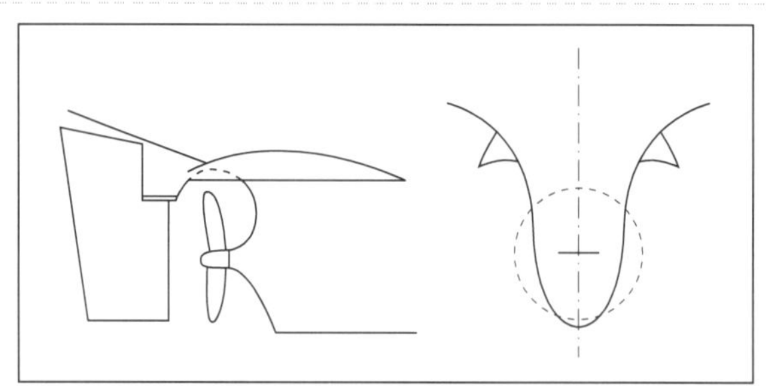

그림 10-33 변동압력 저감을 위한 터널핀 장치

이 감소되는 단점이 있다. 선미형상의 개선으로 선체반류의 불균일성이 개선되면 프로펠러 공동 및 선체변동압력이 개선될 뿐 아니라, 프로펠러 공동으로 인한 침식성능도 함께 개선된다.

선체반류 다음으로 중요한 것은 프로펠러 공동을 제어하는 일이다. 프로펠러 공동을 제어하는 것은 공동이 발생할 위치에서의 부하를 제어하는 것이다. 흔히 부하가 높은 프로펠러에서는 통상 날개끝 부분에서의 피치를 줄여 추력을 감소시킴으로써 날개끝와류 공동의 발생을 지연 또는 약화시키고, 이에 의한 선체 표면에서의 변동압력을 감소시킨다. 그러나 프로펠러 부하의 과도한 국부적인 감소는 공동 거동의 3차원 효과를 감소시켜 원하지 않은 날개 침식을 유발할 가능성이 있다는 점을 고려하면, 적절한 스큐와 함께 부하의 적절한 감소방안을 사용하는 것이 공동의 거동을 양호하게 유지하면서 공동의 체적 변화율을 감소시킬 수 있어 보다 바람직하다. 급격한 공동의 체적 변화는 선체 표면에 전달되는 기진력의 주요 원인이 되므로 공동이 갑자기 소멸되는 현상을 막는 것이 바람직하다. 그러나 공동 거동을 설계단계에서 추정하는 것이 쉽지 않으므로 실제에는 대부분 공동수조에서의 공동시험을 통하여 공동의 거동을 관찰한다. 따라서 원칙적으로 공동의 거동을 제어하는 것은 공동시험 이후에 재설계를 수행할 경우에나 가능하지만, 많은 공동시험 자료가 확보된 상태에서는 초기 프로펠러 설계에서도 활용할 수 있다.

✤ 연습문제

1. 반류계측시험을 통해 얻은 반류분포의 평균값(평균반류)은 아래와 같다. 이를 유도하시오.

$$w_m = \left(\int_{r_H}^{R} wrdr\right) / \left(\int_{r_H}^{R} rdr\right) \tag{E1}$$

2. **그림 10E-1**에서 왼쪽 횡축은 축방향 반류의 원주방향 평균치를 나타낸 것이며, 오른쪽은 유효반류분포를 고려하였을 때의 통상적인 부하분포, 날개끝의 부하를 감소시킨 두 경우 I, II 및 최적 부하분포에 상응하는 피치비를 나타내었다. 날개끝와류 공동 및 허브와류 공동이 우려되는 프로펠러를 각각 지적하시오.

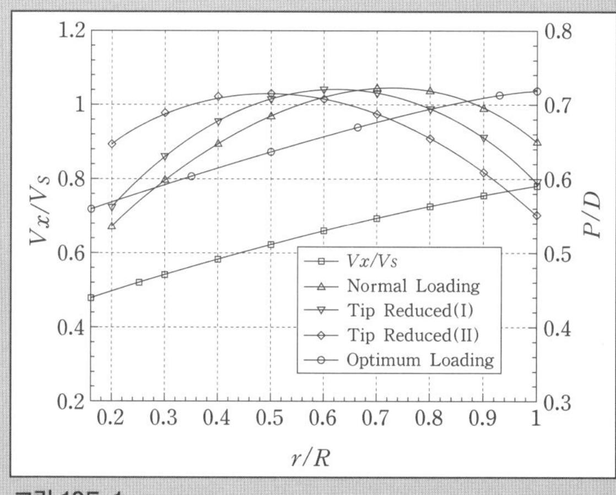

그림 10E-1

3. 고속프로펠러에서 공동시험 결과, 340쪽의 **그림 10E-2(a), (b)**에서와 같이 기포공동이 발생하였으며, 이때 각 프로펠러의 반경방향별 부하는 아래 **그림 (c)**와 같다. 각 프로펠러의 코드방향 부하분포를 개략적으로 그리고 그 특성에 대해 기술하시오.

4. 프로펠러 설계에서 고스큐(high skew; 통상 30° 이상)를 실선에 적용하는 경우에 대한 장단점을 모두 열거하시오.

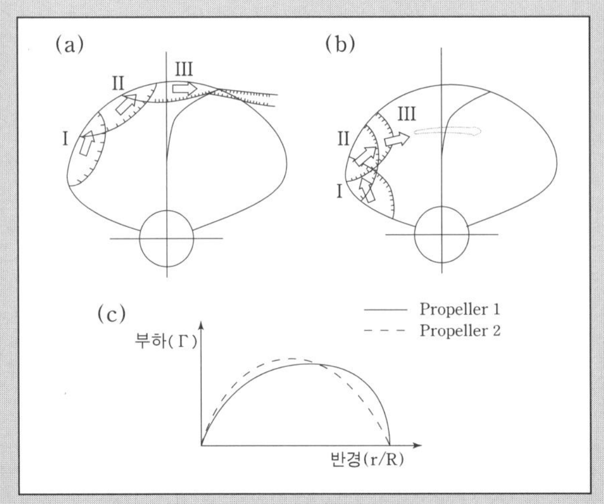

그림 10E-2
(a) 프로펠러 1 (b) 프로펠러 2 (c) 프로펠러 1, 2의 부하분포

5. VLCC에서 주로 발생하는 불안정한 공동의 발생 이유와 그에 따른 침식을 회피하는 방안에 대하여 논의하시오.
6. 통상 뒷면(back)에서 공동이 발생하지만 공동시험 실험 결과 210°, 반경 $0.6R$ 부근에서 앞면(face) 공동이 발생했다. 또한 30°, 반경 $0.7 \sim 1.0R$ 부근에서 다소 많은 뒷면 공동이 발생되었다고 한다. 어떤 방법으로 양쪽 모두를 개선시킬 수 있는지 설명하시오.
7. 일반적으로 대직경, 저회전 프로펠러가 효율이 높은 이유를 설명하시오.

✤ 참고문헌

[1] Lerbs, H. W., 1952, Moderately loaded propellers with a finite number of blades and an arbitrary distribution of circulation, SNAME Trans. Vol. 60.
[2] Cox, G. G., 1961, Correction to the camber of constant pitch propellers, Trans. RINA, Vol. 103.
[3] Morgan, W. B., Silovic, G. & Denny, S. B., 1968, Propeller lifting surface corrections, SNAME Trans. Vol. 76.
[4] Kerwin, J. E. & Lee, C.-S., 1978, Prediction of steady and unsteady marine

propeller performance by numerical lifting–surface theory, SNAME Trans. Vol. 86, pp. 218~253.

[5] 이창섭 외, 1982, Propeller Design Note, 한국기계연구소 연구보고서.

[6] 横尾幸一, 矢崎敦生, 1973, **中小型船舶 プロペラ設計法と参考図表集**, 成山堂書店.

[7] Kim, Hyoung–Tae, 1989, Computation of viscous flow around a propeller–shaft configuration with infinite–pitch rectangular blades, Ph.D. Thesis, The University of Iowa.

[8] Chang, B. J., 1997, Application of CFD to marine propellers and propeller–hull interactions, Imperial College of Science, Ph.D. thesis.

[9] Choi, J.–K. & Kinnas, S., 2001, An unsteady three–dimensional Euler solver coupled with a cavitating propeller analysis method. 23rd Symposium on Naval Hydrodynamics, pp. 616~638.

[10] 이창섭 등, 2008, **선박추진과 프로펠러 설계**, 문운당.

[11] J. S. Carlton, 1994, **Marine propellers and propulsion**, Butterworth–Heinemann Ltd.

[12] Odabasi, A. Y., Fitzsimmons, P. A., 1978, Alternative methods for wake quality assessment, ISP, Vol 25, No. 282, pp. 34~42.

[13] 송인행 외, 1998, 캐비테이션 성능향상을 위한 프로펠러 시리즈 및 설계기법 개발, 산업자원부 공기반과제보고서, 4~20쪽.

[14] Dang, J., 2004, "Improving cavitation performance with new blade sections for marine propellers", ISP. Vol. 51.

[15] Greeley, D. S. & Kerwin, J. E., 1982, Numerical methods for propeller design and analysis in steady flow, SNAME Trans. Vol. 90, pp. 415~453.

[16] Kim, Y.–G., Lee, J.–T., Lee, C.–S. and Suh, J.–C., 1993, Prediction of steady performance of a propeller by using a potential–based panel method J. SNAK, Vol. 30, No. 1, pp. 73~86.

[17] 한재문, 1996, Lighthill 수정법을 고려한 프로펠러 주위의 공동유동 해석, 충남대학교 석사논문, 66쪽.

[18] 이창섭, 김기섭, 서정천, 최종수, 송인행, 안종우 외, 1983, 프로펠러에 의해 선체표

면 변동압력 추정법 개발, 한국기계연구소 연구보고서 UDC 629-11.

[19] 김문찬, 김기섭, 송인행, 1996, 선체변동압력에 관한 실험과 이론의 비교 연구, 대한조선학회 논문집 33권 1호, 19~26쪽.

[20] Hess, J. L. and Smith, A. M. O., 1964, Calculation of nonlifting potential flow about arbitrary three-dimensional bodies, JSR, Vol. 8, No. 2, pp. 22~44.

[21] 이창섭, 김영기, 1990, 프로펠러에 의해 유기된 선체표면 기진력 해석, 충남대학교 공과대학 선박해양공학과 연구보고서.

[22] Park, H. G. and Paik, K. J., 2005, A study on hydrodynamics for a high speed LNGC with high block coefficient, Proc. SNAME Maritime Technology Conference & Expo and Ship Production Symposium, Houston, Texas.

[23] Breslin, J. P., Van Houten, R. J., Kerwin, J. E. & Johnsson, C. A., 1982, Theoretical and experimental propeller-induced hull pressures arising from intermittent blade cavitation, loading, and thickness, SNAME Trans. Vol. 90, pp. 111~151.

[24] Holtrop, J., 1979, Estimation of propeller induced vibratory hull force at the design stage of ship, Proc. Symp. on Propeller Induced Ship Vibration, RINA, London.

✤ 추천문헌

[1] SNAME, 1988, **PNA**, 2nd Rev., **Vol. II, Resistance, propulsion and vibration**, USA.

[2] 선박교재연구회편, 1983, **선박설계**, 문운당, 234~261쪽.

[3] 대한조선학회, 1996, 프로펠러 기진력, **선박의 진동과 소음**, 3~32쪽.

11

특수추진기

장봉준
박사
현대중공업

■

염덕준
교수
군산대학교

■

11_1_ 전통적 추진기

_ 나선형의 고정날개를 가지는 일반 프로펠러는, 다른 기관에 비하여 상대적으로 고동력 저회전수 특성을 가지는 대형 디젤기관과 같이 사용할 때 높은 추진효율을 제공하나, 전기모터를 비롯한 다른 기관, 또는 소형 선박이나 군함에서와 같이 다양한 조건에서 운항되는 선박에서는 그 효율을 일정하게 유지하기 어렵다. 또한 일반 프로펠러라 해도 대상선에 따라 프로펠러 날개에서 발생하는 공동의 진동 및 소음 등이 심각할 수도 있으며, 수심과 선박의 건조비용 등 다양한 제한요인으로 만족할 만한 추진성능을 얻지 못하는 경우가 있다. 이러한 문제점들을 극복하기 위하여, 그리고 보다 높은 추진효율을 얻기 위하여 많은 노력이 이루어지고 있으며, 이러한 노력의 결과로 다양한 형태의 추진기가 개발되었다.

또한 최근에는 전동기의 발전에 힘입어 포드(pod) 형태의 프로펠러 추진방식이 새로 등장하였다. 이러한 추진방식에 의해 선형의 설계 및 기관 배치에 대한 구속에서 자유로워지고 소음, 진동 등의 문제를 획기적으로 감소시킬 수 있으나, 전동기를 구동하기 위한 전기에너지로의 변환에 따른 효율감소가 약 8% 정도 수반되므로 효율의 관점에서는 기존의 추진체계보다 다소 불리하다. 그러나 선속이 빨라지고 우수한 조종성능과 쾌적성이라는 관점에서는 기존 프로펠러보다 탁월한 성능을 보이므로 가격이 다소 비싸더라도 사용 빈도가 계속 증대될 것으로 보인다. 이 장에서는 이와 같은 특수추진기의 원리와 목적에 대해 간단히 살펴보고자 한다.

그림 11-1 노 추진

11_1_1_ 노

노(oar)는 가장 오래 전부터 사용되어 온 추진장치로 우리나라에서도 오래 전부터 사용되어 왔다. 서양 노의 경우는 압력의 차이를 극대화시켜 추진하므로 순간적인 힘은 크나 박리현상이 심해 효율이 낮으며, 한국 전통 노의 경우는 양력을 이용한 추진방식이므로 효율이 우수하다.

설계의 관점에서 보면 전통 노의 경우 노의 단면에 캠버를 많이 주는 것이 효율에 유리하다.

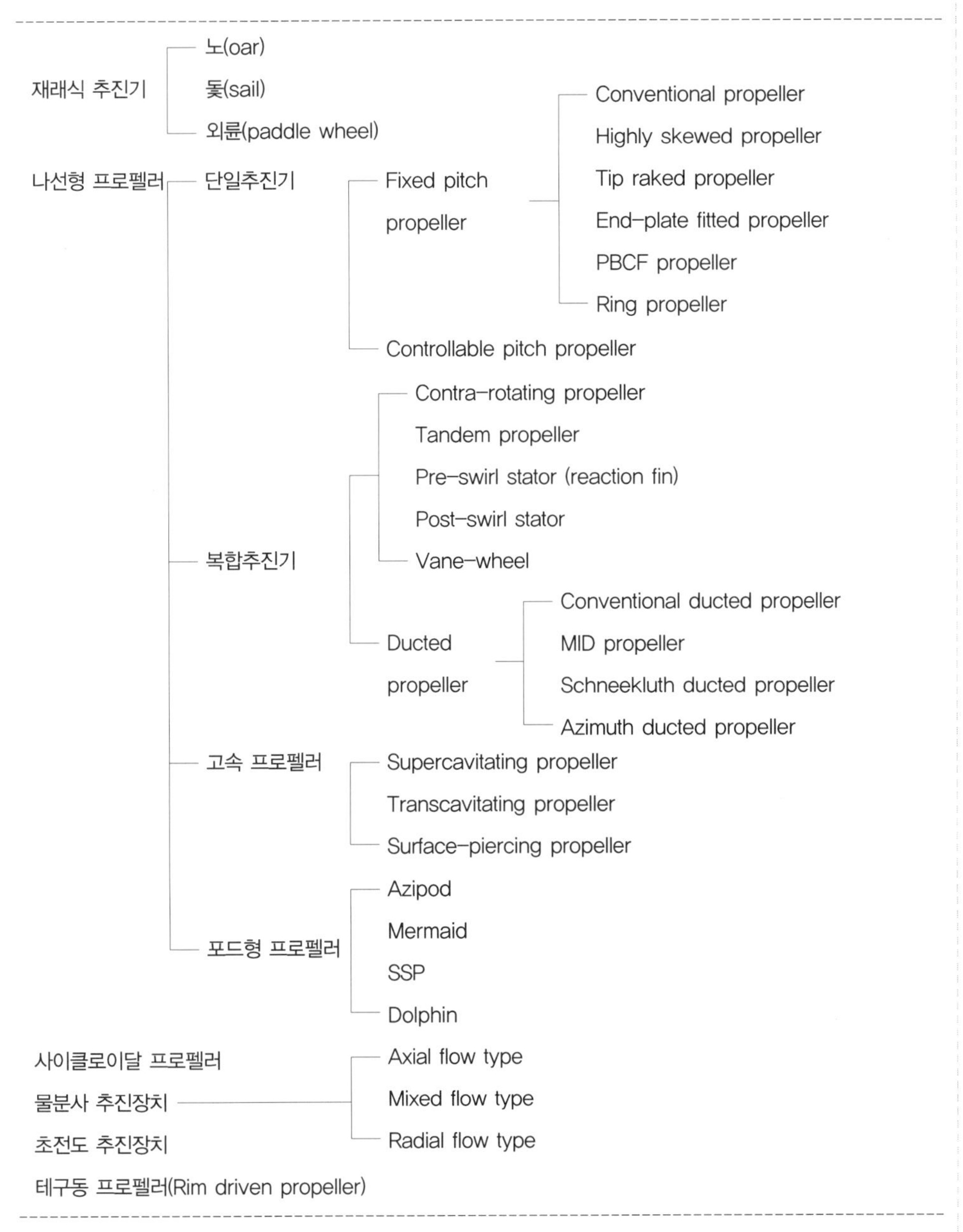

표 11-1 추진기의 종류

그림 11-2 돛(sail) 추진

11_1_2 돛

바다에서 바람을 이용하여 효율적으로 추진할 수 있는 매우 간단한 추진장치이다. 돛(sail)의 효율은 바람의 방향, 즉 순풍과 역풍에 따라 크게 다른 것이 가장 큰 단점이나, 역풍에서도 양력을 이용하여 지그재그식으로 최소한 전진할 수는 있다.

11_1_3 외륜

외륜(paddle wheel)은 돛 이후 프로펠러가 본격적으로 사용되기 전까지 꽤 오랜 동안 사용된 기계적 추진장치이다. 프로펠러가 추진을 위해 양력을 이용하는 것과는 달리 외륜은 항력을 이용하므로, 원리적으로는 서양 노와 같아 프로펠러에 비하여 효율이 떨어질 수밖에 없다. 외륜의 날개는 위치가 낮을수록 효과적이지만 항력 때문에 물속에 반 이하만 잠기도록 해야 하므로 흘수 차이가 심한 선박에서는 사용하기 곤란하다. 효율을 위해서는 폭을 길게 해야 하지만 구조적으로, 또 배치상의 문제로 제약을 받는다.

그림 11-3 선미외륜선

그림 11-4 현측외륜선

11_2_ 복합추진기

_ 나선형 프로펠러가 효율적인 측면에서는 매우 우수하나 추력 발생을 위한 회전으로 인하여 회전에너지의 낭비가 발생한다. 또 공동이나 선박의 후미에 장착되는 배치 상의 문제 때문에, 오래 전부터 효율증가 및 공동 문제 등을 해결하기 위한 복합추진기(compound propulsor)가 고려되었다. 대부분 복합추진기는 에너지 절약장치를 뜻하는데, Grothues 핀(fin)은 에너지 절약장치임에도 불구하고 추진기와 많이 떨어져 있기 때문에 선체의 일부로 볼 수 있어 복합추진기로 보기 힘들다.

11_2_1_ 상반회전 프로펠러

프로펠러가 유체에 제공한 회전방향의 운동에너지를 회수하는 개념에 가장 충실한 프로펠러가 상반회전 프로펠러(Contra-Rotating Propeller, CRP)이며, 2개의 프로펠러가 서로 다른 방향으로 회전한다. 축 진동을 줄이기 위하여 두 프로펠러의 날개수가 다르고, 따라서 어떤 날개도 동시에 같은 지점을 지나지는 않는다. 흔히 앞 프로펠러의 직경이 뒤 프로펠러의 것보다 약간 더 크다. 이는 앞 프로펠러를 지난 후류가 수축하기 때문이며 앞날개에서 발생한 날개끝와류가 뒷날개와 부딪치는 것을 피하기 위해서이다. 적당한 하중을 받고 있는 프로펠러의 회전에너지 손실은 약 8%이다. 그 중 2%는 타에 의해 보상되고, 따라서 CRP를 사용함으로써 얻을 수 있는 이득은 6% 정도이다. 이러한 관점에서는 효율증가가 그다지 크지 않으나 2개의 프로펠러에 의한 하중분담으로 회전수를 줄임으로써 프로펠러 효율을 극대화시킬 수 있다. 추진효율을 향상시키는 가장 좋은 방법은 프로펠러 직경을 증가시켜 부하를 감소시키는 것인데, 단일 프로펠러의 경우 제한된 선미형상 때문에 직

그림 11-5 상반회전 프로펠러

경이 어느 정도 제한된다. 그러나 CRP의 경우 프로펠러 부하가 둘로 나뉘기 때문에 직경도 작아지므로 직경을 더 증가시킬 여지가 많을 뿐 아니라 부하도 분산되기 때문에 공동 발생 여지도 작아진다. 이 때문에 결국 프로펠러 단독효율을 향상시키는 동시에 상반회전으로 인해 회전에너지 손실을 감소시켜 단일 프로펠러를 장착한 경우에 비하여 약 12~15%의 효율을 향상시킬 수 있다. 단 회전수가 작아지는 것에 기인하여 기관의 효율이 감소할 수 있다. 뒤 프로펠러는 대부분 주기관과 직접 연결되고, 그 회전수는 주기관의 회전수에 의해 결정된다. 앞 프로펠러는 기어박스를 통하여 역회전하게 되며 축 회전수는 감소된다.

11_2_2_ 직렬 프로펠러

상반회전 프로펠러와는 달리 2개의 프로펠러가 같은 방향으로 회전하는 직렬 프로펠러(tandem propeller)는 앞 프로펠러의 영향으로 인하여 단일 프로펠러의 2배 성능을 내지는 못하지만 프로펠러 직경을 크게 할 수 없는 경우에 사용할 수 있다. 이러한 개념을 전기추진방식인 SSP 추진에 사용하여 추진력을 증가시킨 바 있으며, 회전수가 비교적 크고 직경이 작은 경우에 좋은 효과를 얻을 수 있다.

11_2_3_ 전류고정날개

일본에서는 전류고정날개(pre-swirl stator)를 반작용핀(reaction fin)이라고 부르며 1980년대부터 Mitsubishi 조선소에서 VLCC 등에 적용해 왔다. 통상 일반 프로펠러 대비 5~6% 정도 효율향상이 있다고 알려져 있으며 국내에서도 기초연구 및 실용화를 위한 연구가 활발하다. CRP보다 훨씬 간단하면서 비교적 높은 효율향상을 이룰 수 있어 현실적으로 적용 가능성이 높은 추진장치이다. 국내에서는 1990년대부터 KRISO, 대우조선해양(주) 등에서 꾸준히 연구해 왔으며 모형시험에서 최대 약 6%의 효율향상을 보여준 바 있다. 최근에는 부산대학교에서 좌우 비대칭형 전류고정날개를 개발하여 더 간단하면서도 효율은 동등한 수준을 보여 실선화에 대한 가능성을 높여주고 있다.

전류고정날개는 프로펠러의 회전방향과 반대방향으로 프로펠러에 유입되는 원주방향의 유속성분을 추가로 생성시켜 프로펠러 후류에서 프로펠러에 의한 회전에너지를 상쇄시킴으로써 프로펠러의 효율을 향상시키는 장치이다(**그림 11-6**). 전류고정날개는 입사류에 대해 배의 후진방향으로 추력을 발생시키도록 배치되나, 전류고정날개에 의해 전류(pre-swirl)가 발생되기 때문에 프로펠러가 발생시키는 추력이 증가하고 선각효율도 증가함으로써 결국 전체 선각효율은 증가한다. 고정날개의 직경은 프로펠러 직경과 비슷하거나 약간 크고 날개수는 좌우현 각각 3개씩 배치하는 것이 기본이나, 프로펠러 날개에 입사하는 원주방향 유속이 프로펠러 회전방향과 반대인 우현 쪽의 날개수를 1~2개 감소시키는 방안도 연구되고 있다.

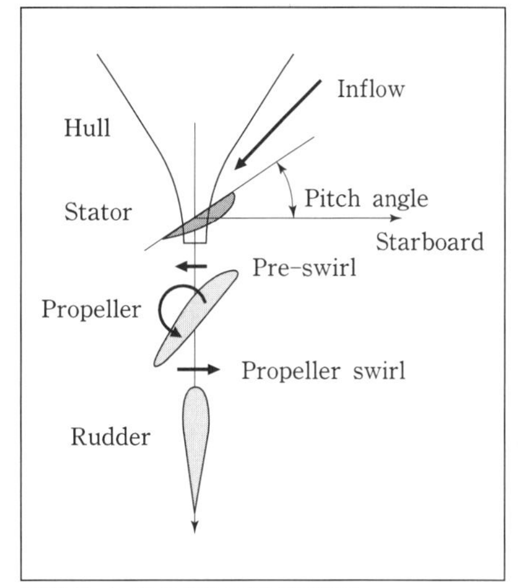

그림 11-6 전류고정날개의 작동원리

이러한 연구는 최근 수행된 좌우 비대칭적으로 구성된 새로운 형태의 전류고정날개의 연구에서도 찾아볼 수 있다[1]. 여기서는 전류고정날개의 날개수가 4개이나 모형시험 결과로부터 날개수가 6개인 기존 Mitsubishi 전류고정날개의 효율향상과 유사한 수준을 보인 바 있다. 이러한 비대칭 전류고정날개의 개념은 통상 저속비대선의 경우, 선저를 따라 올라오는 유동이 커서 프로펠러의 회전성분유동을 좌현은 증가시키고 우현은 상쇄하도록 하고 있으며, 전류효과가 상대적으로 작은 우현의 날개수를 감소하는 방안으로 회전에너지를 균일하게 흡수할 수 있도록 한 것이다. 전류고정날개의 설계에서 중요한 것은 전류고정날개의 위치에서 반류를 정확히 추정하는 것이며, 어려운 점은 반류추정 시 모형선과 실선 사이의 척도효과가 크다는 점이다.

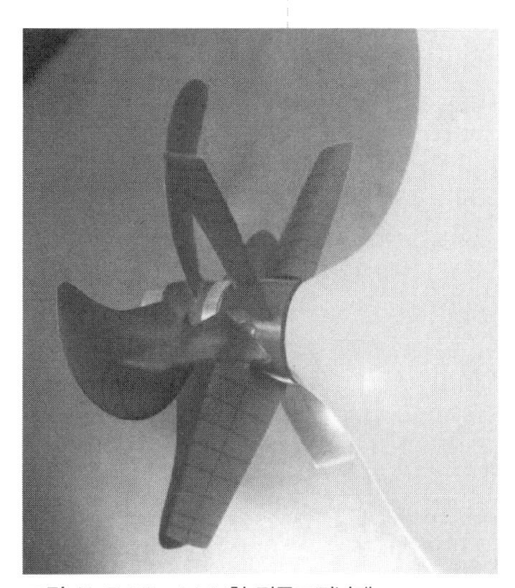
그림 11-7 Mitsubishi형 전류고정날개

11_2_4_ 후류고정날개

전류고정날개는 저속비대선을 중심으로 널리 장착되고 있으나 자동차전용운반선(PCC) 등 고속선에서는 고정날개에 공동이 발생할 가능성이 높으며, 이로 인해 프로펠러에서 침식이 발생할 우려가 있다. 이러한 경우에는 프로펠러 후류에 배치하는 후류고정날개(post-swirl stator)가 유리하다. 후류고정날개는

그림 11-8 비대칭 전류고정날개(좌현 날개 3, 우현 날개 1)

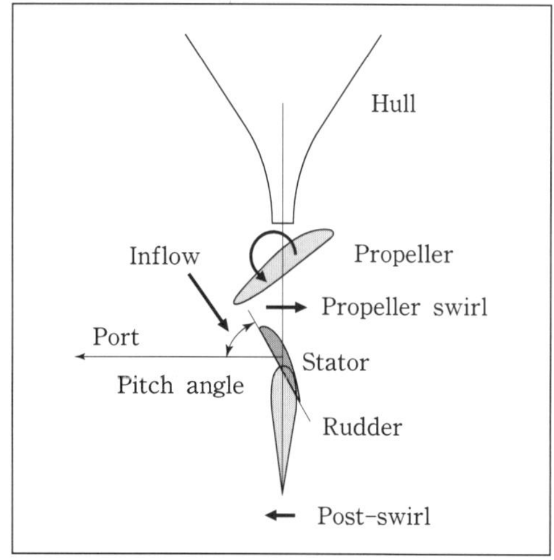

그림 11-9 후류고정날개의 작동원리

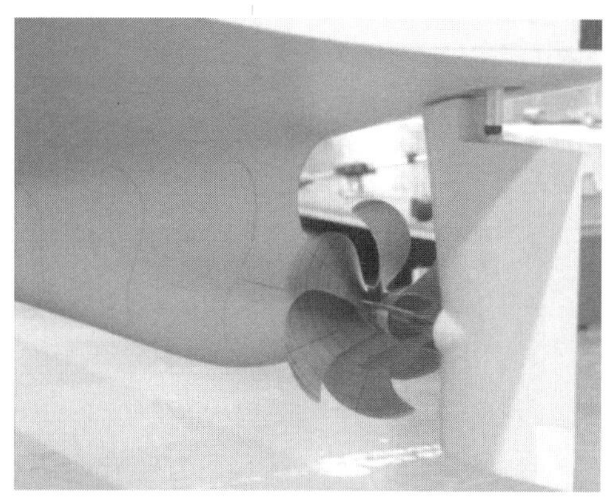

그림 11-10 타벌브가 있는 후류고정날개

프로펠러 후류에 위치하기 때문에 후류고정날개가 부착될 위치에서 프로펠러 후류의 유속분포를 계측하거나 추정하여 고정날개가 추력을 발생시키도록 피치각을 결정한다. 고정날개에 의한 후류는 프로펠러에 의한 후류와 반대방향으로 결국 프로펠러에 의한 회전에너지를 회수하도록 한다. 고정날개의 직경은 수축된 프로펠러 후류에 맞추어 프로펠러 직경의 약 0.85배를 사용하나, 공동을 감소시키기 위하여 고정날개의 직경을 더 감소시키기도 한다. 고정날개는 타의 고정부 혹은 가동부에 부착하나 가동부에 부착하면 항해 시 타각이 자주 변화하기 때문에 날개에 유입되는 입사류가 교란되어 추진효율이 감소된다. 한편 후류고정날개와 타 사이에 타벌브를 함께 부착함으로써 프로펠러 허브와류를 감소시켜 추진효율을 향상시키기도 한다. 타벌브는 프로펠러캡과 가까이 배치함으로써 프로펠러캡 후방의 낮은 압력과 타 앞날 부근의 정체점으로 인한 높은 압력의 저항을 감소시킬 수 있다. 후류고정날개의 효율은 전류고정날개에 비하여 약간 작지만 후류고정날개는 전류고정날개와는 달리 프로펠러 회전수에 거의 영향을 주지 않아, 후류고정날개를 장착하는 경우에는 프로펠러 재설계의 필요성이 없다는 장점이 있다. 국내의 연구로는 김기현 외[2] 등이 있다.

11_2_5 베인휠

프로펠러에 의한 회전방향의 운동에너지 손실을 최소화하기 위한 방법의 하나로 베인휠(vane wheel)의 사용을 들 수 있다. 베인휠은 CRP와는 달리 선체로의 동력 전달 없이, 마치 풍차처럼 자유회전(free rotating)할 수 있도록 되어 있다. 선박이 진행할 때 휠을 회전시킬 수 있는 힘을 날개 외곽 부분에서 얻기 위하여 **그림 11-11**에 나타낸 바와 같이 프로펠러 반경보다 베인휠 반경이 크며, 이 부분에서 얻어진 회전력을 중심부에 가까운 곳에서 사용하도록 설계된다. 즉 베인휠의 중심 부분은 터빈부, 바깥쪽은 임펠러부가 되도록 설계되어 있어, 프로펠러의 후류 회전에너지를 터빈부에서 흡수하여 베인휠을 회전하게 함으로써 임펠러부가 추진력을 갖도록 하는 방식이다. 효율향상 효과는 있으나, 직경이 큰 날개로 인한 파손 가능성 및 자유회전 때문에 허브 부근의 구조가 취약해지는 단점이 있다. 또한 베인휠은 프로펠러의 직경이 제한되어 있을 경우, 주 프로펠러의 직경을 증가시키지 않고도 직경증가 효과를 얻을 수 있다.

그림 11-11 베인휠

개발자의 이름을 따라 Grim 베인휠이라고도 하며 한때 유럽에서 각광받았으나, 휠의 크기가 프로펠러 직경보다 크고 고정되어 있지 못해 손상 사례가 빈번하여 자취를 감추고 말았다. 설계 시 유의점은 터빈부의 피치와 임펠러부의 피치 차가 커서 프로펠러 후류의 정확한 수축점을 파악한 다음, 그 점을 기준으로 피치를 완전히 다르게 설계해야 한다는 점이다. 통상 이 지점은 프로펠러의 $0.9R$ 정도이고 휠의 직경은 프로펠러의 1.15배 정도이며, 따라서 터빈부는 프로펠러 직경의 약 25% 정도이다.

11_3_ 덕트 프로펠러

11_3_1_ 일반 덕트 프로펠러

공동 감소 또는 추진효율 향상을 목적으로 프로펠러 주위에 노즐이 설치된 덕트 프로펠러(conventional ducted propeller)는 작동원리에 따라 가속형(accelerated type)과 감속형(decelerated type)으로 구분된다. 가속형 노즐을 가진 덕트 프로펠러는 선박 프로펠러의 부하가 큰 경우, 또는 프로펠러의 직경이 제한될 경우에 널리 사용된다. 가속형 노즐은 부하가 큰 프로펠러의 효율을 증가시키는 수단으로 사용되는데 이때 노즐은 양의 추력을 발생시킨다. 반면 감속형 노즐은 임펠러에서의 정적압력을 증가시키기 위하여 사용하며 덕트는 음의 추력을 발생시킨다. 이와 같은 노즐은 프로펠러의 공동 발생을 지연시키기 위해 사용할 수 있으며, 함정에서는 중요한 성능 중 하나인 소음 수준을 줄일 수 있다.

덕트 프로펠러에 대한 대부분의 이론적 연구는 대체로 선형이론과 균일류 중에서의 축대칭 노즐에 집중되었다. 이들 이론은 노즐에서 발생할 수 있는 유동박리에 관한 자료를 주지 못한다. 만일 노즐의 부하가 매우 커서 유동박리가 일어나면, 노즐의 항력이 급격히 증가하고 추진장치의 효율은 감소하며 프로펠러는 매우 불규칙한 유동 중에서 작동하게 될 것이다. 따라서 노즐 표면에서의 유동박리는 피해야 한다. 그러므로 덕트 프로펠러의 설계 시에는 계통적 실험결과에 의해 뒷받침되는 믿을 만한 이론적 해석방법을 갖추어야 한다. Morgan 등[3]은 덕트 프로펠러에 대한 이론과 실험을 비교한 바 있다.

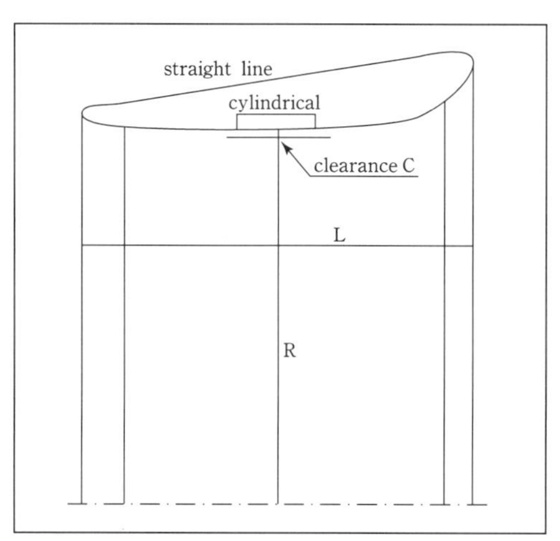

그림 11-12 노즐 19A의 형상

덕트 프로펠러를 선박에 적용하기

위한 광범위한 계통적 실험이 MARIN에서 수행되었으며, 가속노즐에 관한 연구결과로부터 부하가 큰 프로펠러에 적용할 수 있는 MARIN 19A로 명명된 노즐이 개발되었다. 구조적 관점에서 이 노즐은 단순한 형상을 가지는데, 프로펠러 위치에서 노즐의 안쪽은 원통형상을 가지며 노즐단면의 바깥쪽은 직선이고 노즐 뒷날은 비교적 두껍다. 노즐 19A의 단면형상을 그림 11-12에 나타냈다.

노즐 19A 안에 설치할 것을 전제로 한 프로펠러 계열, 즉 Ka-프로펠러 계열이 설계되었는데, 이 계열의 프로펠러는 날개끝이 비교적 넓어 날개끝공동이 쉽게 발생하지 않는다. MARIN에서는 광범위한 연구를 통하여 균일한 피치와 평평한 앞면을 갖는 계열을 설계하였으며, 이러한 형태의 프로펠러는 효율과 공동에서 큰 결점이 없음이 밝혀졌다. 예인용 선박에서는 볼라드견인상태(bollard pull condition)에서 전진과 후진 시에 프로펠러가 만들어 내는 추력이 매우 중요하며, 이 경우에는 비교적 노즐의 각도가 작은 것이 좋기 때문에 후진작동에 적합한 새로운 노즐이 개발되었다(노즐 37). 이 노즐의 뒷날은 둥글고 상대적으로 두꺼우며, 이와 같은 형상은 역류 상황에서 유동박리를 막아준다. 이들 노즐과 Ka 4-70 프로펠러 계열의 조합에 대한 단독시험이 수행되었고, 그 결과는 회귀해석 방법으로 순정되었는데, 노즐 19A 및 37과 조합된 Ka 4-70 프로펠러의 형상 및 단독시험에 대한 다항식은 [4]를 참조하기 바란다.

예인선과 트롤선, 추동바지(pusher barge)용 노즐 프로펠러를 선택할 때 중요한 인자는 전진정적 볼라드견인, 후진정적 볼라드견인, 자유항주 속력 등이며, 이러한 제반성능을 만족하기 위해서는 이 선박들처럼 부하가 큰 경우, 덕트 프로펠러가 권장된다고 할 수 있다. 게다가 노즐은 바닥이나 둑과 같은 고정물과의 충돌로부터 프로펠러 날개를 보호하므로 덕트 프로펠러는 제한수역에서의 이용도가 높다. 또 노즐은 얼음이 덮인 상태를 지날 때 필요한 큰 추력을 제공할 수 있으며, 얼음에 의한 프로펠러 손상을 막을 수도 있다.

그림 11-13 덕트 프로펠러

한편 덕트 프로펠러에서는 통상의 나선형 프로펠러보다 임펠러 원판에서의 유속이 선속의 변화에 덜 민감하다는 사실에 주목하여야 한다. 결과적으로 덕트 프로펠러의 동력흡수가 선속의 변화에 상대적으로 덜 민감하며, 이것은 한편으로 동일한 최대기관토크에서 요구되는 회전수 변화를 더 작게 해 준다. 이러한 특징들은 예인선 및 트롤선 뒤에 덕트 프로펠러를 장착할 때 중요한 요소가 되어왔다. 이들 모든 선박은 프로펠러의 다른 하중상태(예인 및 자유항주)에서 만족스럽게 운항되어야 한다. 운항기간의 상당한 시간을 조종에 사용하는 단추진기 예인선에 덕트 프로펠러를 설치하면 프로펠러 뒤에 위치한 통상의 조종타 이외에 프로펠러 앞에 후진 조종타도 설치해야 한다. 고정노즐은 후진 또는 측면이동 타 없이는 후진 시 방향제어를 하지 못한다. 한편 쌍추진기 예인선은 만족스러운 조종성을 가진다.

일반적으로 덕트 프로펠러는 프로펠러 날개끝과 덕트 사이의 좁은 간격으로 인하여 일반 프로펠러에 비하여 상대적으로 높은 양력을 날개끝에서도 얻을 수 있으므로, **그림 11-13**과 같이 날개끝의 코드가 영이 아닌 경우가 많다. 그러나 좁은 간격을 유지하는 것이 쉽지 않으며, 날개끝에서 발생하는 날개끝와류 공동 에 의하여 덕트 내부에 침식(erosion)이 발생할 수도 있다.

11_3_2_ Mitsui 복합 덕트 프로펠러

저속비대선의 경우 덕트로 유입되는 유입류는 덕트의 위치와 프로펠러의 작용에 따라 달라지기 때문에 이 각도에 맞게 덕트단면을 설계하면 덕트에서 균일한 양력을 얻을 수 있으며, 이 양력 중 배의 진행방향 성분이 추력으로 작용하게 된다. 저속비대선에서 프로펠러의 작용을 활용하여 추진효율을 향상시키는 대표적인 가속덕트가 Mitsui 복합 덕트(Mitsui integrated duct propeller)이다. 보통 덕트 프로펠러에서는 프로펠러가 덕트의 중앙부에 위치하지만 Mitsui 조선에서는 덕트 후미에 프로펠러를 설치함으로써 프로펠러의 날개끝공동으로 인한 덕트에서의 침식을 회피하도록 하였다. 이러한 Mitsui 덕트를 설계할 때 유의할 점은 저속비대선에서 프로펠러의 흡입에 의한 유입유동의 각도를 이용하기 때문에 상부

그림 11-14 반류 덕트

에서는 이러한 효과가 크므로 코드를 길게 하고 하부에서는 짧게 하여 효율적인 덕트가 되도록 한다.

11_3_3_ 반류 덕트

Schneekluth에 의해 제안된 덕트로, **그림 11-14**에 나타낸 바와 같이 이 덕트는 프로펠러 평면 윗부분의 유체를 가속시킨다. 반류 덕트(wake duct; 또는 Schneekluth duct)는 추진효율 측면에서는 일반 덕트에 비하여 좋지 않으나 프로펠러 상부에서의 속도저하로 공동이 문제가 되는 경우에 효과적이다. 선형이 비교적 좋지 않은 유럽에서는 사용 예가 많으나 우리나라에서는 1980년대를 제외하고는 거의 사용되지 않고 있다.

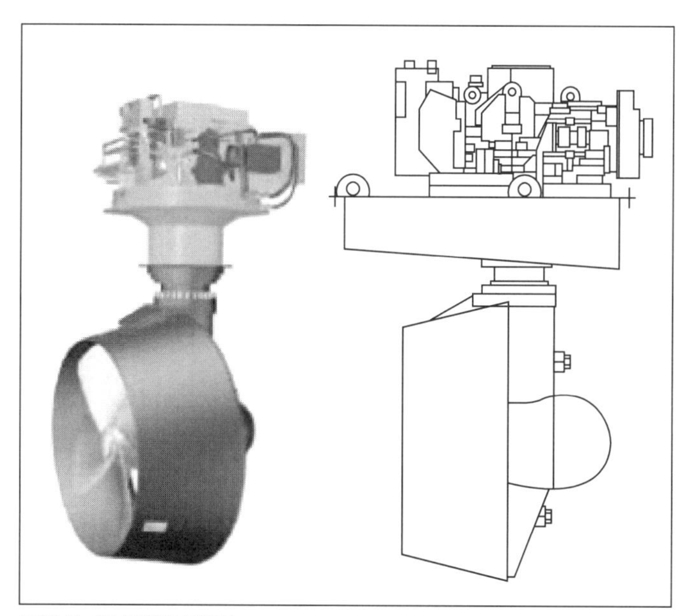

그림 11-15 전방위 추진기

11_3_4_ 전방위 추진기

기관과 프로펠러가 동일축 상에 놓여 있지 않고, **그림 11-15**와 같이 동력원은 선체 상갑판에 있으면서 기계적인 방법으로 수면 아래의 프로펠러에 동력을 전달하는 방법이 개발되었다. 일명 Z-구동체계(Z-drive system) 또는 전방위 추진기(azimuth thruster)라 불린다. 일반적으로 타 없이 프로펠러 덮개(housing)가 회전하기 때문에 조종성이 우수하나, 축계의 복잡성 등으로 인해 큰 동력의 전달이 필요한 대형선박에는 적용이 어렵다.

전방위 추진기는 대부분 덕트 내에 프로펠러가 장착되는 구조를 택하고 있으며, 항만에서의 접안성능 및 조종성능, 동력학적 위치제어(dynamic positioning)성능이 우수하기 때문에 FPSO, 시추선(drillship) 등 해양특수선, 쇄빙선 등에서 널리 사용되고 있다. 전방위 추진기는 대부분 덕트형이 사용되지만 덕트가 없는 형과 CRP형도 사용되고 있다.

그림 11-15는 덕트형 전방위 추진기, **그림 11-16**은 이에 대한 단독시험 결과를 보여주고 있다. 덕트형 전방위 추진기는 덕트와 프로펠러, 다리(leg)로 이루어져 있으며 단독시험 시 프로펠러와 덕트, 다리에 대한 추력이나 항력을 따로 계측하고, 프로펠러와 덕트의 합은 첨자 'total'을, 다리까지 더한 양은 첨자 'unit'을 써서 표시한다. 덕트형 프로펠러는 특히 $J=0$, 즉 볼라드상태에서 덕트가 없는 일반 프로펠러에 비해 추력이 증가하며 토크는 감소하는 특징이 있다.

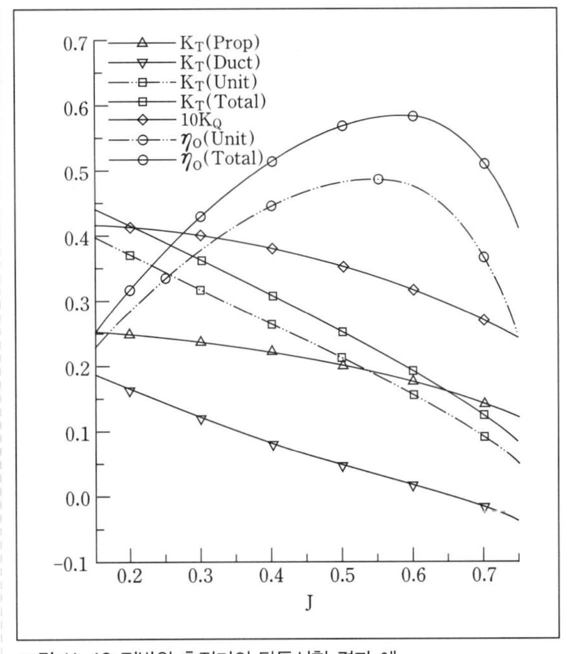

그림 11-16 전방위 추진기의 단독시험 결과 예

11_4_ 고속 프로펠러

11_4_1_ 초월공동 프로펠러

일반 추진기보다 공동수가 현저히 작을 때, 즉 선속이 매우 높거나 프로펠러의 회전수가 매우 빠른 상태에서는 심각한 공동을 피하기 어렵다. 이와 같은 공동이 발생하면 공동의 불균일한 거동으로 진동, 소음 및 침식이 발생하는데, 이러한 문제를 효과적으로 피하기 위하여 초월공동 프로펠러(supercavitating propeller)가 등장하였다(그림 11-17). 초월공동 프로펠러에서는 공동이 날개 뒷면(back)의 앞날부터 뒷날까지 완전히 덮도록 하고, 날개 뒤의 먼 후류에서 끝나게 함으로써 날개면에서 침식을 회피함은 물론, 상대적으로 안정된 공동을 발생시킬 수 있다. 이러한 초월공동 프로펠러의 단면은 약간의 유입류 변화에도 공동이 쉽게 발생할 수 있도록 앞날 형상이 날카롭고, 또한 부하의 대부분이 압력면에서 발생하므로 0.7 코드 부근의 압력면이 가장 오목한 형태인 삼각형 모양이다(그림 11-18). 이와 같은 단면의 형상 때문에 유체는 앞날에서 쉽게 분리되어 공동면(cavity sheet)이 시작되며, 공동의 길이가 때로는 코드길이의 2~3배가 될

그림 11-17 초월공동 프로펠러

그림 11-18 초월공동 프로펠러의 형상

때도 있다. 약 40～50kts까지 설계가 가능하나 비교적 성능해석 및 설계가 어려운 단점이 있다. 일반적으로 고동력 소형 고속선박에 사용된다.

11_4_2_ 천이공동 프로펠러

초월공동 프로펠러의 경우 속도가 그다지 높지 않을 때에는 날개의 중심 부분에서는 공동이 발생되지 않는 경우가 있는데, 천이공동 프로펠러(transcavitating propeller)는 이와 같이 초월공동 프로펠러를 적용하기에는 속도가 다소 낮은 경우에 적용할 수 있으며 일정 반경, 예를 들어 $0.6R$ 이내에서는 일반 날개단면을 사용하고 $0.6R$ 바깥쪽은 초월공동 단면을 사용하는 프로펠러를 말한다.

11_4_3_ 수면관통 프로펠러

흘수에 제한이 많은 호수 및 강에서 운항하는 선박에서 프로펠러 직경의 제한을 받는 고속 프로펠러에서는 프로펠러축을 수표면 바로 위에 배치하고 축 하부의 프로펠러 날개만 수중에 있도록 하는 수면관통 프로펠러(surface piercing propeller)가 적합하다(**그림 11-19**). 이 프로펠러의 경우 프로펠러 앞날에는 물 표면에서나 물에서 밖으로 나올 때 날개의 충격을 완화시켜 주기 위하여 스큐를 준다. 날개의 뒷날은 직선이며 일정한 두께를 갖는다. 날개단면의 형태는 초월공동 프로펠러의 단면처럼 대체로 압력면의 0.7 코드 부근에서 가장 오목한 면을 갖는다. 수면관통 프로펠러에서는 날개가 유체로 들어올 때 공기도 함께 들어오기 때문에 기포(bubble)가 형성되는데, 기포 내부의 압력은 증기압이 아닌 대기압이다. 보다 높은 기포 내의 압력으로 인해, 초월공동 프로펠러와 같은 추력을 내기 위해서는 보다 넓은 날개 면적이 요구된다. 프로펠러 심도(immersion)에 매우 민감하므로 배의 트림이 바뀔 경우에 대비하여 축은 프

그림 11-19 수면관통 프로펠러

로펠러 심도를 조절할 수 있도록 만들어진다. 통상 입수 시 칼날과 같은 앞날이 허브 쪽에서부터 순차적으로 입수되도록 하며 뒷날은 거의 동시에 입수되게 한다. 이 프로펠러에서는 축계의 저항을 배제할 수 있으나, 날개가 물에 들어갈 때의 충격으로 축에 비대칭의 큰 힘이 걸리므로 상대적으로 큰 직경의 축이 필요하다.

11_5_ 포드형 프로펠러

_ 포드형 프로펠러(podded type propeller)는 동력이 추력으로 변환되는 과정이 기존의 주기관–축계–프로펠러가 아니라, 주기관–발전기–전동기–프로펠러로 이루어진다. 이러한 방식의 추진기는 기존의 전방위 추진기에서도 찾아볼 수 있으나, 주기관 및 발전기가 선체 내부에 배치되고 전동기 및 프로펠러는 포드에 설치됨으로써 기존의 Z-구동이 갖는 기계적 동력 전달의 문제점을 극복하여 대형화가 가능해졌다는 것이 가장 큰 장점이다. 또한 축계의 배제로 기존의 선미 선형이 대폭 개선될 수 있어 선박설계 측면에서 유연성을 높일 수 있음은 물론, 축계 및 프로펠러에 의한 공동의 발생, 진동 및 소음도 기존 프로펠러보다 탁월한 성능을 보이고 있어 고가임에도 불구하고 사용 빈도는 계속 증대되고 있다. 다만 구동을 위한 전기에너지를 생성하는 과정에서 변환에 소요되는 에너지가 약 8% 정도이므로 효율의 관점에서는 기존 추진체계보다 다소 불리하다. 포드형 프로펠러는 저소음, 저진동, 그리고 항구에서의 조종성이 중요한 여객선에서 많이 활용되고 있으며, 저속에서의 전후진 성능이 중요한 쇄빙선에서도 널리 사용되고 있다. 그러나 대형 화물선에서는 전동기의 용량 한계 및 비싼 가격 등으로 적용 사례가 많지 않으며 주추진기인 일반 프로펠러와 병행하여 보조적으로 사용되는 것이 검토되고 있다. 대표적으로 개발된 제품은 Azipod, Mermaid, 그리고 SSP가 있다.

이러한 전기 추진체계는 초기 설치비용이 비싸기 때문에 이전에는 우수한 조종성, 토크 응답성 등을 필요로 하는 쇄빙선이나 잠수함, 해양조사선, 해저석유 굴삭선 등 특수목적 선박에 적용되어 왔으나 최근에는 여객선에 적용되고 있으며, 일반 상선에도 적용이 검토되고 있다.

11_5_1_ 전기추진방식 구조(Azipod의 예)

기계적인 구성은 2개의 주모듈(module) 즉, 방위모듈(azimuth module)과 추진모듈(propulsion module)로 구분할 수 있으며, 두 모듈은 플랜지와 같은 지주 구조에 의하여 연

그림 11-20 Azipod

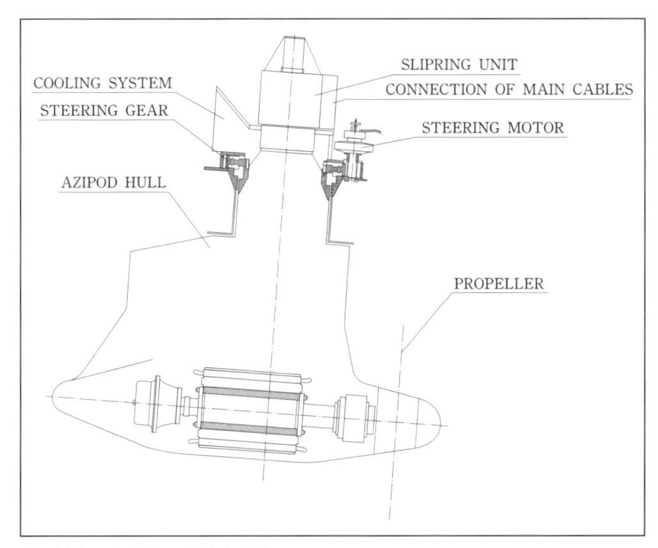

그림 11-21 Azipod 내부 모습

결된다(그림 11-20, 11-21).

전기적 추진체계는 전자기 자석을 이용한 동기식 전동기(synchronous motor), 회전자에 배열된 전자석, 냉각계통(cooling system), 조향전동기(steering motor) 등으로 이루어진다.

11_5_2_ 포드형 프로펠러의 장단점

1) 장점

(1) 주기관과 프로펠러를 분리 설치함으로써 기관실 용적 감소, 구획배치 유연성 증가

(2) 추진기 자체의 회전에 의하여 추진방향을 바꿀 수 있으므로 조종성능 우수

(3) 조타성능을 유지한 상태에서 급정지(crash stopping) 능력 우수

(4) 균일유동 중에서 프로펠러가 작동하므로 진동, 소음의 대폭 감소

(5) 상반회전 프로펠러 설치 시 추진효율 증가

(6) 축계, 지주 및 타에 의한 부가저항 감소

2) 단점

(1) 체계 전체적으로 중량이 증가하고 제조원가가 높음.

(2) 동력의 변환과정을 거치면서 동력원으로부터 추진장치에 이르기까지 동력손실이 큼(기존 축계의 경우 축전달효율이 약 0.985에 이르지만 전기 추진체계에서는 약 0.908로 약 7.7% 정도 작음).

11_5_3_ 포드형 프로펠러의 종류

1) Azipod

ABB(핀란드)와 Kvaerner Masa가 공동으로 개발한 포드 추진장치로 가장 먼저 개발되었으며 적용 사례가 가장 많다. 주로 여객선에 적용하였으며 일반 상선으로 적용의 폭을 넓히려 하고 있다. 최근 효율을 증가시키기 위해 CRP와 Pod의 결합 형태인 CRPod라는 새로운 추진방식을 선보이고 있다(그림 11-22).

2) Mermaid

Kamewa(스웨덴)사와 Alstom(영국)사가 공동으로 개발한 것으로 체계적인 모형시험으

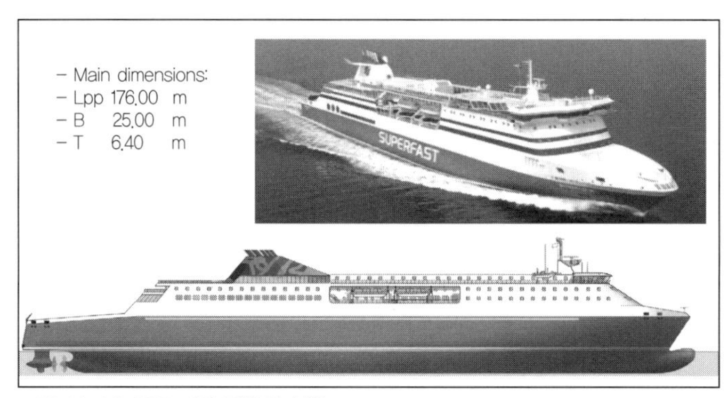

그림 11-22 CRPod를 장착한 선박

로 포드형상을 최적화하였다(**그림 11-23**).

그림 11-23 Mermaid

3) SSP

독일의 Scottel사와 Siemens사가 공동으로 개발한 것으로 다음과 같은 특징이 있다. 첫째, 병렬 프로펠러를 장착하였고 둘째, 영구자석을 사용하기 때문에 물냉각이 아닌 공기냉각을 이용함으로써 허브 직경을 감소시켰으며, 마지막으로 측면에 있는 2개의 핀이 전류 및 후류 고정날개 역할을 하고 있다. 기존 포드형 프로펠러에 비하여 효율이 우수한 것으로 알려져 있으나 아직 대형선에 적용할 만큼 큰 동력을 가진 장치를 개발하지 못하고 있다. 현재 최대용량은 10MW 미만이다(**그림 11-24**).

그림 11-24 SSP

4) Dolphin

네덜란드의 Lips사와 독일의 STN사가 공동으로 개발한 것으로 가장 후발주자이다. 이전에 나온 Azipod나 Mermaid와 크게 다른 점이 없다.

11_6_ 사이클로이달 프로펠러

사이클로이달 프로펠러(cycloidal propeller)의 주 개발자는 Voith-Schneider이다. 따라서 Voith-Schneider 또는 수직 프로펠러(vertical propeller)라고도 하며 날개가 여러 개 수직방향으로 놓여 있고 이들의 양력 및 항력의 합으로 추진하는 방식으로, 추진력의 방향을 쉽게 바꿀 수 있는 추진장치이다(**그림 11-25**). 여러 개의 날개에 작용하는 힘의 방향이 모두 같지는 않기 때문에 효율은 높지 않으나, 추진방향을 쉽게 바꿀 수 있는 장점이 있어 우수한 조종성능을 요하는 경우에 사용된다. 또한 이 추진기는 소음 발생이 거의 없다는 장점도 있다.

그림 11-25 사이클로이달 프로펠러

11_7_ 물분사 추진장치

선체 속에 펌프가 있으며 물을 선저로부터 흡입하고 선미 토출구에서 분사하여 추력을 얻는 추진장치이다. 통상적으로 토출구에서의 압력을 줄이기 위해 물 위로 배출하며, 노즐의 방향을 바꾸어 분사방향을 조절함으로써 선박을 조종하게 된다. 일반적으로 소형 고속정에 널리 사용되며, 프로펠러의 손상에 민감한 경우나 천수역에서 운항하는 선박에 많이 쓰인다(**그림 11-26, 11-27**).

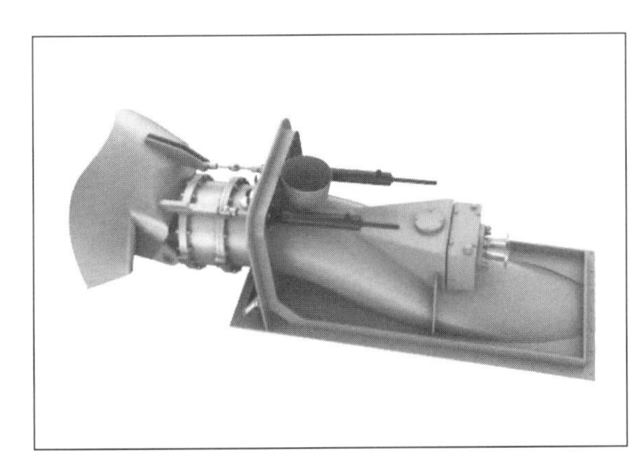

그림 11-26 물분사 추진장치

그림 11-27 물분사 추진장치를 장착한 모형선의 자항추진시험 모습

프로펠러의 뒤를 이어 앞으로 가장 각광받을 차세대 고속 추진장치이다. 선박의 고속화에 따라 프로펠러는 공동으로 인한 한계가 있어, 점차 물분사(water jet) 추진으로 가고 있는 추세이다. 물분사 추진방식은 임펠러를 덕트가 감싸고 있어 임펠러 면에서의 압력저하가 프로펠러에 비해 현저히 적어 공동 발생이 작으며, 이로 인한 진동, 소음 등의 문제도 최소화할 수 있다(**그림 11-28, 11-29**). 초기에는 프로펠러에 비하여 효율이 작아서 초고속영역에서의 추진기로만 고려되었으나 계속된 연구로 중고속영역에서도 프로펠러와의 효율 차이가 많이 좁혀졌다. 특히 긴 덕트가 임펠러를 감싸고 있어 안정성 측면에서도 프로펠러에 비하여 우수하다. 일반 펌프에서는 비속도에 따라 축류형(axial flow type), 혼합형(mixed flow type), 경류형(radial flow type)으로 나누며 물분사도 이와 비슷하게 축류형과 혼합형(사

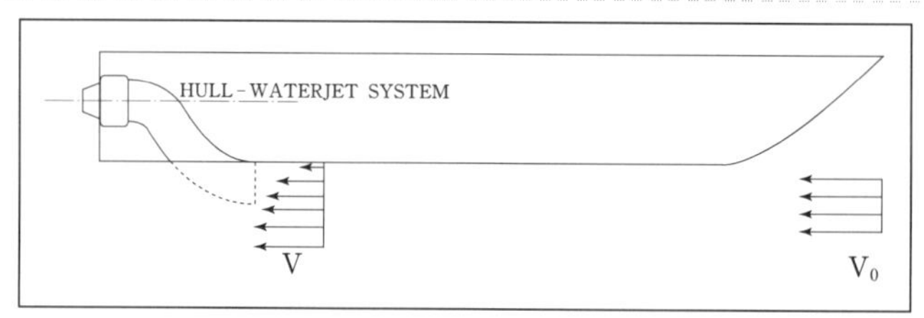

그림 11-28 물분사 추진 선박 개략도

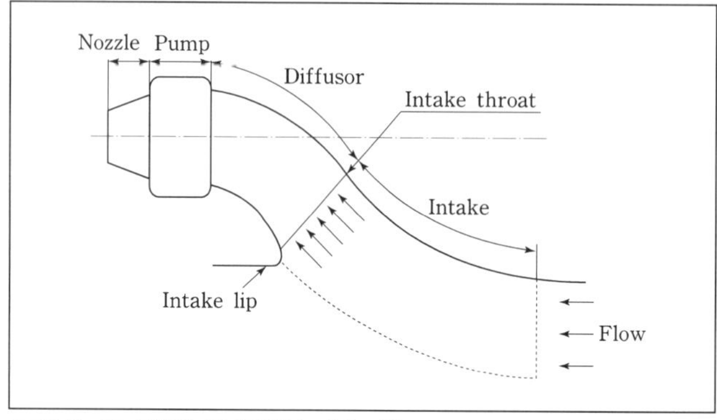

그림 11-29 물분사 추진장치의 각부 명칭

류형)으로 분류하고 있다.

현재 가장 많이 사용되고 있는 선박 추진장치인 프로펠러는 부하가 높은 경우 공동이 쉽게 발생하여 추진효율 저하와 진동 및 소음을 유발시킨다. 따라서 프로펠러의 경우는 약 $35kts$를 선속의 한계로 보며, $30kts$ 이상은 진동 및 소음의 증가 때문에 비상사태를 제외하고는 거의 운항하지 않는다. 물분사 추진장치는 선체 바닥에서 물을 흡입하여 유도관 속에 있는 임펠러 · 고정날개(stator)를 지나면서 후류 회전에너지를 압력에너지로 변환시킨 후, 노즐을 통하여 물을 고속으로 분사함으로써 추력을 발생시킨다. 이와 같은 방식 때문에 유도관의 내부압력이 증가함으로써 프로펠러에 비해 공동 발생 여유를 충분히 확보할 수 있으므로, 고속영역에서도 공동에 의한 선체진동, 소음 및 날개 침식의 피해를 줄일 수 있어 고속선과 고부하 수상운송체에 널리 사용되며 수요가 계속 증가하고 있다. 또한 물분사 추진장치는 얕은 수심과 저속에서도 조종성능이 우수하기 때문에 어장관리선, 고속어선, 세관선 등에도 널리 사용되고 있으며, 제자리에서 360° 선회가 가능할 만큼 뛰어난 조종성능과, 임펠러가 작동하는 상황에서 제자리 정지가 가능할 만큼 기동성이 뛰어나다는 장점이 있어 소방선, 구조선, 경비선, 순시선 등에 효과적이며 적용대상 선박도 매우 다양하다.

1) 축류형 물분사(axial flow type water jet)

비속도가 큰 경우, 즉 유량을 많이 내보냄으로써 추진성능을 높일 수 있는 경우에 사용

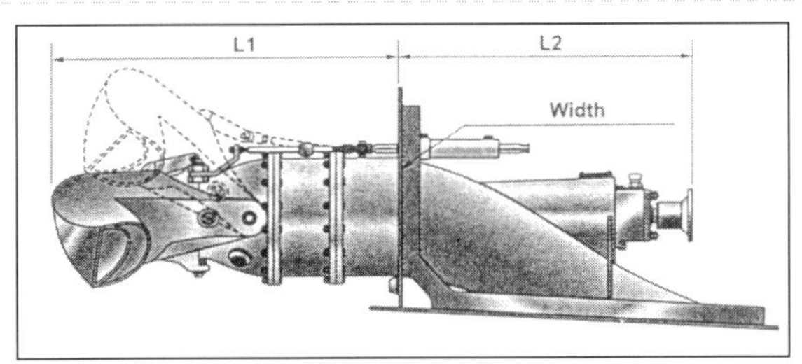

그림 11-30 소형 물분사(축류형)

한다. 주로 소형에 많이 사용하며 최근 도하용 전투차량에 많이 사용하고 있다(그림 11-30).

2) 혼합형 물분사(mixed flow type water jet)

비속도가 낮은 경우, 즉 높은 압력 차이를 이용하여 고속이나 큰 힘을 이용해야 하는 경우에 사용된다(그림 11-31).

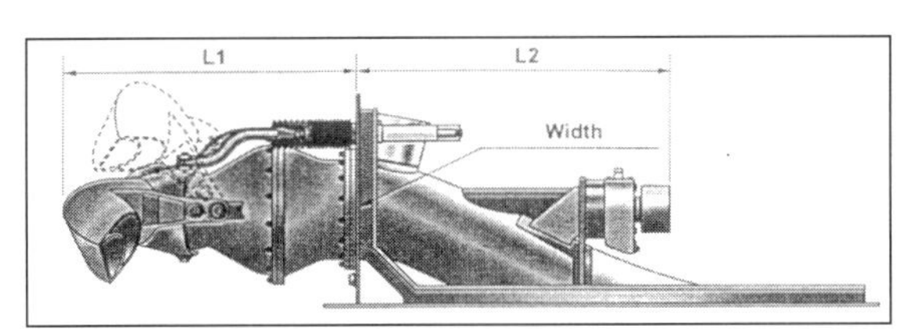

그림 11-31 중형 물분사(사류형)

11_8_ 초전도 전자추진

어떤 종류의 물질을 극지온으로 냉각하면 전기저항이 제로가 되어 전기적인 손실이 전혀 없거나 외부 자장의 침입을 배척하여 자기적으로 반발하는 자기부상현상이 일어나는데 이러한 현상을 초전도라 한다. 초전도의 주요 특징으로는 완전 도전성과 완전 반자성을 들 수 있으며 그 장점은 무손실, 환경친화적이고, 소형화 및 경량화에 유리하다는 점이다.

초전도 전자추진(superconducting electromagnetic propulsion) 방식은 Lorentz 힘을 이용한 추진방식으로 프로펠러나 임펠러를 전혀 사용하지 않는 획기적인 것이다. 단지 강한 추진력을 얻기 위해 필수적인 강한 자장을 형성시키기 곤란하며 강한 자기장으로 인한 해양 환경 파괴 등의 문제가 있다. 그러나 이러한 문제를 해결할 수 있다면 혁명적으로 조용하고 진동 없는 선박이 출현할 수 있을 것이다(그림 11-32, 11-33).

선체에 고정된 전자석에 의해 해수 중에 자장을 형성시키고, 전류를 자장과 직교시켜 흘려보내면 자장과 전장의 상호작용에 의해 해수에 Lorentz 힘(Lorentz force)이 발생하며 그 반작용으로 추진력을 얻는다. 초전도 전자추진선의 특징은 다음과 같다.

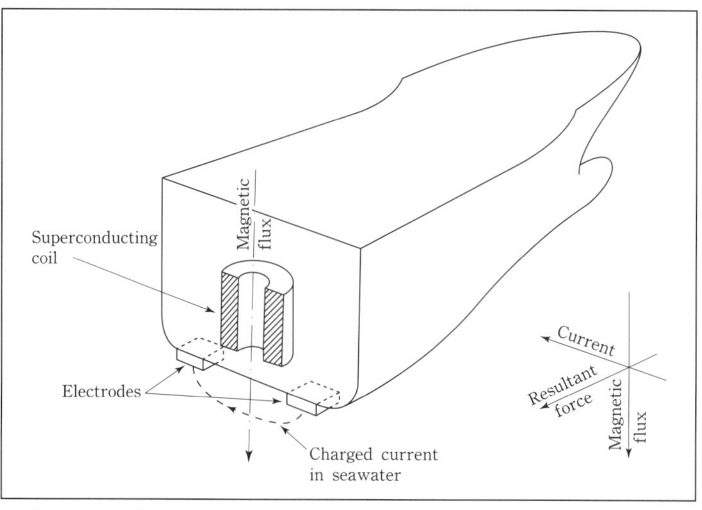

그림 11-32 초전도 전자추진 방식

그림 11-33 실선 야마토(Yamato) I 전경

1) 기계적인 회전기구가 없고 해수의 흐름이 층류이므로 프로펠러에 기인하는 진동이나 소음이 없다.

2) 유효추진력은 해수 전류(또는 자장)의 강도에 비례하므로 후진을 포함한 속도제어가 용이하고, 순발력 있는 운전도 가능하다.

3) 전자력이 작용하는 구역을 쉽게 넓힐 수 있으므로 높은 추진효율을 얻을 수 있다.

4) 선체 외부에 프로펠러와 같은 돌출물이 없기 때문에 구조가 간단하고 보수도 용이하다.

11_9_ 테구동 프로펠러

테구동 프로펠러(rim driven propeller)의 형상은 **그림 11-34**에 나타낸 바와 같이 덕트 프로펠러와 유사하지만, 포드 프로펠러와 같이 전기를 이용하는 추진장치이다. 또한 프로펠러 중심축으로 동력이 전달되지 않고, 외곽의 테(rim)에 전기력을 발생시켜 날개를 회전시키는 추진장치로, 중앙부의 허브는 고정날개 역할을 한다. 덕트 프로펠러와 유사한 정도의 추진효율을 얻을 수 있으며 포드처럼 주기관이나 발전기의 위치 제한이 없다. 전동기에 비하여 큰 반경의 테에서 전기력이 발생하기 때문에 큰 토크를 얻을 수 있어 높은 동력을 필요로 하는 대형선박에서의 적용 가능성이 높다. 그러나 아직 적용 사례가 많지 않아 실제 운용상에서 나타날 수 있는 문제점 등은 파악되지 못한 상황이다.

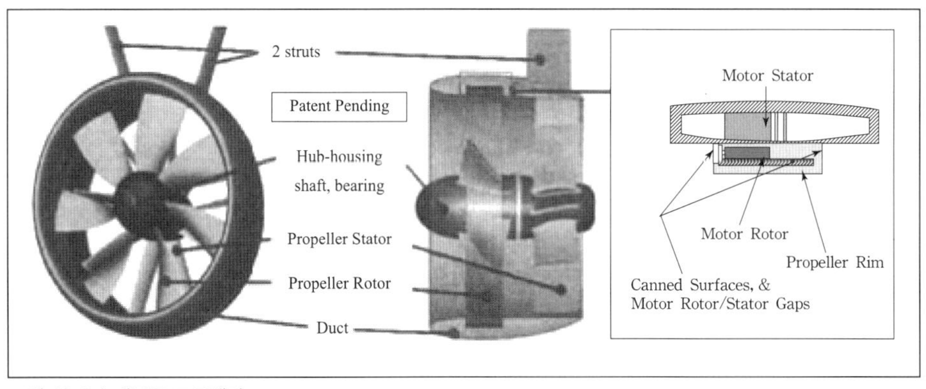

그림 11-34 테구동 프로펠러

✤ 연습문제

1. 우리나라의 전통 노와 서양 노의 추진력 발생원리와 그 차이점을 설명하시오.
2. 상반회전 프로펠러를 설계하고자 한다. 앞 프로펠러의 직경이 $8m$이며 유입속도가 $20kts$이다. 앞 프로펠러의 발생 추력이 $2000kN$인 경우, 일반 프로펠러의 운동량이론을 이용하여 적절한 뒤 프로펠러 직경을 추정하시오(앞 프로펠러 유입유동은 균일하며, 앞 뒤 프로펠러의 간격은 충분히 크다고 가정함).
3. 병렬 프로펠러의 추진효율이 상반회전 프로펠러에 비하여 떨어지는 이유를 설명하시오.
4. 초전도 추진에서 Lorentz 힘은 자장의 크기와 해수의 전도성에 따라 달라진다. 해수의 전도성을 향상시키는 방법과 그에 따른 장, 단점을 논하시오.

✤ 참고문헌

[1] 김문찬 외, 2003, 편재된 비대칭형 전류고정날개 추진시스템 설계에 관한 연구, 한국해양공학회 춘계학술대회논문집, 32~36쪽.

[2] 김기현 외, 2006, CFD를 이용한 컨테이너선에서의 post swirl stator의 설계기법, 대한조선학회논문집, 44권 2호, 93~100쪽.

[3] Morgan 등, 1968, Comparison of theory and experiment on duct propellers, Proc. 7th Symposium on Naval Hydrodynamics, Rome, Italy.

[4] SNAME, 1988, **PNA**, 2nd Rev., Vol. II, **Resistance, propulsion and vibration**, USA.

12

시운전

곽영기
교수
목포대학교

■

박형길
수석연구원
삼성중공업

■

12_1_ 시운전의 목적

선거(dock)에서의 건조 과정을 마치면 선박은 진수식을 가지게 되며 대부분의 시운전(trial) 업무는 진수 이후 선주에게 인도 시까지 지속된다. 시운전은 크게 안벽에서의 선상시험(on-board test)과 해상 시운전(sea trial)으로 구분된다. 다시 말하면 시운전이란 안벽의 선상시험과 해상 시운전을 통하여 선박의 건조계약서에 따라 설계 의도대로 선박이 건조되었는지를 선주, 선급에게 확인시켜 주는 업무이다. 시운전을 통해 확인되는 내용은 선주와의 계약에 따라 결정된 표준 사양서의 이행 여부 전반에 대한 것이다.

시운전 수행기간 동안 위에서 언급한 바와 같은 일련의 기계적인 작동 이상 유무의 점검과 함께 유체역학적 성능의 확인 작업이 동시에 수행된다. 유체역학적 성능의 확인이란 크게 선박의 속도성능과 조종성능으로 구분되며, 여기서는 속도성능과 관련된 속력 시운전(speed tests)에 대해서만 고려하기로 한다.

일반적으로 언급되는 시운전의 주요 목적은 다음과 같다.

1) 조선소와 선주 사이의 계약조건(속력, 기관동력, 연료소모량 등)의 만족을 증명

2) 실선으로부터 미래의 선박 설계자료 획득

3) 선박의 항해자료(예컨대 추진기 회전수와 선박 속력의 관계) 획득

4) 실선과 모형선의 상관관계 획득

해상의 바람과 파도 등은 장소와 시간에 따라 달라지며, 선박의 시운전은 이러한 환경에서 수행되므로 계측된 결과를 잔잔한 해상(calm weather)상태의 값으로 환산해 주어야 한다. 아래에 이러한 일련의 절차에 대하여 조선소와 선주 사이에 맺어지는 계약서의 일부를 예시하였다.

1) Service speed

Service speed shall be approx. 15.0*kts* at the scantling draught of 14.9*m* and at NCR of the main engine including 15% power margin.

2) Speed

The speed shall be guaranteed at above-mentioned engine output with clean bottom in calm(no wind, no wave, no current) and deep sea conditions. For the deviations from the conditions mentioned above during speed tests, the test results shall be corrected accordingly in accordance with the Builder's standard method.

12_2_ 속력 시운전 수행법

속력 시운전을 수행하기 전에 시운전을 위한 준비사항과 시운전 수행의 표준방법, 그리고 계측되는 자료의 형태에 대한 명확한 정의가 선행되어야 한다. 이는 최종 시운전을 통하여 얻어지는 자료의 불확실성을 제거하고 신뢰성을 확보하기 위함이다. 속력 시운전의 표준방법은 여러 국제기관에서 오래 기간에 걸쳐 논의되어 왔으며, 다음은 시운전 수행에 관한 대표적인 국제적 표준방법들이다.

1) 시운전 지침, 표준 시운전 – SNAME, USA, 1989
2) 속력 시운전 절차 규정 – BSRA, UK, 1977
3) 선박 시운전 운항 규정 – SRI, Denmark, 1964
4) ITTC의 거리계측 시운전 지침 – 16th ITTC, 1981
5) ITTC의 권장 절차와 지침 – 24th ITTC, 2005

조선소에서는 가능한 한 위와 같은 표준방법에 의거하여 속력 시운전을 수행하고 있으나, 경우에 따라서는 선주의 동의하에 각 조선소의 실정에 맞게 부분적으로 수정된 방법을 사용하기도 한다.

12_2_1_ 속력 시운전의 준비

1) 흘수, 트림 및 배수량의 확인

속력 시운전 수행 시 확인해야 하는 여러 항목들 가운데 가장 중요한 것은 흘수이다. 흘수의 확인은 대상선박의 배수량 및 트림이 계약조건 또는 수행된 모형시험과 일치하는지 판단하기 위해 필요하다. 흘수는 미리 캘리브레이션된 흘수게이지(draft gage)를 이용하거나 수정역학적(hydrostatic) 계산결과와 선체에 표시된 흘수표시선을 사용하여 확인한다.

실제 해상의 선박은 호깅이나 새깅에 의해 변형되므로 이와 같은 현상을 고려한 흘수의 값이 이미 수행된 모형시험의 흘수와 일치하는지 확인해야 한다. 흘수에 차이가 있을 경우에는 밸라스트 탱크에 물을 가감하여 일치시키도록 한다. **그림 12-1**은 흘수를 측정하는 실례를 보여주고 있으며, 통상 시운전을 위해 출항한 직후 선박이 정지한 상태에서 예인선을 활용하여 흘수를 측정한다. 또한 조선소와 선주의 합의를 위해 반드시 선주 측의 입회하에 수행된다. 최종 배수량은 가능하면 시운전이 끝난 뒤, 흘수를 재확인한다. 해수의 밀도는 선박의 양 끝에서 흘수의 반에 해당하는 깊이에 위치한 해수를 표본으로 추출하여 산출한다.

그림 12-1 시운전 흘수의 측정

2) 선체 및 추진기의 상태

선체와 프로펠러 표면의 조도 역시 시험을 수행하기 이전에 최상의 상태로 유지해야 하며, 통상 시운전 실시 전에 잠수부를 동원하여 선체 표면과 프로펠러 표면의 상태를 확인한다. ITTC 24차의 제안에 따르면 시운전 실시에 앞서 요구되는 선체의 거칠기는 $250\mu m$, 추진기의 거칠기는 $150\mu m$보다 작아야 하며, 가능하면 선체 및 추진기 거칠기에 대한 계측치를 문서로 제출한다. 최근에는 선체 도료 관련기술이 발전하여 이와 같은 ITTC의 요구를 대부분 충분히 만족하고 있다. 현재 건조된 선박에서 측정되는 선체의 거칠기 평균값은 일반 페인트의 경우 약 $80\mu m$이며, 고가의 LNGC선에 채택되는 실리콘 페인트의 경우는 $30\mu m$ 미만의 값이 계측되고 있다. 계측된 추진기 거칠기의 평균값은 약 $15\mu m$ 미만으로 알려져 있다. **그림 12-2**의 위의 두 사진은 시운전 수행 직전 선체 마세(polishing) 전후의 모습, 아래의 두 사진은 운항 1년 후 재입거(re-docking) 시 마세 전후의 모습을 보여주고 있다.

그림 12-3은 추진기에 대한 마세 전후의 모습을 보여주는데, 선체와 마찬가지로 추진기 또한 건조 기간 동안 해양미생물에 의한 오염이 발생하므로 반드시 마세를 수행해야 한다. 이와 같이 선체 및 추진기를 관리함으로써 시운전 수행 기간 동안 획득되는 동력 및 추진기 회전수에 대한 신뢰성을 확보할 수 있다.

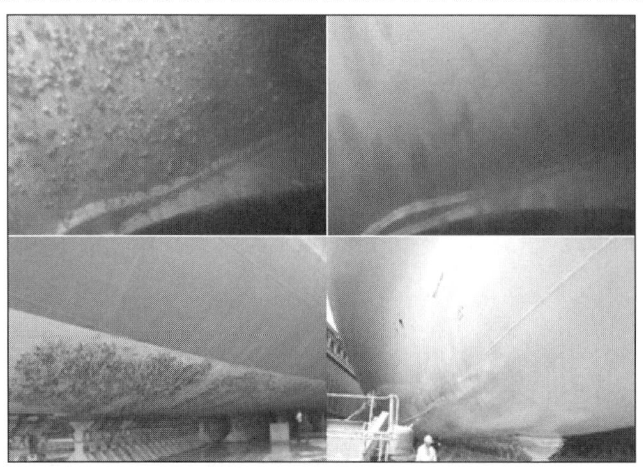

그림 12-2 선체의 마세(polishing) 전후 오염상태

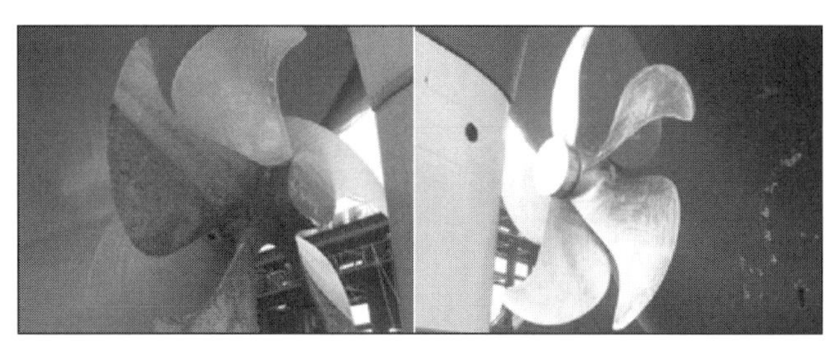

그림 12-3 추진기의 마세 전후 상태

3) 계측장비의 점검

시운전을 실시하기에 앞서 시운전 기간 동안 사용될 모든 계측장비들에 대한 캘리브레이션을 수행해야 한다. 이들 장비 중 선박의 속력을 엄밀히 확인하기 위해서는 특히 비틂동력계(torsion meter)의 제로값 및 회전수 측정장비에 대한 점검을 시운전 수행 전후에 실시하여 확인하도록 권고하고 있다(24차 ITTC). 비틂동력계의 경우 추진축 위에 설치되어 있으며, 추진축에는 비틂동력계가 설치되기 이전의 잔류응력이 존재하므로, 이에 대한 보정이 필요하다. 조선소에서는 통상 시운전 직전 선박이 정지하고 있는 상태에서 이와 같은 잔류응력에 대한 보정 절차를 거친다.

선박의 위치를 계측하기 위한 DGPS(Differential Global Positioning System) 장비는 인공위성으로부터 신호를 받으므로 별도의 점검은 필요치 않으나, 시운전 수행 전에 장비를 본선에 설치하고 그 이상 유무를 반드시 확인한다. DGPS는 주위 구조물로 인해 신호 수신에 간섭을 받지 않는 위치에 설치해야 하며, **그림 12-4**는 실선에 설치된 DGPS의 수신 안테나 본체를 나타낸 것이다.

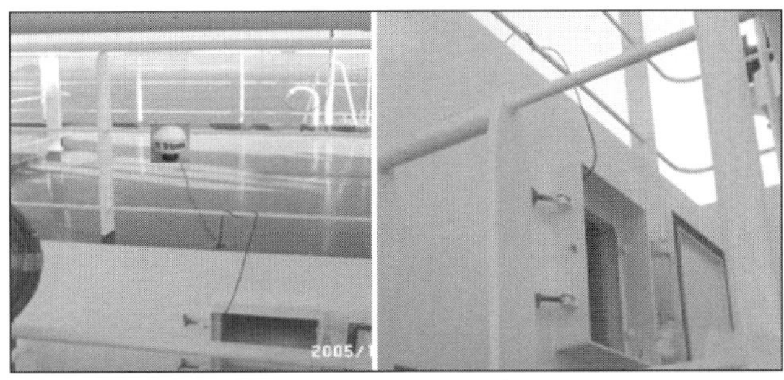

그림 12-4 DGPS의 신호 수신 안테나 본체의 설치 예

4) 시운전 해역에 대한 점검

속력 시운전 해역은 수심, 조류, 항해하는 선박의 빈도 등을 감안하여 결정한다. 배의 속도는 배수량, 천수효과, 해상상태, 풍속의 영향을 크게 받기 때문에 시운전 해역과 같은 환경적 요소는 신중히 결정되어야 한다.

시운전 계측구간에서는 배가 정상상태(steady state)에 도달할 수 있는 접근 구역이 확보되어야 하며, 정해진 구역에서 시운전을 수행하는 동안 지속적으로 정상상태를 유지할 수 있도록 충분한 공간을 확보해야 한다. 그림 12-5는 24차 ITTC에서 권고하는 시운전 속도계측 위치에 대한 설명이다. 시운전 구역에서 선박의 항로(course)를 결정한 후, 속도와 동력이 일정하게 유지될 수 있도록 준비하는 것을 정상접근(steady approach)이라고 한다. 통상 정상접근을 위해 필요한 거리는 컨테이너선과 같이 어느 정도 속도가 빠른 경우는 5해리 내외이며, 유조선과 같이 저속인 경우는 10~15해리 내외이다.

일반적으로 속도측정은 왕복 항주(double run)시 해도 상에서 정확히 동일한 위도와 경도에서 수행하며, 이들의 평균값을 각각의 기관 부하에 상응하는 대표 속력으로 간주한다. 그림 12-6은 대마도 부근의 시운전 계측구간을 보여주고 있다. 조선소마다 시운전을 위해 고유의 구간을 활용하고 있으며, 안정적인 시운전 구간을 확보하기 위해 노력하고 있다.

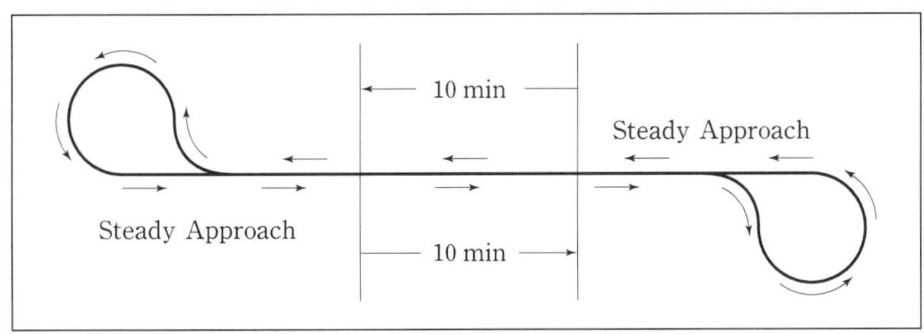

그림 12-5 시운전 계측구간에서의 접근항주(approach run)

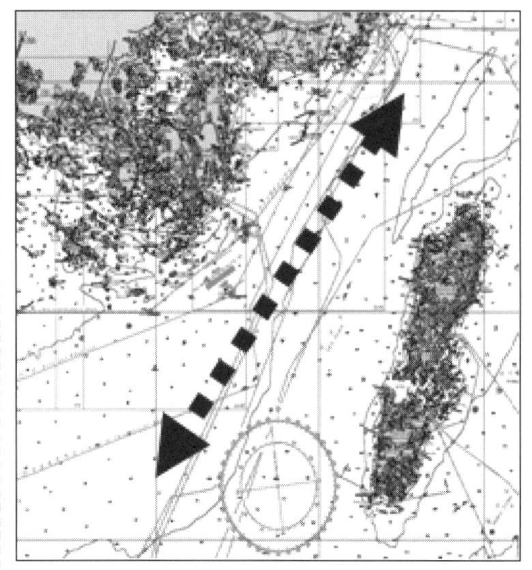

그림 12-6 대마도 부근의 시운전 계측구간

또한 시운전을 수행하는 해역은 천수효과가 발생하지 않도록 충분히 깊은 수심에서 이루어져야 한다. 천수효과를 피할 수 있는 최소수심에 대한 대표적인 식들은 다음과 같다.

(1) 23차 ITTC

$h>6.0\sqrt{A_m}$와 $h>0.5V^2$ 중에서 큰 값

여기서 h는 수심, A_m은 중앙단면의 면적, V는 배의 속도이다.

(2) 22차 ITTC 시운전 및 모니터링 특별위원회

$h>3.0\sqrt{BT}$와 $h>2.75V^2/g$ 중에서 큰 값

여기서 B는 배의 폭, T는 시운전 흘수, g는 중력가속도이다.

(3) ISO

$h \geq \sqrt{BT}$

(4) 1973 미국조선학회(SNAME)/ 21차 ITTC 추진성능위원회

$h \geq 10TV/\sqrt{L}$

여기서 L은 L_{BP}이며, h, L, T는 ft, V는 kts로 잰 값이다.

조류의 영향은 시운전 계측이 왕복항주에 대해 수행되기 때문에 상쇄될 것으로 기대되지만, 가능한 한 조류의 영향을 적게 받는 시간을 골라 속력 시운전을 수행한다. 그림 12-7은 시간에 따른 조류의 변화를 보여주고 있다. 종축은 시간, 횡축은 조류의 속도를 뜻한다. 조류의 세기는 구역에 따라 차이가 있지만 통상 $1\sim2kts$의 값이다. 시운전 시 속도를 계측하는 동안 선박은 조류를 타고 가는 경우와, 반대로 조류와 마주하며 전진하는 경우로 구분된다. 물론 접근항주(approach run) 이후 속도가 일정해지면 공식적인 속도의 계측 위치는 위도 및 경도 상의 동일한 지점이며, 통상 1해리 동안의 속도를 계측하나 경우에 따라서는 1해리씩 3회의 속도를 계측하여 평균값을 공식적인 속력으로 사용하는 경우도 있다. 시운전 구역에 대한 조류의 정보는 국립해양조사원(www.nori.go.kr)에서 지역별, 시간별로 확인한다.

5) 속도의 계측

최근에 들어서는 주로 DGPS를 사용하여 선속을 계측한다. 이외에도 미리 정해진 지점

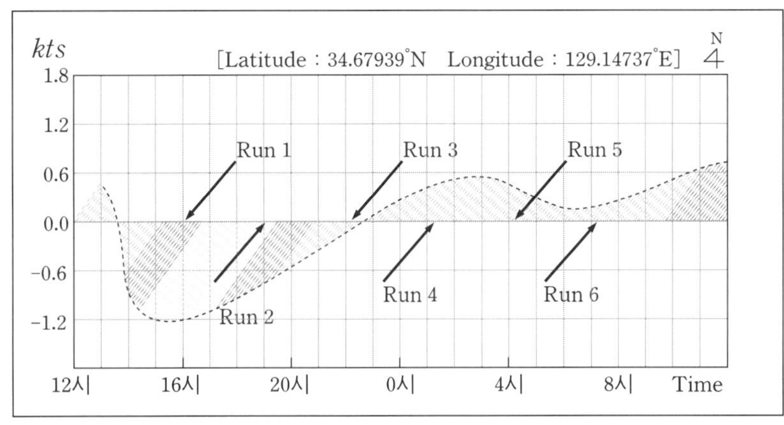

그림 12-7 시운전 구역에서의 조류의 예

을 통과하는 시간을 계측하여 속도를 결정하는 이정표(milepost)법 및 전파를 이용하는 무선측정기(radio log)를 사용하는 방법이 있다.

속도계측은 선박을 계약할 때 명기한 기관 출력에서 실시한다. 고속선이나 군함의 경우는 6개 조건에서 수행할 것을 권장하고 있으며, 유조선의 경우 저속영역은 크게 중요하지 않으므로 기관 최대출력의 MCR, NCR, 50%MCR을 포함하는 3, 4개 조건에서 수행할 것을 권장하고 있다. 각 시험 조건에서 2회 혹은 4회의 시운전을 수행하고 그 값들을 평균하여 속도를 결정한다. 같은 구간을 왕복하며 계측한 결과의 차이는 환경적 요인(조류, 바람 등)으로 인한 영향으로 볼 수 있으며, 환경적 요인을 최소화하기 위해 같은 프로펠러 회전수에서 방향만 반대로 하여 2~4회의 시운전을 수행한다.

주기관의 출력은 스트레인게이지를 이용하는 비틂동력계를 사용하거나 기계식 지압기로부터 얻어지는 압력-체적선도에서 계산된 동력을 사용하여 결정하며, 참고로 부하계수, 과급기 회전수(turbocharger revolution), 배기압(scavenge air pressure) 등으로 나타낸 PEC 곡선이 이용되기도 한다.

6) 속력 시운전 시 계측항목

계측 시에는 다음 항목들을 기록한다.

(1) 날짜 (2) 차수(run number) (3) 시간 (4) 속력 (5) 프로펠러축 토크 (6) 프로펠러축 분당 회전수 (7) 배의 위치 자료 (8) 타각(rudder angle) (9) 배의 방위각(ship heading) (10) 상대적인 풍향 (11) 상대적인 풍속 (12) 파고(wave height) (13) 상대적인 파도의 방향 (14) 수심 (15) 해상상태 및 날씨(sea condition & weather)

표 12-1은 시운전 시 계측되는 항목을 기록할 때 사용하는 측정표이다. 속력 시운전 기

Result of Speed Test										
Hull No. :			Ship's Name :			Date :			Recorder	Buyer: SHI:
Principal Dimension(LBP X Bmld X Dmld)									Place	
Ship Condition		Ballast	Sea & Weather			Beaufort No.		4~5		Main Engine
Draft Ext. (m)	Df		Weather		Cloudy	Anemometer		m	Type	
	Dm		Sea	S.G	1.025	Position(above W.L.)			IMCR	
	Da			Temp.	20.0℃	Proj. Area(m^2)	Long.		NCR	
	dcorr.		Atmos. Temp.		22.5℃		Trans.		Propeller	
Trim by stern		0.1m	Atmos. Press.		mbar	Distance from Shore		NM	Type	FPPx Blades
Displacement		137582MT	Sea Depth		127m	Rudder Area(m^2)		76.56	Dia.	m
									Pitch(0.7R)	m

Load	Run	Dir.	Time in	Duration	Speed (kts)	RPM	BHP	Rudder Angle	Drift Angle	Relative Wind		Wave		Swell	
										Dir.	m/s	Dir.	Height	Dir.	Height
30%	1	200°	04:50	3NM	14.282	65.6	18112	1.4°	2°	S9°	17.5	S20°	1.4	P132°	0.4
	2	20°	07:07	3NM	15.129	65.6	17419	1.6°	2°	S78°	5.0	S173°	1.1	P22°	0.4
	Mean				14.706	65.6	17765								
50%	1														
	2														
	Mean														
70%	1														
	2														
	Mean														
NCR(85% IMCR)	1														
	2														
	Mean														
IMCR	1														
	2														
	Mean														

표 12-1 속력 시운전 자료 측정표

간 동안 바람, 파도, 스웰(swell), 조류에 대한 정보와, 선박의 배수량 및 트림 조건 등에 대한 정보를 선주 입회하에 공식적으로 기록하며, 각각의 항주(run)로부터 계측된 속력과 기관동력을 시운전 자료 측정표에 명기한다.

7) 해상상태에 대한 정보

해상상태의 정보를 확인하는 것은 속력 시운전에서 가장 중요한 일 중의 하나이다. 해상상태를 정확히 정의하고 이들이 미치는 영향을 고려하여 계측된 선박의 속도 및 동력의 값을 보정해야 하기 때문이다. 해상상태를 결정하는 주요 인자는 바람이며 바람의 속도, 바람이 분 시간(duration), 바람이 불어온 해상의 거리(fetch)가 파고와 스웰의 크기에 영향을 미친다. 간혹 파고와 스웰을 목측으로 재기도 하는데 이는 신뢰성이 떨어질 뿐만 아니라 야간 시운전 수행 시는 자료 취득이 쉽지 않기 때문에 최근에는 배에 장착된 레이더의 영상이나 전자파를 분석하여 해상상태를 결정하고자 노력하고 있다. **그림 12-8**은 계측체계를 활용하여 얻은 해상정보의 예이며, 제시된 해상정보의 구성은 다음과 같다.

(1) 레이더영상 해석결과 개요(radar image analysis results summary) (2) 운항상태 개요(voyage status summary); 선속, 방위각 등 (3) 레이더영상 (4) 3차원 파도 스펙트럼(three-D wave spectrum) (5) 점 파도 스펙트럼(point wave spectrum)과 파도계측 자료(historical wave data) (6) 계통 기록(system log)

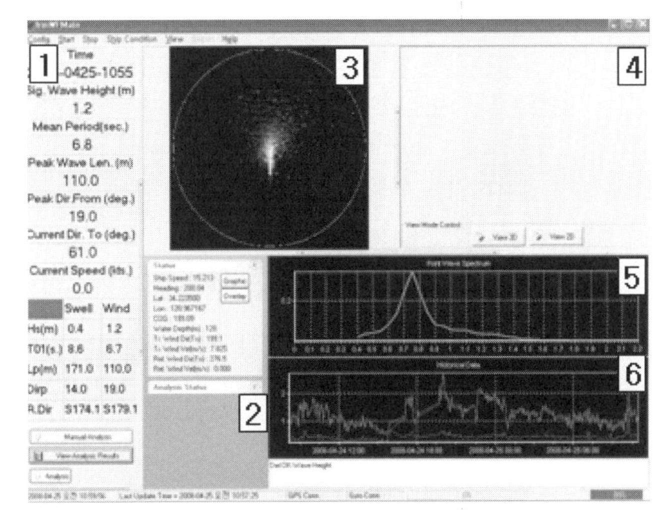

그림 12-8 파도 계측체계에 의해 얻어진 해상정보

시운전 기간 동안 얻어지는 해상 정보의 정확성은 추후 외부교란의 영향을 보정할 때 매우 중요하므로 해상 정보는 반드시 선주와의 합의를 통하여 결정되어야 한다. 해상 정보가 계측체계를 사용하지 않고 얻어지는 경우는 주로 목측에 의하여 바람과 파도에 대한 정보를 결정하지만, 불행히 대부분의 속력 시운전이 야간에 수행되므로, 특히 파고의 확인이 어렵다는 문제점이 있다. 이와 같은 문제의 해결을 위해 대부분의 경우 계측된 바람에 대응되는 파고 및 파 주기를 가지는 통계적 결과를 이용하고 있다. 대표적인 통계자료로는 PM 스펙트럼(Pierson-Moskowitz sea spectrum)이 있으며, **표 12-2**는 PM 스펙트럼을 사용하여 얻어진 결과를 나타낸 것이다.

해상상태가 나쁘더라도 타를 과도하게 사용하면 축 토크, 배의 속도저하에 큰 영향을 미치므로 타의 사용은 최대한 자제하도록 한다. 23차 ITTC는 해상상태 3(Sea state 3)과 Beaufort 척도(Beaufort scale) 5 이하에서 시운전을 수행하도록 권고하고 있다. 가능한 한 해상이 좋은 상태에서 속력 시운전을 수행하는 것이 바람직하지만 현실적으로 시운전 기간 동안 해상의 변화가 심하고, 속력계측에 소요되는 시간이 최소 12시간임을 감안하면 속력 시운전 기간 동안 조용한 해상상태를 지속적으로 확보한다는 것은 쉬운 일이 아니다. 이러한

Wind Speed(*kts*)	Sea State	Significant Wave(*ft*)	Significant Range of Periods(*sec*)	Average Period(*sec*)	Average Length of Waves(*ft*)
3	0	〈0.5	0.5–1	0.5	1.5
4	0	〈0.5	0.5–1	1	2
5	1	0.5	1–2.5	1.5	9.5
7	1	1	1–3.5	2	13
8	1	1	1–4	2	16
9	2	1.5	1.5–4	2.5	20
10	2	2	1.5–5	3	26
11	2.5	2.5	1.5–5.5	3	33
13	2.5	3	2–6	3.5	39.5
14	3	3.5	2–6.5	3.5	46
15	3	4	2–7	4	52.5
16	3.5	4.5	2.5–7	4	59
17	3.5	5	2.5–7.5	4.5	65.5
18	4	6	2.5–8.5	5	79
19	4	7	3–9	5	92
20	4	7.5	3–9.5	5.5	99
21	5	8	3–10	5.5	105
22	5	9	3.2–10.5	6	118
23	5	10	3.5–11	6	131.5
25	5	12	4–12	7	157.5
27	6	14	4–13	7.5	184
29	6	16	4.5–13.5	8	210
31	6	18	4.5–14.5	8.5	235.5
33	6	20	5–15.5	9	262.5
37	7	25	5.5–17	10	328.5
40	7	30	6–19	11	394
43	7	35	6.5–21	12	460
46	7	40	7–22	12.5	525.5
49	8	45	7.5–23	13	591
52	8	50	7.5–24	14	666
54	8	55	8–25.5	14.5	722.5
57	8	60	8.5–26.5	15	788

표 12–2 PM 스펙트럼(Pierson–Moskowitz sea spectrum)으로 주어지는 풍속에 상응하는 해상상태

경우 선주의 동의를 구하여 속력 시운전을 진행하여야 한다. 경우에 따라서는 계약서에 별도로 시운전 시의 해상상태에 대한 조건을 명시하는 경우도 있다. 또한 여러 척의 동형선이 계약되는 경우가 빈번하므로 첫 호선에 대한 속력 시운전은 최대한 엄밀히 수행하고 나머지 선박에 대한 속력계측은 검증 차원에서 수행하기도 한다.

그림 12-9는 시운전 수행 기간 동안 가장 빈번하게 발생하는 해상상태에 대한 영상정보이다. Beaufort 척도를 사용하는 경우 척도 0부터 12까지 총 13단계로 구분한다. 그림에 보이는 해상상태는 바람과 파도가 충분히 활성화된 상태이며 바람, 파도 및 해상상태에 대한 정의는 다음과 같다.

그림 12-9 대표적인 해상상태

(1) BN3

- 풍속 : 7～10kts
- 파고 : 2～3ft
- 해상상태 : 개별적인 파도(large wavelets), 파정에서 쇄파 시작, 군데군데 백모(whitecaps)

(2) BN4

- 풍속 : 11～16kts
- 파고 : 3.5～5ft
- 해상상태 : 작은 파도, 보다 많고 긴 백모

(3) BN5

- 풍속 : 17～21kts
- 파고 : 6～8ft
- 해상상태 : 상당한 파도, 긴 파장의 파도, 많은 백모와 간혹 비말(spray)

(4) BN6

- 풍속 : 22～27kts
- 파고 : 9.5～13ft
- 해상상태 : 꽤 큰 파노, 노처에 백보와 보다 많은 비말(spray)

바람은 풍향계를 이용해 계측하며 풍향계는 주위 구조물로부터 간섭을 받지 않아야 하므로 가능한 한 갑판실(deckhouse)의 가장 높은 곳에 설치한다. 바람의 속도 및 방향이 얻어지면 선박의 방향 및 속도도 알고 있으므로, 시운전 시 실제 바람(true wind)의 세기 및 방향을 계산할 수 있다.

12_2_2_ 시운전 수행 표준방법

속력 시운전 수행의 표준방법과 관련하여 국제적으로 제안된 주요 방법들을 **표 12-3, 12-4, 12-5**에 정리하였다. 이 방법들은 속력 시운전 수행에 앞서 정확한 자료의 획득을 위해 배수량, 항주의 세트수, 항주 수, 수심, 조주 거리 및 기상에 대한 권고를 제시하고 있다.

시운전을 수행하기 이전에 시운전을 어떻게 수행할 것인지에 대해 선주에게 시운전 수행 계획서를 제출하고 이에 따라 시운전을 수행하고 있다. 최근에는 ITTC 및 ISO에서 시운전 수행 표준법의 개정이 지속적으로 이루어지고 있다. 조선소의 시운전 구역은 속력 시

항 목	설명(권고안)
작성 기관(년도)	미국조선학회[SNAME](1989)
시운전 배수량	별도 언급 없음
항주 세트수	최대속도와 1/2 최대속도 사이를 4세트 이상 수행
항주 수	1 왕복 이상, 이정표(milepost) 사용 시 1.5 왕복 이상
항로 수심	$h > 5.0\sqrt{A_M}$ 또한 $h > 0.4V^2$
조주 거리	3.5해리
해상상태	Heavy Ship ; 25kts 이하, 객선; 20kts 이하
기 타	선회 시 타각 10° 이내

표 12-3 시운전 지침, 표준 시운전(SNAME, USA)

항 목	설명(권고안)
작성 기관(년도)	영국선박연구협회[BSRA](1977)
시운전 배수량	별도 언급 없음
항주 세트수	최대속도와 1/2 최대속도 사이를 4세트 이상 수행
항주 수	1 왕복 이상, 이정표 사용 시 1.5 왕복 이상
항로 수심	천수에 의한 선속저하가 0.1% 이하가 되도록 세분화된 표로 제시
조주 거리	표로 제시
해상상태	별도 언급 없음
기 타	선회 시 타각 15° 이내, 가능한 한 10° 이내

표 12-4 속력 시운전 절차 규정(BSRA, UK)

항 목	설명(권고안)
작성 기관(년도)	12차 국제수조협의회[ITTC] 성능위원회(1969, 1981)
시운전 배수량	프로펠러 피치, 직경 4.0% 이내, 흘수 4.0% 이내
항주 세트수	4세트 이상
항주 수	별도 언급 없음
항로 수심	$h>3(B-d)$ 또한 $h>2.75V^2/g$, 20만 톤 이상은 $h>96$
조주 거리	65K～100K은 0.5MCR 이상, 유조선 만재 40L, 고속화물선 경하 25L
해상상태	해상상태; 2～3 이하, 풍속; $12m/s$, 조류; 선속의 9.0% 이내
기 타	출거 후 2주일 이내

표 12-5 ITTC 거리계측 시운전 지침(12th ITTC, 16th ITTC)

운전 수행 표준법의 권고를 만족하도록 결정되며, 비합리적인 조건에 대해서는 의견을 개진하여 표준 권고안의 개정 시 반영할 수도 있다. 또한 별도의 예외항목에 대해서는 선주와의 합의를 통하여 결정한다.

12_3_ 속력 시운전 해석법

_ 선박을 설계할 때는 배가 바람이 없고 파도가 없는 잔잔한 물 위에서 전진한다고 가정하며, 모형시험 또한 그러한 상태에서 이루어지는 반면, 시운전은 실제 해상에서 수행되므로, 시운전에서 얻은 결과는 파도와 바람이 없는 잔잔한 해상(calm sea)상태로 환산해 주어야만 원래 설계상태와 비교할 수 있다. 이를 위하여 BSRA, SNAME, ITTC, ISO 등의 여러 단체가 시운전 결과의 해석법을 제안하였다. 원칙적으로 외력의 영향을 크게 받는 상황에서는 속력 시운전을 하지 않는 것이 바람직하나 피할 수 없는 경우에는 날씨와 해상상태에 대한 정확한 정보를 바탕으로 얻어진 계측결과를 보정할 수 있다.

12_3_1_ 시운전 선박에 작용하는 외부교란의 종류 및 보정 방법

외부교란으로 간주할 수 있는 현상은 바람과 파도가 주요하며, 그 외에도 배를 설계할 때 가정한 것과 다른 여러 가지 상황에 의해 배의 저항이 증가할 수 있다. 먼저 해수의 수온과 염도는 물의 밀도와 점성계수의 값에 큰 영향을 미치므로 이에 대한 보정이 이루어져야 하고, 조타와 표류각에 기인하는 저항증가 또한 무시할 수 없으며, 선체와 프로펠러의 표면상태에 따른 보정과 수심의 영향 등에 대한 고려가 필요하다. 아래에서는 이들에 대해 차례로 살펴보기로 한다.

1) 바람에 의한 부가저항

바람에 기인하는 저항증가 또는 부가저항 R_{AA}는 다음과 같이 주어진다.

$$R_{AA}=\frac{1}{2}\rho_A C_{AA}(\psi_{WR})A_{XV}V_{WR}^2 \tag{1}$$

여기서 ρ_A는 공기의 밀도, C_{AA}는 정면풍압저항계수, ψ_{WR}은 풍향영향계수, A_{XV}는 배의 진행방향에 수직인 평면에 투영한 수면 위 배의 면적, V_{WR}은 바람의 상대적인 속도이다.

C_{AA}와 ψ_{WR}은 풍동시험 결과를 사용하여 결정하나, 풍동시험 결과가 없는 경우는 유사선의 자료를 이용하거나 국제적으로 널리 알려진 표준 바람도표(wind chart)를 사용한다. 바람도표로는 Isherwood, Blendermann, Wagner 및 JTTC 도표가 있으며 이들의 예를 **그림 12-10**에 나타냈다. C_{AA}는 측면 투영면적과 배의 길이로부터 얻고, ψ_{WR}는 상대풍향을 이용하여 바람도표에서 찾아 읽는다. 위에서 언급한 각 바람도표의 특징은 다음과 같다.

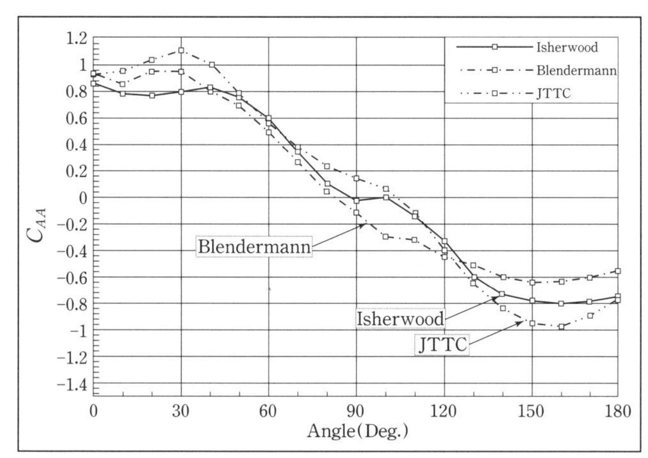

그림 12-10 탱커에 대한 바람도표(wind chart)

(1) Isherwood(1972)

- Wagner 등에 의한 모형시험 결과를 분석
- 회귀방법을 사용하여 계수를 도출

(2) Blendermann

- 최근의 선박들에 대한 풍동시험 결과 이용(1990년까지의 시험자료 이용)
- 선종 · 하중에 따른 바람도표 작성(22종)

2) 파도에 의한 부가저항

파도에 의한 부가저항은 선박의 운동에 의한 부가저항과 파도 자체에 의해 발생되는 부가저항으로 구분된다. 선박이 일정한 전진속도로 해상에서 진행할 때 파도에 의한 저항을 구하기 위해서는 먼저, 규칙파 중에서 운동에 의한 부가저항과 파도에 의한 부가저항을 각각 계산한 다음 전체적인 부가저항을 도출한다. 그리고 실제 해상상태에 상응하는 값을 얻기 위해서는 시운전 구역의 파도 스펙트럼과 파도의 방향함수를 고려하여 최종적인 해상상태를 얻고, 그에 해당하는 부가저항을 산출한다.

이러한 일련의 과정이 간단하지 않으므로, 파도저항 증가량 R_{AW}을 계산할 때 도표를 활용하는 Townsin–Kwon 방법 등도 제안되고 있다[1]. 이 방법은 바람과 파도에 의한 전체 저항과 바람에 의한 저항의 비율을 각각의 Beaufort 척도에 따라 미리 계산한 후 이를 도식화한 것이다. 따라서 비교적 쉽게 계산되는 바람의 저항으로부터 파도에 의한 부가저항을 어렵지 않게 산출할 수 있다.

(1) 선체운동에 의한 부가저항

선박이 규칙파 중에서 파도와 임의의 각도를 이루며 일정한 속도로 달리면 파도에 의한 선체운동이 발생한다. 이때 입사파의 파고와 선체운동의 진폭이 작다는 가정하에 선형이론을 사용하여 선체운동에 기인하는 부가저항을 구할 수 있는데, Maruo[2], 스트립방법(strip method), 통일이론(unified theory) 등이 있다.

(2) 단파장 파도 중에서의 부가저항

위에서 언급한 선체운동에 의한 부가저항을 산정하기 위한 기존의 선형이론들은 파장이 짧은 파도들의 반사에 기인하는 영향을 고려하기에는 부적절하므로, 통상 다음과 같은 반 실험적인 방법을 사용하여 단파장 파도 중에서의 부가저항을 근사적으로 구한다. 배의 속도가 영이라고 가정하고 파장이 짧은 파에서 선박이 받는 표류력을 계산한 후, 이를 실험에서 구한 속도영향을 반영하여 부분적으로 보정하여 활용한다. 비대선 등에서 단파장영역의 파 반사에 의한 저항증가를 구하는 방법으로는 Faltinsen[3], Kwon[4], Fujii–Takahashi[5] 방법 등이 있다.

(3) 불규칙파 중에서의 부가저항

규칙파 중에서 구한 선체운동과 반사파에 기인하는 부가저항으로부터 불규칙파 및 스웰에 대한 부가저항을 추정할 수 있다. 시운전 구역에 대한 해상 스펙트럼을 직접 구하기는 어려우므로, 불규칙파 및 스웰에 대한 해상 스펙트럼은 각각 ITTC 스펙트럼 및 JONSWAP 스펙트럼을 이용하여 부가저항을 산출한다.

3) 수온 및 염도에 의한 영향

수온 및 염도의 함수로 주어지는 밀도와 점성계수의 차이에 따른 저항증가 R_{AS}는 다음과 같다.

$$R_{AS} = R_{TS}(1-\rho_0/\rho) + (\rho V^2/2)S(C_F - C_{F0}) \tag{2}$$

여기서 R_{TS}는 선체에 작용하는 전체저항이고, ρ는 실제 밀도, ρ_0는 기준 밀도, C_F는 실제의 밀도와 점성계수에 대한 마찰저항계수, C_{F0}는 기준상태에 대한 마찰저항계수이다.

4) 조타에 의한 저항증가

시운전 수행 기간 동안 침로유지를 위하여 타를 사용하게 되고, 이는 저항증가의 원인이 되므로 조타에 의한 영향을 고려해야 한다. 조타에 의한 저항증가 R_δ는 다음과 같다.

$$R_\delta=(\rho/2)(1-t_R)\frac{6.13\lambda_R}{2.25+\lambda_R}A_R V_{eff}^{\,2}\delta_R^{\,2} \tag{3}$$

여기서 t_R은 다음과 같이 주어지는 조타저항감소계수이며,

$$t_R=1-0.231C_B^{\,2}-0.688 \tag{4}$$

λ_R은 타의 가동부 면적을 배의 길이와 만재흘수의 곱으로 나누어준 타면적비(rudder area ratio), A_R은 타의 면적, δ_R은 타각, V_{eff}은 다음과 같이 주어지는 타로 유입되는 유체의 유입속도이다.

$$V_{eff}=\{0.75V_S/(1-s_R)\}\sqrt{1-2(1-C_1C_2)s_R+\{1-C_1C_2(2-C_2)\}s_R^{\,2}} \tag{5}$$

여기서 V_S는 배의 속도이며 s_R, C_1, C_2는 각각 다음과 같다.

$$s_R=1-DJ/P,\ C_1=D/h_R,\ C_2=0.8(1-w) \tag{6}$$

단 D는 프로펠러의 직경, J는 전진계수, P는 프로펠러의 피치이며, h_R은 타의 높이, w는 유효반류비이다.

5) 표류에 의한 저항증가

선박은 주어진 방위각(heading)을 유지하면서 표류각(drift angle)을 가지므로 이에 따라 다음과 같이 주어지는 저항증가 R_β를 고려해야 한다.

$$R_\beta=\pi\rho d^2 V_s^{\,2}\beta^2/4 \tag{7}$$

여기서 d는 흘수, β는 표류각이다.

6) 천수에 의한 영향

속력 시운전이 불가피하게 천수영역에서 진행되는 경우는 대개 다음 두 가지 방법으로 보정해 주는데, 첫 번째는 아래와 같은 식을 이용하여 속도를 보정하는 방법이다.

$$\Delta V_S/V_S=0.1242\{(A_M/h^2)-0.05\}+1-\{\tanh(gh/V_S^{\,2})\}^{1/2},\ A_M/h^2\geq 0.05 \tag{8}$$

여기서 ΔV_S는 속도 감소의 보정량, A_M은 배의 중앙단면적, h는 수심이다, 두 번째는 **그림 12-11**에 나타낸 바와 같은 Lackenby 도표(Lackenby' s chart)를 이용하는데, 여기서 %는 속도감소량을 백분율로 나타낸 것이다. **표 12-6**은 ISO(International Organization for Standardization)에서 권고하는 선종별 시운전 구역의 수심이며, 대부분의 경우 권고 수심보다 깊은 수심에서 속력 시운전이 수행되고 있다.

이상으로 현재 각 조선소가 대표적으로 사용하고 있는 ISO 표준방법에 의한 보정 방법에 대하여 소개했다. 상기에서 언급된 방법 이외에도 외부교란의 영향을 과학적으로 고려하기 위해 많은 방법들이 논의, 발표되고 있다.

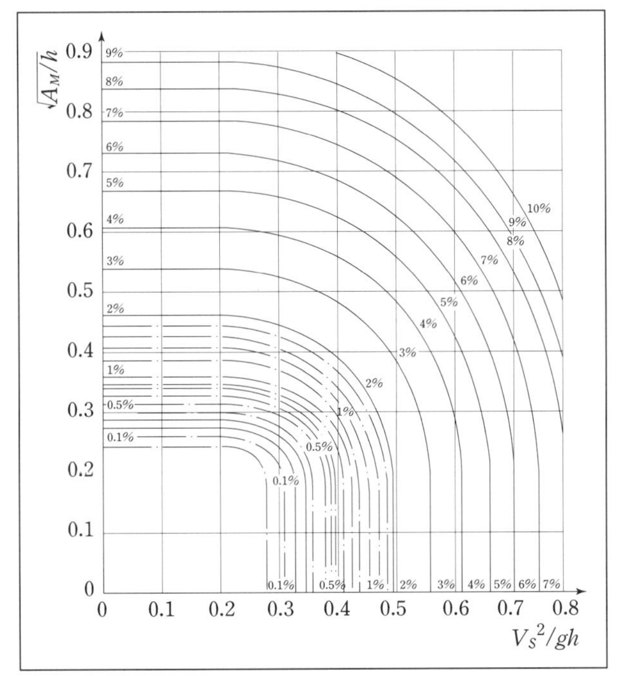

그림 12-11 천수 영향을 고려하기 위한 Lackenby 도표

선종	ISO가 권고하는 수심(m)
컨테이너선	70~90
LNG선	90~100
Aframax / Suezmax 탱커	105~115 / 125
VLCC	157

표 12-6 시운전 구역의 수심에 대한 ISO 권고

12_3_2 외부교란의 영향을 보정하는 절차

각각의 외부교란에 의한 보정 절차는 다음과 같으며, 보정 절차 또한 여러 방법들이 있지만 여기서는 ISO 표준방법을 근간으로 하여 설명한다.

속력 시운전을 통하여 계측된 동력과 추진기 회전수, 선박의 속도 및 해상상태의 정보로부터 외력이 보정되는 절차는 다음과 같다.

(1) 계측자료의 확인 및 환산

(2) 각종 저항증가에 의한 추진성능 추정

시운전에서 계측되는 것은 배의 속력과 프로펠러축에 작용하는 토크이며, 설계 또는 모형시험의 기준변수는 속력과 저항이므로, 시운전 계측자료를 설계 기준변수와 비교하기 위해서는 먼저 실제 해상상태에 기인하는 저항증가를 고려하여, 시운전에서 계측된 속력으로 전진할 때 기준상태에서 배가 받는 저항을 구하는데, 기준상태는 정수 중, 진공상태이다.

(3) 조류에 의한 추진성능의 추정

위에서 얻은 저항은 조류의 영향을 고려하지 않은 결과이므로, 조류가 없는 상태를 기준으로 보아 이 상태에 대한 저항을 구한다.

(4) 바람저항에 의한 추진성능의 추정

모형시험의 결과를 바탕으로 실선의 저항을 추정할 때 수선면 위의 횡단면에 기인하는 공기저항을 고려하므로, 진공상태를 기준으로 하여 얻은 위의 결과에 실선이 받는 공기저항을 추가한다. 단 공기는 바다에 대해 상대적인 운동을 하지 않고, 즉 바람은 불지 않고 다만 배의 운동에 따른 공기저항을 고려한다.

(5) 천수 영향에 의한 추진성능의 추정

수심이 충분히 깊지 않은 해역에서 시운전을 해야 하는 경우에는 이에 대한 보정도 고려하여, 심수상태에서 배가 받는 저항을 구한다.

이하에서는 위에서 기술한 절차를 실제로 적용하는 방법에 대해 언급한다.

1) 계측자료에 상응하는 프로펠러의 작용점 및 전체저항의 계산

계측된 축동력 P_B로부터 전달동력 P_D를 계산하고 프로펠러 토크계수 K_{QS}를 구한다. 먼저 P_D는 다음과 같으며,

$$P_D = P_B \times \eta_T \tag{9}$$

여기서 η_T는 축전달효율이다. K_{QS}는 다음과 같이 얻는다.

$$K_{QS}=P_D/2\pi\rho n^3D^5\eta_R \quad (10)$$

여기서 n은 프로펠러의 회전수이며, η_R은 프로펠러의 상대회전효율이다.

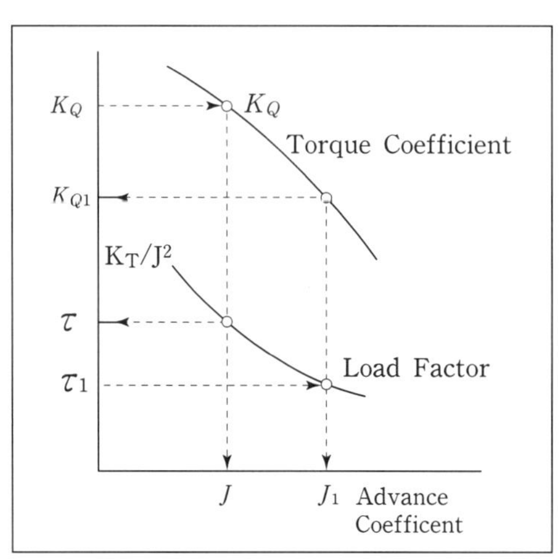

그림 12-12 시운전 계측 토크로부터 하중값 산출

프로펠러의 단독특성곡선으로부터 K_{QS}에 대응되는 점에서의 전진계수 J와 부하계수(load foctor) $\tau(=K_T/J^2)$를 그림 12-12와 같이 얻는다. 프로펠러의 거칠기를 고려한 단독특성곡선은 ITTC 1978 추진성능 해석법의 프로펠러 척도효과를 구하는 식으로부터 얻을 수 있으며, 계산된 J로부터 다음과 같이 반류비를 구한다.

$$w=1-nDJ/V \quad (11)$$

이들을 이용하여 다음 식으로부터 전체저항 R_T를 얻는다.

$$R_T=\rho D^2V^2(1-w)^2(1-t)\tau \quad (12)$$

여기서 t는 추력감소비이며, 이 식은 식 (5.10)에 추력 T를 부하계수 τ로 나타낸 식을 대입하여 구할 수 있다.

2) 각종 저항증가에 의한 추진성능 추정

바람, 파도, 조류 및 천수의 영향 등에 대한 부가저항을 모두 더하여 선박에 작용하는 부가저항의 합을 다음과 같이 얻는다.

$$\Delta R=R_{AA}+R_{AW}+R_{AS}+R_\delta+R_\beta+R_{A\nabla}+R_{AH} \quad (13)$$

여기서 R_{AW}, $R_{A\nabla}$와 R_{AH}는 각각 파도, 배수량 변화와 선체 표면의 거칠기에 따른 부가저항으로, 이들의 계산식은 각 기관에서 정한 바에 따른다. 위의 ΔR로 인한 부하계수 τ의 변화량 $\Delta\tau$는 다음과 같다.

$$\Delta\tau = \frac{\Delta R}{\rho_S(1-t)V_A{}^2 D^2} \tag{14}$$

여기서 ρ_S는 해수 밀도이며, 저항증가를 고려한 부하계수 $\tau_1 = \tau - \Delta\tau$이다.

3) 저항증가에 따른 회전수 및 토크곡선의 작성

위에서 구한 τ_1은 선박이 실제 해상에서 일정한 속도로 전진할 때 선박에 작용하는 전체저항으로부터, 외부교란으로 인해 선박에 작용하는 저항을 제외하고 얻은 부하계수이다. 따라서 **그림 12-12**에 나타낸 바와 같이 부하계수 τ_1에 대응하는 J_1과 K_{Q1}을 구할 수 있으며, 또 J_1으로부터 다음 식을 이용하여 이에 대응하는 n_1을 얻는다.

$$n_1 = n \times (J/J_1) \tag{15}$$

이와 같은 방법을 이용하여 K_{Q1}과 n_1의 관계에 대한 새로운 곡선을 얻을 수 있으며, 이러한 $K_{Q1} - n_1$ 곡선으로부터 계측된 회전수 n에 대응되는 $K_Q{}'$ 값을 **그림 12-13**에 나타낸 바와 같이 얻을 수 있다. 이렇게 구한 $K_Q{}'$는 진공상태의 선박에 작용하는 토크를 뜻한다. 계측된 값에 상응하는 작용점을 구한 것과 같은 방법으로 프로펠러 단독특성곡선(**그림 12-12**)을 이용하여 $K_Q{}'$에 상응하는 전진계수 J'과 부하계수 τ'을 구할 수 있다.

위의 결과로부터 선박이 전진할 때 발생하는 공기저항을 고려하여 새로운 τ_2를 구하고, 이로부터 J_2와 K_{Q2}를 구하면 비로소 바람이 없는 상태의 회전수와 토크 관계의 설정이 완료된다. **그림 12-13**은 이러한 일련의 해석 과정을 설명하고 있다.

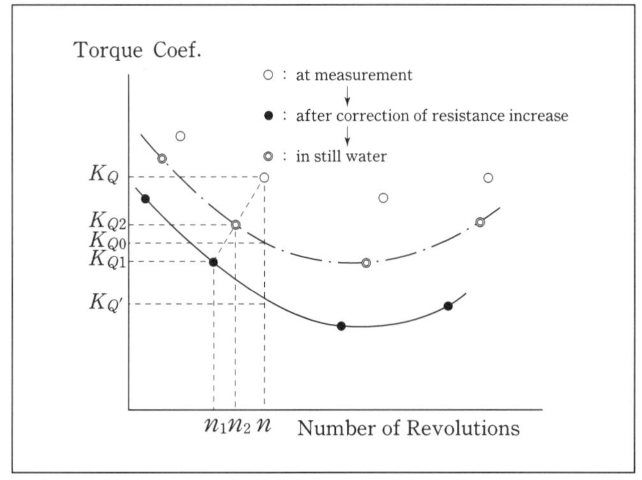

그림 12-13 시운전 해석 과정에서의 회전수와 토크 관계

4) 저항증가에 따른 선속의 변화

저항증가에 따른 대지속도의 변화량 ΔV_S에 대한 추정은 다음과 같다.

$$\Delta V_S = aDn(K_Q' - K_Q)/(1-w) \tag{16}$$

여기서 a는 다음과 같이 주어지는데,

$$a = (J_H - J_L)/(K_{QH} - K_{QL}) \tag{17}$$

K_{QH}, K_{QL}은 각각 계측된 K_Q의 최대치와 최소치이며 J_H, J_L은 각각 K_{QH}, K_{QL}에 상응하는 전진계수이다. 따라서 저항증가 수정 후의 배의 대지속도 V_G'은 다음과 같다.

$$V_G' = V_G + \Delta V_S \tag{18}$$

여기서 $V_G = V$이다. 또 저항증가 후의 전달동력은 다음과 같다.

$$P_D' = P_D K_Q'/K_Q \tag{19}$$

5) 조류에 따른 배의 속도 변화

식 (18)에서 얻은 대지속도 V_G'을 고려하여 조류곡선을 작성하고, 대수속도 V_{SO}'를 다음과 같이 구한다.

$$V_{SO}' = V_G' + V_T \tag{20}$$

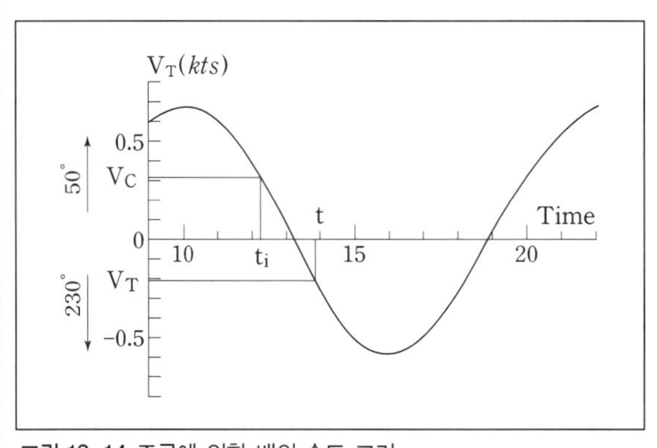

그림 12-14 조류에 의한 배의 속도 고려

그림 12-14는 조류에 의한 영향을 고려하는 방법을 나타내고 있다. 시간의 변화에 따른 조류의 영향을 구하여 이를 속도에 반영해야 하지만 이러한 방법은 조류에 대한 정보를 명확히 알고 있을 때 가능하다. 일반적으로 속력 시운전은 왕복운항에 대해 속도를 계측하므로 이들 속도의 평균값을 취하는 것으로 조류의 영향을 고려하는 것으로 간주하기도 한다.

12_3_3 대표적인 속력 시운전 해석방법

시운전 해석에 관한 여러 가지 방법들 중에서 국제적으로 널리 사용되는 대표적인 방법인 ISO, SNAME, BSRA 방법을 **그림 12-15, 12-16, 12-17**에 각각 나타냈다.

그림 12-18은 제 24차 ITTC에서 권고하는 시운전 해석에 관한 방법이며, 전체적인 해석 과정은 ISO의 표준방법과 유사하다. ISO 및 ITTC 방법은 파도에 의한 저항 보정을 포함하고 있다.

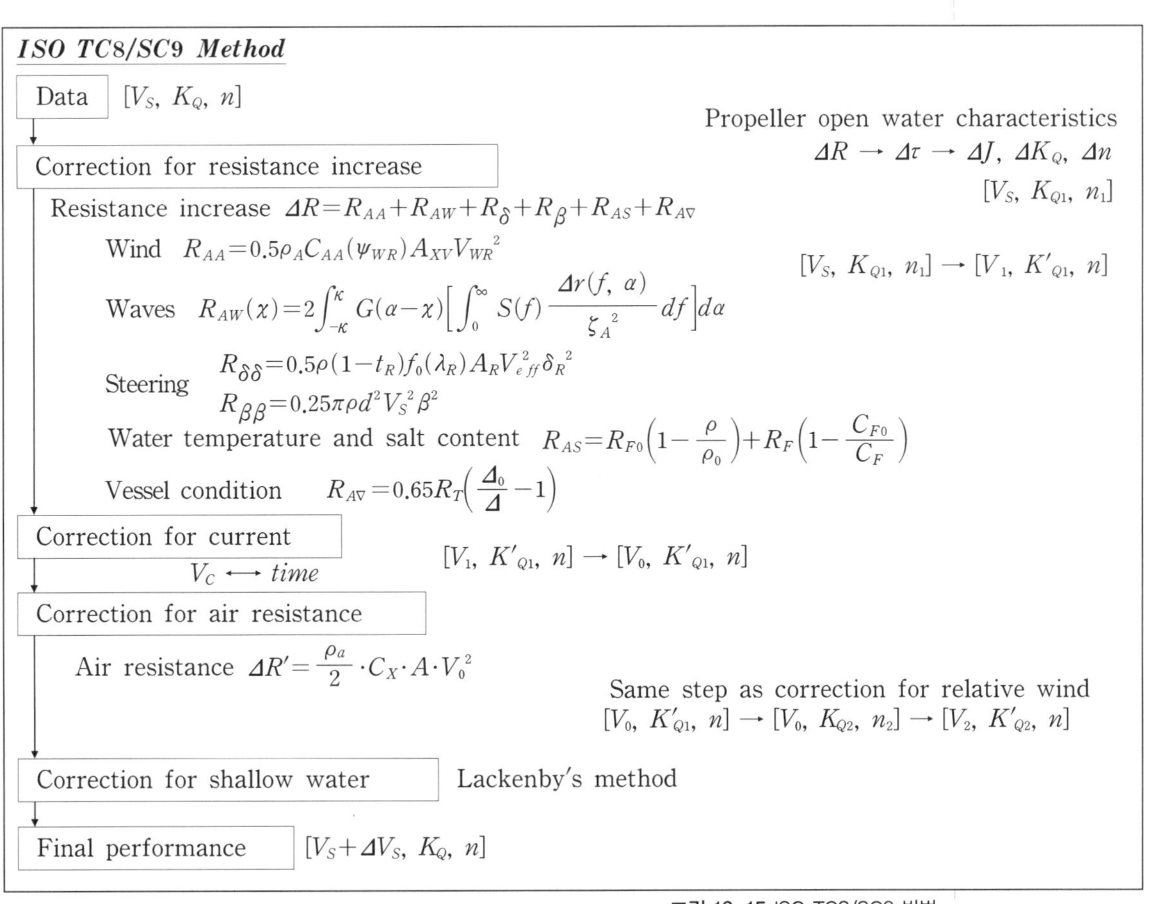

그림 12-15 ISO TC8/SC9 방법

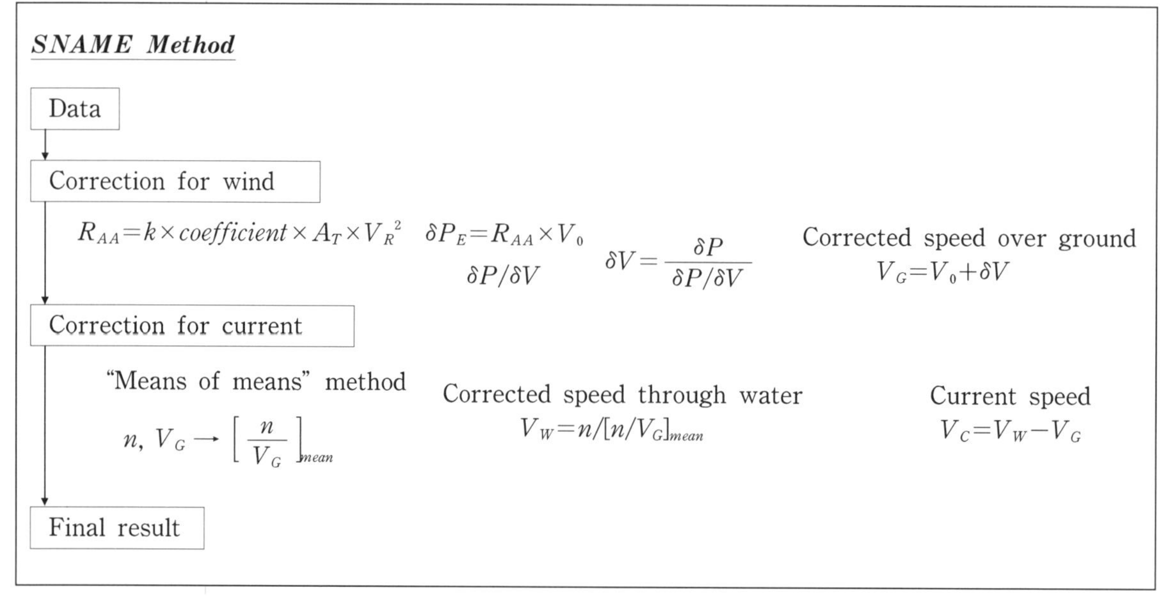

그림 12-16 SNAME 방법

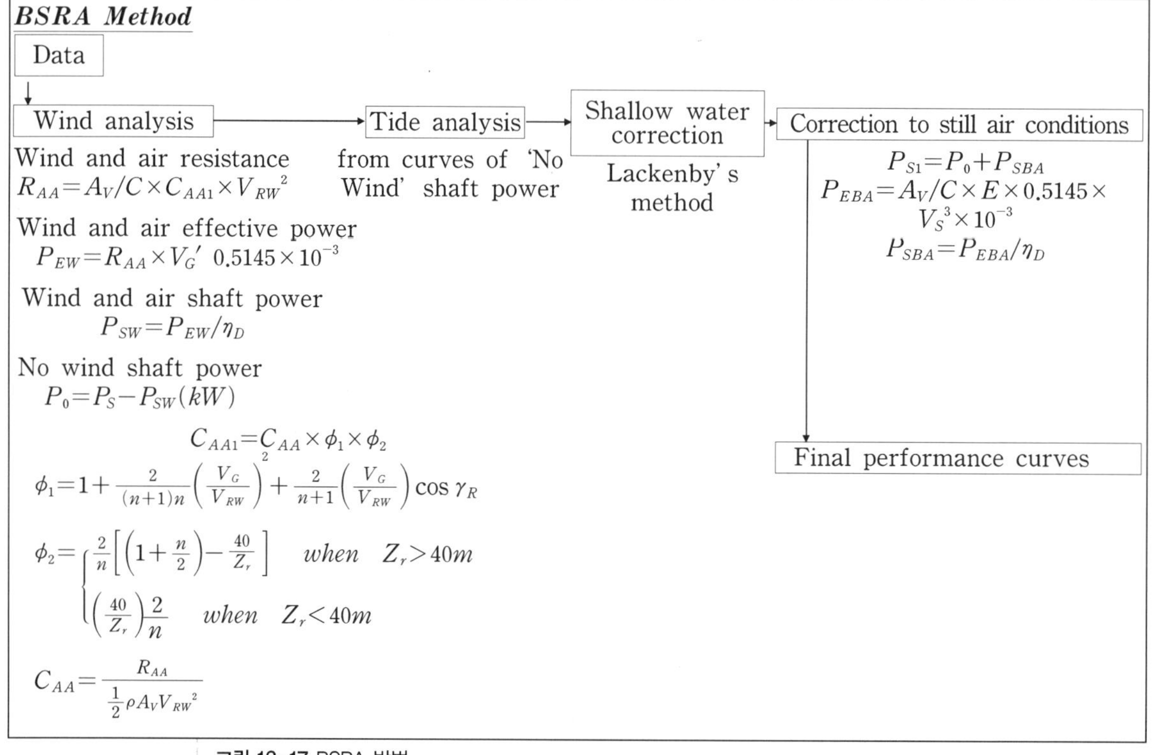

그림 12-17 BSRA 방법

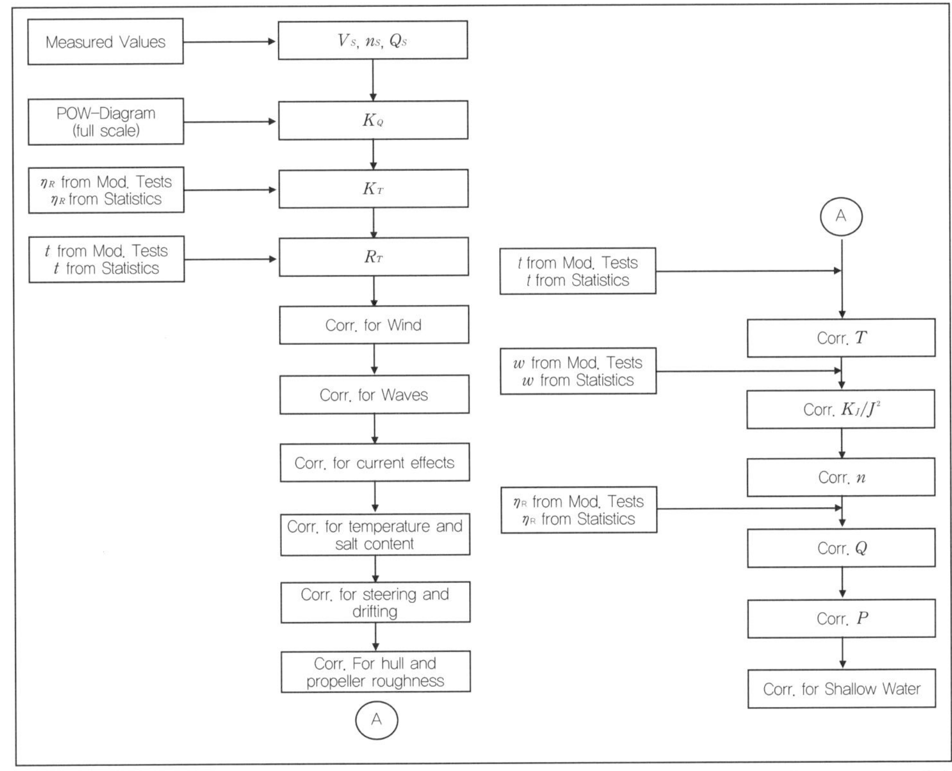

그림 12-18 ITTC 방법

12_3_4 속력 시운전 해석결과의 의미

속력 시운전은 선박의 설계 및 건조 전 과정에서 최종적으로 선박의 속도성능을 검증하는 단계라는 의미를 가진다. 모형시험을 통해 검증된 선박의 속도성능이 실제 해상에서도 동일하다는 것을 선주에게 증명해야 하므로 속력 시운전 동안 선박에 미치는 여러 가지 외부교란에 대한 엄밀한 보정은 대단히 중요하다.

또한 모형선-실선 상관관계(correlation)를 확립하기 위해서는 속력 시운전 결과와 모형시험 결과를 평가, 비교하여 이들 차이에 대한 관계를 정확히 파악하고 모형시험의 상관관계에 반영하는 절차를 거치게 된다. 이러한 일련의 과정에서 좀 더 정확성을 기하기 위해 속력 시운전 수행계획에 대한 합리적인 방법을 만들고 이를 표준화하는 작업들이 수행되고 있다. 또한 수행계획뿐만 아니라, 복잡한 외부교란에 대한 해석법의 개발에 대한 연구도 활발히 진행되고 있다. **그림 12-19**는 모형시험 결과와 속력 시운전 당시 해상의 외부교란을 포함하고 있는 계측자료(measured data), 그리고 이들 외부교란의 영향을 제거한 후의 해석자료(analyzed data)에 대한 결과를 예제로 보여주고 있다. 이들 두 자료 사이의 간격이 클수록 선박에 작용하는 외부교란이 큼을 의미하며 이는 해상의 조건이 좋지 않았음을 뜻한다.

또한 최종 해석된 결과와 모형시험 결과가 일치하지 않음은 모형시험 결과와 실제 시운전 시 선박의 성능 사이에 차이가 있음을 뜻한다. 추후 모형선-실선의 상관관계를 위해서도 이러한 차이에 대한 원인을 분석하고 이를 되먹임하는 단계를 거친다.

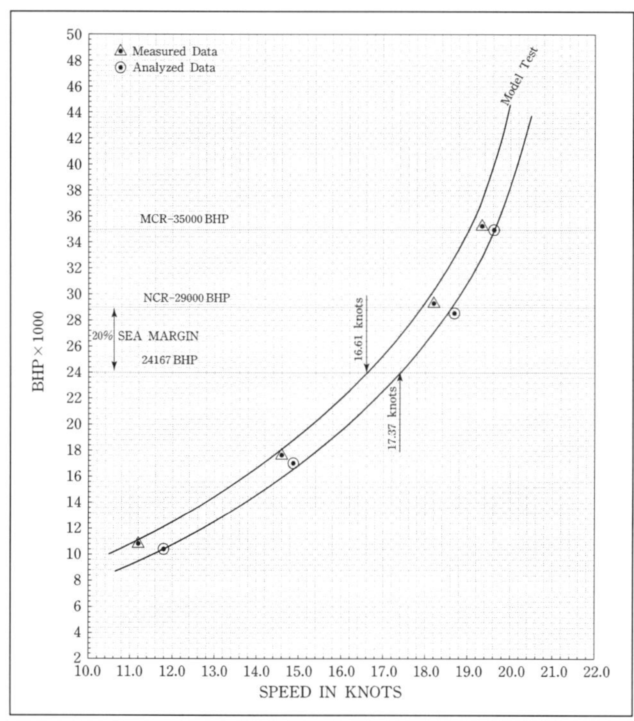

그림 12-19 속력 시운전 해석결과의 예

연습문제

1. 속력 시운전 동안 선박에 작용하는 동력은 비틀동력계를 사용하여 계측한다. 단 측정된 동력은 선박에 작용하는 각종 외부교란의 영향이 모두 포함된 값이다. 이의 영향을 제거하기 위하여 시운전 해석을 하고 그 결과를 부가저항의 형태로 전체저항을 산출한다. 하지만 계측된 토크값과 해석된 부가저항은 서로 다른 차원을 가지므로 산술적인 계산이 불가하다. 해석된 부가저항을 어떻게 고려할 것인지 과정이나 방법을 기술하시오.
2. 파고를 계측하는 장비의 고장으로 인하여, Pierson-Moskowitz 스펙트럼을 이용하여 계측된 바람의 세기를 기준으로 파고를 산정하였다. 이를 바탕으로 파도 및 바람에 의한 동력 보정을 수행한 결과, 예상보다 큰 양의 동력이 보정된 결과를 확인하였다. 이러한 상황이 발생하게 된 이유를 기술하시오.
3. 파도에 의한 동력 보정절차를 ISO 방법에 준하여 개념적으로 기술하시오(수식 제외).

참고문헌

[1] Townsin, R. L., Kwon, Y. J., Baree, M. S. & Kim, D. Y., 1993, Estimating the influence of weather on ship performance, Trans. RINA, Vol. 135.

[2] Maruo H., 1960, On the increase of the resistance of a ship in rough seas(2nd report), Journal of SNAJ 108.

[3] Faltinsen, O. M., Minsaas, K. J., Liapis, N. & Skjordal, S. O., 1980, Prediction of resistance and propulsion of a ship in a seaway, Proceedings 13th ONR.

[4] Kwon, Y. J., 1982, The effect of weather, particularly short sea waves, on ship speed performance, Ph.D. Thesis of University of Newcastle upon Tyne, UK.

[5] Fujii, H. & Takahashi, T., 1975, Experimental study on the resistance increase of a large full ship in regular oblique waves, Journal of SNAJ 137.

[6] 권영중, 2001.4, 권영중법에 의한 파랑 부가저항 계산 프로그램 개발, 울산대학교 수

송시스템연구센터 보고서.

[7] 김은찬, 1994, 실선 저항추진시험 실적과 속력시운전 표준방안 비교, 대한조선학회지 31권 1호.

[8] Evaluation on Speed Trial under Wind and Waves, Working Draft of ISO/TC8/SC9/WG2, March 1996.

[9] Guidelines for the Assessment of Speed and Power Performance by Analysis of Speed Trial Data, August 2000, Draft International Standard ISO/DIS 15016.

[10] Blendermann, W., 1990:2, 1990:3, 1991:4, Chapter 3.1 External Forces, Wind Forces of Maneuvering Technical Manual, Schiff & Hafen.

[11] Isherwood R. M., 1972, Wind resistance of merchant ships, Trans. RINA, Vol. 115.

[12] ITTC Performance Committee, 1984, Report of Performance Committee, Proceedings 17th ITTC.

[13] Guide for Planning, Carrying out and Reporting Sea Trials, 2000.11, Amended Version of Working Draft by ISO/TC8/SC9/WG4 and CEN/TC300/WG1.

[14] ITTC Performance Committee, 2002, Report of Performance Committee, Proceedings 23rd ITTC.

13

함정

김형만
교수
해군사관학교

13_1_ 함정의 종류

_ 이 장에서는 일반적으로 분류되고 있는 함정의 종류와 선형을 소개하고[1] 함정의 선형으로 가장 많이 채택되고 있는 배수량 선형에 대한 저항(소요동력)의 산정 및 나선형 프로펠러의 특성(설계), 함정설계 및 운용 단계에서의 불확실성 및 변화를 고려하여 적용하는 여유(margin)에 대하여 기술한다.

13_1_1_ 분류 기준

함정에 흥미를 가지거나 관심이 있는 사람은 항공모함(aircraft carrier), 순양함(cruiser), 구축함(destroyer), 잠수함(submarine) 같은 함정들이 어떤 성능 및 크기를 가진 함정인지 대략 구분할 수 있으리라 생각된다.

함정 분류	함정 약호		세부 분류
잠수함(정)	SS	Submarine	SS, SSB, SSBN, SSN, SSG, SSGN, SSM
항공모함	CV	Multi-Purpose Aircraft Carrier	CV, CVH, CVHG, CVL, CVS, CVSG, CVN
순양함	C	Cruiser	CA, CG, CGN, CH, CL
구축함	DD	Destroyer	DD, DDG, DDH, DE
호위함	FF	Frigate	FF, FFG, FFL
초계함	P	Corvette	PG, PGF, PGG, PHM, PGGH, PGMG
고속정	P	Patrol Boat	PB, PBF, PBH, PC, PCF, PCS, PSB, PT, PTG
상륙함정	L	Amphibious Ship	LCC, LFS, LHA, LKA, LPA, LPD, LPH, LSD, LST, LSM, LCAC, LCM
기뢰전함정	M	Mine warfare Ship	MHC, MSC, MSO, MCS, MCSL, MHA, MM
지원함정	A	Auxiliary Ship	ADG, AE, AH, AK, AO, AR, AS(L), AW, AET, AGI, AGS, AOE, AOS, ARS, ASR, ATA

표 13-1 함정 약호 및 세부 분류

함정의 종류는 워싱턴, 런던 조약이 유효했던 제2차 세계대전 전까지는 탑재 무기체계와 배수량에 의한 구분이 가능하였지만, 오늘날 이러한 함종을 명확히 규정하기는 힘들고 실제로 순양함, 구축함, 호위함, 초계함 등의 규정은 약간 모호하며 국가별로 상이하다. 함정 약호 및 세부 분류는 **표 13-1**에 나타낸 바와 같다.

또한 함정 약호 첨가문자는 아래와 같다.

(1) A : 공기부양(air cushion)함정, 지원 또는 보조(auxiliary)를 위해 사용되는 함정

(2) B : 탄도 유도탄(ballistic missile) 보유 함정

(3) C : 주로 연안에서 운용되는 함정 또는 고속정

(4) D : 함미에 램프(ramp)가 설치된 함정으로 병력 및 장비를 이송

(5) E : 탄약 수송 또는 호위 임무 함정

(6) G : 유도탄(guided missile)을 의미하는 기호로서 다음과 같은 유도탄 1발 이상을 보유한 함정에 사용함. 사정거리 60마일 이상의 함대함 유도탄, 사정거리 20마일 이상의 대잠 유도탄, 사정거리 10마일 이상의 함대공 유도탄

(7) H : 항공기(헬리콥터 포함) 또는 수중익정(hydrofoil craft)에 사용

(8) K : 해군작전에 필요한 화물을 수송하는 함정

(9) L : 배수 톤수가 작은 함정

(10) N : 주추진기관 중 적어도 1대 이상의 원자로(nuclear reactor)를 사용하는 함정

(11) O : 대양(ocean) 작전이 가능한 중형 함정 또는 유류 수송 함정

(12) S : 대잠전(Anti Submarine Warfare; ASW) 임무를 수행할 수 있는 함정

(13) T : 평시 훈련을 위해 사용되는 함정이나 수송함, 또는 주무장이 어뢰인 함정

13_1_2_ 함정 세부 분류에 대한 정의

1) 잠수함(정)(submarine)

잠수함은 전투, 보조 역할, 연구 및 개발 등 어떠한 경우에 사용되더라도 약간의 전투 능력을 보유하는 것으로, 스스로 잠수 및 부상할 수 있는 능력을 가진 함정을 말한다. 잠수함은 출력의 형식, 탑재무장의 종류, 임무, 크기를 복합적으로 조합하여 다음과 같이 분류한다.

(1) SSBN(nuclear powered ballistic missile submarine) : 핵추진 전략미사일잠수함 또는

전략원잠

핵탄도미사일을 주무장으로 장착하고 있으며 원자력을 이용하여 추진하는 잠수함.

(2) SSB(ballistic missile submarine) : 디젤추진 탄도미사일잠수함

(3) SSGN(nuclear powered cruise missile submarine) : 핵추진 순항미사일잠수함 또는 순항미사일원잠

순항미사일을 주무장으로 장착하고 있으며 원자력을 이용하여 추진하는 잠수함.

(4) SSG(cruise missile submarine) : 순항미사일잠수함

순항미사일을 주무장으로 장착하고 있으며 비원자력으로 추진하는 잠수함.

(5) SSN(nuclear powered submarine) : 원자력추진잠수함 또는 공격원잠

대함전 및 대잠수함전을 위주로 하는 원자력추진잠수함.

(6) SS(attack Submarine) : 공격잠수함

대함전 및 대잠수함전을 위주로 하는 비원자력추진잠수함.

(7) SSM(midget submarine) : 잠수정

배수량이 200톤 미만인 비원자력추진잠수함.

(8) UUV(Unmaned Underwater Vehicle) : 무인잠수정

사람이 타지 않고 수중에서 주어진 임무를 수행하는 모든 종류의 무인수중운항체.

2) 항공모함(aircraft carrier)

항공기를 탑재하고 비행갑판으로부터 항공기를 이 · 착함시키는 함정으로서 적 항공기, 수상, 수중 및 연안에 있는 표적들을 공격하는 항공기의 지휘, 통제를 주임무로 하는 함정.

(1) CV : 항공모함(conventionally powered aircraft carrier)

원자력 추진 이외의 항공모함.

(2) CVH : 수직 이 · 착함기 탑재 항공모함(V/STOL aircraft carrier)

수직 단거리 이 · 착함기나 헬기를 탑재한 항공모함으로 전용 항공기를 이함시키기 위한 사출장치는 있을 수 있으나, 일반적으로 제동장치는 미 보유.

(3) CVHG : 수직 이 · 착함기 및 유도탄 항공모함(guided missile V/STOL aircraft carrier)

수직 단거리 이 · 착함기를 탑재하며 유도탄을 주무장으로 장착한 항공모함.

(4) CVL : 경항공모함(light aircraft carrier)

항공모함과 임무 수행 성격은 같으나 만재배수 톤수가 3만 톤급 이하인 항공모함.

(5) CVS : 대잠용 항공모함(ASW aircraft carrier)

대잠전 임무를 수행할 수 있는 능력을 갖춘 항공모함으로, 주무장은 어뢰.

(6) CVSG : 대잠전유도탄 항공모함(guided missile ASW aircraft carrier)

대잠유도탄을 장착하고 있는 항공모함.

(7) CVN : 핵추진 항공모함(nuclear powered aircraft carrier)

3) 순양함(cruiser)

대양에서의 지휘 및 통제 능력을 보유하고 있으면서 전함보다는 작으나 주요 무기체계는 함대방어유도탄 또는 전략전술 함대유도단이 장착되어 있으며, 중구경 함포(5*in* 이상)로 중무장한 수상전투함.

(1) CA : 중순양함(heavy cruiser)

적어도 포신 구경이 5.5*in* 이상의 단연장 함포를 주포로 장착한 함정

(2) CG : 유도탄 순양함(guided missile cruiser)

유도탄 무기체계를 장착한 함정

(3) CGN : 핵추진유도탄 순양함(nuclear powered guided missile cruiser)

(4) CH : 항공기탑재 순양함(aviation cruiser)

(5) CL : 경순양함(lighter cruiser)

포신 구경이 5.5*in* 이하의 다연장 함포를 주포로 장착한 함정

4) 구축함(destroyer)

대양에서 독자적으로 작전할 수 있는 수상전투함으로, 순양함보다는 크기도 작고 무기체계도 적으며 항속거리도 짧다. 기능적 임무는 대잠전, 대공방어, 항공모함 및 선단 호위, 해상교통로의 보호, 대잠초계, 해상구조 및 항공기통제 등으로 임무 수행이 다양한 함정.

(1) DD : 구축함(destroyer)

앞에서 언급한 'G' 라는 약호 첨가문자를 포함할 수 없는 일반적인 구축함.

(2) DDG : 유도탄 구축함(guided missile destroyer)

'G' 를 포함할 수 있는 구축함.

(3) DDH : 항공기탑재 구축함(aviation destroyer)

전천후 항공기 3대 이상을 탑재할 수 있는 구축함.

(4) DE : 호위 구축함(escort destroyer)

호위 임무를 수행하며 일반적인 구축함보다는 크기와 성능 측면에서 다소 떨어지는 구축함.

5) 호위함(frigate)

2등급 구축함이라고 평가되며 다양한 임무를 수행하는 구축함에 비하여, 설계 및 기능

에서 한 가지 임무만 수행하도록 되어 있고 크기도 작음.

(1) FF : 호위함 또는 프리깃(frigate)

배수 톤수가 1500톤 이상이며, 대양에서 충분한 내해성과 항속성을 보유한 함정.

(2) FFG : 유도탄 호위함(guided missile frigate)

'G' 를 포함할 수 있는 호위함.

(3) FFL : 경호위함(light frigate)

배수 톤수가 1500톤 정도이며 항속성이 일반 호위함보다 짧고 전투해역에서는 한정된 임무를 수행할 수 있는 호위함.

6) 초계함(corvette)

대양에서의 수상전투함대 초계임무 수행이 가능하고 일부 공격적 무기체계를 장착하고 있으며, 경호위함과 크기와 능력면에서 비슷한 것으로 보이지만 무기체계, 탑재장비 등의 차이점이 있고 배수 톤수가 1500톤 이하 400톤 이상의 함정

(1) PG : 호위 초계함(patrol escort)

포신 구경이 2.3in 이상인 다연장 함포를 주로 장착하고 있는 전투함으로 대잠전 및 대함전을 수행할 수 있는 능력을 보유한 함정.

(2) PGF : 초계함(patrol ship)

함포를 장착하고 항속 시 20kts 이상의 속력을 낼 수 없으며 주로 초계임무에 사용된다. 보통 구형이지만 성능이 향상되면 어로보호, 연안경비, 극지방초계에도 사용되는 함정.

(3) PGG : 유도탄 초계전투함(guided missile patrol combatant)

주무장으로 대함유도탄이 장착되어 있는 전투함이다. 함형이 수중익선 형태로 되어 있는 경우 미 해군에서는 PHM으로 표현되는 함정.

(4) PHM : 수중익 초계전투함(missile patrol combatant hydrofoil)

(5) PGGH : 수중익유도탄 초계전투함(guided missile patrol combatant hydrofoil)

PGG에 수중익 형태를 사용한 함정(미 해군의 PHM).

(6) PGMG : 유도탄 연안전투함(guided missile motorboat)

함대함유도탄을 장착한 모든 연안전투함으로 속력은 35kts 이하, 보통 전장이 46m 이내임.

7) 고속정(patrol boat)

주로 연안에서 활동하며 배수 톤수가 400톤 이하의 함정.

(1) PB : 연안경비정(patrol boat)

배수 톤수 100톤 이하인 함정.

(2) PBF : 고속경비정(fast patrol boat)

연안 경비정(PB)과 유사하나 최소한 35*kts* 이상의 속력을 갖춘 함정.

(3) PBH : 수중익초계정(hydrofoil patrol boat)

연안경비정(PB)에 수중익선형을 적용하고 40*kts* 이상의 속력과 특수 안정성 보유.

(4) PC : 연안초계정(coastal patrol craft/patrol craft)

속력이 24*kts* 이하이며 비유도 단거리 대함미사일을 장착.

(5) PCF : 고속 초계/공격정(fast patrol craft/fast attack craft)

속력이 24*kts* 이상이며 연안초계정(PC)과 능력이 유사함.

(6) PCS : 구잠함(submarine chaser)

전장 43*m* 이상이며 주임무가 대잠전(ASW)인 함정.

(7) PSB : 항만경비정(harbor patrol boat)

대개 경비정(PB)보다는 소형이며 주로 항만경비에 사용되는 함정.

(8) PT : 어뢰정(torpedo boat)

배수 톤수가 100톤 이하이며 주무장이 어뢰인 함정으로, 대잠전 및 대수상함전을 수행할 수 있는 능력을 보유함.

(9) PTG : 유도탄 경비정 또는 유도탄정(guided missile patrol boat)

주무장이 대함유도탄으로 구성되어 있는 경비정.

8) 상륙전함정(amphibious warfare ships)

상륙공격부대(해병대)의 병력과 장비를 수송 전개시킬 수 있는 편제상의 능력을 보유하고 있는 모든 함정으로서 대양에서 장거리를 항해할 수 있는 함정.

(1) LCC : 상륙지휘함(amphibious command ship)

상륙작전 및 이와 관련된 공중지원을 지휘할 수 있도록 특수장비를 장착하고 있는 함정으로 병력, 상륙정, 헬리콥터를 탑재.

(2) LFS : 상륙전 함포지원함(amphibious warfare fire support ship)

함포, 로켓을 사용하여 상륙공격부대가 상륙할 연안에 화력을 지원하는 것이 주임무.

(3) LHA : 상륙공격함(amphibious assault ship)

주로 공격병력 수송 헬리콥터를 운용 · 지원하고 공격병력, 상륙정, 상륙차량을 수송할 수 있도록 설계된 함정으로, 상륙차량 및 상륙정은 함미에 있는 갑문(gate)을 통하여 진수.

(4) LKA : 상륙지원화물함(amphibious cargo ship)

상륙작전에 필요한 전투장비 및 물자를 해안에 수송하기 위해 특별히 설계된 함정으로, 해안에 물자를 수송하기 위한 수단으로 상륙정을 탑재하고 있고 수송용 헬리콥터를 운용하기도 하며 병력 수송 능력을 보유.

(5) LPA : 상륙전대수송함(amphibious personnel transport)

공격병력을 수송하도록 설계된 함정이며 해안으로 병력을 수송하기 위한 상륙정을 탑재하고 있다. 보트 대빗으로 상륙정을 진수시키고 발진시킨다. 또한 상륙차량, 전투장비, 수리부속품을 한노반큼 탑재함.

(6) LPD : 상륙수송선거함(amphibious assault transport dock)

함미에 램프(ramp)가 있는 것이 특징이며, 이 램프를 통하여 양륙할 수 있는 공격차량을 탑재할 수 있도록 설계된 함정으로 많은 병력과 수리부속품을 수용할 수 있는 공간이 있다. 헬리콥터를 탑재할 수 있는 격납고 보유.

(7) LPH : 헬리콥터탑재 상륙 공격함(amphibious transport ship, helicopter)

주로 병력 수송용 헬리콥터를 탑재, 운용하는 함정.

(8) LSD : 상륙선거함(dock landing ship)

함미에 갑문이 설치된 함정으로서 주임무는 상륙함을 진수시키는 것이다. 화물적재 용적은 거의 상륙차량을 탑재하는 데 사용된다. 상륙수송선거함(LPD)에서는 화물적재 공간을 병력 수용장소로 사용 가능.

(9) LST : 대형 상륙함(amphibious vehicle landing ship/tank landing ship)

상륙 공격병력이나 차량을 수송하도록 설계된 함정으로서 600톤 이상의 화물을 램프나 선수갑문(bow gate)을 통하여 양륙시키기 위해 해안접안(beaching) 능력을 가지고 있다. 보트 대빗을 이용하여 상륙정을 진수 또는 탑재할 수 있으며 소형 헬리콥터를 탑재.

(10) LSM : 중형 상륙함(medium amphibious assault landing ship)

상륙 공격병력이나 차량을 수송할 수 있도록 설계된 함정으로서 600톤 이하의 화물을 램프나 선수갑문을 통하여 양륙시키기 위해 해안접안 능력을 가지고 있다. 보트 대빗을 이용하여 상륙정을 진수 또는 탑재.

(11) LCAC : 상륙용 공기부양정(Landing Craft Air Cushion)

인원과 장비를 상륙 해안까지 이송 가능한 공기부양정.

(12) LCM : 중형 상륙정(medium landing craft)

100톤 이하의 화물을 수송할 수 있는 상륙정으로 화물을 양륙시키기 위해 해안에 접안할 수 있으며, 대형 상륙함에 탑재 가능한 상륙정.

9) 기뢰전함정(mine warfare ships)

기뢰를 부설, 제거, 탐색하는 데 사용되며 선체는 대부분 비자성 재질로 되어 있는 함정.

(1) MHC : 연안기뢰탐색함(Mine Hunter Coastal)

전장이 80~120ft이며 정밀 기뢰탐지장비를 탑재하여 기뢰탐색 능력을 보유한 함정.

(2) MSC : 연안소해함(Mine Sweeper Coastal)

연안에서 기뢰를 제거하는 데 사용되며 배수 톤수가 500톤 이하인 함정.

(3) MSO : 대양소해함(Mine Sweeper Ocean)

배수 톤수가 500t 이상인 소해함으로서 대양에 전개 가능하고 고주파 소나를 장착하며 초계임무와 대잠전을 수행.

(4) MCS : 기뢰대항지원함(Mine Countermeasure Support ship)

기뢰대항전을 지휘, 통제하고 예비부속품을 보유하며 다른 기뢰대항함을 경비해 줄 수 있는 능력이 있는 함정으로, 기뢰부설 능력을 보유

(5) MCSL : 소형 기뢰대항지원함(small mine countermeasure ship)

초계임무, 기뢰부설 및 소해 능력을 갖춘 전장 53m 이하의 함정.

(6) MHA : 기뢰탐색정(coastal mine hunter)

전장이 24~61m이며 진보된 기뢰탐색 능력을 보유한 저자성 목재로 된 함정이다. 기뢰탐지장치를 갖춰야 하며 소해제거장치를 설치하는 특수요원(UDT, SSU 등)이 승함.

(7) MM : 기뢰부설함(mine layer)

기뢰를 부설할 수 있도록 설계된 함정(우리나라 해군의 MLS).

10) 지원함정(auxiliary ship)

타 함정에 병참 보급품을 운반하거나 다양한 조건하의 함정을 지원하기 위한 함정.

(1) ADG : 소자함(degaussing ship)

소자거리를 제공해 주거나 또는 자기처리를 해 주는 함정.

(2) AE : 탄약운반함(ammunition ship)

함정용 탄약을 운반하여 전투함에 공급해 주는 함정으로, 탄약을 운반하는 장비가 설치되어 있으나 화물수송함처럼 해상에서 공급해 줄 수 있는 능력은 없다. 유도탄을 운반하거나 수리하는 유도탄지원함과는 다른 함정.

(3) AH : 병원선(hospital ship)

이동병원으로, 부상자를 치료하는 함정.

(4) AK : 화물수송함(cargo ship)

작전에 필요한 물자를 수송하는 함정으로, 냉동화물 및 탄약도 수송 가능.

(5) AO : 유조선(oiler)

연료의 수송, 공급을 기본임무로 하는 함정.

(6) AR : 수리함(repair ship)

타 함정을 수리, 정비 및 개장하는 데 사용하는 함정으로, 다양한 수리 및 기계설비, 크레인, 부속품을 보유한 함정.

(7) AS(L) 삼수함(정) 보함(submarine tender)

잠수함(정)을 도크에 탑재 가능하며 수리, 정비, 군수품을 지원하는 함정.

(8) AW : 청수공급함(water tanker)

타 함정에 청수를 공급하기 위해 사용되는 함정으로서 청수를 조수할 수 있는 능력을 보유함.

(9) AET : 탄약수송함(ammunition transport)

재화 톤수 5000톤의 탄약을 수송할 수는 있으나 고도의 기술을 요하는 탄약보급 능력은 없는 함정.

(10) AGI : 정보수집함(intelligence collection ship)

전술, 전자, 음향, 전자광학 등을 포함하는 정보를 수집하기 위하여 특수한 장비를 장착한 함정으로서 전파방해 또는 무선항법방해 전자방사를 할 수 있는 함정.

(11) AGS : 해양조사함(surveying ship)

해양의 물리학적, 생물학적 성질을 조사하는 데 사용되며, 해도 제작을 지원하기 위해 수심을 측량하는 데 독자적으로 사용되는 함정.

(12) AOE : 군수지원함(fast combat support ship)

주임무로 유류 및 탄약을 공급하는 함정이며, 부가적으로 냉동 및 건화물, 부속품 등을 수송하기도 하고, 최대지속 속력이 24*kts* 이상인 함정.

(13) AOS : 특수액체탱커(special liquid tanker)

유류나 청수가 아닌 휘발성이 강한 화학물이나 오염수 등을 수송하는 함정.

(14) ARS : 해난구조함(salvage and rescue ship)

인원을 구조하거나 소화작업을 하는 데 사용되는 함정으로, 대양에서 타 함정을 예인할 수도 있는 함정

(15) ASR : 잠수함구조함(submarine rescue ship)

침몰된 잠수함으로부터 인명을 구조할 수 있는 잠수함으로서 인원구조장비를 장착하

고 있으며 잠수함을 구조하기 위한 함정.

(16) ATA : 예인함(ocean tug)

타 함정을 대양에서 예인할 수 있도록 설계된 함정. 부가적으로 인명구조 및 소화에 필요한 장비를 장착한 함정.

13_1_3_ 국내 건조 주요 함정

우리나라 해군은 해군 창설시기에는 미 해군의 잉여 함정을 군원으로 받아 운용하였으나 1970년대부터는 국내에서 고속정을 건조하여 운용하기 시작했고, 이후 수상함 55종, 잠수함 2종 등 총 670척의 함정을 국내에서 건조하였으며, 국내 조선업체는 호위함, 상륙함, 군수지원함 등 총 45척의 함정을 해외에 수출하였다.

보다 자세한 사항에 대해서는 [1]과 김효철 외[2]를 참조하기 바란다.

13_2_ 함정의 저항(소요동력) 산정

_ 이하에서는 함정의 각종 저항성분의 추정에 대해 논의하기로 한다.

13_2_1 잉여저항

잉여저항을 추정하는 방법으로 현재까지는 모형시험에 의한 잉여저항의 추정방법이 가장 정확한 것으로 알려져 있으나 초기설계 단계에서 잉여저항을 추정하기 위해서는 '기하학적으로 아주 유사한 계통적 선형의 주요 특성을 조직적으로 변화시킨 모형선의 계열에 대한 모형시험 결과를 체계적으로 정리한 자료'를 이용하는 방법과 가장 유사한 실적함정의 모형시험 자료를 이용하는 것이다. 배수량 선형의 저항해석에 주로 사용되는 계열자료로는 다음과 같은 것들이 있다.

1) Yamagata 도표(Yamagata chart)

1941년 일본의 Yamagata는 1축 화물선을 대상으로 한 저항추정용 도표를 작성하였는데, 작은 어선에서부터 5만 톤급 유조선에 이르기까지 순양함 선미(cruiser stern)를 가진 다양한 범위의 선박에 활용되어 왔다. 이 표는 기본 잉여저항곡선과 B/L 수정곡선, B/d 수정곡선 등 3개의 도표로 구성되어 있으며, Froude 마찰곡선을 사용하도록 되어 있다.

2) Taylor 표준계열(Taylor Standard Series)

1943년 D. W. Taylor가 영국 순양함 Leviathan호를 기준선형으로 하여 치수비를 변화시켜 가면서 모형시험을 수행한 결과를 모아 만든 것이다(그림 13-1). 이 계열 각 선형의 선수부와 선미부의 주형비척계수 C_P는 같고 LCB는 항상 중앙에 있다. 변수로는 C_P, B/d, $\Delta/(0.01L)^3$, $U/\sqrt{L}$를 사용하였으며 중앙단면계수 C_m은 0.925로 일정하게 유지되었다.

3) BSRA 계열

1961년 영국의 BSRA(British Ship Research Association) 주관으로 만들어진 단축선 계열선형의 저항계수 도표로서 길이 400ft, 폭 55ft, 흘수 26, 21 및 16ft에 대해 방형비척계수

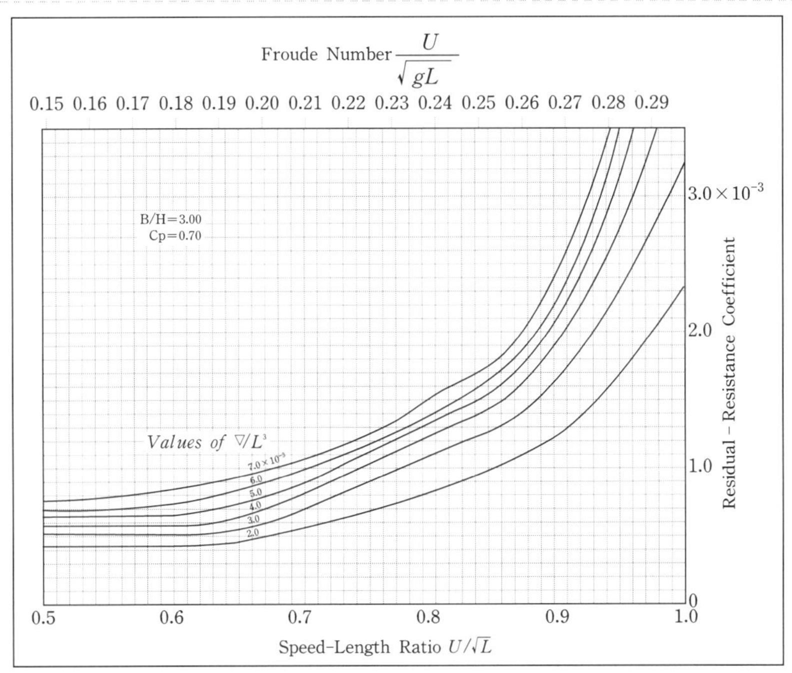

그림 13-1 Taylor 표준계열에 대한 대표적인 곡선들

C_B를 0.65에서 0.80까지 변동하고 LCB도 변화를 주어 자료를 정리하였다.

4) HSVA'C 계열(HSVA'C Series)

HSVA(Hamburgische Schiffbau-Versuchsanstalt GmbH, Hamburg Ship Model Basin)의 HSVA'C 계열은 $U/\sqrt{L}$이 1.2~2.4의 속도범위를 갖는 배수량형 선형에서 수행한 모형시험 자료를 정리한 것으로, 폭넓은 자료를 포함하고 있으며 호위함, 초계함 등과 같은 중소형 함정의 설계속력을 대부분 포함하므로 이 계열을 사용하여 잉여저항을 추정하는 경우가 많다.

5) 계열 64(Series 64)

Taylor 표준계열의 모형선들은 $U/\sqrt{L}$이 2.0까지에 걸쳐 예인되었기 때문에 함정 등의 고속을 요구하는 선형에서는 Taylor 표준계열로는 자료가 미흡하여 1959년에 D. W. Taylor 선형수조에서 저조파저항 배수량형(low-wave-drag displacement type) 고속선형인 새로운 계열의 조직적인 모형시험이 시작되었으며, 1965년 Yeh가 모형시험 결과를 정리하였다. 이 새로운 계열자료인 계열 64는 주형비척계수 C_P는 0.63으로 고정하고 방형비척계수 C_B와 배수량-길이 비 $\Delta/(0.01L)^3$와 B/d를 변화시켜 $U/\sqrt{L}=5.0$에 대응하는 속도까지 예인되어 넓은 속도범위에 대한 저항자료가 정리되어 있다.

6) SSPA

SSPA(Swedish State Shipbuilding Experimental Tank, Gothenburg)에서는 1945년부터 1960년대 사이에 쌍추진기식과 단추진기식의 고속화물선, 유조선, 연안선(coaster), 저인망어선(trawler) 등 광범위한 계열시험 결과를 정리하여 발표하였다.

7) NPL

광범위한 연안선의 선형계열에 대한 시험이 영국 국립물리연구소(The National Physical Laboratory)에서 실시되었으며 방형비척계수 $C_B \in 0.625 \sim 0.81$, $L/B \in 4.44 \sim 8.0$, $B/D \in 2.05 \sim 2.75$의 범위에 걸쳐 변화하고 있으며, 실험결과는 $U/\sqrt{L}$을 가로축으로 하여 저항자료를 정리하였다.

이상과 같이 초기설계 단계에서 잉여저항 추정 시 주로 사용되는 주요 계열 선형도표를 정리하면 **표 13-2**와 같으며 여기서 C_W는 수선면적계수이다. **표 13-2**의 계열자료들 중에서 HSVA' C 계열도표의 경우 호위함, 초계함 등과 같은 중소형 고속함정의 거의 모든 설계속력(design speed)이 범위에 들어가므로 주로 이 도표를 이용하여 잉여저항을 추정한다. Taylor 표준계열은 중형 이상급 함정의 특성치와 유사하므로 모형시험 전 잉여저항을 구하고자 할 때 대부분 **그림 13-1**과 같은 Taylor 표준계열을 이용하여 저항을 추정한다.

구분	Taylor	HSVA' C	Series 64	SSPA	NPL
$U/\sqrt{L}$	0.5~2.0	1.2~2.4	1.0~5.0	1.0~4.5	1.0~4.0
L/B	5.32~14.05	7.49~10.10	8.45~18.30	4.62~8.21	3.33~7.50
B/D	2.25~3.75	2.74~4.97	2.00~4.00	3.00~4.00	1.72~10.21
C_B	0.44~0.80	0.40~0.57	0.35~0.55	0.400	0.397
C_P	0.48~0.70	0.60~0.72	0.630	0.680	0.693
C_W	-	0.75~0.87	0.761	0.730	0.753
$\Delta/(0.01L)^3$	20.0~250.0	41.3~82.1	15.0~55.0	55.8~132.3	50.0~320.0

표 13-2 배수량 선형의 계열자료 범위

일반적으로 잉여저항을 추정할 때 설계함정의 특성치가 계열자료와 정확히 일치하지 않으므로 Froude의 비교법칙을 이용한 유사선 모형시험 결과와 계열자료를 이용하여 얻은 값의 비교를 통하여, 그 차이를 고려하기 위해 다음과 같이 정의되는 보정계수(worm factor) f_w를 구하고 이 값을 설계함정에 적용하여 정확한 저항값을 추정하게 된다.

$$f_w = R_{Rp}/R_{Rs} \tag{1}$$

여기서 R_{Rp}는 모형시험 결과에 대한 유사실적 함정의 잉여저항, R_{Rs}는 계열자료로부터 구한 유사실적 함정의 잉여저항이다. 따라서 설계함정의 저항은 설계함정에 적합한 계열자료로부터 구한 저항값에 보정계수를 곱하여 구한다. 대개 함정의 초기 소요동력 추정 시 **표 13-2**의 Taylor 표준계열이 일반 함정의 특성치와 가장 유사하므로 이 계열자료를 이용하여 저항을 추정하게 되는데, 계열자료로부터 기준선에 대한 저항을 계산하여 모형시험 결과값과 비교해 보면 Taylor 표준계열은 과소한 값을 나타낸다. 그러므로 Taylor 표준계열을 이용할 경우에는 보정계수를 사용함으로써 보다 정확하게 추정할 수 있다.

13_2_2_ 모형선-실선 상관 수정계수

모형시험으로부터 추정된 저항과 실선의 시운전에서 얻는 저항 사이에는 선각의 거칠기 및 모형선의 크기, 난류촉진장치의 적부, 수조의 벽이나 바닥이 미치는 영향 등의 요인으로 인해, 모형시험을 통해 추정된 저항에 수정이 필요해진다. 이 수정값을 모형선-실선 상관 수정계수, C_A라 정의하며, 이 값은 각 수조의 특성 및 모형선 결과의 실선 확장방법, 선체 표면의 거칠기 등 여러 인자를 포함하고 있으므로, 많은 모형시험 자료 및 실선 시운전 자료로부터 수조의 특성에 따라 결정하게 된다.

13_2_3_ 부가물저항

부가물저항, R_{app}은 선체에 부착되는 구상선수(bulbous bow), 안정핀(stabilizing fin), 만곡부용골(bilge keel), 축과 지주, 스케그(skeg), 타, 선미쐐기(stern wedge), 선미플랩(stern flap) 등 각종 부가물에 의해 발생하는 저항성분으로서 알몸(bare hull)상태의 유효동력에 유사 실적선의 부가물계수(appendage factor) f_{app}를 곱하여 부가물을 고려한 실선의 유효동력을 추정하며 f_{app}는 다음과 같이 정의한다.

$$f_{app}=P_E/P_{Eb} \qquad (2)$$

여기서 P_E는 유효동력, P_{Eb}는 알몸 유효동력이다.

1) 구상선수

구상선수는 조파저항을 감소시키기 위한 수단으로 적용되고 있으며 대형함인 경우 함 운용상 소나돔(sonar dome)이 필요할 경우 용골돔(keel dome)이나 구상선수가 변형된 선수돔(bow dome)을 채택한다. 돔 형태의 선정은 음향학(acoustics), 조종성능(maneuverability), 속력, 슬래밍, 입거(docking), 투묘(anchoring), 설치, 보수 및 비용을 고려하여 결정되어야 하며, 대형함인 경우 용골돔 형에 비해 선수돔 형이 저항감소에 유리하고 소나의 성능 또한 우수한 것으로 알려져 있다.

2) 선미쐐기(stern wedge)

그림 13-2에서와 같이 일반적으로 Fn 범위가 0.26~0.30에서 전달동력 측면에서는 쐐기의 영향이 거의 없지만 Fn가 0.26 이하에서는 추진효율 η_D는 증가하나 쐐기로 인한 마찰저항 증가로 오히려 요구동력이 증가된다. 그러나 Fn가 0.30 이상에서는 저항감소 및 추진효율의 증가로 5% 이상의 축동력을 절약할 수 있다[3].

3) 선미플랩(stern flap)

최근 미 해군 함미 부가물의 설계 경향은 선미플랩을 장착하고 있으며 기존 쐐기 설치 함정에서도 쐐기를 떼어내고 플랩을 취부할 정도로 플랩의 우수성이 받아들여지고 있다.

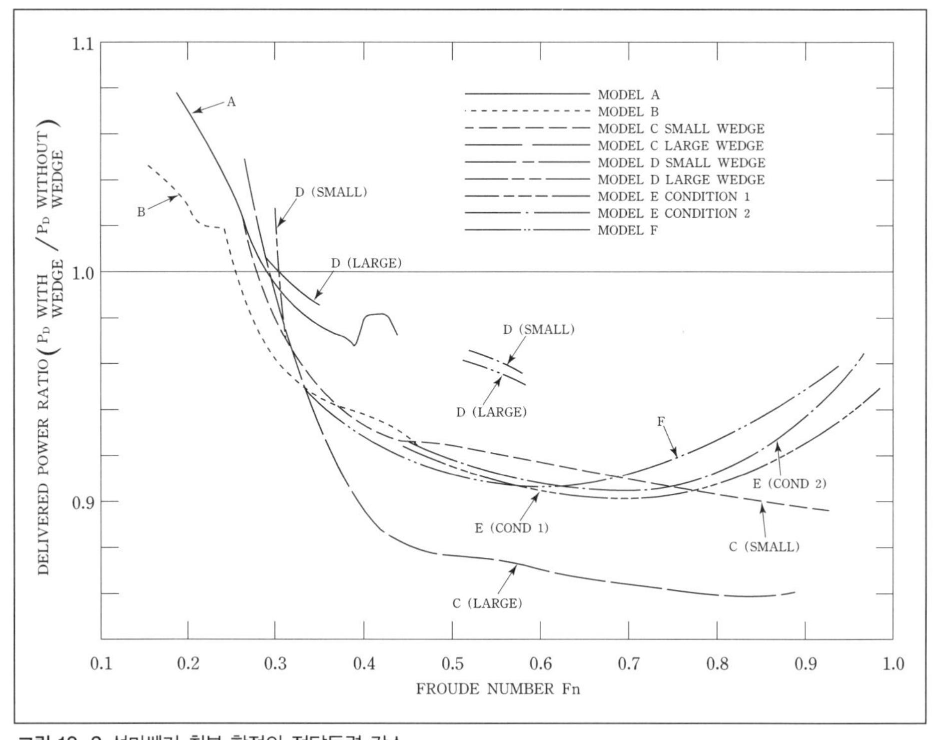

그림 13-2 선미쐐기 취부 함정의 전달동력 감소

선미쐐기 설치 시 고속에서는 요구동력을 상당히 감소시킬 수 있지만 저속에서는 오히려 요구동력을 증가시키는 단점이 있다.

미 해군 DDG-51의 경우, 이미 선미쐐기가 설치되어 있음에도 불구하고 선미플랩을 추가 설치함으로써 상당한 연료절감을 기대하고 있으며, DDG-51 FLIGHT-IIA, 상륙용 수송선인 LPD-17(Landing Platform Dock)도 선미플랩을 채택하였다. 플랩을 실제로 취부한 DD-968 실선의 시험 결과, 전 속력구간에서 10~14%의 동력감소가 이루어졌고 이는 선미플랩의 설치가 최소한 10*kts* 이상 구간에서 소요동력에 대해 상당한 감소효과를 나타내는 것으로 볼 수 있다[4]. 이와 같은 면을 고려할 때 앞으로 일반 함정설계의 경향은 연료소모량 감소와 최대 함속 증가 함정의 운용성능 향상 및 건조성 측면에서도 선미플랩을 택할 것으로 보인다. 선미플랩 및 선미쐐기의 개략적인 형상을 **그림 13-3**에 나타냈다.

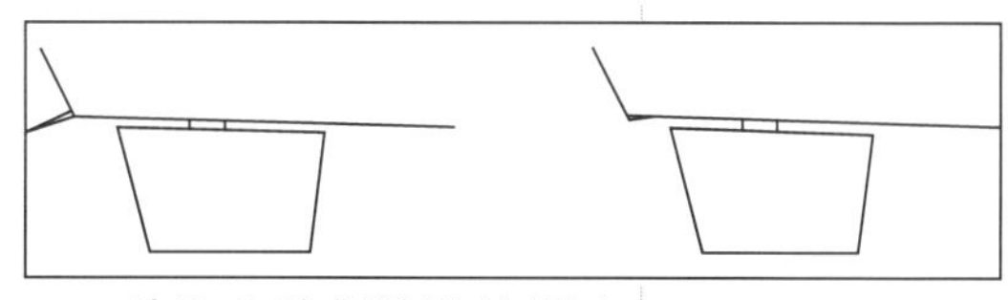

그림 13-3 선미플랩 및 선미쐐기

13_2_4_ 공기저항

수면 상부의 구조물이 공기 속을 항주할 때 발생하는 저항성분이다. 공기저항(air resistance)의 추정은 ITTC '78 공기저항계수 추정식과 [5]의 NAVSEC(Naval Ship Engineering Center) 식이 있다.

1) ITTC '78 공기저항계수 추정식

$$C_{AA}=0.001A_T/S_W \tag{3}$$

여기서 A_T는 수면 상부의 정면투영 면적, S_W는 침수표면적이다.

2) NAVSEC 공기저항 추정식

$$P_{air}=C_{AH}A_TU^3/96{,}500 \tag{4}$$

여기서 P_{air}는 추가동력, C_{AH}는 공기저항계수로, 전투함은 0.7, 항공모함은 0.45, 보조함은 0.75이며, A_T는 ft^2로, U는 kts로 잰 값을 사용한다.

13_2_5 전체저항

전체저항은 알몸저항 R_{Tb}에 부가물저항 R_{app}과 공기저항 R_a를 더한 저항이며, 다음 식으로 계산된다.

$$R_T = (\rho U^2/2) S_W C_T + R_{app} + R_a = (\rho U^2/2) S_W (C_{FS} + C_{RS} + C_A) + R_{app} + R_a \quad (5)$$

13_3_ 저항추정

_ 모형시험 후 함정의 저항을 추정하는 방법은 대표적으로 2차원법(Froude법)과 3차원법(Hughes법)이 있다.

13_3_1_ 2차원법(Froude법)

모형시험 결과로부터 실선의 동력을 추정하는 방법 및 절차는 다음과 같다.

1) 모형시험 결과로부터 모형선의 전체저항 R_{TM} 계측

2) C_{TM} 계산

3) C_{FM} 계산

4) 모형선의 잉여저항계수 계산 : $C_{RM}=C_{TM}-C_{FM}$

5) Froude의 비교법칙에 따라 $C_R=C_{RM}$

6) 실선의 마찰저항계수 C_F 계산

7) 공기저항계수 C_{AA} 계산

8) 모형선-실선 상관 수정계수 C_A 추정

9) $C_T=C_R+C_F+C_{AA}+C_A$

10) 전체저항 R_T 계산

11) 유효동력 계산

12) 프로펠러 단독시험에서 η_0 계산

13) 프로펠러 단독시험 및 자항시험에서 상대회전효율 η_R 계산

14) 저항시험 및 자항시험에서 선각효율 η_H 계산

15) 준추진효율 η_D 계산

16) 전달동력 계산

17) 축전달효율 η_T 추정

18) 추진효율 η_p 계산

19) 제동동력 계산

13_3_2_ 3차원법(Hughes법)

형상계수 k의 값은 배의 치수비와 C_B 등에 따라 달라지며, 계산에 사용된 마찰저항계수 C_F에 따라서도 달라진다. k의 근사식은 표 13-3과 같다. Hughes법을 이용하여 모형시험 결과로부터 실선의 동력을 추정하는 방법 및 절차는 다음과 같다.

1) 모형시험 결과로부터 모형선의 전체저항 R_{TM} 계측

2) C_{TM} 계산

3) 시발점에서 조파저항이 없는 것으로 가정하여 식 (4.13)에 따라 형상계수 k 계산

4) 모형선의 조파저항계수 계산 $C_{WM}=C_{TM}-(1+k)C_{FM}$

5) $C_W=C_{WM}$

6) 실선의 마찰저항계수 C_F 계산

7) 공기저항계수 C_{AA} 계산

8) 조도수정계수(roughness allowance factor) ΔC_F 추정

9) $C_T=C_W+(1+k)C_F+C_{AA}+\Delta C_F$

이하는 Froude법과 동일하다.

발표자	근 사 식	비 고
Granville	$k=-0.07+\left(C_B\frac{B}{L}\right)^2$	C_F는 Schoenherr의 값
Prohaska		C_F는 Schoenherr의 값
Sasajima	$k=3{r_A}^5+0.30-0.035\frac{B}{d}+0.5\frac{T}{L}\frac{B}{d}$	C_F는 Schoenherr의 값 T=트림, r_A=결속비
Tagano	$k=-0.087+0.891\frac{C_M}{\frac{L}{B}\sqrt{\frac{B}{d}C_B}}\frac{B}{L_r}$	C_F는 Schoenherr의 값 L_r는 선체 후반부의 평행부를 제외한 곡선 부분의 길이

표 13-3 형상계수 k의 근사식

13_3_3 Froude법과 Hughes법에 대한 비교

Hughes법에서 형상계수 k는 시발점 근처에서 계측되어야 하나 실질적으로는 정확한 시발점을 알기 어려우므로 k에 대한 불확실성이 높으며 특히 전체저항에서 부가물의 영향이 클 경우는 형상계수 k의 정확한 추정이 매우 힘들다. Hughes법을 이용하면 실선보다 저항이 낮게 추정될 가능성이 높으며 k와 부가물에 대한 많은 자료가 축적되어 있어야 한다.

3차원 해석법이 처음 발표되었을 때에는 논리적 장점에도 불구하고 형상계수를 선정하는 어려움 때문에 그 활용을 꺼려했었다. 그러나 모형시험의 정도가 향상되고 저속비대선을 건조하기 시작하자 Froude법보다 Hughes법이 우수하다는 점이 인식되기 시작했으며, 1978년 ITTC에서는 저속비대선이며 단축선인 경우에는 결국 Hughes법을 채택하였고, 오늘날 대부분의 수조에서 상선의 경우 Hughes법을 사용하고 있다. 그러나 함정과 같이 선미부의 저항이 큰 트랜섬 선미형상을 가지며 전체저항에서 부가물저항이 차지하는 부분이 클 때 Hughes법을 사용하면, 정확한 형상계수 산정에 어려움이 있는 데다 추정된 저항이

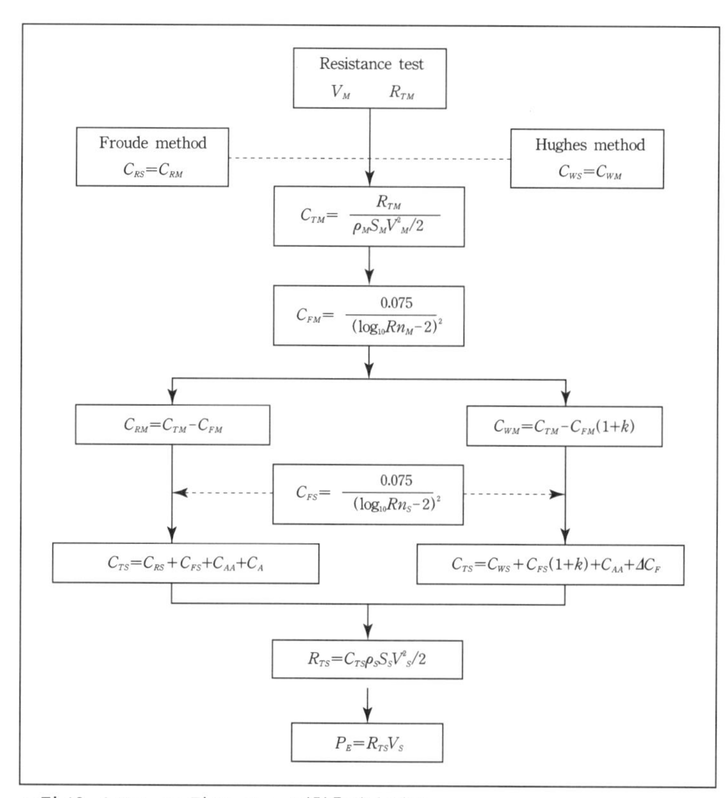

그림 13-4 Froude 및 Hughes 저항추정법 비교

실제보다 작은 경우도 있다. 따라서 일반 함정의 동력을 추정할 때에는 스웨덴의 SSPA를 제외하고 미국의 NSWC(Naval Surface Warfare Center) 등 거의 모든 수조에서 Froude법을 따르고 있다.

SSPA에서 사용하는 구축함에 대한 실선 저항추정법은 아래와 같다. 알몸모형에 대한 저항시험 후 2차원 해석법을 사용하여 실선으로 확장하고, 얻어진 결과에 대해 부가물계수를 곱하여 실선의 전체저항을 구한다. 부가물계수는 부가물을 부착한 모형선의 저항시험으로부터 얻은 전체저항 R_{TM}을 알몸모형의 선체저항 R_{TMb}로 나누어 얻으며, 실선과 모형선은 동일한 부가물계수를 가진다고 가정한다. **그림 13-4**에 Froude법과 Hughes법을 비교 도시하였다.

13_4_ 함정의 프로펠러 특성(설계)

13_4_1_ 일반사항

일반적으로 프로펠러의 설계는 모형프로펠러 단독시험 결과의 계열자료를 이용하는 방법과 순환이론 방법이 있다.

모형프로펠러 단독시험(POW Test) 결과의 계열도표(series chart)는 같은 형상의 날개 모양을 갖는 모형프로펠러를 피치비 P/D를 달리하여 제작한 후, 전진비를 변화시켜 프로펠러 단독시험을 체계적으로 실시하고 그 특성을 정리한 도표이다. 프로펠러 날개의 피치비, 날개의 확장면적비 A_E/A_O, 날개수 Z, 단면의 모양 등 여러 변수들의 폭넓은 변화를 고려할 수 있어 주어진 함정의 조건에 적합한 프로펠러를 신속하게 설계할 수 있다.

13_4_2_ 프로펠러 설계

프로펠러 설계 방법은 설계기관마다 다소 차이가 있으나 대체로 프로펠러의 주요제원을 결정하는 초기설계 단계와 저항시험, 반류분포시험 및 초기설계 단계에서 선정된 재고프로펠러를 이용하여 단독시험 및 자항시험으로부터 설계프로펠러를 위한 자료를 축적하는 계약설계 단계, 그리고 날개의 피치분포나 캠버분포와 같은 상세한 형상을 결정하는 상세설계 단계로 나눌 수 있다. 이를 위한 각 설계 단계별(초기설계, 계약설계 및 상세설계) 수행내용은 다음과 같다.

1) 초기설계

초기설계 단계에서는 설계함정에 적합한 재고프로펠러를 선정하기 위한 목적으로 수행한다. 프로펠러 초기설계 시 가장 중요한 자료는 반류자료로서 부정확한 반류자료에 의해 설계된 프로펠러는 좋은 결과를 주지 못한다. 또한 초기설계 단계이므로 반류조사 시험자료도 없을 뿐만 아니라 자료가 있다 해도 그 자료에 의해 프로펠러의 세부적인 날개형상을 계산할 필요가 없으며, 초기설계 단계에서는 유사선의 프로펠러 및 반류 자료를 참고로 하여 계열자료에 의해 공동을 줄이기 위한 Burrill 조건식(Burrill' s criteria)을 만족하는 영역에서 최적인 프로펠러 직경 D, 회전수 n, 피치비 P/D, 확장면적비 A_E/A_O 및 날개수 Z를 결정한다. 대표적인 프로펠러 계열은 다음과 같다.

(1) (D)TMB 계열

날개수 3~4개, 날개폭비 0.15~0.35, 피치비 0.6~2.0인 날개로서 Wageningen 계열의 모체가 되었다.

(2) AEW 계열

날개수 3개, 확장면적비 0.2~1.10, 피치비 0.4~2.0이며, 원형의 뒷면 단면을 가지는 함정용 프로펠러 설계에 많이 사용한다.

(3) KCN 계열

AEW 계열과 비슷하고 날개수 3~5개, 확장면적비 0.6~2.0으로 날개끝이 AEW 계열보다 넓고 뿌리 부분이 좁다.

(4) NPL 계열

날개수 4~6개, 확장면적비 0.5~1.10인 원형 뒷면 단면과 수중익단면을 갖는 프로펠러로서 날개 두께가 성능에 미치는 영향을 조사하기 위해 실시하였으나 뚜렷한 자료를 제공해 주지 못했다.

(5) Wageningen 계열 A, B

1937년부터 1964년까지 Wageningen의 NSMB 수조에서 개발하였으며 날개수 2~7개, 확장면적비는 0.3~1.05이다. 계열 A는 날개끝이 비교적 좁고 날개뿌리에서는 피치비가 20% 정도 감소하였다. 날개단면은 전체가 수중익의 형상으로 효율은 높으나 추력계수가 낮아서 공동 우려가 있는 프로펠러에는 사용할 수 없다.

계열 B는 날개끝이 비교적 넓으며 단면형상이 반경방향으로 $0.7R$까지는 수중익, $0.8R$부터는 뒷면이 원형이다. 계열 A의 단점인 공동 문제를 해결하였기 때문에 날개 뒷면에서 압력강하가 균일하여 가장 많이 사용되는 계열도표이다.

(6) NAU, MAU 계열(MAU Series)

일본에서 개발한 프로펠러 계열로서 Wageningen 계열과 같은 수중익단면을 가지고 있으나 Wageningen 계열은 최대날개폭이 $0.7R$에 위치하는 데 비해 NAU, MAU 계열은 $0.66R$에서 최대날개폭 분포를 가지고 있다. Wageningen 계열의 효율 및 공동 문제를 향상시키기 위해 개발된 계열이다. 처음 개발은 NAU 계열(Nau Series)에서 출발하였고 이를 수정한 것이 MAU 계열로서, 날개수 3~6개, 확장면적비 0.35~0.85, 피치비 0.5~1.5로 현재 대부분의 기본설계에서 MAU 계열을 사용하고 있다. 이들 프로펠러 계열 중 설계대상 함정에 적합한 계열을 선택하여 재고프로펠러를 선정한다.

2) 계약설계

계약설계 단계에서는 저항시험, 반류분포시험 및 초기설계에서 선정된 재고프로펠러를 이용하여 단독시험 및 자항시험으로부터 설계프로펠러를 위한 자료를 축적한다.

3) 상세설계

상세설계는 계약설계 시 설계한 재고프로펠러의 모형시험 결과를 이용하여 최종 실선 프로펠러(final full scale propeller)를 설계하는 단계로서, 설계프로펠러가 모형시험 시 성능이 만족되지 않은 부분이 있다면 이 부분도 수정 설계하여 실선에서 최대한 성능을 발휘할 수 있도록 한다.

13_4_3_ 재고프로펠러 선정

1) 일반사항

새로운 함정을 위한 프로펠러를 설계하고자 하는 경우에는 반류비 w와 추력감소비 t, 그리고 상대회전효율 η_R을 적절히 추정해야 한다.

이러한 값들은 설계함정과 유사한 실적함정의 모형시험 결과를 이용하지만 그렇지 못할 경우에는 일반적인 경험식 등을 이용하여 추정한다. 선형과 모형시험 결과, 설치될 추진기관 등이 확정된 상태에서 프로펠러를 선정하는 것이 타당하지만 재고프로펠러는 진행되고 있는 설계자료를 기준으로 검토한다.

2) 계열자료를 이용한 설계 방법

계열자료를 이용한 재고프로펠러 설계 방법 및 절차는 다음과 같다.

(1) 프로펠러 직경 및 회전수 선정

일반적으로 감속기어를 사용하지 않는 저속엔진이 장착된 일반함정의 경우는 선정된 추진기관의 동력, 즉 정해진 회전수 및 동력으로부터 식 (10.1)을 사용하여 최대효율을 갖는 프로펠러 직경을 선정하고, 계열자료를 이용하여 최적의 프로펠러효율 η_0, 피치비 P/D 및 날개 확장면적비 A_E/A_O 등을 선정한다.

감속기어를 사용하는 단동선의 경우 프로펠러 회전수와 직경을 동시에 고려해야 하므로 공동 방지를 위해 충분한 프로펠러심도(propeller immersion), 원판 간격(disk clearance), 선체와 프로펠러 사이의 여유(clearance) 등을 고려하여 직경을 산정하고 식 (10.1)을 이용하여 회전수를 선정한 후, 계열자료를 이용하여 최적의 프로펠러 효율 η_0, 피치비 P/D 및 날개 확장면적비 A_E/A_O 등을 선정한다.

(2) 반류비 결정

유사 실적함정의 모형시험 자료를 이용하거나 자료가 불충분할 때는 경험식을 이용하여 추정한다.

(3) Taylor의 프로펠러부하계수 B_P결정

$$B_P = N\sqrt{P_D}V_A^{-2.5} \tag{5.13}$$

여기서 N은 분당 회전수(rpm)이다.

(4) 직경계수(diameter coefficient) δ 결정

$$\delta = ND/V_A \tag{6}$$

(5) P/D 및 η_0 결정

계열자료에서 선정된 날개수, 회전수 및 확장면적비에서 $\sqrt{B_P}$값 및 δ를 찾아 P/D 및 η_0의 값을 결정한다.

(6) 공동을 검토하기 위하여 설계함정의 평균추력부하계수 τ_c 결정

$$\tau_c = T/(\rho V_R^2/2)A_P \tag{7}$$

여기서 $T = 745.7 P_D \eta_R \eta_0 / V_A$, $A_P = A_E(1.067 - 0.229P/D)$,
$V_R = \sqrt{V_A^2 + (0.7\pi Dn)^2}$, $V_A = 0.5144V(1-w)$이며, P_D는 hp, V는 kts로 잰 값이다.

(7) 공동수(cavitation number) σ 결정

$$\sigma = (p_1 - e)/(\rho V_R^2/2) \tag{8}$$

단, $p_1 - e = 98.98 + 10.05(d_a - h_s)kPa$, d_a는 함미 흘수, h_s는 기선으로부터 축중심까지 잰 거리이다.

(8) Burrill 도표에서 결정된 σ값에 대한 최소 τ_c' 결정

(9) 확장면적비에 따른 P/D, η_0, τ_c, τ_c'의 곡선 작성, 최소 τ_c'을 만족하는 값을 결정하며 모형시험을 통해 최종 점검한다.

13_4_4_ 함정용 프로펠러 설계 방법

일반 함정 프로펠러의 특징을 살펴보면 일반 선박에서는 3~4개의 날개를 가진 프로펠러를 설치하고 있으나 동력과 속력이 증가함에 따라 공동 발생을 지연시키기 위하여 날개 면적을 크게 해야 한다. 하지만 날개 면적이 넓어지면 날개강도 측면에서 날개단면이 두꺼워지며 이에 따라 양력의 감소로 인한 프로펠러 효율의 감소를 초래한다. 따라서 날개가 너무 넓어지는 것을 피하기 위하여 날개수를 증가시키며, 한편 직경에 대한 제한 때문에 프로펠러의 면적을 증가시킬 수 없어 날개수를 증가시켜야 할 때도 있다. 또한 프로펠러 진동수는 선체, 축계 및 기관 등과의 진동수와 달라야 하는데 이런 이유로 함정 프로펠러의 날개수는 5개가 주종을 이룬다.

이처럼 프로펠러 날개의 확장면적비가 너무 커져 프로펠러 효율이 감소되지 않도록 하기 위해, 날개수를 증가시키고 피치비도 키우며 날개단면을 수중익형(NACA 단면)으로 설계하여, 공동 측면에서도 유리하고 프로펠러 효율도 최대화하여 설계한다. 따라서 기존의 계열자료를 이용한 설계 방법은 프로펠러 효율의 관점에서는 유리하지만 최근 함정의 동력과 속력이 증가함에 따라 공동 발생 지연 측면에서는 불리하므로, 함정의 프로펠러 설계는 계열자료를 이용하여 프로펠러의 주요제원을 구한 다음, 양력선이론과 양력면이론을 사용하여 피치와 캠버분포를 결정하는 순환이론을 이용한 방법을 채택하며 이에 대해서는 8장, 10장을 참조하기 바란다.

13_5_ 동력여유 정책

13_5_1_ 설계여유

설계여유(design margin)는 설계단계에서 발생하는 선형, 부가물, 프로펠러에 관한 자료의 부족 또는 추정기법의 불확실성에 대한 여유치로, 설계가 진행됨에 따라 정확한 계산자료의 제공으로 그 값은 점차 줄어들게 된다. 일반적으로 전체 유효동력에 대한 여유치로 반영되는데 Hagen 등[5]에서 권고하는 설계단계별 설계여유는 **표 13-4**와 같다.

설계단계	필요한 동력 여유치			
	잠정 관례	현용 관례	최근 해석결과	권고 관례
개념설계	11	10	10.4	10
초기설계(모형시험 전)	9	8	–	8
초기설계(재고프로펠러)	6	6	6	6
계약설계(설계프로펠러)	3	4	3.7	4

표 13-4 설계단계별 설계여유, 단위: %(유효동력에 대한 비율)

13_5_2_ 운용여유

운용여유(service margin)는 운항조건, 운항상태, 항로, 해상상태, 설계함정의 종류 및 특성과 추진기관의 종류 등에 따라 크게 달라질 수 있다. 또한 운용여유는 건조비의 중요한 증감 요인인 동시에 추진체계 선정 문제도 동반하기 때문에 종합적인 검토 후에 결정하여야 한다.

일반적으로 운용여유는 자연조건, 즉 해상상태나 바람, 파도, 조류, 해수온도, 수심 및 얼음에 따른 저항증가와 선체, 프로펠러의 오손(fouling)이나 부식(corrosion)에 따른 저항증가 및 함령에 따른 추진기관의 성능저하를 고려해서 주는 일종의 여유동력을 말한다. **표 13-**

구분		미 해군	구소련 해군	비 고
설계여유	중량	10~12.5%	2~3%	
	안정성 (KG)	10~12.5%	2%	
	유효동력	10%	0	
	내구성	21~33%	0	
운용여유	향후 중량 증가	50~100tons	0	
	배수량, 만재상태	10%	0	
	안정성 (KG), 만재상태	1*ft*	Small	
	거주구역	10%	0	
	전력	30%	0	
	소화용 주배관	30%	0	

표 13-5 미 해군과 구소련 해군의 여유정책[5]

5는 미 해군과 구소련 해군의 초기설계 시 적용하는 일반적인 여유정책을 나타낸 것으로, 미 해군이 구소련 해군보다 각 항목에서 여유를 더 크게 설정하고 있음을 알 수 있다.

미 해군의 경우는 함령에 따른 각종 성능저하에 대한 고려도 있지만, 추가로 함정을 운용하면서 각종 무장 및 승조원 관련설비 증가와 이에 따른 소요전력 및 연료유 증가에 대한 중량여유, 복원성 및 속도성능 유지 등을 위해 초기설계 단계에서 충분한 여유를 주고 있음을 알 수 있다. Kehoe 등[6]에 따르면 속력과 항해거리(speed and range) 측면에서 미 해군은 함정 초기설계 시 만재상태 기준에서 설계여유 외에 운용여유를 통상 25% 두는 데 반해, NATO 및 구소련 해군에서는 운용여유를 고려하지 않는다. 일반 상선의 경우는 운용여유가 중요한 선가 상승요인 중 하나여서 선주가 계약 시 운용여유를 정해 주는 것이 상례인데, 보통 10~15% 정도를 주고 있다. 함정설계 시 운용여유에 대한 고려는 우선 추진기관 선정 이전에 여러 실적함정들의 자료를 바탕으로 설계여유를 결정한다. 그리고 주 운항항로의 해상상태, 선체 노후화 및 함령에 따른 추진기관 성능저하, 미래의 함정 운용 및 각종 무장이나 관련설비의 증가에 따른 중량증가의 여유 등을 종합적으로 분석한 후, 추진기관 선정이 이루어져야 한다.

✤ 연습문제

1. 임의로 해전 상황을 설정하고 그러한 해전 상황에 적합한 함정의 형상을 정하여 그에 대한 소요동력을 추정하는 방법과 적합한 추진기의 형상을 창의적으로 제안하시오.

✤ 참고문헌

[1] 해군본부 홈페이지, http://www.navy.mil.kr

[2] 김효철 외, 2006, **한국의 배**, 지성사.

[3] Karafiaht & Fisher, May 1987, The effect of stern wedge on ship powering performance, Naval Engineers Journal.

[4] Cusanelli, D. S. & Hundley, L., March 1999, Stern flap powering performance on a Spruance class destroyer : Ship trials and model experiments, Naval Engineers Journal.

[5] Hagen, G. R. et al., 1986, Investigation of design power margin and correlation allowance for surface ships, Marine Technology, Vol. 23, No.1

[6] Kehoe, J. W. et al., 1982, U. S. and Soviet ship design practices, 1950~1980, Naval Review.

| 찾 아 보 기 |

C

D

E

F

G

H

I

J

K

L

M

N

Q

R

S

T

U

V

W

Y

Z